Metabolische und entzündliche Polyneuropathien

Herausgegeben von
F. Gerstenbrand und B. Mamoli

Mit einem Geleitwort von C. L. Bolis

Mit 133 Abbildungen

Springer-Verlag
Berlin Heidelberg New York Tokyo 1984

Prof. Dr. Franz Gerstenbrand
Universitätsklinik für Neurologie, Anichstraße 35, A-6020 Innsbruck

Prof. Dr. Bruno Mamoli
Universitätsklinik für Neurologie, Lazarettgasse 14, A-1090 Wien

ISBN-13:978-3-540-12819-9   e-ISBN-13:978-3-642-69351-9
DOI: 10.1007/978-3-642-69351-9

CIP-Kurztitelaufnahme der Deutschen Bibliothek: Metabolische und entzündliche Polyneuropathien/hrsg. von F. Gerstenbrand u. B. Mamoli. – Berlin; Heidelberg; New York; Tokyo: Springer, 1984.
ISBN-13:978-3-540-12819-9

NE: Gerstenbrand, Franz [Hrsg.]

Das Werk ist urheberrechtlich geschützt. Die dadurch begründeten Rechte, insbesondere die der Übersetzung, des Nachdruckes, der Entnahme von Abbildungen, der Funksendung, der Wiedergabe auf photomechanischem oder ähnlichem Wege und der Speicherung in Datenverarbeitungsanlagen bleiben, auch bei nur auszugsweiser Verwertung, vorbehalten. Die Vergütungsansprüche des § 54, Abs. 2 UrhG werden durch die „Verwertungsgesellschaft Wort", München, wahrgenommen.

© Springer-Verlag Berlin Heidelberg 1984

Die Wiedergabe von Gebrauchsnamen, Warenbezeichnungen usw. in diesem Werk berechtigt auch ohne besondere Kennzeichnung nicht zu der Annahme, daß solche Namen im Sinne der Warenzeichen- und Markenschutz-Gesetzgebung als frei zu betrachten wären und daher von jedermann benutzt werden dürften!

Produkthaftung: Für Angaben über Dosierungsanweisungen und Applikationsformen kann vom Verlag keine Gewähr übernommen werden. Derartige Angaben müssen vom jeweiligen Anwender im Einzelfall anhand anderer Literaturstellen auf ihre Richtigkeit überprüft werden.

Geleitwort

Periphere Neuropathien gehören in der ganzen Welt zu den schwersten Krankheitsbildern. Die ätiologischen Faktoren, welche zu diesem Krankheitsbild führen, sind sehr unterschiedlich und schließen genetische, metabolische, toxische, entzündliche, traumatische und nutritionale Ursachen ein. Manche Polyneuropathietypen sind prinzipiell reversibel, während bei anderen eine Therapie kaum zielführend ist.

Die Weltgesundheitsorganisation (WHO) hat vor 3 Jahren ein Programm zur Prophylaxe und Kontrolle peripherer Neuropathien gestartet und zahlreiche Symposien über dieses Thema in den verschiedensten Ländern der Welt organisiert. Feldstudien über die diabetische Polyneuropathie werden derzeit in Nigeria, Senegal, Mexiko, der Volksrepublik China, Japan, Deutschland, Italien, Portugal und Spanien unter Anwendung eines internationalen, standardisierten Protokolls durchgeführt. Aus den Ergebnissen dieser Studien hofft die WHO Anhaltspunkte für die Prävention, die Kontrolle und das pharmakologische Management der Erkrankungen des peripheren Nerven zu erhalten und damit eine bessere Rehabilitation von Millionen unter dieser metabolischen Erkrankung leidenden Patienten zu erzielen. Kürzlich hat die WHO Anstrengungen unternommen, ein Protokoll zu einer Feldstudie über traumatische periphere Nervenläsionen zu konzipieren. Diese Untersuchungen werden in Italien, Nigeria, Spanien und in der Volksrepublik China erfolgen.

Traumatische periphere Neuropathien führen zu schweren Ausfällen und kommen sowohl in industrialisierten als auch in Entwicklungsländern häufig vor. Ziel dieser Feldstudie ist, neue Techniken zur Verbesserung der Nervenreparation zu entwickeln, um eine optimale motorische und sensible Restitution zu erreichen. Auch mit anderen peripheren Neuropathien bisher unbekannter Ätiologie, wie z. B. der amyotrophen Lateralsklerose und anderen Vorderhornzellerkrankungen beschäftigt sich die WHO und bereitet derzeit ein Untersuchungsprogramm vor. Die Veranstaltung von Symposien in verschiedenen Ländern der Welt soll einen Beitrag zur Aufdeckung der zu Neuropathien führenden ätiologischen Faktoren, der den Polyneuropathien zugrunde liegenden pathogenetischen Mechanismen, sowie der klinischen Aspekte und der pharmakologischen Behandlung der Krankheitsbilder des peripheren Nervensystems liefern. Die Beteiligung sowohl von Grundlagenforschern als auch klinisch tätigen Kollegen an diesen Meetings soll auch neue Kenntnisse zur Erfassung von Risikofaktoren für Polyneuropathien und zu ihrer Prävention bringen.

Die starke Beteiligung am Polyneuropathiekongreß in Wien ist ein Zeichen für das Interesse, welches diesem Thema entgegengebracht wird, und wir sind überzeugt, daß die Ergebnisse dieses Symposiums neue Grundlagen und klinische Anhaltspunkte für die Kontrolle und das Management peripherer Neuropathien liefern werden.

C. L. BOLIS
Neurosciences Programme
World Health Organization

Vorwort

Die Polyneuropathie stellt eines der häufigsten neurologischen Krankheitsbilder dar, das zwar eine uniforme und gut abgrenzende Symptomatik aufweist, aber – vor allem in leichten Fällen – vielfach nicht diagnostiziert wird. Die Polyneuropathie hat aber auch für andere Erkrankungen, insbesondere Intoxikationen und Stoffwechselstörungen, aber auch für immunologisch ausgelöste Krankheitsbilder, einen diagnostischen Signalwert. Schließlich verursacht die Polyneuropathie mitunter bedeutende Beschwerden und kann zur Invalidität führen und in seltenen Fällen auch lebensbedrohend sein.

Die Wahl des Themas der metabolischen und entzündlichen Polyneuropathien erfolgte auf Grund der sich in den letzten Jahren weiterentwickelten diagnostischen Möglichkeiten und aus dem Gesichtspunkt therapeutischer Fortschritte. Bei den metabolischen Polyneuropathien erschien es von Interesse, dieses Krankheitsbild als Initialstudium der unterschiedlichen Grundkrankheiten diagnostisch zu verwerten. Die frühzeitige Diagnose einer metabolischen Polyneuropathie erlaubt mitunter die Aufdeckung der Grundkrankheit und ermöglicht durch eine rechtzeitige Therapie, Dauerschäden zu verhindern. Bei den entzündlichen Polyneuropathien hat die Plasmapherese neue Gesichtspunkte eröffnet, die es sinnvoll erscheinen ließen, die bisher gewonnenen Erfahrungen zu sichten. Darüber hinaus haben auch die verschiedenartigen klinischen Erscheinungsbilder von Polyneuropathien – verursacht durch entzündliche Agentien – die Themenwahl initiiert.

In der Programmgestaltung des Symposiums wurden Klinik, Pathophysiologie, Pathologie, Morphologie, Elektrophysiologie, Therapie und Rehabilitation behandelt. Aus der Fülle der Themenkreise war es natürlich nicht möglich, alle Details im einzelnen zu berücksichtigen.

Die Bedeutung des für das Symposium gewählten Themenkreises wird durch die Mitarbeit der WHO, vertreten durch Frau Prof. Dr. L. BOLIS, unterstrichen. Es war eine besondere Auszeichnung, daß die Veranstaltung unter den Auspicien der WHO abgehalten werden konnte. Herrn Dr. F. LAMBO und Frau Prof. Dr. L. BOLIS gilt dafür unser besonderer Dank.

Die Wichtigkeit, die dem Krankheitsbild der Polyneuropathie zugemessen wird, zeigt sich auch in der weltweiten Erfassung dieser Erkrankung. Neben der Intoxikation kommen der Fehlernährung, aber auch dem Nahrungsmangel besondere Bedeutung zu.

Die Durchführung des Symposiums war möglich durch die Unterstützung der Firma Fidia, Abano Terme, und der Firma Gerot-Pharmazeutika, Wien, wofür besonderer Dank auszusprechen ist.

Zuletzt ist es uns eine Verpflichtung, Herrn Prof. Dr. H. REISNER, der das Symposium präsidiert hat, zu gedenken. Durch den Tod von Prof. REISNER hat gerade der Forschungsbereich der Polyneuropathie einen großen Verlust erlitten.

Innsbruck/Wien, Herbst 1983 F. GERSTENBRAND
B. MAMOLI

Inhaltsverzeichnis

Die Polyneuropathien metabolischer und entzündlicher Ätiologie, Einführung. F. Gerstenbrand 1

Epidemiologie der metabolischen und entzündlichen Polyneuropathien. G. L. Bolis 3

Pathophysiology of Metabolic Neuropathies and Neuronopathies Including Amyotrophic Lateral Sclerosis. W. G. Bradley 5

Typen und Differenzierung der metabolischen Polyneuropathien. E. Sluga
Mit 6 Abbildungen 14

Metabolische Neuropathien: Elektrophysiologie. B. Mamoli
Mit 2 Abbildungen 30

Muskelatrophie bei chronischem Alkoholabusus: Vergleichende histochemische und biochemische Untersuchungen. H. D. Langohr, H. Wiethölter und J. Pfeiffer
Mit 3 Abbildungen 39

Diagnostische Relevanz von laborchemischen Hepatopathiehinweisen bei alkoholischen Polyneuropathien. B. Pfau und M. Kutzner
Mit 3 Abbildungen 44

Ungewöhnliche Malnutritions-Polyneuropathie. F. B. Sturm und E. Gibbels
Mit 8 Abbildungen 49

Subklinische Polyneuropathien bei Anorexia nervosa. K. Toifl, B. Mamoli und E. Neumann
Mit 4 Abbildungen 57

Folsäureuntersuchungen bei Neuropathien. E. Sluga und E. Neumann 63

Die Einordnung der viszeralen Neuropathie in die symmetrischen Polyneuropathien beim Diabetes mellitus. G. Reichel, G. Rabending und W. Bruns 70

Reversible Funktionsstörung bei der urämischen Polyneuropathie: Nachweis durch die Refraktärperiode. K. Lowitzsch
Mit 6 Abbildungen 76

Neuromuskuläre Reaktion auf Paarstimulation zur Differenzierung
axonaler und demyelinisierender Neuropathien. B. REITTER,
S. JOHANNSEN und W. E. BRANDEIS
Mit 4 Abbildungen 84

Neue elektromyographische Aspekte für die Differentialdiagnose
der Polyneuropathien. D. KOUNTOURIS und J. MILONAS 90

Verlaufsbeobachtungen in einer Familie mit hereditärer Amyloidpolyneuropathie. H. W. DELANK und M. KUTZNER
Mit 5 Abbildungen 95

Polyneuropathie bei hereditärer Amyloidose. K. CHRISTIANI,
W. TACKMANN, H. J. THIEL und H. HANSEN
Mit 4 Abbildungen 102

Neurologische, elektromyographische und histologische Befunde
bei der A-β-Lipoproteinämie (Bassen-Kornzweig-Syndrom).
W. TACKMANN, J. LEITITIS und M. STAHL.
Mit 2 Abildungen 110

Elektroneurographische Befunde bei Morbus Refsum. T. N. WITT,
M. REITER und A. WIECK
Mit 3 Abildungen 114

Entzündliche Polyneuropathien – Klinik und Differentialdiagnose.
E. GIBBELS 122

Immunologische Aspekte bei entzündlichen Neuropathien.
K. V. TOYKA und U. A. BESINGER
Mit 2 Abbildungen 128

Pathologie der entzündlichen Polyneuropathien. C. MEIER
Mit 3 Abbildungen 134

Elektrophysiologie der entzündlichen Polyneuropathien.
H. P. LUDIN
Mit 1 Abbildung 143

Rezidivierende und chronische Polyneuritiden (Erfahrungen mit
24 Fällen und Vergleich mit subakuten Formen). E. GIBBELS und
P. HANN
Mit 2 Abbildungen 147

Chronische Polyneuritis – klinische und bioptische Beobachtungen.
E. SLUGA und W. POEWE
Mit 13 Abbildungen 152

Neuroradikulomyelitis viraler Genese. G. LADURNER, G. BONÉ,
G. RADL, D. STÜNZNER und G. KLEINERT 162

Untersuchungen zur Verlauf schwerer idiopathischer Polyneuropathien. Katamnestische Studien. K. A. FLÜGEL und M. KLUPP
Mit 7 Abbildungen 166

Zur Prognose des Guillain-Barré-Syndroms anhand elektroneurographischer und klinischer Untersuchungen. J. Zeitlhofer, B. Mamoli, N. Mayr und E. M. Maida
Mit 2 Abbildungen 175

Guillain-Barré-Syndrom bei Clostridium-botulinum-Typ-C-Toxikoinfektion. E. Ketz, W. Sonnabend, O. Sonnabend und H. J. Hungerbühler
Mit 2 Abbildungen 180

Beobachtung einer Polyneuritis mit Lähmungsbild, vergleichbar mit dem Locked-in-Syndrom. M. Kutzner und H. W. Delank
Mit 3 Abbildungen 186

Die sensible Polyneuropathie bei akuter Ophthalmoplegie und Ataxie (Fisher-Syndrom). K. Ricker und R. Rohkamm
Mit 3 Abbildungen 191

Polyneuropathie und Vorderhorndegeneration bei malignen Lymphomen. W. Grisold, K. Jellinger und R. Heinz
Mit 4 Abbildungen 195

Diagnostik und Verlauf von gefäßentzündlich bedingten Polyneuropathien. T. Stamm, A. Luba, P. Mehraein und K. Vykoupil 201

Periphere Neuropathie bei progressiver systemischer Sklerodermie (PSS). F. Aichner, P. Fritsch, F. Gerstenbrand und E. Rumpl . 205

Lepra-Polyneuritis. K. Christiani, B. Scheuer und W. Tackmann
Mit 3 Abbildungen 209

Tuberkuloide Lepra. S. A. Esca und P. Pilz
Mit 2 Abbildungen 216

Zur Frage der luischen Polyneuritis. J. Klosterkötter, E. Gibbels, B. Leven und H. J. Schädlich
Mit 3 Abbildungen 220

Postinfektiöse Polyneuritis bei akuter erworbener Toxoplasmose. J. Igloffstein und D. Seitz
Mit 1 Abbildung 225

Reinnervationsmechanismen am Modell des sensiblen Nerves. A. Struppler und R. Mackel
Mit 8 Abbildungen 230

Mikrochirurgie der peripheren Nerven. H. Millesi
Mit 2 Abbildungen 238

Möglichkeiten medikamentöser Therapie. B. Neundörfer 252

Pharmacological Aspects of Experimental Peripheral Neuropathy. A. Gorio, G. Carmignoto, G. Ferrari, F. Norido, M. G. Nunzi, R. Rubin und R. Zanoni
Mit 14 Abbildungen 259

Zur Therapie peripherer Neuropathien mit Gangliosiden: Eine
Übersicht: R. Di Perri und M. Gugliotta 277

Die Behandlung der diabetischen Neuropathien mit Gangliosiden:
Eine multizentrische Doppelblind-cross-over-Studie bei 140
Patienten. L. Battistin, G. Crepaldi, A. Tiengo, D. Fedele,
P. Negrin, L. Bergamini, G. F. Lenti, G. F. Pagano, W. Troni,
N. Canal, G. Pozza, G. C. Comi, F. Frigato, C. Messina,
C. Ravenna, F. Grigoletto, D. Massari, M. J. Klein und
H. Davis
Mit 2 Abildungen 282

Klinische und elektrophysiologische Befunde zur Therapie
diabetischer Polyneuropathien mit einem eiweißfreien Hämodialysat
(Actovegin). M. Poremba und H. M. Krott
Mit 2 Abbildungen 289

Gemischte Kryoglobulinämie: Therapie und elektrophysiologische
Verlaufsbeobachtung. W. Hacke, R. Christoph, P. W. Hartl und
E. Genth
Mit 4 Abbildungen 293

Intensivbehandlung lebensbedrohlicher Polyneuritiden.
V. Schuchardt, E. Finke, M.-T. Klein und R. Heitmann
Mit 3 Abbildungen 300

Plasmaaustauschbehandlung des Guillain-Barré-Syndroms.
E. Rumpl, F. Aichner, F. Gerstenband, J. M. Hackl, U. Mayr
und P. Rossmanith 307

Plasmapherese, Immunsuppression und hochdosierte IgG-Gaben
bei chronischem Guillain-Barré-Syndrom und Antikörpern gegen
peripheres Nervengewebe. C. Mohs, K. H. Puff, H. Harders,
H. Nyland, J. Neppert, R. W. C. Janzen, W. Eickhoff und
W. Rohr
Mit 1 Abbildung 310

Zur Plasmapherese bei schwersten Formen der akuten Polyneuritis.
B. Mamoli, B. Binder, P. Höcker, E. Maida, N. Mayr, C. Spiess
und P. Sporn 314

Schlußwort. A. Struppler 320

Sachverzeichnis 323

Mitarbeiterverzeichnis

AICHNER, F., Dr. med., Klinik für Neurologie der Universität,
Anichstraße 35, A-6020 Innsbruck

BATTISTIN, L., Prof. Dr. med., Clinica Neurologica, Università Padova,
I-Padova

BOLIS, G. L., Prof. Dr. med., World Health Organization,
CH-1211 Geneve

BRADLEY, W. G., Prof. Dr. med., Department of Neurology,
New England Medical Center, 171 Harrison avenue, Boston,
Mass. 02111, USA

CHRISTIANI, K., Priv.-Doz. Dr., Zentrum Nervenheilkunde,
Abteilung Neurologie, Niemannsweg 147, D-2300 Kiel

DELANK, H. W., Prof. Dr. med., Neurologische Universitätsklinik und
Poliklinik, D-4630 Bochum 1

DI PERRI, R., Prof. Dr. med., Policlinico S. Martino, Università di
Messina, I-98100 Messina

ESCA, S. A., Dr. med., Landeskrankenanstalten Salzburg,
Dermatologische Abteilung, Müllner Hauptstraße, A-5020 Salzburg

FLÜGEL, K. A., Prof. Dr. med., Universitätsklinik für Neurologie,
Schwabachanlage 6, D-8520 Erlangen

GERSTENBRAND, F., Prof. Dr. med., Neurologische Universitätsklinik,
Anichstraße 35, A-6020 Innsbruck

GIBBELS, E., Prof. Dr. med., Universitäts-Nervenklinik,
Joseph-Stelzmann-Straße, D-5000 Köln 41

GORIO, A., Direktor, Dr., Via ponte della fabbrica 3a, Fidia,
I-35031 Abano Terme

GRISOLD, W., Dr. med., Ludwig-Boltzmann-Institut für klinische
Neurobiologie, Wolkersbergenstraße 1, A-1130 Wien

HACKE, W., Priv.-Doz., Dr. med., Dipl.-Psych., Rheinisch-Westfälische
Technische Hochschule, Abteilung Neurologie, Goethestraße 27–29,
D-5100 Achen

IGLOFFSTEIN, J., Dr. med., Allgemeines Krankenhaus St. Georg,
Neurologische Abteilung, Lohmühlenstraße 5, D-2000 Hamburg 1

KETZ, E., Prof. Dr. med., Rorschacher Straße 95, CH-9007 St. Gallen

KLOSTERKÖTTER, J., Dr. med., Universitäts-Nervenklinik,
Lochnerstraße 11, D-5000 Köln 1

KOUNTOURIS, D., Dr. med., Neurologische Universitätsklinik,
Knappschaftskrankenhaus, In der Schornau 23/25, D-4630 Bochum 7

KUTZNER, M., Dr. med., Neurologische Universitätsklinik und
Poliklinik, D-4630 Bochum 1

LADURNER, G., Prof. Dr. med., Psychiatrische-Neurologische
Universitätsklinik, Auenbruggerplatz 22, A-8036 Graz

LANGOHR, H. D., Prof. Dr. med., Neurologische Universitätsklinik,
Liebermeisterstraße 18–20, D-7400 Tübingen

LOWITZSCH, K., Prof. Dr. med., Neurologische Universitätsklinik,
Langenbeckstraße 1, D-6500 Mainz

LUDIN, H. P., Prof. Dr. med., Inselspital der Universität Bern,
Neurologische Klinik, CH-3010 Bern

MAMOLI, B., Prof. Dr. med., Neurologische Universitätsklinik,
Lazarettgasse 14, A-1090 Wien

MEIER, C., Priv.-Doz. Dr. med., Inselspital der Universität Bern,
Neurologische Klinik, CH-3010 Bern

MILLESI, H., Prof. Dr. med., I. Chirurgische Universitätsklinik,
Abteilung für plastische und Wiederherstellungschirurgie,
Alser Straße 4, A-1090 Wien

MOHS, C., Dr. med., Neurologische Universitätsklinik und Poliklinik,
Martinistraße 52, D-2000 Hamburg 20

NEUNDÖRFER, B., Prof. Dr. med., Klinik für Neurologie der
Medizinischen Hochschule, Ratzeburger Allee 160, D-2400 Lübeck 1

PFAU, B., Dr. med., Kopernikusstraße 95, D-5840 Schwerte

POREMBA, M., Dr. med., Abteilung für Neuroradiologie der Universität,
Osianderstraße 22, D-7400 Tübingen

REICHEL, G., Priv.-Doz., Dr. med., Universitäts-Nervenklinik,
Ellernholzstraße 1/2, DDR-2200 Greifswald

REITTER, B., Dr. med., Klinikum der Universität Heidelberg,
Kinderklinik, Neuropädiatrische Abteilung, Im Neuenheimer Feld 153,
D-6900 Heidelberg 1

RICKER, K., Prof. Dr. med., Neurologische Universitätsklinik,
Josef-Schneider-Straße 11, D-8700 Würzburg

RUMPL, E., Priv.-Doz., Dr. med., Neurologische Universitätsklinik,
Anichstraße 35, A-6020 Innsbruck

SCHUCHARDT, V., Dr. med., Rheinische Landesklinik, Abteilung für
Neurologie, Kaiser-Karl-Ring 20, D-5300 Bonn

SLUGA, E., Prof. Dr. med., Neurologisches Institut der Universität Wien,
Schwarzspanierstraße 17, A-1090 Wien

STAMM, T., Dr. med., Fachklinik für Innere Medizin und Psychosomatik,
Schwarzbachstraße 19–21, D-3392 Clausthal-Zellerfeld

STRUPPLER, A., Prof. Dr. med., Nervenklinik der Technischen
Universität, Möhlstraße 8, D-8000 München

STURM, F. B., Dr. med., Universitäts-Nervenklinik,
Joseph-Stelzmann-Straße, D-5000 Köln 41

TACKMANN, W., Dr. med., Neurologische Universitätsklinik und
Poliklinik, Sigmund-Freud-Straße 25, D-5300 Bonn 1

TOIFL, K., Dr. med., Universitätsklinik für Neuropsychiatrie des Kindes-
und Jugendalters, Währinger Gürtel 74–76, A-1090 Wien

TOYKA, K. V., Prof. Dr. med., Neurologische Universitätsklinik,
Moorenstraße 5, D-4000 Düsseldorf

WITT, T. N., Dr. med., Neurologische Universitätsklinik,
Klinikum Großhadern, Marchioninistraße 15, D-8000 München 70

ZEITLHOFER, J., Dr. med., Neurologische Universitätsklinik,
Lazarettgasse 14, A-1090 Wien

Die Polyneuropathien, metabolischer und entzündlicher Ätiologie, Einführung

F. GERSTENBRAND

Die Polyneuropathie zählt zu den häufigsten neurologischen Erkrankungen. Die durch das Krankheitsbild bedingten Ausfälle sind mitunter schwer und können u. U. auch die Invalidität des Patienten bedingen. Bei einem Großteil der Kranken führt die Polyneuropathie zu einer ausgeprägten Beeinträchtigung im subjektiven Befinden. In einer nicht unbedeutenden Anzahl von Fällen wird das Krankheitsbild zwar erfaßt, allerdings ohne Konsequenz in der ätiologisch-diagnostischen Abgrenzung und Therapie.

Das Symptomenbild der Polyneuropathie ist meist sehr uniform und ermöglicht daher aus dem klinischen Bild häufig keine ätiologische Zuordnung. Die Ätiologie einer Polyneuropathie ist vielfältig. So kann bei einer Großzahl internistischer Erkrankungen als Begleitsymptomatik eine Schädigung des peripheren Nervensystems auftreten. Oft ergibt die Polyneuropathiesymptomatik den ersten Hinweis auf das Vorliegen eines internistischen Leidens – in Einzelfällen auch eines Karzinoms. Polyneuropathiesymptome sind bei Unter- oder Fehlernährung eine fast obligate Folge, werden aber auch durch die verschiedensten entzündlichen Prozesse ausgelöst. Aus dem Umstand der vielfältigen Schädigungsmöglichkeiten kann die besondere Vulnerabilität des peripheren Nervensystems gegenüber verschiedenen Noxen abgeleitet werden.

Vom ätiologischen Standpunkt sind mehrere Bereiche in der Genese von Polyneuropathien abzugrenzen, woraus sich die Klassifizierung in metabolische, exotoxische, entzündliche und degenerative Polyneuropathie ergibt. Bei einzelnen Polyneuropathiebildern kann eine multifaktorielle Genese vorliegen. So sind bei der alkoholischen Polyneuropathie sowohl toxische als auch metabolische Faktoren verantwortlich zu machen. Ähnliches trifft für die Polyneuropathie im Rahmen von Langzeitkomazuständen, vor allem beim apallischen Syndrom zu, bei dem das Krankheitsbild durch die Kombination einer Fehlernährung mit lokaler Druckschädigung und Ischämie eines oder mehrerer Nerven entsteht.

Das erste Polyneuropathiesymposium hat zwei der ätiologisch zu klassifizierenden Gruppen zum Thema, und zwar die metabolische Polyneuropathie und die Polyneuropathien entzündlicher Genese. Die Gruppe der metabolischen Polyneuropathien ist in ihrer klinischen Symptomatik weitgehendst uniform, in ihrer Ursächlichkeit liegt aber ein heterogener Komplex vor. Sie umfaßt die Polyneuropathie bei umschriebenen Stoffwechselstörungen, wie dem Diabetes mellitus als klassisches Beispiel, und reichen bis zu den paraneoplastischen Polyneuropathien, deren pathogenetischer Mechanismus noch ungeklärt ist. Ihre Ausprägung kann von geringen subjektiven Beschwerden mit leichten neurologischen Ausfallserscheinungen bis zu schwersten Lähmungserscheinungen im Extremitäten- aber auch im Hirnnervenbereich reichen.

Bei der Therapie muß den ursächlichen Gegebenheiten, vor allem auch in seiner multifaktoriellen Ätiologie, Rechnung getragen werden. Das gleiche trifft für die nicht selten vorhandene vaskuläre Komponente zu, die zwar immer wieder diskutiert wird, in ihrem pathogenetischen Anteil aber nicht leicht nachzuweisen ist.

In den letzten Jahren hat das wissenschaftliche Interesse an den entzündlichen Polyneuropathien durch die sich häufenden Befunde über eine mögliche Immunogenese stark zugenommen. Polyneuropathien dieser Ätiologie werden als wissenschaftliches Modell auch für die Entmarkungserkrankungen des Nervensystems verwendet. Durch neue Erkenntnisse über die Pathogenese der entzündlichen Polyneuropathie ist aber auch ein Anstoß für die Therapie zu erwarten, wie die in letzter Zeit zunehmend angewendete Plasmapherese, eine Behandlungsmethode, die ihrerseits interessante neue Überlegungen für die Entstehung der Autoimmunerkrankungen erbringt.

Durch die einleitenden Bemerkungen soll angezeigt werden, daß die Polyneuropathien bisher als relativ wenig beachtetes, trotzdem aber besonders häufiges Krankheitsbild, was Ätiologie und Therapie betrifft, zunehmend in das Interesse der wissenschaftlichen Forschung gerückt ist. Die gute diagnostische Zugänglichkeit des peripheren Neurons, sowohl für die apparativen als auch die bioptischen Untersuchungen läßt erwarten, daß in Zukunft weitere Kenntnisse erworben werden können. Die aus den Forschungen gewonnenen Ergebnisse könnten aber auch Anstoß für Forschungsprogramme sein, die sich modellhaft auf das übrige Nervensystem übertragen lassen.

Epidemiologie der metabolischen und entzündlichen Polyneuropathien

G. L. BOLIS

Wenngleich die periphere Neuropathie eine ernste, seit mehreren Jahrhunderten bekannte Erkrankung ist, hat eine wissenschaftliche Auseinandersetzung mit diesem Krankheitsbild erst Anfang unseres Jahrhunderts begonnen. Die meisten Fortschritte wurden durch Untersuchungen erzielt, welche während der letzten Jahrzehnte erfolgt sind. Wesentliche Erkenntnisse wurden von der WHO erst nach Bildung einer Expertengruppe gewonnen, die das Ziel hatte, einige spezifische Probleme in Zusammenhang mit peripheren Neuropathien zu klären.

Einer der limitierenden Faktoren bei der Erforschung der Probleme peripherer Neuropathien war zunächst das Fehlen großer epidemiologischer Studien. Die bisher einzige epidemiologische Studie wurde im zentralamerikanischen Hochland durchgeführt und behandelt die ataktische tropische Neuropathie. Diese Untersuchung war ein wichtiger initialer Schritt, welcher uns die Wichtigkeit solcher Projekte gezeigt hat.

Eine weitere neuroepidemiologische Studie wurde seitens der WHO in Zusammenhang mit der Lepra eingeleitet. Verteilung, Inzidenz und Prävalenz der lepromatösen Polyneuropathie sind nunmehr weltweit bekannt. Drei Faktoren limitieren neuroepidemiologische Studien über die peripheren Neuropathien: erstens eine fehlende einheitliche Definition des Krankheitsbildes, zweitens Probleme bei der Klassifikation der Polyneuropathien und drittens differentialdiagnostische Schwierigkeiten. Während für den Kliniker die diagnostische Abklärung und die therapeutische Betreuung des einzelnen Patienten das Wesentliche ist, ist für den Epidemiologen die Dynamik des Prozesses innerhalb einer Gemeinschaft wichtig. Ein gutes Beispiel stellt eine in Moçambique durchgeführte Studie dar, bei der eine periphere Neuropathie in mehr als 1 000 Fällen beobachtet und anfänglich an eine virusbedingte Neuropathie gedacht wurde. Eine Serie von neuroepidemiologischen Studien während der letzten Monate zeigte, daß es sich jedoch um eine Intoxikation durch „Cassava" handelt. An diesem Beispiel kann man erkennen, daß epidemiologische Studien ausschlaggebend für die Identifizierung der Genese von Polyneuropathien sein können. Mit zunehmender Industrialisierung und Anwendung verschiedener Pestizide entsteht zunehmend die Möglichkeit des Auftretens von peripheren Neuropathien noch unbekannter Genese. Wesentlich ist auch die Erfassung der Dynamik der Polyneuropathien in Abhängigkeit von ihrem Auftreten bei verschiedenen Völkern mit unterschiedlichen genetischen Merkmalen. Dies ist z. B. der Fall beim Guillain-Barré-Syndrom und bei diversen toxischen Polyneuropathien, welche sich – in Abhängigkeit von genetischen Merkmalen der Bevölkerung – unterschiedlich manifestieren.

Die WHO hat daher eine Klassifikation der peripheren Neuropathien durchgeführt, um eine einheitliche, weltweit gleiche Begriffsbestimmung zu ermöglichen. Sie hat ihre Aktivität nunmehr der diabetischen peripheren Neuropathie zugewandt. Die diabetische Neuropathie wurde auf Grund ihrer Häufigkeit, und zwar nicht nur in den zivilisierten, industrialisierten Staaten, sondern auch in den Entwicklungsländern, gewählt. In den Entwicklungsländern sollte auch untersucht werden, inwieweit eine Reihe von zusätzlichen Faktoren, wie z. B. Malnutrition, Unterernährung oder das Essen von Stoffen, wie schlecht bereitetes „Cassava", das Auftreten einer Polyneuropathie bei diabetischen Patienten fördert. „Cassava" ist zwar selbst nicht toxisch, wird es jedoch, wenn es schlecht bereitet ist. Des weiteren stellt die diabetische periphere Neuropathie ein soziales Problem dar. Die WHO ist sehr an der psychosozialen Komponente jeder Erkrankung interessiert. Viele von Ihnen werden das Protokoll für die diabetische periphere Neuropathie kennen.

Die erste Phase ist beendet und wird in einigen Monaten in einer internationalen Zeitschrift veröffentlicht werden. Wir werden nunmehr die zweite Phase starten, welche zweifellos eines der wichtigsten Projekte der WHO ist, und zwar die Behandlung der Polyneuropathien.

Wie Sie wissen, hat bisher die Behandlung peripherer Neuropathien nur geringe Erfolge gebracht. Es erschien dem Expertenkomitee von großer Wichtigkeit, neue Substanzen zu finden, welche bei der medikamentösen Therapie von Polyneuropathien wirksam sind. Daher untersucht nun die WHO die Wirkung der Ganglioside bei der diabetischen peripheren Neuropathie in verschiedenen Populationen. Dies ist eine sehr wichtige Studie, da durch die Zusammenarbeit mit Klinikern aller Länder unsere Kenntnisse über die der diabetischen Polyneuropathie zugrunde liegenden pathophysiologischen Mechanismen erweitert werden. Diese Studie wird sicherlich auch bei der Identifikation des Risikos für das Auftreten der Polyneuropathie bei verschiedenen Populationen Aufschlüsse bringen.

Von diesem so sorgsam organisierten Kongreß erhoffen wir uns viele Erkenntnisse. Wir sind sicher, daß die Diskussion für die Ziele der WHO hilfreich sein wird, vor allem im Lichte des Mottos unserer Generaldirektion: Gesundheit für alle im Jahre 2000.

Die peripheren Neuropathien stellen somit ein sehr wichtiges Krankheitsbild dar. Ihre Behandlung bzw. Prophylaxe wird zur Verbesserung der Gesundheit der Weltbevölkerung beitragen und so die Wirksamkeit der Tätigkeit der WHO unterstreichen.

Pathophysiology of Metabolic Neuropathies and Neuronopathies Including Amyotrophic Lateral Sclerosis

W. G. Bradley

Introduction

In the final analysis, every disease is due to some derangement of metabolism. Therefore, in the peripheral nervous system, the neuronal-axonal degenerations and the demyelinating conditions both are due to metabolic derangement. This paper will concentrate on the pathophysiological mechanisms of degeneration of neurons (neuronopathies) and axons (axonopathies) in the peripheral nervous system, and will be illustrated by recent studies in amyotrophic lateral sclerosis (ALS) and other motoneuron degenerations by my research group.

Anatomy of the Neuron

The sensory and motoneurons of the peripheral nervous system are among the longest cells in the human body. The S-1 alpha motoneuron innervating the extensor digitorum brevis muscle of the foot is about 1 meter long. The large IA afferent neurons in the S-1 dorsal root ganglion have axonal processes nearly 2 meters long running from the lateral border of the foot through the dorsal roots and spinal cord to the nucleus gracilis at the cervico-medullary junction. The cell bodies of these neurons are at about 100–150 µm in diameter and the axons are about 10 µm in diameter. By analogy, if the cell body of the S-1 motoneuron were the same size as a man's head, his height would be 1.5 kilometer and his body would be 2 cm wide.

Biochemistry of the Neurons

This unusual shape imposes major biochemical stresses on the neuron, since all of the protein synthetic machinery resides in the perikaryon. The volume of the peripheral axoplasm in the motoneuron is about 75 times the volume of the perikaryon. This clearly explains the very high concentration of protein synthetic machinery (rough endoplasmic reticulum, Nissl substance) in the neurons, and their relatively high metabolic rate.

Material synthesized in the perikaryon has to be transported down the axon for all the metabolic functions of the neuron. These include the maintenance of the cytoskeletal and axolemmal integrity, and the maintenance of the enzymes required for energy metabolism and the distal synthesis of neurotransmitters. The process by which the synthesized materials move within the axon is termed axonal transport. This is an energy-dependant process (OCHS 1975). Most of the material traveling by axonal transport moves within the cytosol, but recent evidence indicates that a significant amount of axonal transport probably occurs through the endoplasmatic reticulum system (DROZ et al. 1979).

Orthograde transport of material proceeds at many different rates, depending on the macromolecular or subcellular particle which is being transported. There are two major rates of transport, the *fast*, occurring at about 400 millimeters per day, and the *slow* occurring at about 1–5 millimeters per day. In addition, however, there are many intermediate velocities which have been demonstrated. There are retrograde transport systems bringing material back to the perikaryon from the nerve terminals. Again, several different transport rates have been recognized in the retrograde transport (KRISTENSSON et al. 1971; FRITZELL and SJOSTRAND 1974; BARUAH et al. 1981).

Our understanding of the metabolism of neurons is still in its relative infancy. We would like to know how much material is synthesized by the neuron, how much interchanges with cytoskeletal and axolemmal constituents, how much is discharged distally, how much is metabolized during passage, and how much returns by retrograde axonal transport. Our understanding of energy metabolism within the neuron is also incomplete. The enzymes required for metabolism must be synthesized within the perikaryon and exported down the neurons. It is known that a number of different vitamins (cofactors) are required for neuronal metabolism, and that glucose is essential the only source of energy used by the neuron. It is likely that axonal energy metabolism is greatest at the nodes of Ranvier, where ionic exchanges are concentrated, and at the nerve terminals.

The Classification of Neuronal Disease and Relationship to Pathophysiology

SPENCER and SCHAUMBURG (1980) and others (GRIFFIN and PRICE 1980; MITSUMOTO and BRADLEY 1982) have advanced our understanding of neuronal degenerations by a series of studies of experimental toxic and inherited diseases of the peripheral neurons. A current classification is set out in Table 1.

The *neuronopathies* are diseases in which either the perikaryon or the neuron as a whole degenerates. Once initiated, this is a rapid process, to which SPENCER and SCHAUMBURG (1980) applied the term "dying forward." Diseases such as ALS, hereditary spinal muscular atrophy, and hereditary dorsal root ganglion degeneration, are believed to belong to this category.

To be contrasted are the *axonopathies* in which the perikaryon appears to remain structurally intact, and yet the axon undergoes degenerative changes. Several types of axonopathies have been described. In IDPN neuropathy, there is a proxi-

Table 1. Pathological classification of neuronal degenerations

---

Neuronopathy

Focal Axonopathy
- proximal
- distal
- other

Dying-back Axonopathy (?)

---

mal accumulation of neurofilamentous material, with consequent proximal swelling of the axon (GRIFFIN and PRICE 1980). The term *focal proximal axonopathy* has been applied to IDPN neuropathy and similar conditions such as neuroaxonal dystrophy. Secondary changes as a result of the axonal swelling can occur, including progressive demyelination of the swollen segments (GRIFFIN and PRICE 1980). Somewhat similar focal accumulations of neurofilaments occur at predominantly distal sites in the hexacarbon neuropathies (SABRI and SPENCER 1980). The term *focal distal axonopathy* has been applied to this group of conditions.

A focal axonopathy may also occur at any site along the course of the axon, and is not necessarily associated with accumulation of neurofilaments. For instance, in organophosphorus intoxication, vacuolation of the axon may produce disruption and thereby distal axonal degeneration (BOULDIN and CAVANAGH 1979). In the wobbler mouse, which has an inherited degeneration of cervical motoneurons, MITSUMOTO and BRADLEY (1982) have found evidence of adaxonal vacuoles and focal atrophy of the axon in the ventral roots, producing distal axonal degeneration. Axonal degeneration in thallium intoxication is probably due to massive dilatation of axonal mitochondrial producing disruption of axonal integrity (SPENCER et al. 1975).

A considerable number of human and experimental peripheral neuropathies produce changes which begin earliest and are maximal in the distal parts of the longest axons. As a result, these have been called *dying-back neuropathies*. Originally it was considered likely that such a dying-back picture resulted from biochemical derangement either in the perikaryon or in axonal transport, so that the distal terminals of the nerves could not be maintained (CAVANAGH 1964). However, it is now clear that many different processes can give rise to a dying-back type of distribution. For instance in vasculitic neuropathies, the accumulation of multiple ischemic lesions can produce a dying-back type of peripheral polyneuropathy. On a similar basis, the acute and chronic inflammatory polyneuropathies, where segmental demyelination is the major process, through the accumulation of multifocal block of nerve conduction along the length of the longest axons may produce a distal predominance to the symptoms and signs.

Finally, it must be remembered that the axon is only the peripheral cellular process of the perikaryon. It might therefore be suprising if there was a clearcut separation between neuronopathies and axonopathies. Studies of the wobbler mouse (MITSUMOTO and BRADLEY 1982) have demonstrated that both, neuropathy and axonopathy, may coexist.

Biochemical Basis of Neuronopathies and Axonopathies

Biochemical studies of experimental toxic neuropathies are beginning to provide an insight into the metabolic basis of neuronal degeneration. SABRI and SPENCER (1980) have suggested that hexacarbons and acrylamide are neurotoxic as a result of depression of energy metabolism. They have demonstrated in vitro that hexacarbons inhibit glyceraldehyde-3-phosphate dehydrogenase and other enzymes of glycolysis. This suggests that there is a consequent decrease in the adenosine triphosphate (ATP) concentration in the axon, which inhibits the ATP-dependent processes of axonal transport producing prenodal damming back of axonal transport, since the nodes of Ranvier have the highest metabolic rate of sites along the axon.

Proximal axonal swellings develop in IDPN neuropathy, but the relationship to energy metabolism has not been investigated (GRIFFIN and PRICE 1980). It is possible that some inherited and acquired neuropathies are due to impairment of energy metabolism with resultant distal axonal degeneration or total neuronal degeneration.

SCHOENTAL and CAVANAGH (1977) have brought together many pieces of evidence relating to neuronal energy metabolism and the site of action of a number of vitamins and neurotoxins. Since the beginning of the 20th Century, it has been known that the nervous system is the major site of action of many of the vitamins, such as thiamine, pyridoxine and niacin. The neurons require vitamin-derived cofactors for metabolic integrity. SCHOENTAL and CAVANAGH advanced the hypothesis that many of the neurotoxins produce their effect by inhibiting cofactors relating to the glycolytic and mitochondrial oxidative pathways in neurons. Again, it is likely that many of the acquired and inherited peripheral neuropathies may have a similar metabolic basis to that suggested for the neurotoxins.

Primary alterations of neuronal protein synthesis and of axonal transport have been hypothesized to underlying diseases with the dying-back type of degeneration (BRADLEY 1977). Abnormalities of neuronal protein synthesis (SCHOTMAN et al. 1979), of orthograde axonal transport of protein (PLEASURE et al. 1969; BRADLEY and WILLIAMS 1973; RASOOL and BRADLEY 1978; MENDELL and SAHENK 1980), and of retrograde axonal transport (MENDELL and SAHENK 1980) have been described in a number of different toxic neuropathies. However, to date, it has not been clearly demonstrated that any of these alterations of axonal transport of neuronal protein synthesis are the direct cause of the disease. It might be that they are secondary effects of the primary metabolic disorder or simply examples of derangement of biochemistry in a dying cell.

Recent Studies of the Pathophysiological Mechanisms of Degeneration in ALS and Other Motoneuronal Degenerations

A number of recent studies from my research group have provided additional insight into the pathophysiological mechanisms of neuronal degenerations. These studies have raised the possibility that abnormalities of the DNA may underlie some neuronal degenerations.

The Phrenic Nerve in ALS

ALS is considered to be the archetypal neuronopathy. The basis for this opinion is that there is severe loss of motoneurons from the spinal cord and brain stem nuclei of patients dying with ALS. However, it is possible that an axonopathy precedes the total (late stage) demise of the motoneurons. This possibility is strengthened by the finding of proximal axonal swelling of motoneurons in early cases of ALS (CARPENTER 1980). We have, therefore, analysed the phrenic nerves of 7 ALS patients and 4 controls. The phrenic nerves were studies at four levels from proximal to distal in complete transverse sections. The number of large myelinated fibers (>8 µm in diameter) was reduced to about $1/3$ of control values (proximal level 611 ± 243 in ALS and $1,776 \pm 392$ in controls; $p<0.0001$). In addition there was an 18% greater reduction in the distal number of large myelinated fibers compared with proximal levels in the ALS patients (611 ± 243 proximal; 500 ± 238 distal; $p<0.025$).

Though we did not quantitate the total number of motoneurons in the phrenic nuclei of the cervical spinal cord in these cases, qualitative studies indicated an approximately comparable loss of motoneurons.

The question of axonal atrophy in the distal levels of the ALS phrenic nerves was analysed by determining the ratio of the number of myelin lamellae to the axonal circumference in large myelinated fibers of the proximal and distal levels of 3 ALS and 3 control patients. There is no significant difference in the ratio between ALS cases and controls in the proximal level (6.56 ± 1.59; 6.75 ± 1.35, respectively), but in the distal level, the ratio was increased by 34% (7.48 ± 2.26; 5.68 ± 1.03, respectively; $p<0.0002$). Additionally, determination of the internodal length/internodal diameter ratio (IL/ID) in 50 single teased nerve fibers from 6 ALS patients and 4 controls demonstrated a statistically significantly greater IL/ID ratio compared with controls at proximal levels, further indicating a significant degree of axonal atrophy in ALS. There was, however, no greater degree of axonal degeneration distally compared with the proximally in ALS phrenic nerves in single teased nerve fiber studies.

These data indicate that in the phrenic nerve of ALS patients there is a severe loss of alpha motoneurons, and that this is the major process. However, in addition, these studies have demonstrated a small degree of dying-back change and axonal atrophy in remaining large myelinated fibers. It seems likely that these latter changes are consequent upon metabolic derangement at a stage prior to their total degeneration. This study therefore highlights the fact that it is impossible completely to separate neuronopathies from axonopathies.

Axonal Regeneration in ALS

Two additional pieces of evidence lend support to the conclusion that ALS is in part an axonopathy. Morphological studies of fascicular nerve biopsies and autopsy specimens from motor nerves of ALS patients have demonstrated that there are small numbers of clusters of myelinated fibres, which are the morphological signs of axonal regeneration in the peripheral motor nerves. They prove that focal degeneration of the axon has occurred, with reparative attempts by still-intact motoneuron. The number of clusters was not, however, very large, indicating that this is not a major process.

The same conclusion was indicated by an image analysis project (LESTER et al., in preparation). In this study, we have developed a quantitative method for studying the codistribution of muscle fibre types in skeletal muscle biopsies. A Co-Dispersion Index has been derived, which varies in value from -1 to $+1$, where negative values indicated degrees of fibre type integration (as in a checkerboard), 0 indicates random arrangement of fibre types, and positive values indicate segregation with fibre type grouping. Using the Co-Dispersion Index, we found that normal human muscle has a slightly negative value, indicating some tendency for fibre type or motor unit repulsion. In ALS, values of the order 0.2–0.4 were found, indicating some degree of fibre type grouping. However, the Co-Dispersion Index values in ALS were much lower than those in peroneal muscular atrophy and the spinal muscular atrophies (of the order 0.7). This indicates that some degree of reinnervation of denervated fibres occurs in ALS, but that the extent is much less than in some of the chronic peripheral neuropathies and spinal muscular atrophies. Both the chronicity of the latter and the impaired capacity of ALS motoneurons to sprout must explain these differences.

Morphometric Study of Motoneuronal Degeneration in the Wobbler Mouse

MITSUMOTO and BRADLEY (1982) have recently completed a morphological analysis of the pattern of motoneuronal degeneration in the wobbler mouse. This is a widely used animal model of motoneuronopathy in which there is severe loss of cervical motoneurons (PAPAPETROPOULOS and BRADLEY 1972). By a detailed temporal and spatial analysis of the degeneration of cervical motoneurons, ventral roots, and the brachial nerves from birth to adult life, we have been able to determine the way in which motoneurons degenerate in this model. The earliest morphological change in these animals occurs at 2 weeks of age and consists of vacuolation of the cervical anterior horn cells. About one week later, axonal degeneration begins to appear in the ventral roots and the brachial nerves, with consequent denervation of the muscles of the forelimbs. Clinical signs of the disease appear at about 3–5 weeks of age.

In the ventral roots and brachial nerves the lesion appears to be a focal axonopathy. Adaxonal vacuoles and axonal shrinkage appear at these proximal sites, where presumably the axon is about to become discontinuous. Regeneration with the formation of axonal clusters is relatively prominent in these regions in younger animals.

This study therefore demonstrates that the earliest signs of degeneration occur in the motoneurons, which together with the progressive loss of motoneurons indicates that the disease should be classified as a *neuronopathy*. However, the pathological pattern in the axons indicates that the disease should be classed as a *proximal focal axonopathy* with the motoneurons retaining their ability to produce axonal regeneration for a period. This study highlights that it is impossible to separate neuronopathy and axonopathy.

Axonal Transport Studies in Sural Nerve Biopsies of ALS Patients

RASOOL and BRADLEY (in preparation) have studied axonal transport of acetylcholinesterase in 6 ALS and 4 control sural nerve biopsies by the technique of ligation and incubation in vitro for 2–3 hours. They have demonstrated a 44% reduction in the apparent transport rate ($p < 0.05$) in ALS sural nerves. Though there is morphological evidence of axonal degeneration in the peripheral sensory nerves of ALS patients, these abnormalities of axonal transport are not consequent upon loss of large myelinated fibres, since morphometric studies of the sural nerve biopsies showed no significant reduction in the number of large myelinated fibres. This study confirms the observation of NORRIS (1978) that intraaxonal particles in intramuscular nerves of intercostal muscle biopsies of patients with ALS show decreased rates of movement. However, these changes do not prove that abnormalities of axonal transport *cause* the neuronal degeneration in ALS; the abnormalities could be the *secondary result* of biochemical derangement in the motoneuron.

Protein, RNA, and DNA Studies in Motoneuron Degenerations

A number of studies from my research group over the last few years have prompted the development of a new hypothesis of the pathogenesis of ALS. This new hypothesis, *the DNA hypothesis,* may also explain some of the other age-related neurological degenerations, such as Alzheimer's Disease and Parkinson's Disease. Studies leading to this hypothesis have been performed on both ALS patients and the wobbler mouse.

BRADLEY and JAROS (1973) found no abnormality of axonal transport in the wobbler mouse, but MURAKAMI et al. (1980) demonstrated that protein synthesis was decreased and protein turnover was increased in the cervical motoneurons of the wobbler mouse. We also demonstrated that the nucleus of the cervical motoneurons shrank significantly with increasing neuronal degeneration, that the RNA content was reduced by about $^1/_3$ even in normal-appearing neurons in the wobbler mouse cervical spinal cord, and that RNA synthesis in the nucleus was reduced by at least $^1/_3$ in such normal-appearing wobbler motoneurons (MURAKAMI et al. 1981).

MANN and YATES (1974) had earlier demonstrated a similar reduction in the total content of RNA in the remaining motoneurons in 2 ALS cases and suggested that this related to primary shrinkage and condensation of the nuclear DNA. DAVIDSON and HARTMANN (1981 a, b) have recently confirmed this observation. It is known that agents, such as actinomycin D, which bind to DNA and inhibit RNA polymerase will produce neuronal degeneration (KOENIG 1968).

We therefore began to develop a hypothesis that in ALS and the wobbler mouse, abnormalities of nuclear DNA in the neurons gave rise to abnormal transcription to RNA and therefore abnormal translation to proteins, with consequent cell death. We believe it likely that the accumulation of damaged nuclear DNA is the primary lesion in this condition and that damage is allowed to accumulate because of abnormal DNA repair mechanisms.

There are at least five classes of damage which occur to DNA, and there are now recognized to be several different enzymatic repair systems for repairing damaged DNA. It has become clear from the work of ROBBINS and others on such diseases as xeroderma pigmentosum that neurological degenerations can result from defects of DNA repair in neurons (ROBBINS 1978). Xeroderma pigmentosum cells are highly sensitive to damage caused by ultraviolet light, and possibly by chemical mutagens. There are a number of genetically different groups of patients with xeroderma pigmentosum, each presumably with a different gene defect. The degree of severity of neurological degeneration in each of these groups is directly proportional to the sensitivity of their cells to ultraviolet irradiation (ROBBINS 1978). A number of other diseases, both of the nervous system and of other systems in the body are now recognized to be due to problems of DNA repair.

We therefore advanced the hypothesis that ALS and other motoneuronal diseases, and perhaps also Alzheimer's Disease and Parkinson's Disease, are due to an inherent insufficiency of a DNA-repair enzyme, with consequent reduction in the ability of the neurons to repair the continually ongoing low-grade damage to neuronal nuclear DNA. This will eventually lead to sufficient impairment of transcription and translation to decrease the synthesis of many proteins, including the already deficient DNA-repair enzymes. This would lead to death of the neurons and the precipitation of the clinical signs of the disease. We suggest that the neuronal system which is involved in these age-related neuronal degenerations is predetermined by the appropriate pattern of isozymes of one of the repair enzymes of the affected neuronal system. This DNA hypothesis allows the explanation of a number of different etiological mechanisms which have been suggested in ALS, all of which may act as precipitants of neuronal degeneration by stressing the transcription and translation processes of the motoneurons.

Conclusion

In conclusion, it is clear that our concepts of DNA-related disease have to be expanded beyond the fields of genetics and cancer to include a number of acquired neuronal diseases. It is hoped that an analysis of this hypothesis will lead to a breakthrough in our understanding of the pathophysiology of these hitherto unexplained diseases.

Summary

The neurons of the peripheral nervous system have very long axons, and all their macromolecules are synthesized in the perikarya. This imposes major strains upon the processes of macromolecular synthesis, axonal transport and energy metabolism. These strains probably provide the biochemical substrate for many of the neuronal and axonal degenerations. Attempts have been made conceptually to separate the latter into neuronopathies and axonopathies (the latter being further subdivided into focal proximal, focal distal and dying-back axonopathies). Our recent studies of the phrenic nerves of patients with amyotrophic lateral sclerosis (ALS) and of the cervical alpha motoneurons of the wobbler mouse have indicated that this clear separation is not always possible.

Demonstrated abnormalities of RNA and protein metabolism in motoneurons in ALS and the wobbler mouse have lead us to develop the *DNA Hypothesis*. We suggest that the primary abnormality in ALS is a deficiency of one or more of the DNA repair enzymes in the motoneurons, causing accumulation of damaged DNA, and thence impaired transcription of RNA, and translation of protein, with consequent cell death. Similar deficiencies may underly other age-related neuronal degenerations such as Alzheimer's and Parkinson's diseases.

References

Baruah JK, Rasool CG, Bradley WG, Munsat TL (1981) Neurology 31:612
Bouldin TW, Cavanagh JB (1949) Am J Pathol 94:241
Bradley WG (1977) In: Rose FC (ed) Motor neuron disease. Grune & Stratton, New York, pp 36–52
Bradley WG, Jaros E (1973) Brain 96:247
Bradley WG, Williams MH (1973) Brain 96:235
Carpenter S (1968) Neurology 18:841
Cavanagh JG (1964) Int Rev Exp Pathol 3:219
Davidson TJ, Hartmann HA (1981 a) J Neuropathol Exp Neurol 40:187
Davidson TJ, Hartmann HA (1981 b) J Neuropathol Exp Neurol 40:193
Droz B, Koenig HL, DiGiamberardino L, Couraud JY, Chretien M, Souyri F (1979) The Cholinergic Synapse. Prog Brain Res 49:23–44
Fritzell M, Sjostrand J (1974) J Neurochem 23:651
Griffin JW, Price DL (1980) In: Spencer PS, Schaumburg HH (eds) Experimental and clinical neurotoxicology. Williams & Wilkins, Baltimore, pp 161–178
Koenig H (1968) In: Norris FH, Kurland LT (eds) Motor neuron diseases. Grune & Stratton, New York, pp 347–368
Kristensson K, Olsson Y, Sjostrand J (1971) Brain Res 32:399
Mann DMA, Yates PO (1974) J Neurol Neurosurg Psychiatry 37:1036
Mendel JR, Sahenk Z (1980) In: Spencer PS, Schaumburg HH (eds) Experimental and clinical toxicology. Williams & Wilkins, Baltimore, pp 139–160
Mitsumoto H, Bradley WG (1982) Brain 105:811
Moshell AN, Barret SF, Tarone RE, Robbins JH (1980) Lancet I:9
Murakami T, Mastaglia FL, Bradley WG (1980) Exp Neurol 67:423
Murakami T, Mastaglia FL, Mann DMA, Bradley WG (1981) Muscle Nerve 4:407
Norris FH (1978) In: Tsubaki T, Toyakura Y (eds) Conference on amyotrophic lateral sclerosis. Tokyo Press, Tokyo, pp 375–385
Ochs S (1975) In: Dyck PJ, Thomas PK, Lambert EH (eds) Peripheral neuropathy. Saunders, Philadelphia, pp 213–230
Papapetropoulos T, Bradley WG (1972) J Neurol Neurosurg Psychiatry 35:60
Pleasure DE, Mishler KC, Engel WK (1969) Science 166:524
Rasool CG, Bradley WG (1979) J Neurochem 31:419
Robbins JH (1978) J Natl Cancer Inst 61:645
Sabri MI, Spencer PS (1980) In: Spencer PS, Schaumburg HH (eds) Experimental and clinical neurotoxicology. Williams & Wilkins, Baltimore, pp 206–219
Schoental R, Cavanagh JB (1977) Mechanisms involved in the "dying-back" process – an hypothesis implicating coenzymes. Neuropathol Appl Neurobiol 3:145
Schotman P, Gipon L, Jennekens FG, Gispin WH (1979) J Neuropathol Exp Neurol 37:820
Spencer PS, Schaumburg HH (1980) In: Spencer PS, Schaumburg HH (eds) Experimental and clinical neurotoxicology. Williams & Wilkins, Baltimore, pp 92–99
Spencer PS, Peterson ER, Madrid R, Raine CS (1973) J Cell Biol 58:79

Typen und Differenzierung der metabolischen Polyneuropathien

E. SLUGA

Einleitung

Polyneuropathien sind diffuse Erkrankungen des peripheren Nervensystems. Zahlreiche Ursachen – 1980 waren bereits 162 bekannt – stehen nur einigen Wegen der Pathogenese und nur wenigen klinischen Reaktionsformen gegenüber.

Das legitime medizinische Anliegen Syndrome abzugrenzen, die einen unmittelbaren Rückschluß auf die Ätiologie erlauben – also eine nosologische Differenzierung –, ist bei den peripheren Nervenkrankheiten bisher nicht möglich. Die Ursache ist vor allem in der Besonderheit der peripheren Nerven zu suchen, die als Fortsatzstrukturen nur beschränkte Möglichkeiten pathologischer Reaktionen haben und Reiz- und Ausfallerscheinungen unter stereotypen Mustern manifestieren.

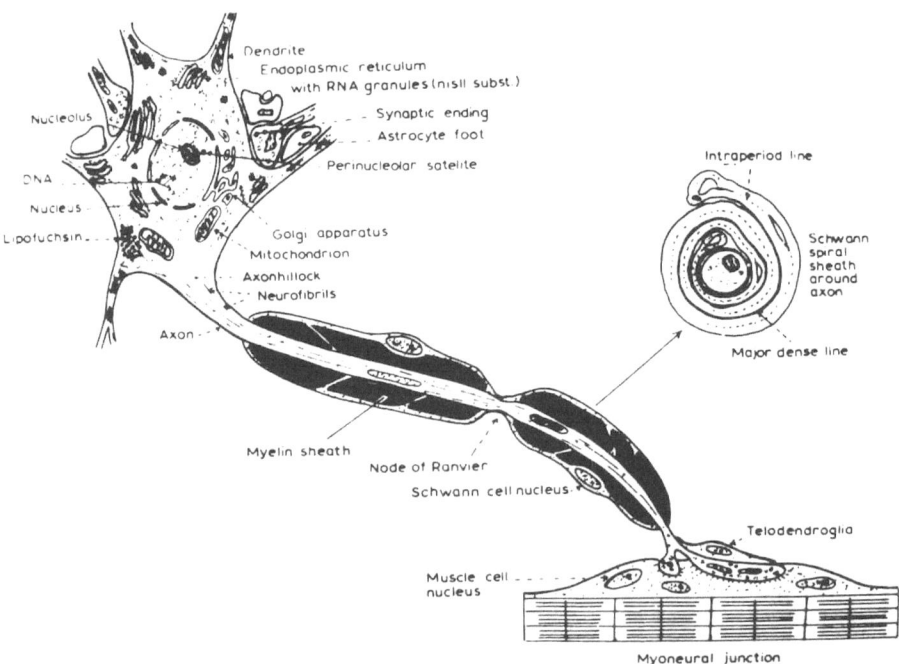

Abb. 1. Schematische Darstellung einer Nervenfaser. Aufbau aus Axon und Markscheide. Markscheidenstruktur aus konzentrisch geschichteten Membranen. Perikaryon und motorische Endplatte sind dargestellt

1) Pathomorphologische Reaktionstypen: entsprechend dem Aufbau der Einzelfaser aus
Axon – Markscheide – Interstitium (Abb. 1) können axonale – demyelinisierende und interstitielle Neuropathien entstehen.

2) Muster klinischer Symptome: a) entsprechend der Funktion der betroffenen Fasern des peripheren Nervensystems, das aus
sensiblen – motorischen und vegetativen Anteilen besteht (Abb. 2) manifestieren sich
sensible – motorische oder vegetative Symptome.
b) Der Verteilungstyp entspricht in der Mehrzahl der Fälle dem der längsten Nervenfasern und damit den distal-symmetrischen Formen. Asymmetrische Formen sind seltener; zu ihnen gehören die Mononeuritis multiplex mit Befall einzelner Nervenfasern und die Schwerpunktpolyneur(itis)-opathie mit klinischem Befall einer Nervengruppe und subklinischen Veränderungen an anderen Extremitäten (Tabelle 1). Diese klinischen Hauptmanifestationstypen sind seit Leyden bekannt. Differenzierung von Subtypen haben den tetraplegischen Typ nach Scheid und Gibbels, den symmetrisch-sensiblen und symmetrisch-paretischen Typ nach Erbslöh abgegrenzt. Jedoch konnte NEUNDÖRFER in seiner Differentialtypologie schon darauf hinweisen, daß es sich immer nur um ein „mehr oder weniger" und kaum um „Ausschließlichkeit" handelt, obgleich die einzelnen Neuropathien eine gewisse „Physiognomie" entwickeln.

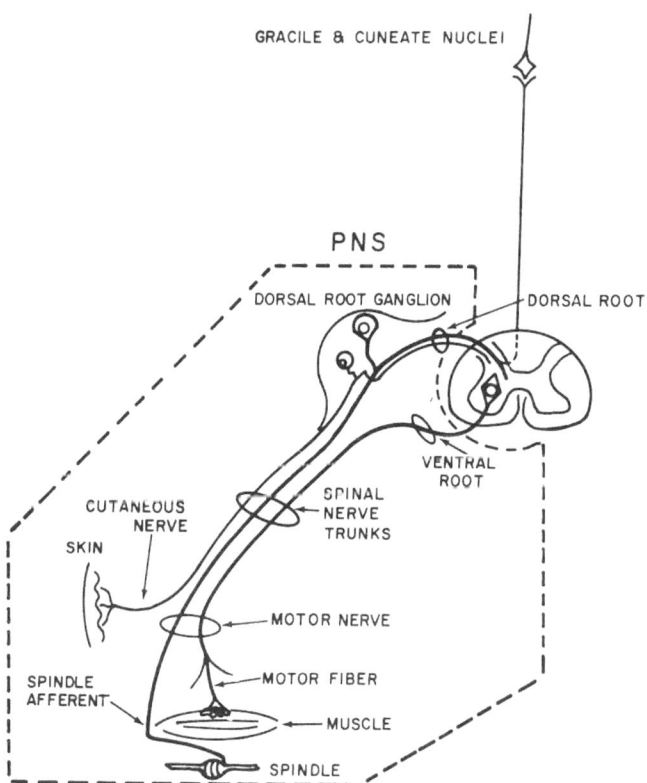

Abb. 2. Schematische Darstellung des peripheren Nervensystems. Aufbau aus sensiblen, motorischen und vegetativen Fasern

Tabelle 1. Verteilungstypen der Polyneuropathien

Distal-Symmetrisch	Asymmetrisch
Subtypen: Tetrapleg. Typ (Scheid u. Gibbels) symmetrisch-sensibel symmetrisch-motorisch (Erbslöh)	Mononeuritis multiplex Schwerpunktsneuritis

Im folgenden werden die metabolischen Polyneuropathien vorgestellt. Eine klinische Syndromenanalyse wurde ausgearbeitet und der Versuch gemacht, eine mehr regelhafte Zuordnung zu Ätiologie und pathomorphologischen Neuropathietypen zu finden.

Analyse und Ergebnisse

1 Ätiologie

Nach ätiologischen Gruppen zusammengefaßt, gehören zu den metabolischen Polyneuropathien solche bei endokrinen Störungen, endotoxische Formen, solche bei Protein- und Fettstoffwechselstörungen, bei Malabsorption und Malnutrition, paraneoblastische Formen und jene bei heredo-degenerativen Erkrankungen (Tabelle 2). Die einzelnen, den verschiedenen ätiologischen Gruppen zugehörigen PN wurden aufgelistet und hinsichtlich ihres klinischen Syndroms eingereiht (Tabelle 2).

2 Klinik

a) Auf die neurologischen Symptome i. allg. muß nicht näher eingegangen werden. Reflexverlust, Atrophien, Paresen, besonders distal; Dysästhesien, Hypästhesien in „Stoke- and glove"-Verteilung und Schmerzen sind gut bekannt.

Auf die Fülle der vegetativen Symptome soll aber besonders hingewiesen werden, da sie oft nicht beachtet oder der peripheren Nervenerkrankung nicht zugeordnet werden. Es kommen vor: Störungen der Schweißsekretion, oft mit kompensatorischem Schwitzen im Bereich des Stammes, Hyperkeratosen, Ulkusbildungen, viszerale autonome Innervationsstörungen mit orthostatischen Hypotonien und Magen-Darm-Beschwerden, neben anderen in Tabelle 3 angeführt.

b) Im speziellen wurden sensible, sensomotorische und motorische Syndrome abgegrenzt. Vegetative Symptome, symmetrische/asymmetrische Verteilung, proximale Lokalisation, Hirnnerven- und ZNS-Beteiligung wurden in der Syndromenanalyse berücksichtigt (Tabelle 2).

c) Eine tabellarische Auflistung dieser Syndrome in Relation zur Ätiologie wurde vorgenommen (Tabelle 2).

Tabelle 2. Ätiologische Typen und deren klinische Syndrome bei metabolischen Polyneuropathien

Metabolische Polyneuropathien – Klinik I								
PN	Symmetrisch			Asymmetrisch	Veg.	HN	Prox.	ZNS spi.
	Sensibel	Sensomotorisch	Motorisch					
Endokrine	Diabetes				+	+	+	
		Hyperinsulinismus						+
	Thyreogen							
	M. Cushing							
		Akromegalie						
Endotoxisch			Porphyrie		+	+	+	+
		Urämie						
		Leberinsuffizienz						
	biliäre Zirrh.							
		Hämochromatose						
				Koma-PN				
				Gicht				
Patho-proteinämien Para-	Amyloidose⟶				+	±		
	famil.							
	sekun.							
		Myelom						
		M.						
		Kryo-		Waldenström -globulinämie				
Fettstoff-wechselstörung	Xanthomatöse							
	M. Fabry⟶			Hyperlipidämien	+			
	An-α-LPämie				+			
	A-β-LPämie				+			
		M. Refsum					+	
		MLD						+
		M. Krabbe						+
Malnutrition ↓ ↑ Malabsorption	Vitaminmangel B$_1$						+	+
	Vitaminmangel B$_2$							
	Vitaminmangel B$_6$							
	Vitaminmangel B$_{12}$							+
	Folsre.mangel							+
	Malabsorption							+
	gastro/enterogen							
		Alkohol						+ –

Schon bei einer Übersichtsbetrachtung zeigt sich, daß gleichartige klinische Syndrome bei ätiologisch verschiedenen PN auftreten, bzw. daß verschiedene klinische Syndrome innerhalb einer ätiologischen PN-Gruppe manifest werden.

Analysiert man im speziellen die Zugehörigkeit der klinischen Syndrome, findet man jeweils ein weites ätiologisches Spektrum für einzelne klinische Manifestationsformen.

Tabelle 2 (Fortsetzung)

Metabolische Polyneuropathien – Klinik II								
PN	Symmetrisch			Asymmetrisch	Veg.	HN	Prox.	ZNS spi.
	Sensibel	Sensomotorisch	Motorisch					
Maligne TU		Paraneoplastische ⟶ Zytostatika		bei Retikulosen Leukämien Polycythaemia				

Heredo-degene-rative		Riesenaxon-neuropathie
		  neurale Muskelatrophien:
		  hypertroph:
		   Typ Charcot-Marie-Tooth
		   Typ Dejerine-Sottas
		  neuronale Form
		  Dysastasie Roussy-Levy
				fam. mit Disposit. zu Druckparesen	+	+		

		M. Friedreich Myatroph. Ataxie					+	+
	Sensorische NP Typ I/II Typ III/IV				+ +			
Vaskuläre PN				Panarteritis n. hypersensitiv. A. rheumatoide A. L. E. u. a. Riesenzellarterit. Sklerodermie			+	

Tabelle 3. Vegetative Störungen bei Polyneuropathien

Peripher-autonome Innervation	Viszeral-autonome Innervation	Pupilleninnervation

1. Schweißsekretion
   Hyper-:/An-hydrosen
   kompen. Stammschwitzen
2. Vasomotorenparese
   livide Akren
   Rubeosis
3. trophische Störungen
   Ödeme/Ulkus/Osteo-
   arthropathien
	1. Blasenstörungen
	   Detrusorschwäche
	2. Impotenz
	   retrograde Ejakulation
	3. kardiovaskuläre Störungen
	   orthostatische Hypotonie
	   (reflekt. Sympathikuserreg.)
	4. Gastro-, Enteropathien
	   Hypo-, Atonien
		Anisocorie
		reflekt.
		Pupillenträgheit
		→Argyll-
		Robertson P. starre

Sensible Neuropathien werden manifest bei Amyloidose, biliärer Zirrhose, M. Fabry und den sensorischen Neuropathien der heredodegenerativen Gruppe, vorwiegend sensible Formen auch bei Malabsorption-Malnutrition und Paraneoplaside. Seltener sind vorwiegend motorische Neuropathien anzutreffen; sie kommen vor z. B. bei Porphyrie, bei den asymmetrischen Syndromen der Paraproteinämien und bei den rezidivierenden, familiären polytopen Neuropathien, mit Disposition zu Druckparesen. Bei allen anderen metabolischen PN aus den unterschiedlichen ätiologischen Gruppen, entwickeln sich gemischte sensomotorische Neuropathien, meist in symmetrischer Verteilung.

Seltener, aber auch bei der Analyse anzutreffen, war die Beobachtung, daß eine Grundkrankheit ein „weites", unterschiedliches klinisches Spektrum im Gefolge hat. Das klassische Beispiel ist der Diabetes, der jedes der klinischen Syndrome, alle Verteilungstypen und alle Begleitsymptome, manifestieren kann.

Tabelle 4. Verlaufstypen von Polyneuropathien. I/IV subakut-chronisch, II akut, IV rekurrierend. Beziehung zu Verteilung, Ursachen und Pathologie

Clinical Types	Manifestations	Causes	Pathologic Findings
I. Distal, symmetric, subacutely evolving polyneuropathy	Distal; mixed; motor-sensory loss: legs affected more than arms	*Metabolic States:* Vitamin deficiency; carcinoma; uremia; diabetes *Toxins:* Arsenic; isoniazid; nitrofurantoin; acrylamide; thalidomide; organophosphorus compounds (triorthocresyl-phosphate)	Axonal degeneration primarily; axon and myelin breakdown in graded, distal distribution
II. Acute, fulminant polyneuropathy	Usually ascending or descending paralysis, but may be any pattern. Cranial nerves often affected. Inconspicuous sensory loss. Often require ventilatory assistance	Idiopathic polyneuritis of Guillain-Barré Acute intermittent porphyria	Segmental demyelination primarily Axonal degeneration
III. Proximal asymmetric, primarily motor, mononeuropathy multiplex	Temporal evolution variable; often painful; in diabetics, tendency to recover	Diabetes arteritides; occ. amyloidosis; others.	Multiple, focal lesions of nerve trunks, often ischemic (diabetes, arteritides); wallerian degeneration distally
IV. Chronic or recurrent, hypertrophic neuropathy	Enlarged nerves sometimes; chronic course; distal, motor-sensory in distribution	Familial neuropathy (Dejerine-Sottas); Refsum's disease; recurrent polyneuritis	"Onion bulb" formation; increased collagen and Schwann cells and nerve fiber loss. Prob. repeated segmental demyelination

Tabelle 5. Genetische Typen von Polyneuropathien

Dominanter Erbgang	Rezessiver Erbgang
Akute intermittierende Porphyrie	Refsum-Syndrom
Familiäre Amyloidose	Hereditäre sensible Neuropathie (kleinerer Anteil)
Hereditäre sensible Neuropathie (größerer Anteil)	
Neurale Muskelatrophie (größerer Anteil)	Neurale Muskelatrophie (kleinerer Anteil)
Progressive hypertrophische Neuritis (größerer Anteil)	Progressive hypertrophische Neuritis (kleinerer Anteil)
Myatrophische Ataxie (größerer Anteil)	
Familiär rezidivierende polytope Neuropathie	Myatrophische Ataxie (kleinerer Anteil)
	Bassen-Kornzweig-Syndrom
	Louis-Bar-Syndrom

Nach diesen Analyseaspekten schien die Beziehung zwischen Klinik und Ätiologie scheinbar regellos.

Daß aber klinische Syndrome, besonders Verteilungstypen, nicht so ganz regellos entstehen, zeigten schon die vaskulären PN, die alle in der asymmetrischen Gruppe aufscheinen. Sie sind unter diesen Formen in der Differentialdiagnose führend.

d) Berücksichtigt in der Syndromenanalyse wurden auch: *Verlauf* (Tabelle 4) und *Heredität* (Tabelle 5), aber wenig regelhafte Beziehungen konnten abgeleitet werden. Denn metabolische PN aller Gruppen zeigen überwiegend subakutchronische Verläufe (I). Akut-fulminante Verläufe kommen nur bei der Porphyrie (II), rekurrierende Verläufe beim M. Refsum vor. Polyneuropathien mit dominantem Erbgang sind in allen ätiologischen Gruppen anzutreffen – wie z. B. bei Porphyrie, Amyloidose, neuralen Muskelatrophien. Letztere können auch einen rezessiven Erbgang haben. Ein solcher liegt auch beim M. Refsum vor.

Diese klinische Syndromenanalyse zeigt, daß verschiedenste Ursachen gleichartige neurologische Syndrome produzieren können, und daß gleichartige Grundstörungen, wie z. B. der Diabetes, sehr verschiedene klinische Syndrome manifestieren.

Es war also naheliegend, daß nicht die Grundstörung an sich den Neuropathietyp manifestiert, sondern der dazwischengeschaltete pathogenetische Weg. Dieser kann entweder: 1. durch Gemeinsamkeiten nach Art einer „letzten gemeinsamen metabolischen Endstrecke" wirksam werden oder 2. durch unterschiedliche, kausale Faktoren, die sich aus einer Grundstörung entwickeln, wie z. B. beim Diabetes.

3 Pathomorphologie

Zu dieser Frage der Pathogenese brachten Ergebnisse von Nervenbiopsien weitere Informationen.

a) Wie eingangs ausgeführt, sind nach den primär betroffenen Faseranteilen *axonale-, demyelinisierende-* und *interstitielle* Neuropathien zu unterscheiden.

Diese Differenzierung weist bereits auf unterschiedliche pathogenetische Mechanismen hin. Weitere Untersuchungen aber ergaben jeweils heterogene Veränderungen und damit verschiedene Subtypen.

Typen und Differenzierung der metabolischen Polyneuropathien

Tabelle 6. Zuordnungsschema – ätiologischer, klinischer und pathomorphologischer Typen bei metabolischen Polyneuropathien

PN / Pathomorphologie	Parenchymatöse			Interstitielle
	Axonale		Demyelinisierende	
	Kleinkalibr. Fs. aufsteig. Typ →	Großkalibrige Mfs. ← absteigender Typ		
Endokrine	Diabetes			Mikroangiopathie
		Thyreogene	Akromegalie	
Endotoxisch		Porphyrie Urämie	?Leberinsuff.	Hyperurikämie
Pathoproteinämien Para-	Amyloidose		Myelom	M. Waldenström
Fettstoffwechselstörung	M. Fabry		M. Refsum MLD M. Krabbe	
Malabsorption Malnutrition		Hypovitaminosen inclus. B_{12}- Folsre.mangel? Alkohol Malabsorption		
Maligne TU	Para-	neoplastische		Infiltration
Heredodegenerative		Riesenaxonneuropathie Neuronale peron. Ma. M. Friedreich	Hypertrophe p. Ma.	
	sensorische NP			
Vaskuläre PN				alle Angiitiden
Klinik	sensible + vegetativ	sensomotorische		asymmetrische

b) *Axonale Neuropathien.* Unterschiede im Befall des Nervenfaserspektrums: Prozesse mit primärem Befall kleinkalibriger Nervenfasern stehen solchen mit primärem Befall großkalibriger Markfasern gegenüber. Im Nervenfaserspektrum entspricht dies einem aufsteigenden oder absteigenden Faserläsionstyp.

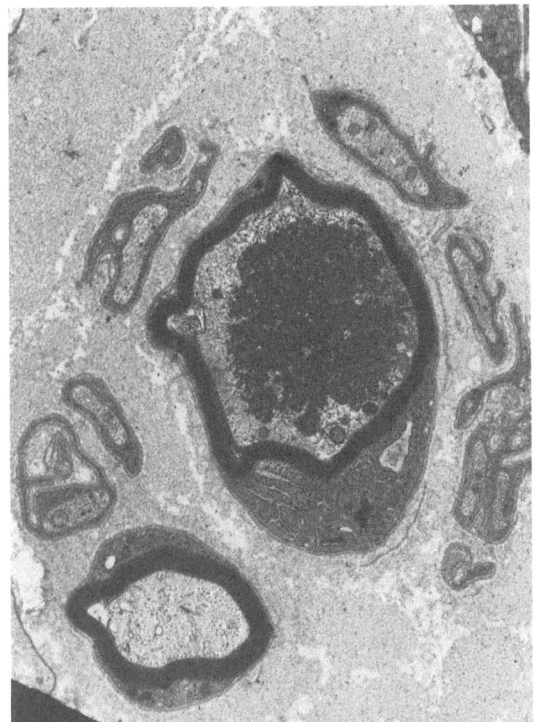
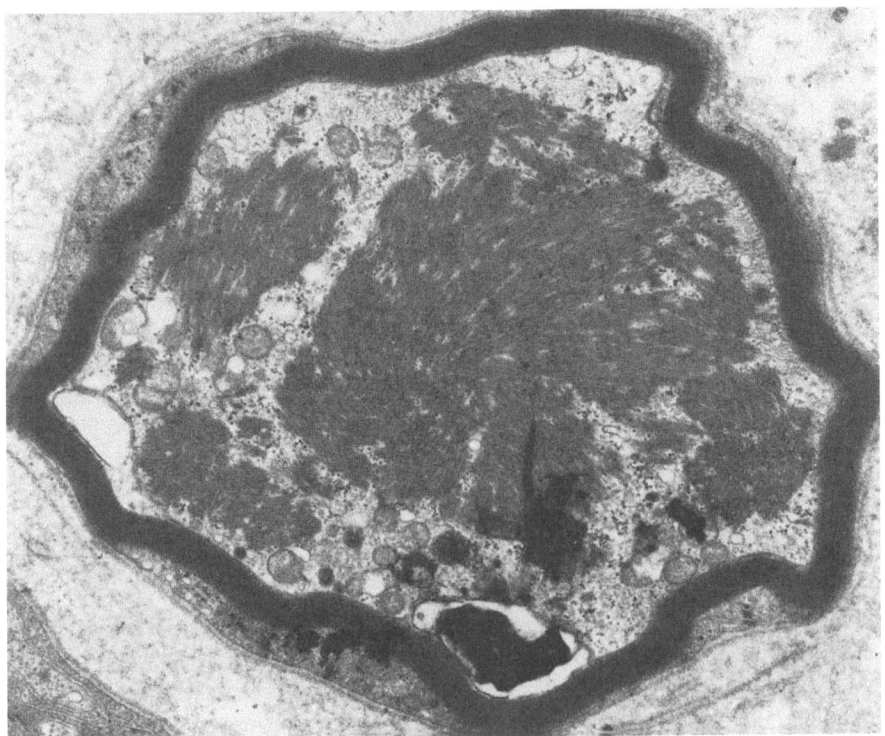

Abb. 3a, b. Axonale Neuropathie – dystrophischer Typ. Vermehrung intraaxonaler Filamente, Markscheiden intakt. **a:** Vergr. 6000:1, **b:** Vergr. 15000:1

Bei Gegenüberstellung dieser pathomorphologischen Typen zu klinischen Gruppen zeigte sich eine erste, mehr regelhafte Zuordnung (Tabelle 6). Alle rein sensiblen PN-Formen waren in der Gruppe der axonalen Läsionen mit absteigendem Faserbefall anzutreffen, wie z. B. die sensorischen PN, Amyloidose oder M. Fabry (Tabelle 6). Motorische und sensomotorische Syndrome aber wurden durch Neuropathien vom absteigenden Faserläsionstyp manifest. Dieser Neuropathietyp entsteht durch axonale und demyelinisierende Prozesse (Tabelle 6).

Diese erste große Zuordnungsmöglichkeit läßt erkennen, daß 1. das klinische Bild der PN von den elektiv betroffenen Nervenfasern geprägt wird und daß 2. einzelne Nervenfasertypen von verschiedenen Stoffwechselstörungen unterschiedlich betroffen werden. Das entspricht einer Fasertypenspezifität.

Unterschiede in der Art der Axonläsion: Unter den axonalen PN gibt es solche mit Strukturanhäufung im Axon, vor allem Filamente und Tubuli – dystrophischer Typ (Abb. 3 a, b). Eine größere Gruppe hat von Anfang an degenerative Veränderungen, zuerst am Axon, bald auch an der ganzen Faser – desintegrativer Typ (Abb. 4 a–c). Ob es sich dabei um Unterschiede an sich oder um solche im Verlauf handelt, bleibt offen. Unterschiede in der Pathogenese aber zeichnen sich ab.

Unter den dystrophen Formen, die überwiegend als „dying-back" verlaufen, sind Neuropathien vertreten wie Vincristin, Acrylamid-Substanzen, bei denen eine Interaktion mit Filamenten-Bildung und/oder -Strukturierung, bzw. dem Axonflow bekannt sind. Bei den PN mit mehr desintegrativen Veränderungen aber sind jeweils Störungen im intermediären Stoffwechsel bekannt, wie z. B. bei INH oder Nitrofuran.

Man könnte also arbeitshypothetisch diskutieren, daß bei den desintegrativen Formen Läsionen vorliegen, die die Axonstrukturen selbst betreffen, wie z. B. beim Thallium die Mitochondrien. Bei den dystrophischen Formen aber, die mit Beeinträchtigung des Axonflows einhergehen, werden mehr zelluläre Mechanismen betroffen sein, läuft doch die Produktion der die Filamente konstituierenden Proteine zellulär ab. Hier ergibt sich der von Bradley erwogene Übergang der Axonopathien zu den Neuronopathien. Bradley konnte aber auch zeigen, wie vielfältig die Störfaktoren sein können, die in diesen Weg der Axonläsion einmünden.

Mit diesen Differenzierungsmöglichkeiten der axonalen Neuropathien aber stehen wir bei den humanen, metabolischen Formen erst am Anfang.

c) *Entmarkungsneuropathien*. Bei diesen sind immer großkalibrige Markfasern befallen, unterschiedliche Fasertypenspezifität gibt es daher nicht. Unterschiede an den Markscheiden selbst sind selten zu differenzieren, aber differente Abbau- und Begleitveränderungen sind pathomorphologisch charakteristisch. Unterschiedliche pathogenetische Faktoren sind schon mehrere bekannt.

Bei den *Leukodystrophien* liegen Abbaustörungen komplexer markscheidenbildender Lipide vor, wie Cerebrosidsulfatide oder Galactocerebroside, mit Anhäufung von typischem Speichermaterial im Gewebe. Demyelinisierung wahrscheinlich durch Änderung der proportionskonstanten Zusammensetzung des Myelins, an strukturell nicht faßbar veränderten Markscheiden. Stets erhebliche ZNS-Mitbeteiligung.

Hypertrophe Formen sind begleitend durch Schwann-Zellvermehrung und Zwiebelschalenbildungen charakterisiert (Abb. 5 a, b). Eine hypertrophe Neuropa-

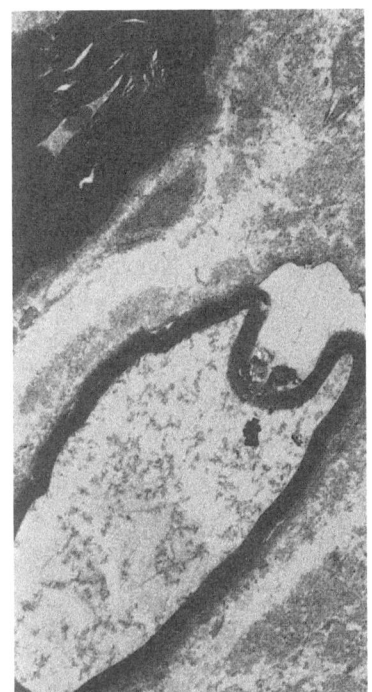
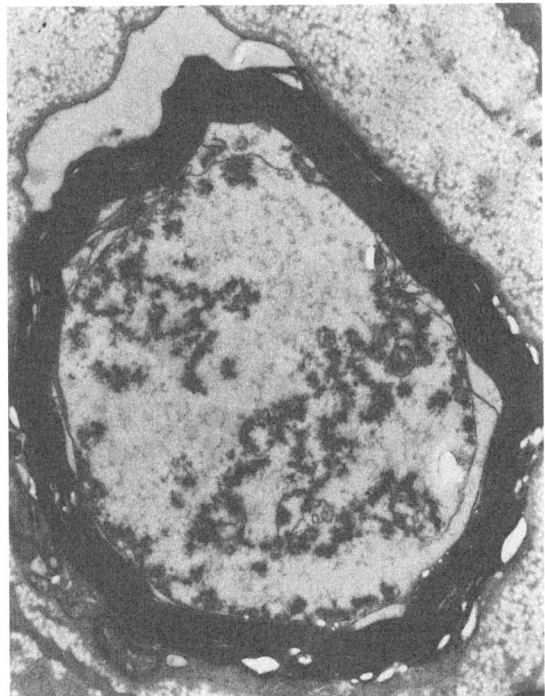
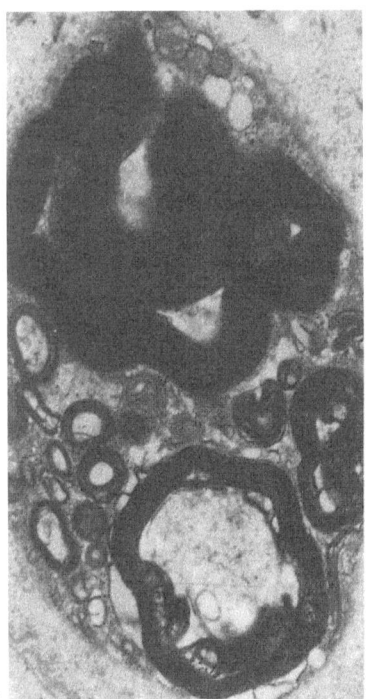

Abb. 4a–c. Axonale Neuropathie – desintegrativer Typ. **a** u. **b** Desintegration intraaxonaler Strukturen, Markscheiden noch intakt. **c** Konsekutive Degeneration aller Faseranteile. **a** Vergr. 6000:1, **b** Vergr. 12000:1, **c** Vergr. 5000:1

thie entwickelt die Refsum-Krankheit, von der ursächlich eine Abbaustörung der verzweigten Fettsäure, Phytansäure, bekannt ist. Organspeicherung, vermehrter Einbau in die Markscheiden, Störungen des proportionskonstanten Verhältnisses und Demyelinisierung (Abb. 5a) sind die Folgen. Kaum ZNS-Beteiligung. Abbaustörungen von Fettsäuren oder einfachen Lipiden wurde als gemeinsames pathogenetisches Prinzip dieser Gruppe vermutet, auch für andere hypertrophe Neuropathien vielfach gesucht, jedoch bisher nicht nachgewiesen.

Die einzige Entmarkungsneuropathie mit einer *Strukturstörung* des Myelins ist jene bei Paraproteinämien (Abb. 6a, b). Es kommt zur Verdoppelung der Periodik durch Proteineinlagerung und konsekutiver Abspaltung der veränderten Myelinlamellen (Abb. 6b).

d) *Interstitielle Neuropathien.* Sie haben Gefäßveränderungen oder lokale Ablagerungen, wie bei Hyperurikämie oder M. Waldenström, als Ursache. Asymmetrischer Verteilungstyp.

Bei Entmarkungs- und interstitiellen Neuropathien ist die Beziehung zwischen verschiedenen Ursachen und der Entwicklung gruppenspezifischer Pathogenesemechanismen bereits am differenziertesten nachgewiesen. Letztere lassen sich auch innerhalb der humanen, metabolischen Polyneuropathien sehr klar abgrenzen.

Schlußfolgerungen

Aus der vergleichenden Analyse von Klinik und Ätiologie bei metabolischen PN war zwischen den zahlreichen kausalen Grundkrankheiten und den wenigen klinischen Manifestationstypen keine regelhafte Zuordnung möglich. Daraus wurde abgeleitet, daß für die Art der klinischen Manifestationen der pathogenetische „Zwischen"-Prozeß bestimmend sein muß, und daß jeweils ein gemeinsamer Pathogeneseweg für mehrere ursächliche Faktoren besteht.

Die pathomorphologischen Befunde haben es ermöglicht, gewisse regelhafte Zuordnungen zu finden. Der elektiv befallene Nervenfasertyp prägt die neurologische Symptomatik in ihrer Art. Subtypen der axonalen und demyelinisierenden Neuropathien erwiesen sich als strukturelle Manifestationen von pathogenetischen Prozessen einer „gemeinsamen, metabolischen Endstrecke" und bestätigen damit das Ergebnis der klinisch-ätiologischen Vergleichsanalyse. Eindrucksvollstes Beispiel sind die Axonflow-Interaktionen, die alle zu dystrophischen axonalen Neuropathien führen, deren Ursachen aber vielfältig sind und von Proteinstoffwechselstörungen mit Beeinträchtigung der Bildung oder Strukturierung von Neurotubuli und Filamenten bis zu defizitären energetischen Prozessen im Axon reichen können. Aufklärung der noch offenen Probleme bei PN lassen sich daher viel weniger durch eine zunehmende Zahl von Primärursachen erwarten, als vor allem durch weitere Daten über Gemeinsamkeit und Unterschiede der folgenden Pathogenese.

In diesem Sinne ist es immer noch wichtig jeden einzelnen PN-Fall genau zu analysieren, um spezielle Typen und deren Entstehung abzugrenzen.

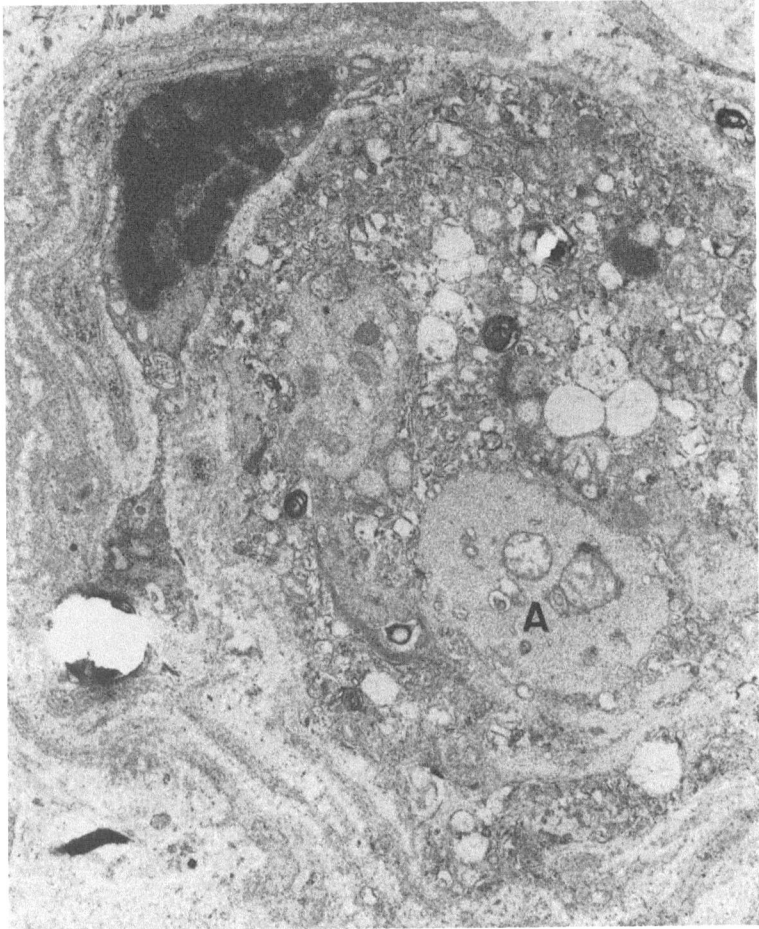

Abb. 5a

Zusammenfassung

Polyneuropathien haben zahlreiche Ursachen und nur wenige klinische und pathomorphologische Reaktionsformen. Unter den metabolischen Polyneuropathien wurden 6 ätiologische Gruppen abgegrenzt und tabellarisch dargestellt. Eine Analyse der klinischen, ätiologischen und pathomorphologischen Typen wurde im Hinblick auf ihre gegenseitige Zuordnung versucht.

Gleichartiges klinisches Syndrom bei sehr verschiedenen ätiologischen PN und verschiedene klinische Syndrome durch eine Grundkrankheit waren Daten, die eher eine regellose Beziehung nahelegten. Zwischen Ätiologie und Klinik ablaufende pathogenetische Prozesse waren als wichtiger Faktor in der Aufklärung dieser „Regellosigkeiten" anzunehmen. Elektiver Befall einzelner Nervenfasertypen hatten bereits eine regelhafte Zuordnung zur Manifestation von sensiblen oder sensomotorischen Neuropathien. Unter den axonalen, entmarkenden und interstitiellen

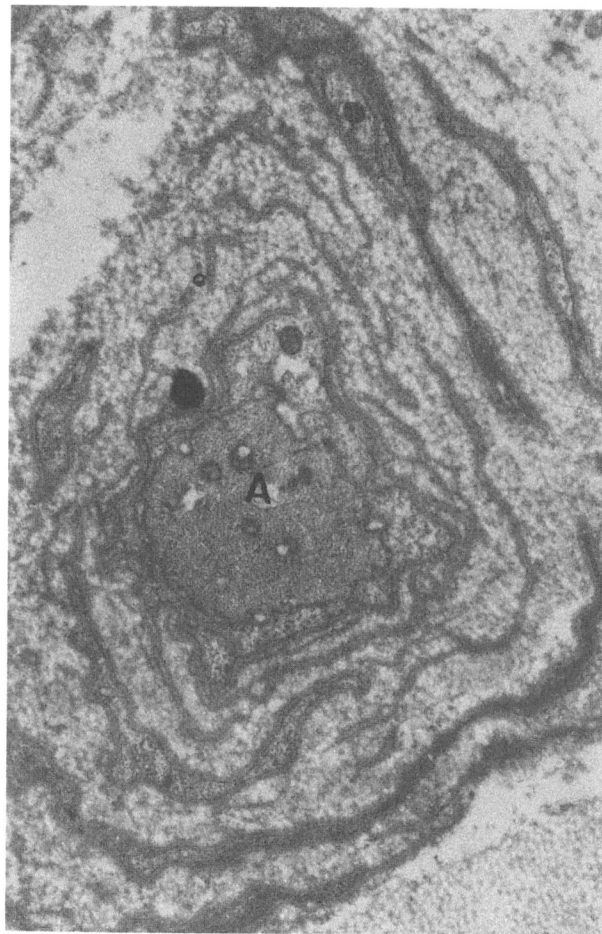

Abb. 5a, b. Entmarkungsneuropathie – hypertropher Typ. **a** Rezente Demyelinisierung, intaktes Axon–A/ M. Refsum (Vergr. 15 000:1). **b** Abgelaufene Demyelinisierung; entmarktes, intaktes Axon-A mit Zwiebelschale/peronäale Muskelatrophie (Vergr. 12 000:1)

Neuropathien konnten Subtypen abgegrenzt werden, deren strukturelle Veränderungen besondere pathogenetische Mechanismen nahelegten, die jeweils gemeinsam für mehrere ursächliche Faktoren sind. Die Aufklärung der „zwischengeschalteten" Pathogeneseprozesse ist auch weiterhin ein wichtiger Weg in der PN-Forschung.

Summary

In spite of a high variability in etiology, there are only few clinical and pathomorphological expressions of neuropathies. Among the metabolic polyneuropathies, 6 etiological groups have been outlined. An analytical trial was done for differentiation and mutual correlation of etiological, clinical, and pathomorphological

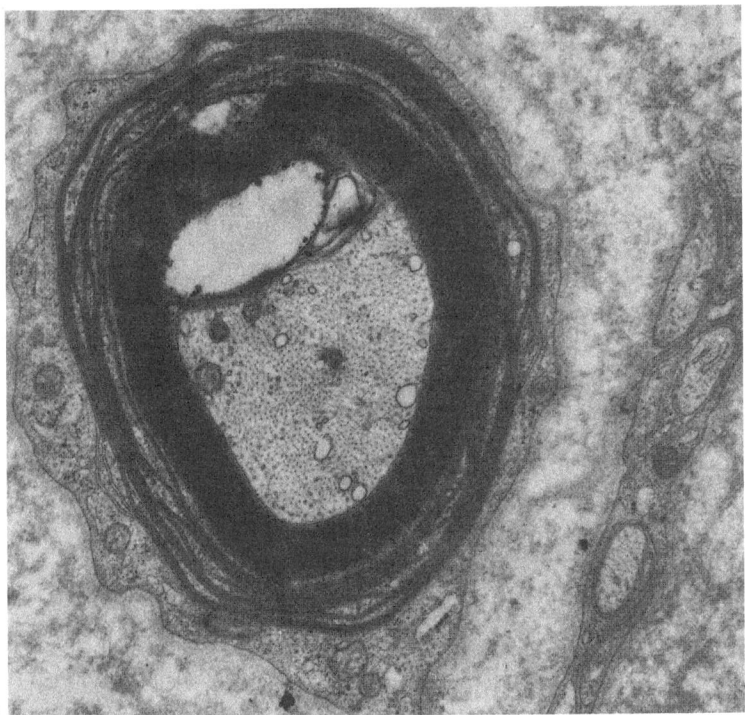
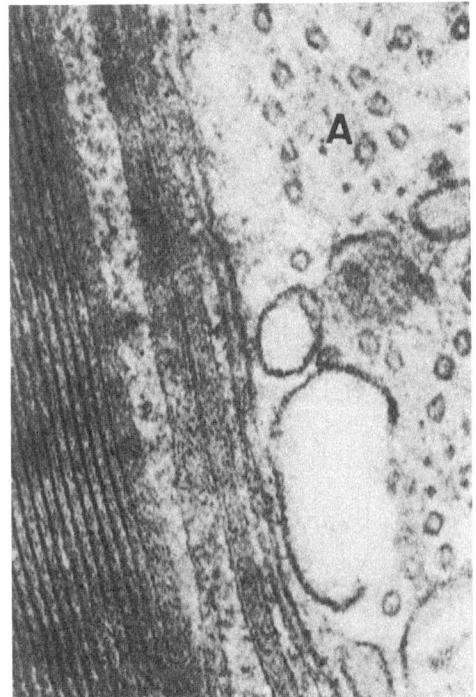

Abb. 6a, b. Entmarkungsneuropathie – mit Strukturveränderungen/Paraproteinämie. **a** Äußere Lamellen des Markmantels verändert (Vergr. 18 000:1). **b** Innere Lamellen zeigen Periodenverdoppelung durch 4 Membranen, folgende Lamellenspaltung. Axon-A (Vergr. 115 000:1)

types. In general, there was no good correlation between the etiology and the clinical expression of the disease – uniform clinical syndromes under different etiological conditions and vice versa were present. A common pathogenetic pathway for several etiological factors was assumed. There was better correlation between pathohistological manifestations and clinical signs. Nerve fibre type involvement determined the expression of sensory or mixed sensorimotor polyneuropathy. Subtypes of axonal and demyelinative neuropathies were differentiated; their structural changes confirmed the existence of some particular pathogenetic pathways, all common for several causative factors. Elucidation of the available pathogenetic pathway in peripheral nerves is one important goal in the study of polyneuropathies.

Literatur

Ashbury AK, Johnson PC (1978) Pathology of peripheral nerve. Saunders, Philadelphia
Gibbels E (1980) Tabellarische Anleitung zur Differentialdiagnose der Polyneuropathien. Fortschr Neurol Psych 48:31–66
Hopf HC, Poeck K, Schliack H (1981) Neurologie in Praxis und Klinik, Bd II, Polyneuropathien 2.1–2.71. Thieme, Stuttgart
Neundörfer B (1973) Differentialtypologie der Polyneuritiden und Polyneuropathien. Schriftenreihe Neurologie. Springer, Berlin Heidelberg New York
Sluga E (1974) Polyneuropathien. Typen und Differenzierung. Schriftenreihe Neurologie. Springer, Berlin Heidelberg New York

Metabolische Neuropathien: Elektrophysiologie

B. Mamoli

Der Beitrag der Elektrophysiologie bei metabolischen Neuropathien kann folgendermaßen zusammengefaßt werden:

1. Differenzierung unterschiedlicher Polyneuropathietypen.
2. Erfassung subklinischer Neuropathien.
3. Einblick in ätiopathogenetische Mechanismen.
4. Objektivierung von therapeutischen Maßnahmen.

In der Folge soll anhand von Beispielen auf die einzelnen Fragestellungen eingegangen werden. Zu berücksichtigen ist, daß das Verhalten der elektrophysiologischen Parameter bei metabolischen Polyneuropathien sich prinzipiell nicht von jenem bei entzündlichen oder toxischen Polyneuropathien unterscheidet.

1 Differenzierung unterschiedlicher Polyneuropathien

Aus morphologischer Sicht lassen sich zwei Hauptgruppen unterscheiden:

a) primär axonale Polyneuropathien,
b) primär demyelinisierende Polyneuropathien.

Über die Beziehung zwischen Funktions- und Strukturstörungen am peripheren Nerven bei Polyneuropathien liegen bereits zahlreiche experimentelle und humane Untersuchungen vor (Ulrich et al. 1965; Kaeser 1965; Thomas 1971; Buchthal 1973; Behse u. Buchthal 1978). Die Ergebnisse waren einheitlich. Eine Verlangsamung der maximalen Nervenleitgeschwindigkeit um 40–50% kann als Hinweis für einen primär demyelinisierenden Prozeß angesehen werden, wogegen es bei primär axonalen Neuropathien zu einem Verlust der Leitfähigkeit kommt, ohne daß davor stark verlangsamte Nervenleitgeschwindigkeiten beobachtet werden. In Abb. 1 ist die motorische Nervenleitgeschwindigkeit des N. peroneaus in Beziehung zur Summenpotentialamplitude des M. extensor digitorum brevis bei einer aus 42 Patienten bestehenden Gruppe mit Polyneuropathien unterschiedlicher Genese, welche nervenbioptisch und elektrophysiologisch untersucht wurde, dargestellt. Anhand des Ergebnisses der Nervenbiopsie wurde zwischen primär axonalem und primär demyelinisierendem Prozeß unterschieden. Die elektrophysiologischen Befunde ließen erkennen, daß aus der Bestimmung der Nervenleitgeschwindigkeit und der Amplitude der Reizantworten eine Differenzierung der Polyneuro-

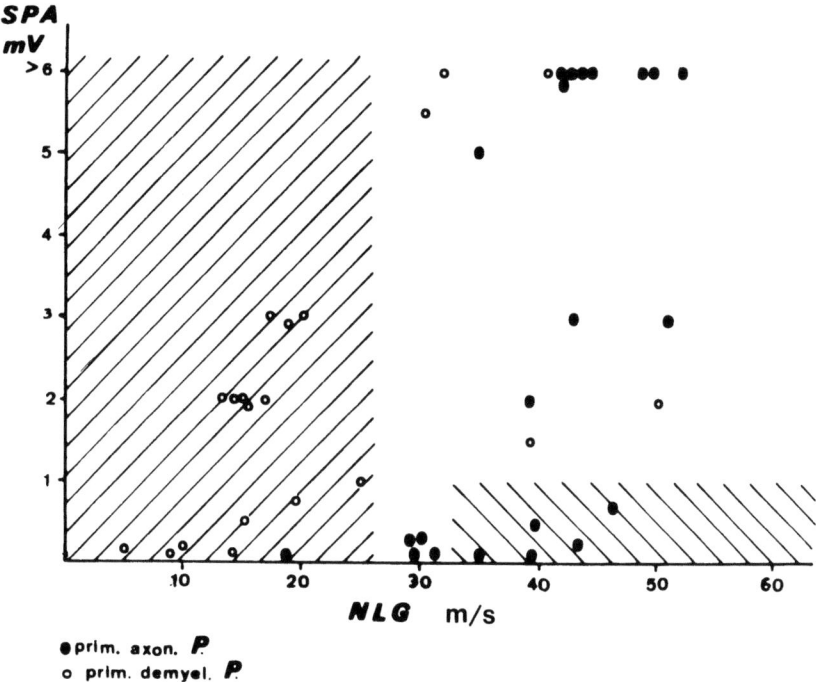

Abb. 1. Beziehungen zwischen motorischer Nervenleitgeschwindigkeit des N. peronaeus und der Summenpotentialamplitude des M. extensor digitorum brevis bei Patienten mit primär axonalen und primär demyelinisierenden Polyneuropathien

pathiehaupttypen vielfach möglich ist. Anhand des eigenen Patientengutes sehen wir eine Verlangsamung der motorischen Nervenleitgeschwindigkeit um weniger als 26 m/s als Hinweis für einen demyelinisierenden Prozeß bzw. eine Abnahme der Nervenleitgeschwindigkeit nicht unter 34 m/s bei gleichzeitiger Abnahme der Summenpotentialamplitude des M. extensor digitorum brevis unter 1 mV als Hinweis auf einen primär axonalen Prozeß. Es verbleiben eine Reihe von Patienten, bei welchen allein anhand der Untersuchung des N. peronaeus eine Zuordnung nicht möglich ist. Grund dafür kann einerseits die Stadiumabhängigkeit des Ergebnisses der elektrophysiologischen Untersuchung, andererseits das Vorliegen einer vorwiegend sensiblen Neuropathie sein. In diesen Fällen ist die Durchführung einer Untersuchung des N. suralis empfehlenswert.

Pathophysiologisch ist die Verlangsamung der Nervenleitgeschwindigkeit bei primär demyelinisierenden Prozessen einerseits auf die vergrößerte internodale Kapazität und den verminderten Widerstand in den demyelinisierten Fasern – wodurch der Einwärtsstrom an den Schnürringen kleiner wird und es länger dauert, bis eine Erregung ausgelöst wird (RASMINSKY u. SEARS 1972, 1973) – andererseits, wie spätere Untersuchungen von BOSTOCK u. SEARS (1976, 1978) aufzeigen, auf einen Verlust der saltatorischen Leitung mit Einsetzen einer kontinuierlichen Erregungsleitung zurückzuführen. Eine kontinuierliche Leitung war von RASMINSKY u. KEARNEY (1976) und von BOSTOCK u. SEARS (1976) allerdings nur in dünnkalibrigen Fasern mit einem Durchmesser unter 6 µm nach Demyelinisierung nachzuweisen. Das vom Faserdurchmesser abhängige Verhalten ist möglicherweise Folge der unterschiedlichen Eigenschaften und Struktur der intranodalen Membran. Ferner spielen bei demyelinisierten Nerven auch der Internodalabstand (BRILL et al. 1977) und die Beschaffenheit der Axonmembran (Dichte der Ionen bzw. Natriumkanäle) bei der Erregungsausbreitung mit eine Rolle (QUICK u. WAXMAN 1977).

Die auch bei primär demyelinisierenden Prozessen vorkommende Abnahme der Amplitude der Reizantwort beruht teils auf sekundären axonalen Veränderungen mit Degeneration der Neuriten teils auf einem Leitungsblock (McDONALD 1963; SMITH 1979; SHAHANI u. SUMNER 1981).

Für die Verlangsamung der Nervenleitgeschwindigkeit bei primär axonalen Prozessen werden verschiedene Faktoren verantwortlich gemacht:

1. der Verlust der am raschesten leitenden Fasern (KAESER u. LAMBERT 1962),
2. axonale Schrumpfung (STANLEY et al. 1980),
3. sekundäre Veränderungen der Myelinhülle (KOROBKIN et al. 1975).

In diesem Zusammenhang erscheinen die experimentellen Untersuchungen von GILLIATT u. HJORTH (1972) über das elektrophysiologische Verhalten bei Waller-Degeneration an Primaten von Interesse. Erst knapp vor dem kompletten Verlust der muskulären Reizantwort kommt es zu einer deutlichen Zunahme der distalen Latenz, wobei zu diesem Zeitpunkt die Geschwindigkeit der Erregungsausbreitung entlang des proximalen Nervenstammes normal bleibt. Dies steht im Einklang mit den histologischen Untersuchungen, welche eine Degeneration der intramuskulären Nervenfasern und Veränderungen an den Endplatten zu einem Zeitpunkt zeigen, wo die proximalen Anteile der Nervenfasern noch relativ normal sind. Die Amplitude der Reizantwort nimmt innerhalb weniger Tage bis auf Null ab. Diese pathophysiologischen Erkenntnisse weisen auf eine progrediente zentripetale Denervation, wie sie auch experimentell bei Acrylamid-Polyneuropathien – ein klassisches Modell einer Dying-back-Neuropathie – demonstriert werden können (SUMNER 1980).

Nach Stimulation des N. suralis der Katze wurde von der Hinterwurzel des Segmentes S1 das Nervenaktionspotential abgeleitet. Die Stimulationsstelle wurde langsam nach distal verschoben. Mit zunehmender Entfernung von der ableitenden Elektrode kam es zu einer progredienten Abnahme der Amplitude des Nervenaktionspotentials, welche nicht auf eine zeitliche Dispersion zurückzuführen war. Die progrediente Abnahme der Amplitude des Nervenaktionspotentials ging mit einer progredienten Verlangsamung der maximalen Nervenleitgeschwindigkeit einher. In vitro konnte ferner gezeigt werden, daß bei Verschiebung der stimulierenden Elektroden von distal nach proximal zusätzliche Axone aktiviert werden. Auffällig war, daß schnell leitende Axone erst bei proximaler Stimulation erregt werden konnten. Diese pathophysiologischen Ergebnisse weisen auf eine progrediente zentripetale Denervation mit größerer Empfindlichkeit dickkalibriger Axone hin. Die beschriebenen Veränderungen sind als Folge eines gestörten Axonflows anzusehen. Eine Störung des langsamen und schnellen anterograden sowie des retrograden axonalen Transportes wurde auch bei metabolischen Polyneuropathien, z. B. bei Diabetes mellitus, experimentell nachgewiesen (SCHMIDT et al. 1975; JAKOBSEN u. SIDENIUS 1980).

Gerade aber im Zusammenhang mit metabolischen Neuropathien bestehen berechtigte Zweifel, inwieweit strukturelle Veränderungen eine Voraussetzung für die Verlangsamung der Nervenleitgeschwindigkeit sind. SHARMA et al. (1976) fanden bei Ratten, welche mit Galaktose gefüttert wurden, eine deutliche Herabsetzung der Nervenleitgeschwindigkeiten ohne strukturelle Abnormitäten. Auch bei urämischer Neuropathie scheint neben einer strukturellen Störung teilweise auch eine funktionelle Störung vorzuliegen. Im Gegensatz zu den Dying-back-Neuropathien, bei denen, wie erwähnt, anfangs eine Zunahme der distalen Latenz erfolgt, kommt es bei urämischer Polyneuropathie zu den gesamten Nerven gleichmäßig erfassenden elektrophysiologischen Veränderungen ohne Betonung der distalen Abschnitte (NIELSEN 1978).

Auch bei eigenen Untersuchungen an 75 Patienten mit urämischer Polyneuropathie fand sich keine Akzentuierung der elektroneurographischen Veränderungen im distalen Abschnitt des Nervs (Abb. 2).

NIELSEN (1978) hält die Axonmembran für den primären Angriffspunkt bei urämischer Neuropathie. WELT et al. (1964) konnten nachweisen, daß dialysable Substanzen im urämischen Serum die Ouabain-empfindliche Natrium-Kalium-aktivierte ATP-ase der zellulären Membran reversibel hemmen. Daraus resultieren ein verminderter Natrium-Kalium-Ionenausstrom, eine erhöhte intrazelluläre Natriumkonzentration und eine Herabsetzung des Ruhepotentials. Die Folge ist eine Verlangsamung der Nervenleitgeschwindigkeit. Die Bedeutung dieser Untersuchungen wird dadurch unterstützt, daß nach Nierentransplantationen eine rasche Normalisierungstendenz der erwähnten Parameter einsetzt (NIELSEN 1978).

2 Erfassung subklinischer Neuropathien

Pathologische elektroneurographische und elektromyographische Befunde konnten bei verschiedenen metabolischen Störungen subklinische Polyneuropathien aufdecken (PRESWICK u. JEREMY 1964; MEIER u. BISCHOFF 1977; FISCHER et al. 1981). Unter 631 Patienten mit Diabetes mellitus ohne klinische Zeichen einer Polyneuropathie fanden FISCHER et al. (1981) in 22% der Fälle elektroneurographische Abweichungen als Hinweis für eine periphere nervöse Störung. Besonders empfindlich ist die Bestimmung sensibler Nervenleitgeschwindigkeiten (NOEL 1973; FISCHER et al. 1981), wobei der Potentialkonfiguration besondere Bedeutung zukommt. Gelegentlich kann die elektromyographische Untersuchung pathologisch ausfallen – bei normalen elektroneurographischen Befunden (LAMONTAGNE u. BUCHTHAL 1970). Weitere Aufschlüsse auf das Vorliegen einer subklinischen Neuropathie liefert die Untersuchung der respiratorischen Herzarrhythmie als Maß für die Beeinträchtigung der Vagusfunktion im Rahmen einer viszeralen Neuropathie (FISCHER et al. 1981).

Auch bei Hypothyreose wurde wiederholt auf das Vorkommen subklinischer Polyneuropathien hingewiesen (SCARPALEZOS et al. 1973; SCHÜTT et al. 1979). SCARPALEZOS et al. (1973) fanden unter 51 Patienten mit Hypothyreose in 12 Fällen klinische Zeichen einer Neuropathie, in 18 Fällen pathologische Elektromyogramme und in 19 Fällen pathologische Nervenleitgeschwindigkeiten und/oder distale

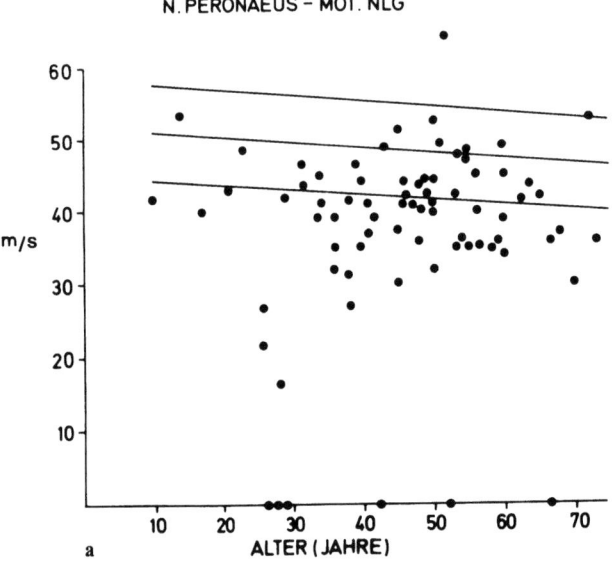

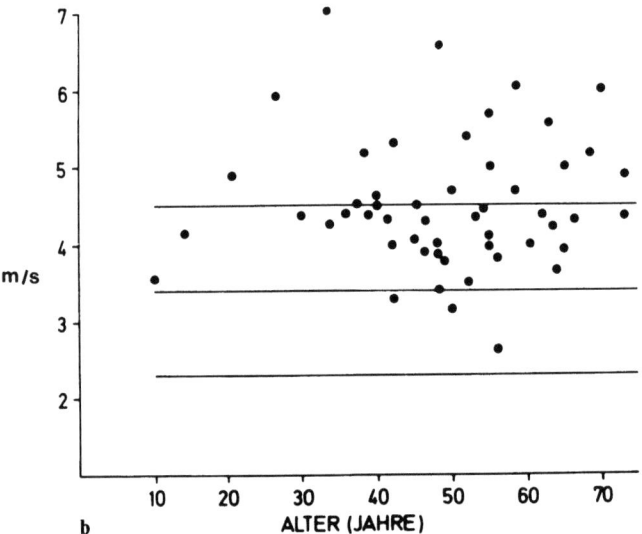

Abb. 2 a, b. Elektroneurographische Untersuchung des N. peronaeus bei Patienten mit urämischer Neuropathie unter Berücksichtigung des Alters. **a** Motorische Nervenleitgeschwindigkeit (n = 75). Die Nervenleitgeschwindigkeit war in 61% der Fälle pathologisch. **b** Distale Latenz (n = 51). Pathologische Werte lagen bei 35% der Fälle vor

Latenzzeiten. SCHUTT et al. (1979) beobachteten bei 9 Patienten mit Hypothyreose ohne klinische Hinweise auf eine Neuropathie verlängerte Latenzzeiten und/oder ein erniedrigtes Nervenaktionspotential.

Da die Rückbildungsfähigkeit der metabolischen Neuropathien zumeist vom Zeitpunkt der Diagnosestellung bzw. der metabolischen Normalisierung abhängt, ist die elektrophysiologische Untersuchung zur Erfassung von subklinischen Neuropathien von großer Bedeutung.

3 Einblick in ätiopathogenetische Mechanismen

Die Untersuchung quantitativer elektrophysiologischer Parameter erlaubt die Möglichkeit Korrelationen zu metabolischen Parametern herzustellen und somit Einblicke in die ätiopathogenetischen Mechanismen zu gewinnen. In diesem Zusammenhang sei auf die Arbeiten von FISCHER et al. (1981) bei diabetischer Neuropathie sowie von NIELSEN (1978) und von MAMOLI et al. (1976) bei urämischer Neuropathie hingewiesen.

4 Objektivierung therapeutischer Maßnahmen

Die Möglichkeiten der Objektivierung eines Therapieerfolges seien am Beispiel der urämischen Polyneuropathie und ihres Verlaufes nach Dialyse bzw. Nierentransplantation diskutiert. Ähnlich dem klinischen Verlauf der Neuropathie bleibt die Nervenleitgeschwindigkeit in den ersten Monaten nach Dialysebeginn zumeist konstant. Nach 6–12 Monaten Dialyse erfolgt häufig eine Zunahme der Nervenleitgeschwindigkeit (JEBSEN et al. 1967; STERZEL u. GUTJAHR 1976; CADILHAC et al. 1978).

Im Hypoxieversuch nimmt die ischämische Resistenz 1 Tag nach der Dialyse weiter zu, bei gleichzeitigem Vorliegen einer Hypovolämie. Bei Korrektion der Hypovolämie mit einem makromolekularen Expander normalisiert sich der Befund (CASTAIGNE et al. 1972). NIELSEN (1978) erklärt dieses Phänomen als mögliche Folge einer Hydratation und Dehydratation des endoneuralen Raumes.

Nach erfolgreicher Nierentransplantation kommt es hinsichtlich der Veränderungen der motorischen und sensiblen Nervenleitgeschwindigkeit sowie hinsichtlich des klinischen Bildes zu einer Normalisierungstendenz mit biphasischem Verlauf. Nach einer initialen raschen Remissionsphase erfolgt eine späte langsame Phase. Die Rückbildungstendenz der elektrophysiologischen Parameter folgt der Besserung der klinischen Polyneuropathiesymptome (NIELSEN 1974). Eine Zunahme der motorischen Nervenleitgeschwindigkeit hält während der ersten 1–2 Jahre nach der Transplantation an, doch bleiben in vielen Fällen trotz kompletter Rückbildung der klinischen Polyneuropathie die Nervenleitgeschwindigkeiten verlangsamt (NIELSEN 1974). Hinsichtlich des Nervenaktionspotentials des N. medianus fand NIELSEN (1974) nach der Nierentransplantation als Folge einer Remyelinisierung langsam leitender Fasern und damit einer Resynchronisation eine Zunahme der NAP-Amplitude und eine Abnahme der NAP-Phasenanzahl.

Die elektrophysiologischen Untersuchungen sind zumeist schmerzarm und daher zur Untersuchung von Längsverläufen geeignet. Allerdings sind der Anwendbarkeit der Methode durch die relativ hohe intraindividuelle Variabilität der verschiedenen elektrophysiologischen Parameter Grenzen gesetzt (MAYR u. MAMOLI 1983).

Zusammenfassung

Der Beitrag der Elektrophysiologie bei metabolischen Neuropathien kann folgendermaßen zusammengefaßt werden:

1. Differenzierung unterschiedlicher Polyneuropathietypen.
2. Erfassung subklinischer Neuropathien.
3. Einblick in ätiopathogenetische Mechanismen.
4. Objektivierung von therapeutischen Maßnahmen.

Anhand von Beispielen werden die einzelnen Fragestellungen diskutiert.

Summary

The value of the electrophysiological investigations can be summarized as follows:

1. Differentiation of different types of polyneuropathies.
2. Detection of subclinical neuropathies.
3. Approach to etiopathogenical aspects.
4. Verification of therapeutic results.

The single questions are discussed.

Literatur

Behse F, Buchthal F (1978) Sensory action potentials and biopsy of the sural nerve in neuropathy. Brain 101:473–493
Bostock H, Sears TA (1976) Continuous conduction in demyelinated mammalian nerve fibers. Nature 263:786
Bostock H, Sears TA (1978) The internodal axon membrane: Electrical excitability and continuous conduction in segmental demyelination. J Physiol (Lond) 280:273
Brill MH, Waxman SG, Moore JW (1977) Conduction velocity and spike configuration in myelinated fibres: Computed dependence on internode distance. J Neurol Neurosurg Psychiatry 40:769–774
Buchthal F (1973) Sensory and motor conduction in polyneuropathies. In: Desmedt JE (ed) New developments in electromyography and clinical neurophysiology, vol 2. Karger, Basel, pp 259–271
Cadilhac J, Mion C, Duday H, Dapres G, Georgesco M (1978) Motor nerve conduction velocities as an index of the efficiency of maintenance dialysis in patients with end-stage renal failure. A long-term, follow-up study. In: Canal N, Pozza G (eds) Peripheral neuropathies. Elsevier/North-Holland, Biomedical Press, Amsterdam Oxford New York, pp 211–221
Castaigne P, Cathala H-P, Beaussart-Boulenge L, Petrover M (1972) Effect of ischaemia on peripheral nerve function in patients with chronic renal failure undergoing dialysis treatment. J Neurol Neurosurg Psychiatry 35:631
Fischer W, Reichel G, Rabending G (1981) Die diabetische Polyneuropathie. VEB Georg Thieme, Leipzig (Beiträge zur klinischen Neurologie und Psychiatrie)
Gilliatt RW, Hjorth RJ (1972) Nerve conduction during Wallerian degeneration in the baboon. J Neurol Neurosurg Psychiatry 35:335–341

Jakobsen J, Sidenius R (1980) Decreased axonal transport of structural proteins may explain the reduction in axon caliber and conduction velocity in early experimental diabetes. Neurology (NY) 30:435 (Abstract)

Jebsen RH, Tenckhoff H, Honet JC (1967) Natural history of uremic polyneuropathy and effects of dialysis. N Engl J Med 277:327

Kaeser HE (1965) Veränderungen der Leitgeschwindigkeit bei Neuropathien und Neuritiden. (Zur Klassifizierung der Erkrankungen der peripheren Nerven nach dem EMG.) Fortschr Neurol Psychiatr 33:221–250

Kaeser HE, Lambert EH (1962) Nerve function studies in experimental polyneuritis. In: Pinelli P, Buchthal F, Thiebaut F (eds) Progress in Electromyography. Electroencephalogr Clin Neurophysiol [Suppl] 22:29–35

Korobkin R, Asbury AK, Sumner AJ, Nielson SL (1975) Gluesniffing neuropathy. Arch Neurol 32:158–162

Lamontagne A, Buchthal F (1970) Electrophysiological studies in diabetic neuropathy. J Neurol Neurosurg Psychiatry 33:442

Mamoli B, Kopsa H, Maly J, Pateisky K, Gerstenbrand F, Kotzaurek R (1976) Die motorische Nervenleitgeschwindigkeit bei urämischer Polyneuropathie: Korrelationsanalysen zu Stoffwechseldaten. Wien Klin Wochenschr 88:770–774

Mayr N, Mamoli B (1983) Temperaturabhängigkeit und intraindividuelle Variabilität elektrophysiologischer Parameter des N. suralis. Z EEG-EMG 14:96–100

McDonald WI (1963) The effect of experimental demyelinisation on conduction in peripheral nerves: A histological and electrophysiological study: I. Clinical and histological observation. Brain 86:501–524

Meier C, Bischoff A (1977) Polyneuropathy in hypothyroidism. Clinical and nerve biopsy study of 4 cases. J Neurol 215:104–114

Meier C, Ludin HP, Bischoff A (1981) Polyneuropathien bei Hypothyreose. Aktuel Neurol 8:116–118

Nielsen VK (1974) The peripheral nerve function in chronic renal failure. IX. Recovery after renal transplantation. Electrophysiological aspects (sensory and motor nerve conduction). Acta Med Scand 195:171–180

Nielsen VK (1978) Pathophysiological aspects of uraemic neuropathy. In: Canal N, Pozza G (eds) Peripheral neuropathies. Elsevier/North-Holland, Biomedical Press, Amsterdam Oxford New York, pp 197–210

Noel P (1973) Sensory nerve conduction in the upper limbs at various stages of diabetic neuropathy. J Neurol Neurosurg Psychiatry 36:786

Preswick G, Jeremy D (1964) Subclinical polyneuropathy in renal insufficiency. Lancet II:731–732

Quick DC, Waxman SG (1977) Specific staining of the axon membrane at nodes of Ranvier with ferric ion and ferrocyanide. J Neurol Sci 31:1–11

Rasminsky M, Sears TA (1972) Internodal conduction in undissected demyelinated nerve fibers. J Physiol (Lond) 227:323

Rasminsky M, Sears TA (1973) Saltatory conduction in demyelinated nerve fibres. In: Desmedt JE (ed) New developments in electromyography and clinical neurophysiology, Vol II. Karger, Basel, pp 158–165

Rasminsky M, Kearney RE (1976) Continuous conduction in large diameter bare axons in spinal roots of dystrophic mice. Neurology (Minneap) 26:367

Scarpalezos S, Lygidakis C, Papageorgion C, Maliara S, Konkonlommati AS, Koutras DA (1973) Neural and muscular manifestations of hypothyroidism. Arch Neurol 29.140–144

Schmidt RE, Matschinsky FM, Godfrey DA, Williams AD, McDougal Jr DB (1975) Fast and slow axoplasmic flow in sciatic nerve of diabetic rats. Diabetes 24:1081–1085

Schütt P, Muche H, Gallenkamp U, Lehmann HJ (1979) Reversible Funktionsstörungen peripherer Nerven bei Patienten mit Schilddrüsenerkrankungen. Z EEG EMG 10:101–105

Shahani B, Sumner A (1981) Electrophysiological studies in peripheral neuropathy: early detection and monitoring. In: Stalberg E, Young RR (eds) Clinical neurophysiology. Butterworths, London Boston, pp 117–144

Sharma AK, Thomas PK, Baker RWR (1976) Peripheral nerve abnormalities related to galactose administration in rats. J Neurol Neurosurg Psychiatry 39:794–802

Smith KJ (1979) Impulse conduction during demyelination and remyelination in central and peripheral nerve fibres. PhD Thesis, University of London

Stanley EF, Long RR, Griffin JW, Price DL (1980) Experimental axonal atrophy reduces nerve conduction velocity. Neurology (NY) 30:370

Sterzel RB, Gutjahr L (1976) Die periphere Neuropathie bei chronischer Niereninsuffizienz. Diagnostik und Therapie. Dtsch Med Wochenschr 101:1845–1852

Sumner AJ (1980) Axonal polyneuropathies. In: Sumner AJ (ed) The physiology of peripheral nerve disease. Saunders, Philadelphia London Toronto, p 340

Thomas PK (1971) The morphological basis for alterations in nerve conduction in peripheral neuropathy. Proc R Soc Med 64:295–298

Ulrich J, Esslen E, Regli F, Bischoff A (1965) Die Beziehung der Nervenleitgeschwindigkeit zum histologischen Befund am peripheren Nerv. Dtsch Z Nervenheilkd 187:770–786

Welt LG, Sachs JR, McManus TJ (1964) An ion transport defect in erythrocytes from uremic subjects. Trans Assoc Am Physicians 77:169

Muskelatrophie bei chronischem Alkoholabusus: Vergleichende histochemische und biochemische Untersuchungen

H. D. Langohr, H. Wiethölter und J. Peiffer

Chronische Alkoholiker zeigen häufig eine starke Atrophie und Schwäche distaler und proximaler Muskeln, ohne daß entsprechend schwere Neuropathien objektiviert werden können. Andererseits soll eine alkoholische Myopathie nur in 0,8% hospitalisierter Alkoholiker vorkommen (Ekbom et al. 1964; Kiessling et al. 1975; Oh 1976). Diese generalisierte Muskelatrophie und Leistungsminderung ist aber nach unseren Beobachtungen viel häufiger. Deshalb sollen unsere Untersuchungen einen Beitrag leisten zur Klärung der Entstehung dieser Muskelsymptome beim Alkoholiker.

Bei 13 Patienten mit chronischem Alkoholabusus und generalisierter, beinbetonter Muskelatrophie wurde nach klinischer und elektrophysiologischer Untersuchung eine Muskelbiopsie aus dem M. tibialis anterior durchgeführt. Klinisch zeigten 10 Patienten außer der Muskelatrophie lediglich die Zeichen einer sensiblen Polyneuropathie. Umschriebene Paresen waren bei keinem Patienten nachweisbar. Elektromyographisch war bei ihnen eine diskrete bis leichte axonale Polyneuropathie festzustellen. 3 Patienten zeigten elektromyographisch einen unauffälligen Befund. Klinisch fand sich bei ihnen lediglich eine generalisierte Muskelatrophie ohne umschriebene Paresen, Reflexabschwächungen oder sensible Ausfälle.

In dem entnommenen Muskelgewebe erfolgten außer der histologischen Routineuntersuchung eine enzymhistochemische Aufbereitung und eine morphometrische Darstellung der Faserquerschnitte. Mit Hilfe der Standard-ATPase-Färbung und der NADH-Diaphorase-Färbung zeigte sich bei allen Patienten eine Typ-II-Faseratrophie. Häufig fanden sich anguläre Fasern, Target-Fasern und eine Fasertypengruppierung als Hinweis für einen chronischen Denervierungsprozeß. Degenerative Faserveränderungen, die für das Vorherrschen einer Myopathie gesprochen hätten, waren nicht nachweisbar.

Abbildung 1 zeigt links das Histogramm normaler Faserdurchmesser aus dem M. tibialis anterior und rechts den veränderten Durchmesser bei einem Patienten mit chronischem Alkoholismus im gleichen Muskel. Beim Alkoholiker rechts kommt es zu einer deutlichen Atrophie der Typ-II-Fasern mit Linksverschiebung des mittleren Durchmessers und gleichzeitig zu einer leichten Zunahme des mittleren Durchmessers der Typ-I-Fasern. Diese morphometrischen Veränderungen und die Verschiebung des mittleren Faserdurchmessers ließen sich am besten durch die Quotienten aus mittlerem Typ-II-Faserdurchmesser durch mittleren Typ-I-Faserdurchmesser darstellen. Im Kontrollkollektiv von 6 Normalpersonen betrug dieser Quotient 1,49. Bei unseren 13 Alkoholkranken war der Quotient auf 1,16 im Mittel abgefallen.

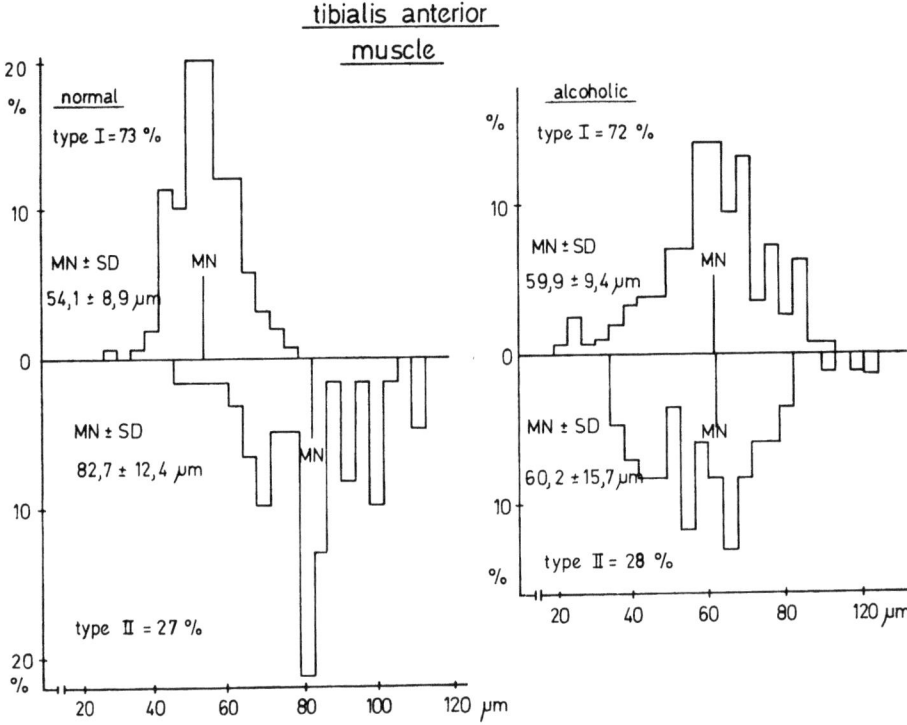

Abb. 1. Histogramm normaler Faserdurchmesser aus dem M. tibialis anterior (*links*) und veränderter Durchmesser bei einem Alkoholiker (*rechts*)

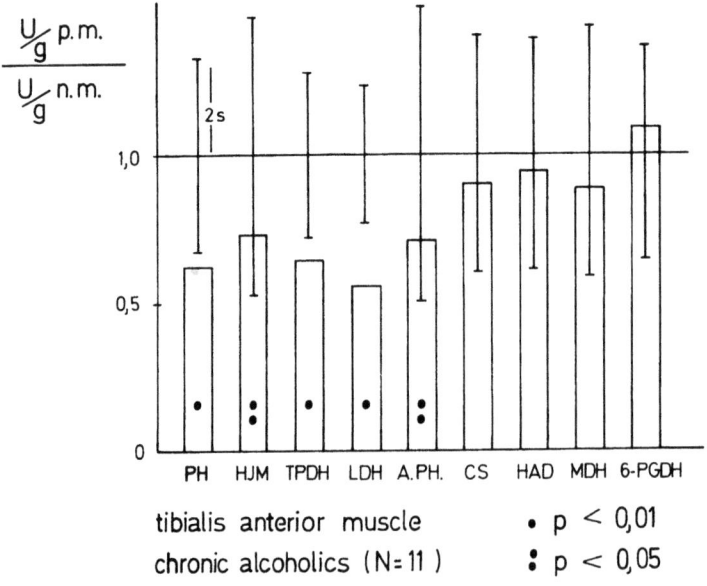

Abb. 2. Mittlere Enzymaktivitäten des energieliefernden Stoffwechsels bei 11 Alkoholkranken im Vergleich zu einem gesunden Kontrollkollektiv (n = 14), $2s$ = Normalbereich

In den Muskelgewebsproben aus dem M. tibialis anterior wurden außerdem biochemisch die Hauptkettenenzyme der Glykogenolyse (PH), der Glykolyse (TPDH, LDH, HIM), der β-Oxidation der Fettsäuren (HAD), des Citratzyklus (CS, MDH), der Hexokinasereaktion (HK), des Pentosephosphatzyklus (6-PGDH) und die Aktivität der sauren Phosphatase bestimmt. Als Kontrollkollektiv dienten die Muskelgewebsproben von 14 gesunden Personen entsprechender Altersverteilung. Die Enzymaktivitäten der Alkoholikergruppe, die unterhalb des aus dieser Vergleichsgruppe ermittelten Normalbereiches lagen (2 s), wurden als pathologisch angesehen. Wie Abb. 2 zeigt, fand sich bei den Alkoholkranken im Mittel im Vergleich zum Kontrollkollektiv eine signifikante Erniedrigung der glykolytischen Enzyme PH, HIM, TPDH und LDH sowie der Aktivität der sauren Phosphatase. Eine Aktivitätsminderung der oxidativen Enzyme war nicht nachweisbar.

Bereits bei einer früheren Untersuchung hatten wir festgestellt, daß zwar die biochemischen und elektromyographischen Veränderungen im M. tibialis anterior bei Alkoholikern ausgeprägter waren als im M. biceps brachii, daß sich aber in diesem proximalen Muskel ebenfalls eine Erniedrigung der glykolytischen Enzyme als Hinweis auf denselben Schädigungsmechanismus wie im distalen Muskel zeigte.

Auch KIESSLING et al. (1975) haben bei insgesamt 11 Alkoholkranken eine Abnahme von sich schnell kontrahierendem glykolytischen Muskelgewebe gefunden. Die relative Zahl von Typ-II-Muskelfasern blieb dieselbe, aber die Größe der Fasern und die biochemisch bestimmte Aktivität der TPDH und LDH hatten abgenommen. ROSSOUW et al. (1976) fanden bei histologischen Untersuchungen von 13 Patienten mit chronischem Alkoholismus in der proximalen Extremitätenmuskulatur Hinweise für eine Neuropathie. Histochemisch zeigte sich eine selektive Typ-II-Atrophie mit neurogenen Schädigungs- und Reinnervationszeichen. Die Autoren nahmen deshalb an, daß auch die proximale Muskelatrophie und Schwäche beim Alkoholiker neurogenen Ursprungs ist. Auch unsere Befunde sprechen für eine neurogene Schädigung der proximalen und distalen Muskulatur. Wie elektrophysiologische Untersuchungen bei chronischen Alkoholikern zeigten, kann auch in proximalen Nervenabschnitten frühzeitig eine Schädigung auftreten. GUIHENEUC u. BATHIEN (1976) sowie D'AMOUR et al. (1979) fanden bei Alkoholikern verminderte Amplituden der H-Reflexantwort. LIBERSON et al. (1979) fanden verzögerte Latenzen im N. glutaeus superior. Möglicherweise kommt es zusätzlich zur Axonschädigung auch zu einer Schädigung der Vorderhornzellen. Pathologisch-anatomische Befunde bei nichtfamiliärer distaler Akropathie könnten für diese Annahme sprechen (GIRARD et al. 1953; VIGNON et al. 1956).

Die Stoffwechselstörung im Axon und in der Vorderhornzelle führt beim Alkoholiker zu einer frühzeitigen Beeinträchtigung des Energiestoffwechsels der Muskelfasern. Die glykolytischen Enzymaktivitäten sinken frühzeitig ab, es entwickelt sich eine Typ-II-Faseratrophie, eine leichte Hypertrophie der Typ-I-Fasern, und danach treten deutliche neurogene Schädigungszeichen im morphologischen Gewebsmuster auf. Myopathische Veränderungen stehen nicht im Vordergrund.

Wie die Abb. 3 zeigt, bestand eine lineare Beziehung zwischen der Abnahme der glykolytischen Enzymaktivitäten, hier als Quotient TPDH im pathologischen Muskel zu TPDH im Normalkollektiv dargestellt, und der Verschiebung der mittleren Faserdurchmesser, ausgedrückt als Quotient aus mittlerem Typ-II-Faserdurchmesser zu Typ-I-Faserdurchmesser. Der Korrelationskoeffizient betrug 0,93.

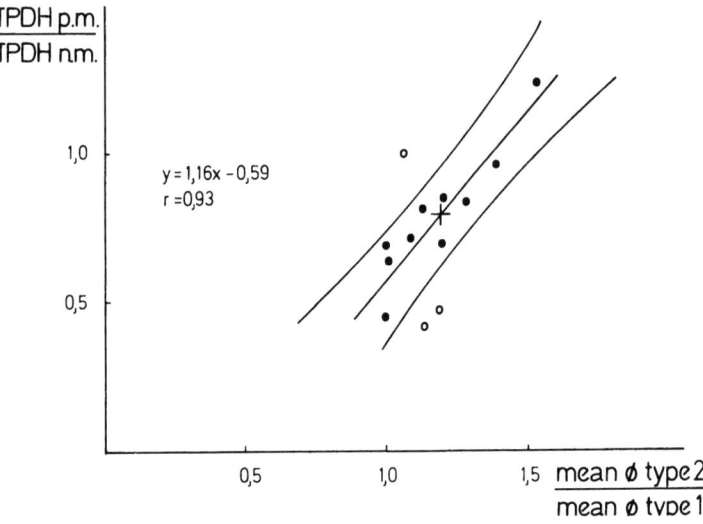

Abb. 3. Abhängigkeit der biochemisch bestimmten Aktivität der TPDH vom morphometrisch bestimmten mittleren Faserdurchmesser der Typ-I- und Typ-II-Faser

3 alkoholkranke Patienten ließen sich in diese Beziehung nicht einordnen. Sie lagen deutlich außerhalb des hier zwischen den Hyperbeln aufgezeichneten Toleranzbereiches. Diese Diskrepanz zwischen biochemischem und histochemischem Befund läßt sich vielleicht wie folgt erklären: Bei einem Patienten handelte es sich um eine Kontrollbiopsie nach Alkoholabstinenz von einem halben Jahr. Wahrscheinlich haben sich die biochemischen Veränderungen in Form des Anstiegs der glykolytischen Enzyme bereits normalisiert, während die morphologischen Veränderungen noch deutlich ausgeprägt waren. Die beiden anderen Patienten waren chronische Alkoholiker in stark reduziertem Allgemeinzustand und ausgeprägter alkoholtoxischer Leberschädigung. Wahrscheinlich waren bei diesen Patienten aufgrund des katabolischen Stoffwechsels die Enzymaktivitäten in der Muskulatur stärker erniedrigt, als nach den morphologischen Veränderungen zu erwarten war.

Zusammenfassung

Aus unseren Untersuchungen kann gefolgert werden, daß chronische Muskelschwäche sowie Atrophie in den distalen und proximalen Muskeln beim Alkoholiker wahrscheinlich auf eine neurogene Schädigung zurückzuführen sind. Für eine primäre Myopathie fanden wir keinen Hinweis. Zusätzlich zur Axonschädigung in distalen und proximalen Nervenabschnitten kommt es möglicherweise auch zu einer Vorderhornzellschädigung. Beginn oder Rückbildung einer neurogenen Schädigung werden durch Abfall oder Anstieg der glykolytischen Enzymaktivitäten sowie durch eine Verschiebung der Faserdurchmesser im Histogramm angezeigt. Dabei scheinen die biochemischen Parameter empfindlicher zu sein und den morphologischen Veränderungen vorauszugehen.

Summary

A histological, biochemical, and electrophysiological study of 13 alcoholics provided evidence for neuropathy as the cause of chronic muscular weakness and wasting found in proximal and distal skeletal muscles. Typical features of myopathy, such as necrosis, phagocytosis, and cellular reaction, were not observed.

Enzymatic histochemistry of muscle demonstrated selective type 2 neurogenic atrophy and a slight increase of the mean diameter of type 1 fibers. Glycolytic enzyme activities and acid phosphatase were diminished in the muscles. This is most probably caused by the reduced type 2 diameter. The glycolytic enzyme activities are of particular significance because they are sensitive indicators of the onset, extent, or course of a neurogenic atrophy. They seem to normalize at an earlier stage than the morphological features in muscles with signs of reinnervation. On the other hand, these enzymes are much more decreased in alcoholics with disturbed liver function and cachexia whereas the morphological changes are slight.

Literatur

D'Amour ML, Shahani BT, Young RR, Bird KT (1979) The importance of studying sural nerve conduction and late responses in the evaluation of alcoholic subjects. Neurology (Minneap) 29:1600–1604

Ekbom K, Hed R, Kirstein L, Astrom KE (1964) Muscular affections in chronic alcoholism. Arch Neurol 10:449–458

Girard PF, Mazare Y, Devic M (1953) A propos d'une observation clinique d'acropathie ulcéro-mutilante. Acta Neurol Psychiatr Belg 53:82–89

Guiheneuc P, Bathien N (1976) Two patterns of results in polyneuropathies investigated with the H reflex. Correlation between proximal and distal conduction velocities. J Neurol Sci 30:83–94

Kiessling KH, Pilstroem L, Bylund AC, Piehl K, Saltin B (1975) Effects of chronic ethanol abuse on structure and enzyme activities of skeletal muscle in man. Scand J Clin Lab Invest 35:601–607

Liberson WT, Chong YC, Fried P (1979) EMG studies in alcoholism. II. Terminal latencies in the superior gluteal nerve compared to those in distal peroneal and tibial nerves. Electromyogr Clin Neurophysiol 19:15–26

Oh SJ (1976) Alcoholic myopathy, elektrophysiological study. Elektromyogr Clin Neurophysiol 16:205–218

Rossouw JE, Keeton RG, Hewlett RH (1976) Chronic proximal muscular weakness in alcoholics. S Afr Med J 50:2095–2098

Vignon G, Megard M, Martin A (1956) Une observation anatomo-clinique d'acropathie ulcéro-mutilante. Presse Med 64:1954–1956

Diagnostische Relevanz von laborchemischen Hepatopathiehinweisen bei alkoholischen Polyneuropathien

B. Pfau und M. Kutzner

Die diagnostischen Schwierigkeiten bei alkoholischen Polyneuropathien basieren vor allem auf deren bislang ungeklärter Genese. Neben dem zwar typischen, jedoch keineswegs spezifischen klinischen Erscheinungsbild dieser Polyneuropathien muß die Diagnostik vielfach entscheidend von leider oft unzureichenden anamnestischen Angaben zum chronischen Alkoholkonsum ausgehen.

Auf der Suche nach diagnosestützenden Befunden scheint noch am ehesten ein erniedrigter Vitamin-B_1-Spiegel im Serum klinische Relevanz zu besitzen (Meyer et al. 1981). Im klinischen Alltag werden jedoch häufig zur Beurteilung eines potentiellen Alkoholfaktors in der Genese einer Polyneuropathie laborchemische Zeichen einer alkoholtoxischen Hepatopathie herangezogen. Es entspricht wohl einer allgemeinen Vorstellung, daß „die Schwere einer Polyneuropathie weniger vom Alkoholkonsum als von der Mangelernährung und dem Bestehen einer Leberschädigung (Fettleber und Leberzirrhose)" abhängt (Kaeser 1973).

Mit welcher Berechtigung die Laborwerte hier zur klinischen Diagnosestellung herangezogen werden können, ist jedoch umstritten. Aufgabe der im folgenden aufgeführten Studie war es, die Häufigkeit einiger wichtiger „Leberwerte", wie erhöhte Bilirubin-, Gamma-GT-, GOT- und GPT-Werte im Serum bei Polyneuropathien zu ermitteln. Weiter wurde auch der IgA-Transferrinquotient, der in jüngster Zeit als sehr empfindlicher Befund bei alkoholinduzierten Hepatopathien herausgestellt wird (Lebas 1981), in die Untersuchung miteinbezogen.

Wir untersuchten katamnestisch zunächst ein Klientel von 74 Patienten mit einer Polyneuropathie. Bei 51 von diesen war ein chronischer Alkoholabusus aus Eigen- und Fremdanamnese ausreichend gesichert. Weitere 15 Patienten waren an einer diabetischen Polyneuropathie und 8 an einer Polyneuropathie unklarer Genese erkrankt. Bei allen Patienten wurden das Bilirubin, die Gamma-GT sowie die GOT und GPT im Serum bestimmt. Neurologisch wurden Abschwächung und Aufhebung des Achillessehnenreflexes bds., Parästhesien, Minderung des Vibrationsempfindens und der Tiefensensibilität sowie motorische Ausfälle zur Diagnosestellung miteinbezogen, wobei die Patienten mindestens 3 der genannten neurologischen Störungen aufzuweisen hatten (Abb. 1).

Ergebnisse

Laborchemisch bestand bei 44% der Alkoholkranken eine signifikante Erhöhung der Gamma-GT, während nur 15% eine deutliche Erhöhung der GOT, GPT und

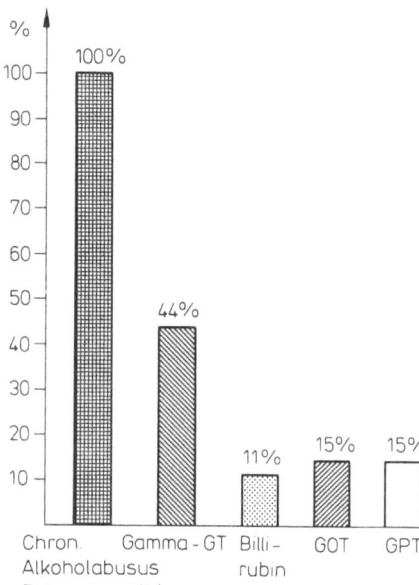

Abb. 1. Häufigkeit pathologischer Leberlaborwerte bei 51 Patienten mit alkoholischer Polyneuropathie

11% des Bilirubins bei der stationären Aufnahme als Ausdruck einer Störung des Indikatorensystems und einer Membranschädigung der Leberzelle aufwiesen.

Zum Vergleich zeigt die Abb. 2 Untersuchungsergebnisse bei den Patienten mit einer diabetischen Polyneuropathie und denen mit einer Polyneuropathie unklarer Genese. In diesen Patientengruppen ließ sich ein Alkoholabusus anamnestisch

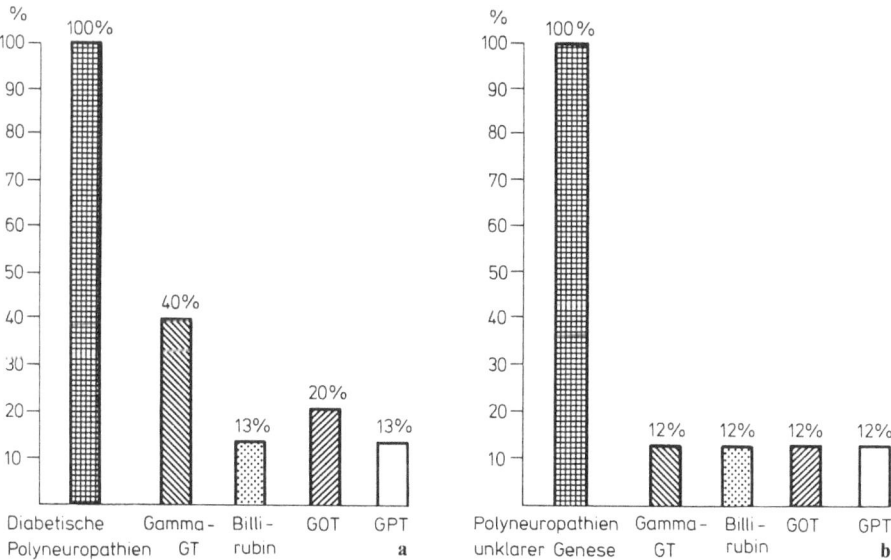

Abb. 2 a, b. Häufigkeit pathologischer Leberlaborwerte bei 15 Patienten mit diabetischer Polyneuropathie (**a**) und 8 Patienten mit einer Polyneuropathie unklarer Genese (**b**)

bzw. fremdanamnestisch ausschließen. Bei 40% der Patienten, die an einer diabetischen Polyneuropathie erkrankt waren, konnte nun ebenfalls eine deutliche Gamma-GT-Erhöhung festgestellt werden, während bei den Patienten mit einer Polyneuropathie unklarer Genese keine signifikante Erhöhung dieses Parameters beobachtet wurde. Die übrigen Leberenzymwerte zeigten nur eine leichte Erhöhung, die jedoch nicht als aussagekräftig zu verwerten ist.

Mit den Befunden der klassischen Leberenzyme und der Gamma-GT allein läßt sich somit nach unserer Untersuchung – ohne verläßliche anamnestische Angaben über eine bestehende Suchtproblematik – keine Aussage hinsichtlich einer möglichen alkoholtoxischen Ursache einer Polyneuropathie machen. Während sich die Bestimmung des Bilirubins, der GPT und GOT diagnostisch überhaupt nicht verwerten ließen, zeigten lediglich die Gamma-GT-Werte eine deutliche Häufung pathologischer Erhöhungen, die jedoch gleichermaßen sowohl bei diabetischen als auch bei alkoholischen Polyneuropathiekranken beobachtet wurden. So konnte insbesondere auch im Vergleich zwischen diesen beiden Krankheitsgruppen allein aus den Leberlaborwerten kein Hinweis auf die Ätiologie der Polyneuropathie entnommen werden. Es bestand lediglich ein quantitativer Unterschied, insofern, als die Gamma-GT-Werte bei den Alkoholkranken gegenüber den Werten der Diabetiker deutlich höher lagen. 50% der Alkohol-Patienten zeigten Werte über 100 U/l.

Bezüglich der Schwere einer Polyneuropathie und den erhöhten laborchemischen Daten ließen sich ebenfalls keine verwertbaren Aussagen machen. So zeigten mehrere Patienten mit Bilirubinwerten um 1,0 mg/100 ml, GOT um 9-, GPT um 15- und Gamma-GT um 35 U/l klinisch ein gleich schwer ausgeprägtes polyneuropathisches Krankheitsbild wie 15 Patienten, bei denen die Bilirubinwerte um 2,0 mg/100 ml, die GPT- um 90-, GOT- um 80- und Gamma-GT-Werte um 500 U/l lagen. Somit korreliert die Schwere der klinisch-neurologischen Symptomatik nicht mit den laborchemischen Werten.

Es ist bekannt, daß es infolge einer Hepatopathie zu einer IgA-Vermehrung im Serum kommen kann. LEBAS (1981) beschrieb, daß insbesondere unter chronischen Alkoholkranken eine signifikante Erhöhung des IgA-Transferrinquotienten im Serum zu beobachten ist. Dieser Quotient wird um so höher, je mehr sich die geschädigte Leber zirrhotisch umbaut. Uns stellte sich nun die Frage, ob möglicherweise der IgA-Transferrinquotient im Serum – oder vielleicht im Liquor – als diagnostisch relevanter Index für eine alkoholtoxische Ätiologie von Polyneuropathien angesehen werden kann.

Aus einer Gruppe von insgesamt 300 Patienten mit unterschiedlichen neurologischen bzw. neuropsychiatrischen Erkrankungen ermittelten wir zunächst bei 35 „Normalfällen" den Mittelwert des IgA-Transferrinquotienten im Serum von $0,89 \pm 0,31$ und im Liquor von $0,36 \pm 0,17$.

Bei 7 der Alkoholkranken mit Polyneuropathien konnte der Quotient sowohl im Liquor als auch im Serum erstellt werden. In keinem Fall sahen wir eine signifikante Normabweichung dieses Liquor-IgA-Transferrinquotienten. Bei 30 der oben genannten Alkoholkranken mit einer Polyneuropathie konnte dann der Quotient im Serum bestimmt werden. Auch hier zeigte der von uns errechnete Quotient keine signifikante Abweichung vom Standardwert. Lediglich 2 der Patienten hatten einen leicht erhöhten Quotienten (Abb. 3).

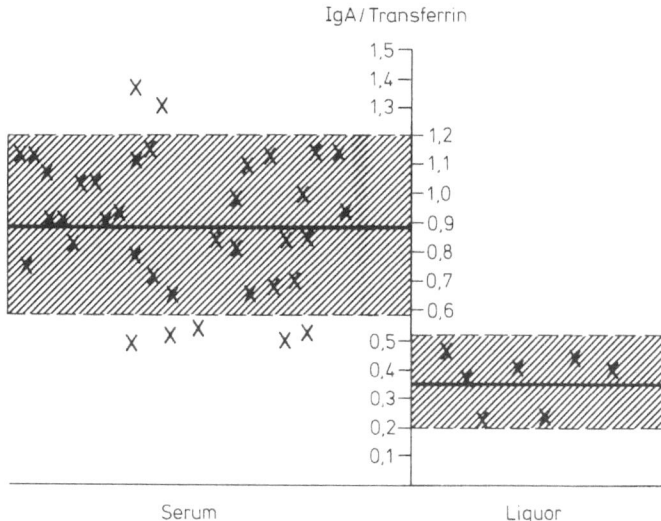

Abb. 3. IgA-Transferrinquotient bei 37 Patienten mit alkoholischer Polyneuropathie im Serum und bei 7 Patienten im Liquor

Zusammenfassend kommen wir zu der Feststellung, daß auch der IgA-Transferrin-Quotient keine wesentlichen Hinweise zur ätiologischen Abklärung einer Polyneuropathie geben kann. Aufgrund unserer Untersuchung haben wir auch Zweifel, ob diesem Laborparameter selbst für die Diagnose von alkoholtoxisch induzierten Hepatopathien – wie in der Literatur berichtet – ausreichende Wertigkeit beigemessen werden darf.

Abschließend sei festgehalten, daß die in der Routinediagnostik verwendeten laborchemischen Parameter der Leber zur diagnostischen Abklärung einer alkoholischen Bedingung zur Polyneuropathie keine wesentlichen Daten beitragen können. Eine fehlende Erhöhung der Leberlaborwerte schließt die alkoholische Genese einer Polyneuropathie keineswegs aus. Ebenso können aus den laborchemischen Daten keine Hinweise auf die Schwere einer polyneuropathischen Erkrankung erhalten werden. Weder den üblichen Leberparametern noch dem IgA-Transferrinquotienten im Serum und im Liquor dürfte somit ein ätiopathogenetischer Aussagewert bei Polyneuropathien zugesprochen werden können.

Zusammenfassung

Im klinischen Alltag werden häufig zur Beurteilung eines potentiellen Alkoholfaktors in der Ätiologie einer Polyneuropathie unklarer Genese laborchemische Zeichen einer alkoholtoxischen Hepatopathie herangezogen. Die von uns durchgeführte Untersuchung konnte aufzeigen, daß weder den „üblichen" Leberenzymwerten noch dem IgA-Transferrinquotienten im Serum und im Liquor ein ätiopathogenetischer Aussagewert bei Polyneuropathien zugesprochen werden kann.

Summary

In clinical practice often the bloodchemical signs are taken to judge an eventual alcoholic factor in the etiology of alcohol-toxic polyneuropathy. Our analysis could show that neither the common liver-enzymes nor the IgA transferrin quotient is able to make an assertment to the ethiopathology and genesis of polyneuropathies. In clinical practice, blood counts indicating alcohol-toxic hepatopathy are often used to judge an eventual alcoholic factor in the etiology of an unclear polyneuropathy.

Literatur

Kaeser HE (1973) Polyneuritiden und Polyneuropathien. In: Siegenthaler W (Hrsg) Klinische Pathophysiologie. Thieme, Stuttgart, S 955–958

Lebas J (1981) Behring Laboratoriumsbl 31:83

Meyer JG, Neuendörfer B, Rethel R, Walker G, Bayerl J (1981) Nervenarzt 52:329

Ungewöhnliche Malnutritions-Polyneuropathie

F. B. Sturm und E. Gibbels

Polyneuropathien, bei denen eine Malnutrition als einzige Ursache der Erkrankung aufzudecken ist, gehören heute in unseren Breiten zu den Raritäten. Dementsprechend finden sich im Kölner Krankengut von 1 800 stationär untersuchten Polyneuropathiefällen nur 2 Patienten mit eindeutiger Malnutritions-Polyneuropathie. Wir berichten über einen dieser Patienten mit einem schweren, seit etwa 35 Jahren bestehenden Defekt wegen des bemerkenswerten klinischen Bildes, das sich aus mehreren Komponenten bisher beschriebener Malnutritionserkrankungen zusammensetzt. Außerdem sind nur wenige derartige Defektzustände mit modernen Methoden untersucht worden.

Unser Patient geriet im Mai 1944 in Italien in englische Kriegsgefangenschaft und wurde in ein Lager nach Ägypten verbracht. Bei einer auf 1 l pro Tag reduzierten Wasserration trotz extremer Temperaturunterschiede war auch die Ernährung völlig unzureichend. Sie soll über viele Monate vorwiegend aus Hülsenfrüchten bestanden haben. Nach etwa 4 Monaten hätten sich Ödeme im Bereich des Gesichtes und der Extremitäten sowie ein heftiges Brennen und Kribbeln in Händen und Füßen entwickelt. In der Folgezeit seien bis zur Gehunfähigkeit fortschreitende Lähmungen der Extremitäten hinzugekommen, ferner Drehschwindel, Doppeltsehen, Nachlassen der Sehkraft, umschriebene Gesichtsfelddefekte, dann auch eine Lähmung der Gesichts-, Zungen- und Schluckmuskulatur sowie schließlich ein Hörverlust. Während einer mehrmonatigen Behandlung in englischen Lazaretten hätten sich die schweren Ausfälle merklich gebessert. Diese Besserung habe während der nächsten Jahre zunächst noch angehalten. Völlig verschwunden seien die brennenden Mißempfindungen an den Extremitäten.

Nach der Entlassung aus der Kriegsgefangenschaft im Jahre 1946 erfolgte eine Begutachtung durch Prof. Scheller in Hamburg unter der Annahme einer Malnutritions-Polyneuropathie. Obwohl der Kranke aus nicht ganz erklärlichen Gründen eine erneute Verschlechterung etwa für das Jahr 1953 angibt, stimmen unsere Befunde bei der ersten Untersuchung im Jahre 1953 mit denen von Prof. Scheller aus dem Jahre 1946 weitgehend überein. Wiederholte Nachuntersuchungen während der nächsten 26 Jahre in unserer Klinik haben keine Änderung des schweren Defektzustandes ergeben. Bei unserer letzten Untersuchung im Jahre 1979 war das klinische Bild bei dem inzwischen 58 Jahre alten Kranken nach wie vor gekennzeichnet durch eine beidseitige Optikusatrophie, eine beidseitige Abduzensschwäche, eine hochgradige Hypakusis, stärkste Paresen der von den unteren Hirnnerven versorgten Muskeln – vornehmlich der mimischen, der Schluck-, Schlund-, Kehlkopf- und Zungenmuskulatur –, eine Zwerchfellähmung sowie durch schwere distale, symmetrische, atrophische Lähmungen an den Extremitäten mit gliedförmig

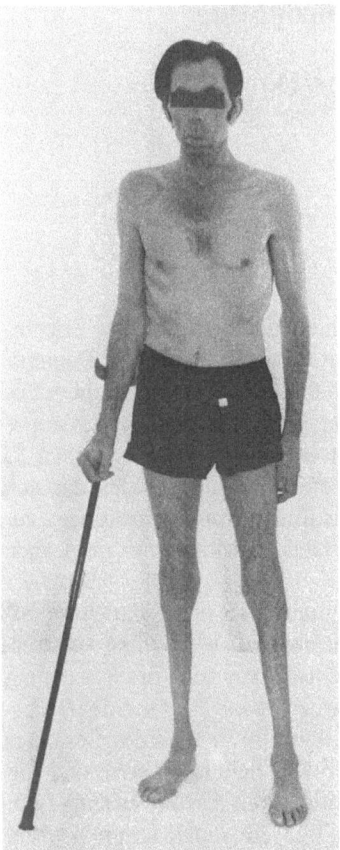

Abb. 1. Malnutritionspolyneuropathie. Distal betonte atrophische Paresen

verteilten Sensibilitätsstörungen für alle Qualitäten (Abb. 1–3). Hinweise auf eine Spastik fanden sich nicht. Der psychopathologische Befund war unauffällig. – Im Jahre 1979 war es erstmals zu anfallsartiger extremer Luftnot gekommen. Diese Zustände konnten durch die Verlagerung der geblähten Kolonflexur in den Thorax aufgrund des inzwischen überdehnten linksseitigen Zwerchfells zurückgeführt werden (Abb. 4 u. 5).

Durch eingehende weitere Zusatzuntersuchungen, insbesondere während der letzten stationären Untersuchung, konnten andersartige faßbare Ursachen des Syndroms ausgeschlossen werden. Die maximale motorische und sensible Nervenleitgeschwindigkeit war – soweit meßbar – normal. Das EMG bot keine Spontanaktivität mehr, sondern nur noch verlängerte, dabei auffallend polyphasische Potentiale. Elektroenzephalogramm und Liquor zeigten nichts Auffälliges.

Die Suralisbiopsie ergab eine hochgradige Reduktion der markhaltigen Nervenfasern mit einer Gesamtdichte von nur noch 3 700 markhaltigen Fasern je mm^2 gegenüber den Normalwerten für diese Altersgruppe von rund 8 000 Fasern pro mm^2. Das Histogramm zeigte gegenüber der Kontrolle (E. Kirchhof, Dissertation, Universität Köln 1983) eine Minderung des zweiten Gipfels durch den Verlust gro-

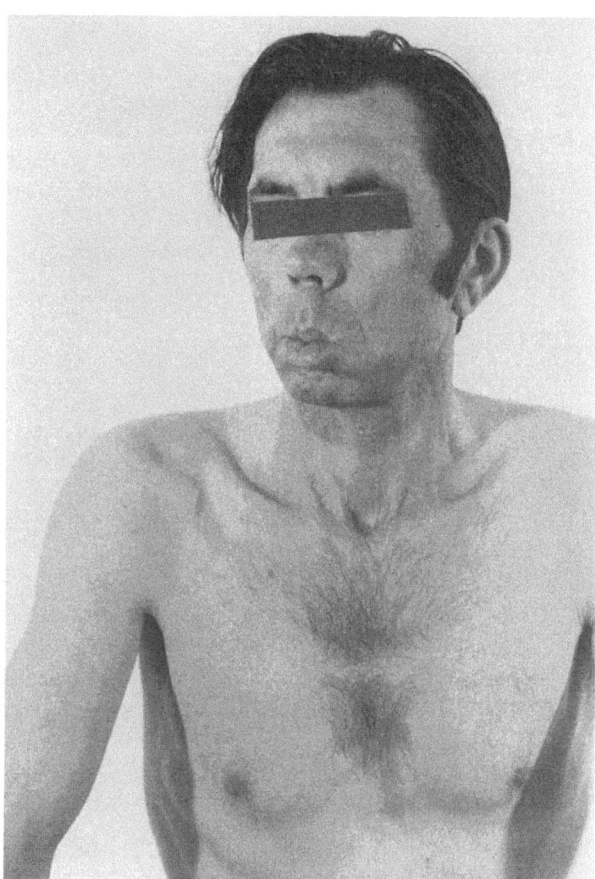

Abb. 2. Malnutritionspolyneuropathie. Periphere Fazialisparese beidseits beim Versuch die Lippen zu spitzen

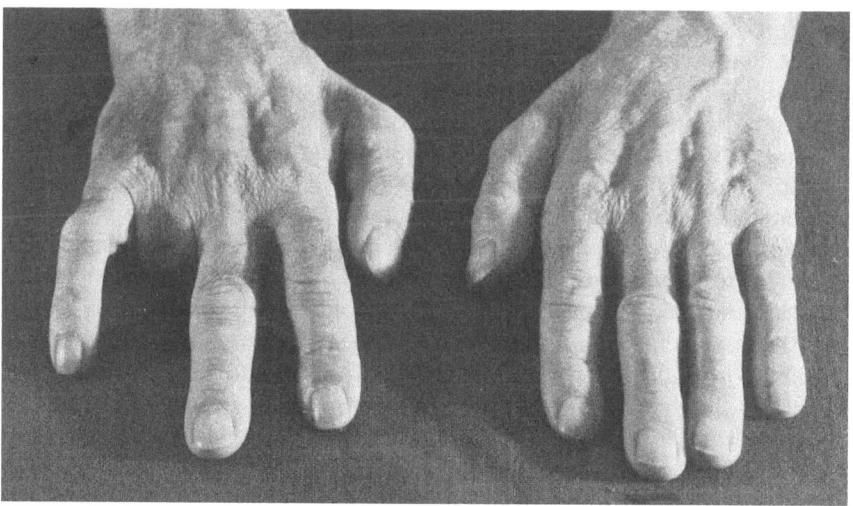

Abb. 3. Malnutritionspolyneuropathie. Atrophie der kleinen Handmuskeln

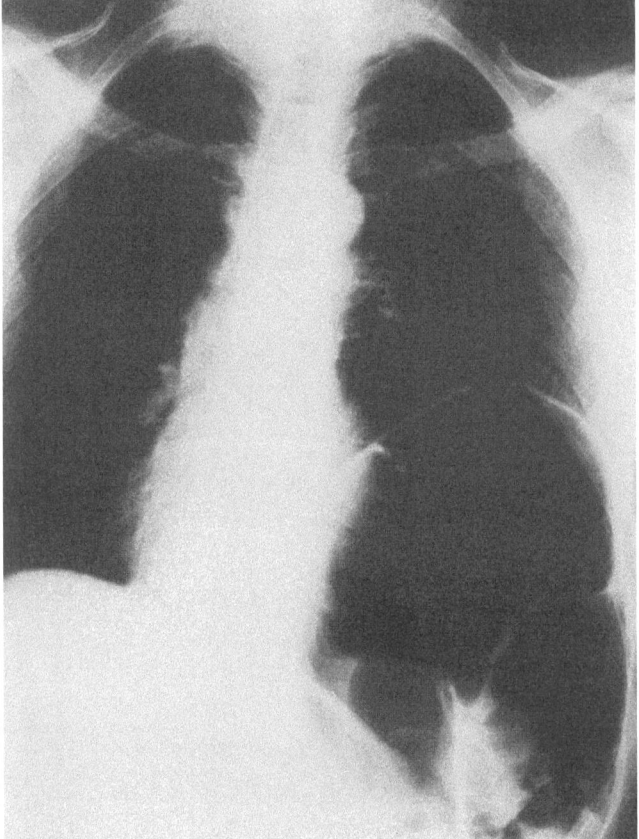

Abb. 4

ßer bemarkter Fasern (Abb. 6). Auf Semidünnschnitten fallen neben der Reduktion der markhaltigen Fasern auch die unvollständige Remyelinisierung einzelner Axone und eine deutliche Vermehrung des endoneuralen Bindegewebes bei Verbreiterung des Perineuriums mit eigenartigen herdförmigen Proliferationen auf (Abb. 7). Markscheidenabbauprodukte sind nur an einer Stelle des gesamten Querschnitts von drei Faszikeln anzutreffen. Die elektronenmikroskopische Analyse ergibt zahlreiche Schwann-Zellkomplexe des markhaltigen Typs mit mehreren z. T. großen marklosen Axonen, offenbar Regenerate ehemals markhaltiger Neurone (Abb. 8). Ausgesprochen selten werden Zwiebelschalenkomplexe um unvollständig remyelinisierte Axone angetroffen. Rund 3% aller noch vorhandenen markhaltigen Fasern und einige marklose Neurone lassen Hinweise auf eine aktuelle Degeneration vornehmlich der Axone erkennen. Der Befund entspricht einem Defektstadium nach vorausgegangener hochgradiger axonaler Degeneration, wie er auch bei Fällen mit Beriberi-Polyneuropathie von OHNISHI et al. (1980) sowie bei Kranken mit uncharakteristischer Malnutrition von CAVALLARI u. BATOLO (1979) beschrieben wurde. Die an einzelnen Fasern unseres Falles anzutreffenden vornehmlich axonalen Degenerationserscheinungen dürften einer verstärkten Altersrarefi-

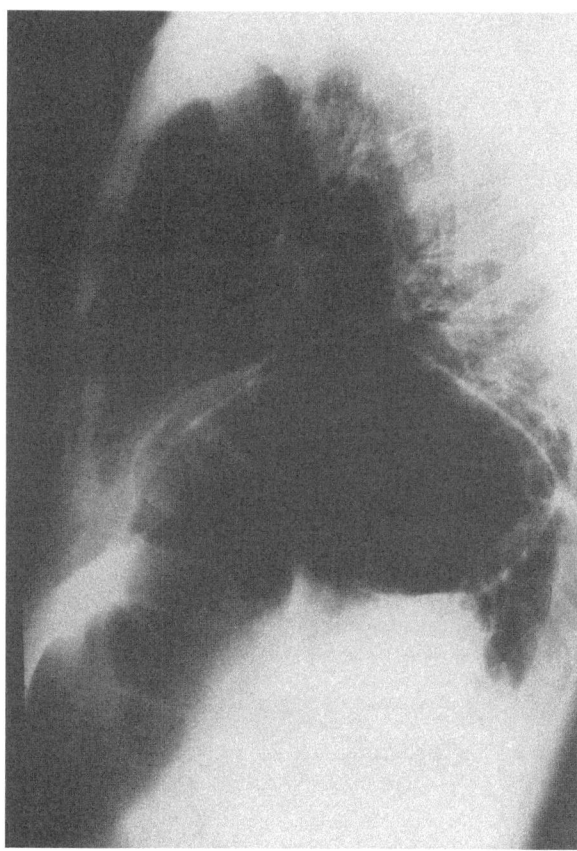

Abb. 4, 5. Malnutritionspolyneuropathie. Thoraxübersicht in 2 Ebenen: ausgeprägter Zwerchfellhochstand bei linksseitiger Phrenikusparese mit Verlagerung der geblähten Kolonflexur in den Thorax

Abb. 5

zierung des peripheren Nervensystems bei vorgeschädigten Perikaryen entsprechen. Daß es sich nicht um den Ausdruck eines prozeßhaften Geschehens handelt, geht unseres Erachtens aus der Konstanz des klinischen Bildes seit mindestens 23 Jahren hervor.

Diese schwere gemischte Polyneuropathie mit erheblicher Hirnnervenbeteiligung nur einem einzigen Substanzmangel zuzuordnen, gelingt nicht. Auch bei den meisten in der Literatur mitgeteilten Fällen mit Malnutritionsfolgen ist ein einziger kausaler Faktor kaum jemals anzugeben (CRUICKSHANK 1976). So wundert es uns nicht, daß sich das vorliegende Bild aus Komponenten mehrerer bisher beschriebener Malnutritionsfolgen zusammensetzt. Anfänglich hat es sich wahrscheinlich um eine ödematöse Form der akuten Hungerdystrophie wahrscheinlich mit zusätzlichen, durch Thiaminmangel bedingten kardialen Ödemen gehandelt. Den ersten Beschwerden im Sinne eines quälenden Burning-feet- (and hands-) Syndroms, wie es aus zahlreichen Berichten über Malnutritionsfolgen bekannt ist, schloß sich die Entwicklung einer schweren gemischten Polyneuropathie an, wie sie ebenfalls bei vielen Mangelzuständen vorkommen kann. Die Beteiligung der unteren Hirnnerven erinnert an die Beriberi-Polyneuropathie, die des N. opticus an das Strachan-

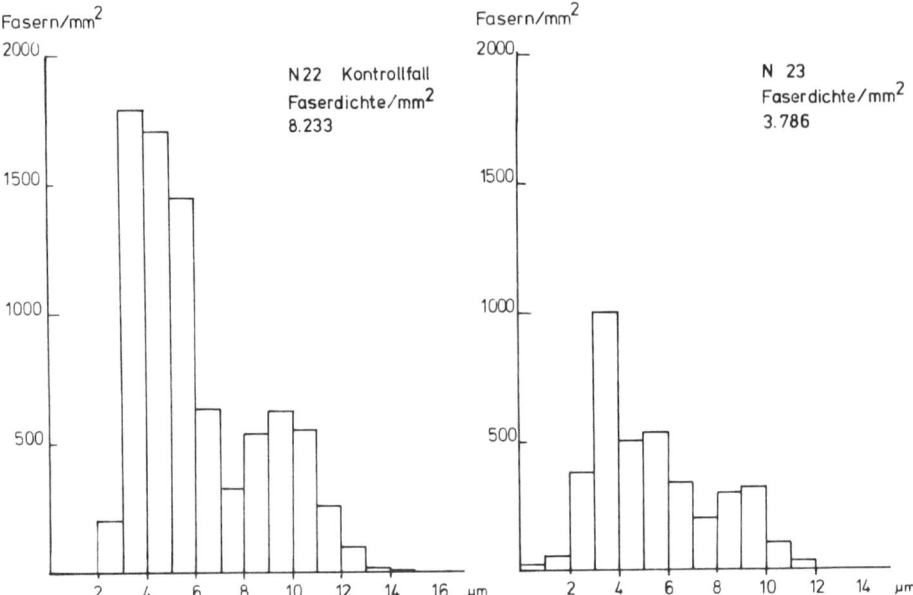

Abb. 6. Histogramme und Dichte markhaltiger Nervenfasern des N. suralis. *Links* Kontrollfall, *rechts* Fall mit Malnutritionspolyneuropathie

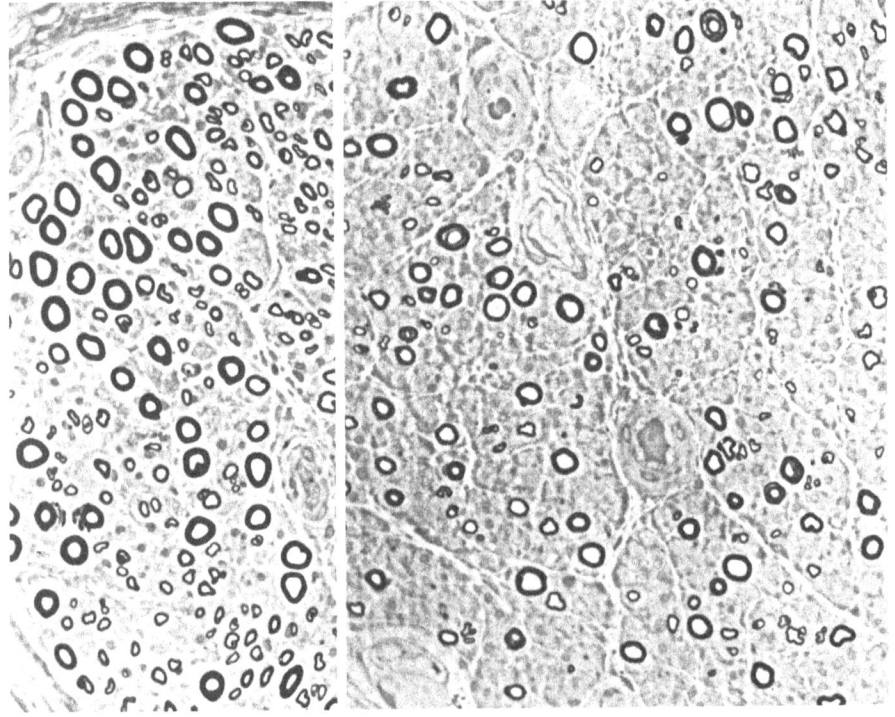

Abb. 7. Phasenkontrastmikroskopischer Befund an Semidünnschnitten von Suralisbiopsaten. *Links* Kontrollfall, *rechts* Fall mit Malnutritionspolyneuropathie. Vergr. 375:1

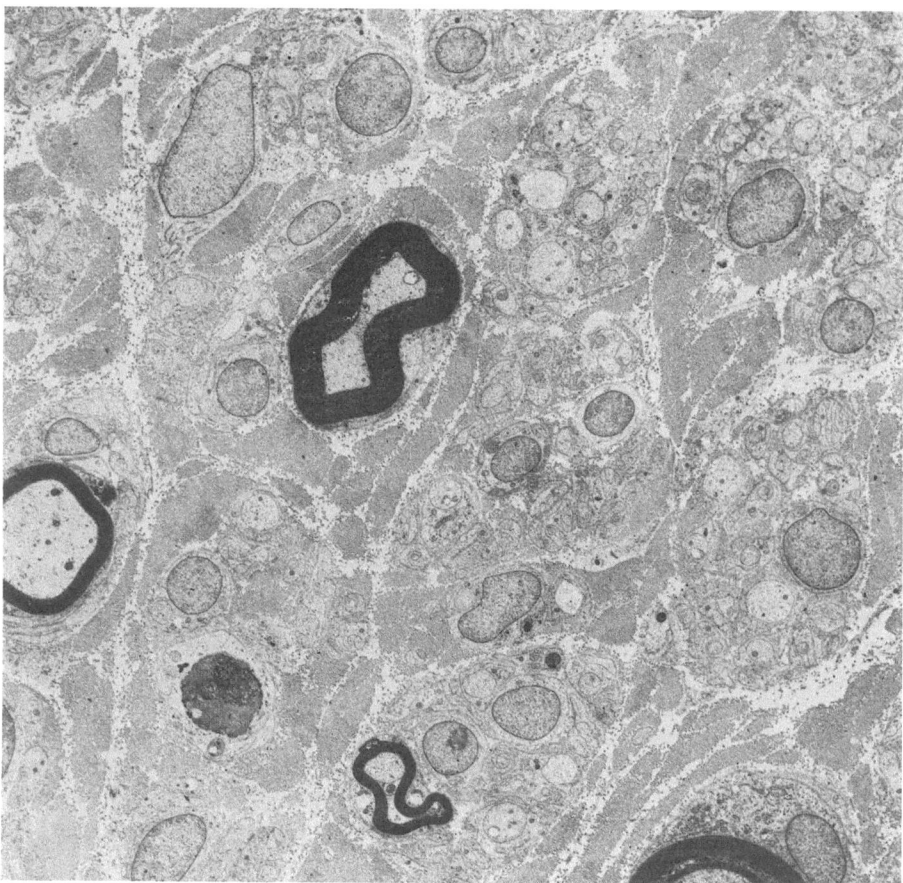

Abb. 8. Malnutritionspolyneuropathie. Suralisbiopsat. Elektronenmikroskopischer Befund. Vergr. 3360:1

Scott-Syndrom, die des N. stato-acusticus an die sog. Jamaica-Polyneuropathie (SCHEID, GIBBELS et al. 1980). Dennoch fehlen wieder andere Bestandteile der genannten Syndrome, für die in ihrer Gesamtheit das Fehlen unterschiedlicher Komponenten des Vitamin-B-Komplexes mit Bevorzugung von B_1 und B_2 anzuschuldigen sind, Faktoren, die damit auch am ehesten für den schweren Defekt nach vorwiegend axonaler Dystrophie in unserem Falle verantwortlich gemacht werden mögen.

Zusammenfassung

Kasuistischer Beitrag über einen Kranken, der im Rahmen einer Malnutrition während Kriegsgefangenschaft in Ägypten im Jahre 1944 mit Seh-, Hör- und Gleichgewichtsstörungen, einer gemischten distal betonten Polyneuropathie und starken brennenden Mißempfindungen erkrankte. Nach anfänglicher Besserung unter entsprechender Behandlung besteht seit Jahrzehnten ein Defektzustand mit beidseitiger Optikusatrophie, Abduzensschwäche, Hypakusis, stärksten Paresen der von den unteren Hirnnerven versorgten Muskeln, einer Zwerchfellähmung und distalen symmetrischen atrophischen Lähmungen der Extremitäten mit gliedförmig verteilten Sensibilitätsstörungen bei normaler Nervenleitgeschwindigkeit.

Zusatzuntersuchungen konnten andersartige faßbare Ursachen des Syndroms ausschließen. Die Suralisbiopsie, einschließlich quantitativer und elektronenmikroskopischer Untersuchungen, spricht für ein Spätstadium nach ausgedehnter axonaler Degeneration vornehmlich markhaltiger Fasern mit starker Proliferation von Bindegewebe und Perineurium.

Summary

Casuistic report of a patient who suffered from disturbances of visual, auditory, and vestibular functions as well as mixed distal polyneuropathy and marked burning paresthesias during malnutrition as a prisoner of war in Egypt in 1944. Following initial improvement during adequate treatment he now presents with a defect syndrome with bilateral optic nerve atrophy, abducens nerve palsy, hearing loss, marked paresis of lower cranial nerves, paresis of the diaphragm and symmetrical distal paresis of all extremities with glove and sock like sensory disturbances and normal nerve conduction velocity.

Additional examinations excluded any other demonstrable etiology. Sural nerve biopsy including quantitative and electronmicroscopic examinations is suggestive of a late stage of marked axonal degeneration especially of myelinated fibers with excessive proliferation of connective and perineural tissue.

Literatur

Cavallari V, Batolo D (1979) Pathologica 71:457
Cruickshank EK (1976) In: Vinken, PJ, Bruyn GW (eds) Handbook of clinical neurology, vol 28. Elsevier, Amsterdam, pp 1–41
Kirchhof E (1983) Dissertation Köln
Ohnishi A, Tsuji S, Igisu H et al. (1980) J Neurol Sci 45:177
Scheid W, Gibbels E et al. (1980) In: Lehrbuch der Neurologie. Thieme, Stuttgart, S 948–952

Subklinische Polyneuropathien bei Anorexia nervosa

K. Toifl, B. Mamoli und E. Neumann

Die Anorexia nervosa (A. n.) ist nach den Kriterien von Feighner et al. (1972) charakterisiert durch einen Krankheitsbeginn vor dem 25. Lebensjahr, durch eine psychisch bedingte, nicht korrigierbare, ablehnende Einstellung bezüglich Essen, Nahrungsaufnahme und Gewicht, die trotz Mahnung oder Drohung weiterbesteht, durch einen mindestens 25%igen Gewichtsverlust, durch das Fehlen einer zugrundeliegenden somatischen oder anderen psychiatrischen Erkrankung wie Psychose, durch neuroendokrinologische Störungen sowie eine Reihe körperlicher Symptome, bedingt durch die anhaltende Nahrungskarenz. Avitaminosen, Eiweißmangelödeme, Elektrolytverschiebungen oder neurologische Ausfälle wurden in vereinzelten Fällen beschrieben (Fichter u. Wüschner-Stockheim 1979/1980; Schwabe et al. 1981; Nussbaum et al. 1980).

Ziel unserer Untersuchung war, zu prüfen, inwieweit bei A. n. Polyneuropathien vorkommen, bzw. zu versuchen, eine Beziehung zwischen elektroneurographischen und metabolischen Parametern herzustellen. Wir untersuchten 14 Patienten im Alter zwischen 13 und 18 Jahren (4 männlich, 10 weiblich). Alle Patienten wurden zu Beginn des stationären Aufenthaltes neurologisch und elektroneurographisch untersucht. Ferner wurde der Prozentsatz der Gewichtsreduktion, bezogen auf den individuellen Körpergewichtsverlauf (Tanner et al. 1966) und die Dauer des Gewichtsverlustes bestimmt. Der Prozentsatz des Gewichtsverlustes reichte für unsere Patienten von 25–54% des idealen Körpergewichtes, die Dauer des Gewichtsverlustes von 8 bis zu 75 Monaten. Zum Zeitpunkt der Untersuchung erhielten die Patienten keine Vitaminersatztherapie und wurden mit einer aufbauenden Diät ernährt.

Bei 13 Patienten wurde das Thiaminpyrophosphat (TPP), bei 11 Folsäure und Vitamin B_{12} und bei 10 Patienten Vitamin B_6, und zwar die Komponenten Pyridoxamin und Pyridoxal, bestimmt.

Die neurologische Untersuchung ergab bei 2 Patienten kaum auslösbare ASR. Bei 4 weiteren Patienten waren die ASR abgeschwächt auslösbar. Bei 2 Patienten fand sich eine strumpfförmige Hypästhesie, vor allem für Temperaturwahrnehmung, nur gering ausgeprägt auch für feine Berührungen. Bei 3 Patienten bestand eine inkonstante, fleckförmige Hypästhesie, vor allem für Temperaturwahrnehmung, aber auch für feine Berührung. Bei 8 Patienten war der neurologische Status unauffällig.

Die Ergebnisse der elektroneurographischen Untersuchung am N. medianus (motorische Nervenleitgeschwindigkeit, distale Latenz, Summenpotentialamplitude bei Ableitung mit Oberflächenelektroden vom M. opponens pollicis, sensible antidrome Nervenleitgeschwindigkeit zwischen Handgelenk und Finger II) und am

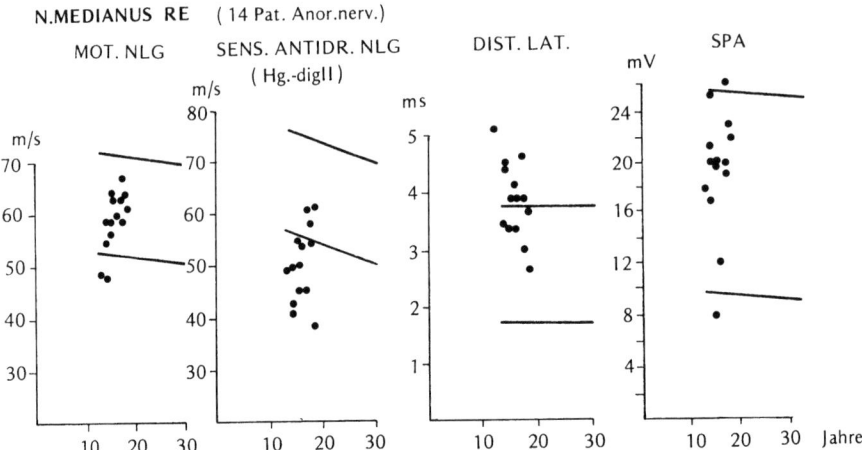

Abb. 1. Ergebnis der elektroneurographischen Untersuchung des N. medianus bei 14 Patienten mit Anorexia nervosa. Bestimmung der motorischen Nervenleitgeschwindigkeit, distalen Latenz und Summenpotentialamplitude (SPA) sowie der sensiblen antidromen Nervenleitgeschwindigkeit zwischen Handgelenk und Finger II. Die Ergebnisse sind bezogen auf altersabhängige Normwerte bei einer Vertrauensgrenze von 95%

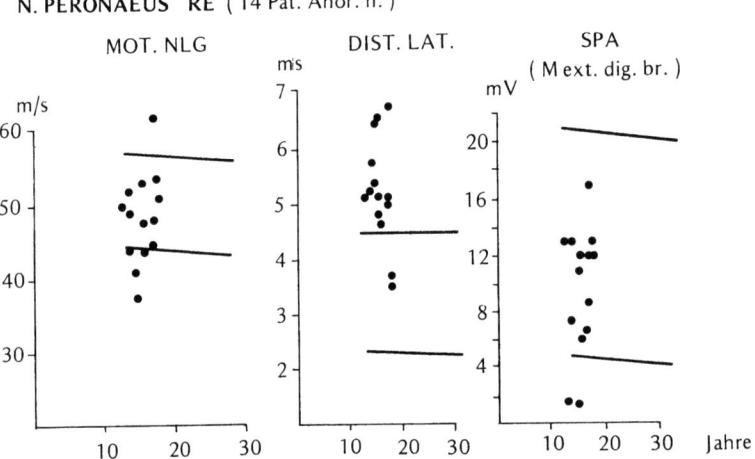

Abb. 2. Ergebnis der elektroneurographischen Untersuchung des N. peronaeus bei 14 Patienten mit Anorexia nervosa. Bestimmung der motorischen Nervenleitgeschwindigkeit, distalen Latenz und Summenpotentialamplitude (SPA). Die Ergebnisse sind bezogen auf altersabhängige Normwerte bei einer Vertrauensgrenze von 95%

N. peronaeus (Ableitung vom M. extensor digitorum brevis) sind in den Abb. 1 und 2 zusammengefaßt. Als Kontrollgruppe dienten die Werte von 70 gesunden Probanden.

Die Thiaminpyrophosphatwerte im Vollblut waren, bis auf 2 Werte im unteren Normbereich und einem grenzwertigen Befund, alle zum Großteil massiv erniedrigt (Abb. 3). Die Werte für das Pyridoxamin waren nur bei 2 Patienten gering er-

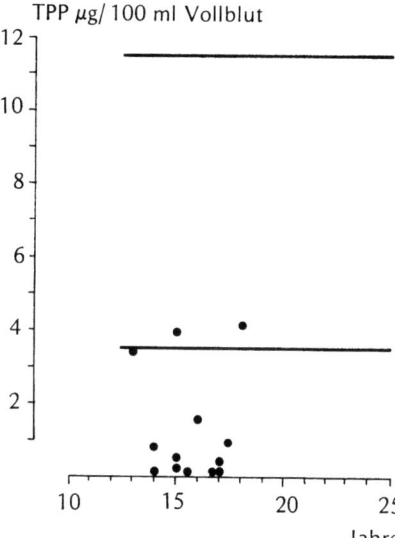

Abb. 3. Ergebnisse der Bestimmung von Thiaminpyrophosphat (TPP) im Vollblut von 13 Patienten mit Anorexia nervosa

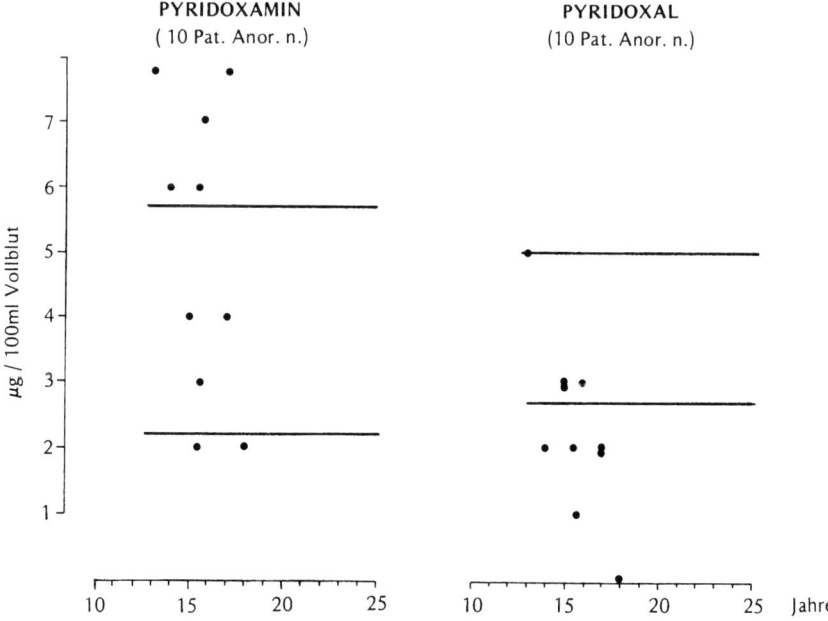

Abb. 4. Ergebnisse der Bestimmung von 2 Komponenten des Vitamin-B_6-Spiegels (Pyridoxamin, Pyridoxal) im Vollblut von 10 Patienten mit Anorexia nervosa

niedrigt. Für Pyridoxal lagen hingegen bei 6 Patienten die Werte deutlich unter dem Normalbereich, bei 3 weiteren im unteren Normalbereich (Abb. 4). Die Werte für die Folsäure waren normal, lagen z. T. aber im unteren Normalbereich. Die B_{12}-Werte waren durchwegs normal.

Die Rangkorrelation zwischen den untersuchten elektroneurographischen Parametern von N. medianus und N. peronaeus und dem Prozentsatz und der Dauer des Gewichtsverlustes sowie den TPP-Vollblutspiegeln ergab zwischen der distalen Latenz des N. peronaeus und den erniedrigten TPP-Spiegeln einen signifikanten Zusammenhang auf dem 5%-Niveau ($P < 0,05$). Zwischen den anderen untersuchten Parameter fand sich keine signifikante Bindung.

Die Korrelation spricht dafür, daß dem Vitamin-B_1-Mangel (hier insbesondere dem TPP-Mangel) zumindest eine kausale Mitverursachung in der peripheren Nervenschädigung zukommt. Das Auftreten von Polyneuropathien bei Vitamin-B_1-Mangel konnte wiederholt tierexperimentell nachgewiesen werden (ZIMMERMAN u. BURACK 1932; STREET et al. 1941; NORTH u. SINCLAIR 1956; SWANK u. PRADOS 1942). Die Nervenleitgeschwindigkeit nimmt bis auf 50–60% ab (KUNZE u. MUSKAT 1969). WILLIAMS et al. (1943) gaben 1939 vier Mädchen eine thiaminarme Diät (85 μg B_1 auf 1 000 Kalorien während 21 Wochen). Bereits nach 11 Wochen fiel die Vitaminausscheidung im Harn auf ein Minimum. Zu dieser Zeit wurden die Mädchen anorektisch, müde, verloren Gewicht, zeigten eine Schwäche in den Beinen. Nach einer Vitamin-B_1-Ersatztherapie verschwanden alle Symptome. Bei weiteren Vitamin-B_1-Hypovitaminoseversuchen (WILLIAMS et al. 1943) kam es in 2 Fällen zu einer schweren Polyneuropathie mit axonalen Läsionen. Die Versuche einer Vitamin-B_1-Mangeldiät von NAJJAR u. HOLT (1943) bei 9 Personen zwischen 16 und 23 Jahren, führten bei 4 zu Beriberi mit Anorexie, Polyneuropathie und Ödemen, bei 4 weiteren Versuchspersonen fand sich auch nach 7 Wochen Mangeldiät kein Zeichen eines manifesten Mangels. Bei den Patienten mit klinischen Ausfällen fiel auch die Vitamin-B_1-Ausscheidung im Fäzes auf ein Minimum. Bei den 4 Patienten ohne Ausfälle war dies nicht zu beobachten. Eine mögliche Erklärung könnte nach Ansicht der Autoren in einer Vitamin-B_1-Produktion durch Darmbakterien liegen.

Inwieweit bei unseren Patienten jedoch zusätzlich bei chronischer Mangelernährung evtl. bestehende, vorübergehende oder auch länger anhaltende Vitamin-B_6-Mangelsituationen die Polyneuropathie-Entstehung unterstützen, kann aus unseren Ergebnissen nicht beantwortet werden. Die Werte für Folsäure und Vitamin B_{12} waren bei unserer Querschnittsuntersuchung insgesamt normal.

Als zusätzlicher polyneuropathiefördernder Faktor käme bei Anorexiepatienten eine Hypothyreose in Frage. Bei Untersuchung von 26 Patienten mit A. n. konnte eine Störung der Hypothalamus-Hypophysen-Schilddrüsenachse nachgewiesen werden (TOIFL u. WALDHAUSER, in Vorbereitung). Dabei lagen die Einzelwerte des T4 im unteren Grenzbereich und T3-Werte eindeutig im hypothyreoten Bereich. Die Hypothyreose infolge hypothalamischer Dysregulation ist um so ausgeprägter, je kachektischer die Patienten sind (NICKEL et al. 1961; DYCK u. LAMBERT 1970).

Inwieweit nun die bei unseren Patienten festgestellte und vom Ausmaß des Gewichtsverlustes abhängige hypothyreote Stoffwechsellage tatsächlich die polyneuropathische Veränderungen mitbedingt hat, wird derzeit noch untersucht.

Zusammenfassung

14 Patienten mit Anorexia nervosa wurden neurologisch und elektronenneurographisch untersucht. Ferner wurden Thiaminpyrophosphat, Folsäure, Vitamin B_6 (Pyridoxamin und Pyridoxal) und Vitamin B_{12} bestimmt. Die Ergebnisse können folgendermaßen zusammengefaßt werden:

1. Bei Patienten mit Anorexia nervosa bestehen selten Zeichen einer sensiblen Neuropathie, wogegen elektrophysiologisch faßbare Veränderungen sowohl motorisch als auch sensibler Fasern häufig sind.
2. Es besteht eine signifikante Korrelation auf dem 5%-Niveau zwischen verlängerter distaler Latenz des N. peronaeus und den erniedrigten TPP-Werten im Blut.
3. Bei Patienten mit Anorexia nervosa besteht eine gewichtsabhängige Hypothyreose, deren Auswirkung auf die Polyneuropathie-Entstehung derzeit nur diskutiert werden kann.

Summary

14 patients with anorexia nervosa were examined neurologically and electroneurographically. Further the thiaminpyrophosphate, the folacid, vitamin B_6 (pyridoxamine and pyridoxal) and vitamin B_{12} were evaluated. The results can be summarized as follows:

1. In patients with anorexia nervosa, seldom symptoms of a sensory polyneuropathy are found, whereas electrophysiological signs of a subclinical sensory and/or motoric neuropathy are seen very often.
2. There is a significant correlation at the 5%-level between the prolonged distal latency of the nervus peronaeus and the reduced TPP-values in blood.
3. There is a weight-dependent hypothyreosis in patients with anorexia nervosa, whose influence on the genesis of the polyneuropathy can only be discussed at time.

Literatur

Dyck PJ, Lambert EH (1970) J Neuropathol Exp Neurol 29:631–658
Feighner J, Robins E, Guze S (1972) Arch Gen Psychiatry 27:57
Fichter MM, Wüschner-Stockheim M (1979/1980) Paediat Prax 22:411–422
Kunze E, Muskat E (1969) Electroencephalogr Clin Neurophysiol 24:7–21
Najjar VA, Holt LE Jr (1943) JAMA 123:683–684
Nickel SN, Frame B, Bebin J, Tourtelotte WW, Parker JA, Hughes BR (1961) Neurology (Minneap) 11:125–129
North JDK, Sinclair HM (1956) AMA Arch Pathol 62:341–353
Nussbaum M, Shenker IR, Marc I, Klein M (1980) J Pediatr 96:867–869
Schwabe AD, Lippe BM, Chang RJ, Pops MA, Yager Y (1981) Ann Intern Med 94:371–381

Street HR, Zimmerman HW, Cowgill GR, Hoff E, Fox JC (1941) Yale J Biol Med 13:293–308
Swank RL (1940) J Exp Med 71:683–702
Swank RL, Prados M (1942) Arch Neurol Psychiatry 47:97–131
Tanner JM, Whitehouse RG, Takaishi M (1966) Arch Dis Child 41:454–471; 613–635
Williams RD, Mason HL, Power MH, Wilder R (1943) Arch Intern Med 71:38–53
Zimmerman HM, Burack E (1932) Arch Pathol 13:207–232

Folsäureuntersuchungen bei Neuropathien

E. SLUGA und E. NEUMANN

Einleitung

Folsäuremangelsyndrome und hämatologische Veränderungen sind in ihrem kausalen Zusammenhang sichergestellt.

Für neurologische Erkrankungen und Folsäuremangel aber werden ursächliche Zuordnungen noch immer diskutiert. In der Literatur findet man zunehmend Berichte über Einzelfälle und Fallgruppen (ROBERTSON et al. 1971; PINCUS et al. 1972; AHMED 1972; FEHLING et al. 1974; MANZOOR u. RUNCIE 1976; BOTEZ et al. 1976, 1977, 1978; STRACHAN u. HENDERSON 1967; FREEMAN et al. 1976). Demenzsyndrome, subakute kombinierte spinale Strangdegenerationen und periphere Neuropathien sind beschrieben. Fälle mit kongenitalen Störungen des Folsäurestoffwechsels kommen vor, entwickeln ausgeprägte neurologisch-psychiatrische Syndrome und geben Hinweise für einen Kausalzusammenhang (LUHBY et al. 1961; LANZOWSKY et al. 1969; ARAKAWA 1970; ERBE 1975; SUE 1976).

Die Folsäure ist ein Pteroylmonoglutamat. Sie wird mit der Nahrung als Polyglutamat aufgenommen und nach Abspaltung („deconjugation") einiger Glutaminsäurereste durch eine Peptidase (α-Glutamyl-Carboxyl-), im Dünndarm als Monoglutamat aktiv resorbiert. Im Plasma wird Tetrahydrofolsäure transportiert, der spezifische „carrier" ist ebensowenig bekannt wie der aktive intestinale Resorptionsmechanismus. Normwertbereiche von Folsäure im Serum liegen zwischen 7–30 nmol/l.

Die entscheidende metabolische Funktion ist die Übertragung von C_1-Bruchstücken an organische Verbindungen. Damit nimmt die Folsäure eine Schlüsselstellung in der Synthese von DNS und RNS ein. Im speziellen ermöglicht sie die Thymidin-Nucleotid-Synthese (durch Bildung von Thymidin aus Desoxyuridin) und ist an zwei metabolischen Schritten der Purinsynthese beteiligt. Eine direkte Wirkung im Aminosäuremetabolismus hat die Folsäure durch die Methylierung von Homocystein zu Methionin, eine Reaktion, die Vitamin-B_{12}-abhängig ist. Diese Interaktionsstelle zwischen Folsäure und Vitamin B_{12} macht die metabolische Abhängigkeit beider voneinander verständlich (REYNOLDS 1976). Nach erfolgter C_1-Radikalabgabe wird wieder Tetrahydrofolsäure restituiert (CH_3-Donatoren sind Serin und Formiminoglutaminsäure aus dem Histidinmetabolismus). Nach der Beteiligung an der Thymidinbildung aber entsteht Dihydrofolsäure, die erst über eine Reduktase wieder in die reaktionsbereite Tetraform übergeführt wird. Eine Inhibition der Dihydrofolreduktase ist durch einige Medikamente bekannt.

Bisher ungeklärt bleibt die Frage, über welchen Teilschritt oder Mechanismus das Nervengewebe beeinflußt werden kann. Folsäurewerte im Liquor um das 3- bis

4fache höher als im Serum (WELLS u. CASEY 1967) sind in ihrer Bedeutung noch offen. Bemerkenswert ist der Vergleich zu Vitamin B_{12}, dessen Liquorkonzentration nur $1/10$ des Serumwertes beträgt.

Unser Anliegen ist es, in einer Folgenstudie aufzuklären, ob bei bisher ungeklärten Neuropathien und kombinierten spinalen Strangdegenerationen der Mangel an Folsäure pathogenetisch eine Rolle spielt und welche Ursachen diesem zugrunde liegen.

Die vorliegende Studie beschäftigt sich mit dem Nachweis von Veränderungen des Folsäurespiegels im Serum bei den in Frage stehenden Erkrankungen.

Material und Methoden

Patientengut

An einem Krankengut von 65 Patienten mit peripheren und spinalen Nervenkrankheiten wurde Folsäure im Serum bestimmt. Bei 50 Patienten konnte eine detaillierte Auswertung von klinischen Daten und Laborparametern erfolgen.

Im untersuchten Krankengut waren Männer und Frauen gleich häufig vertreten.

Die Altersverteilung reichte von 45–88 Jahre, bei einem Altersdurchschnitt von 66 Jahren.

39 Patienten hatten eine Polyneuropathie, 11 zeigten Symptome spinaler Strangdegeneration. Diese bestanden aus spastischen Paraparesen und sensiblen Störungen, besonders der Tiefensensibilität, gelegentlich mit pseudotabischem Bild.

Untersuchungen und Methoden

Die Folsäurebestimmung wurde bei allen Fällen mittels des Folate Radio Assay Kits, Fa. Becton & Dickinson, durchgeführt.

Eine Lumbalpunktion erfolgte in 15 Fällen.

Die Nervenleitgeschwindigkeit (max. mot. NLG) wurde am N. peronaeus bei 23 Fällen gemessen.

Schilling-Test, Vitamin-B_{12}-Spiegel, Gastrotest, Magen-Darm-Röntgen und die üblichen Laborparameter wurden bei allen Fällen untersucht.

Befunde und Ergebnisse

Folsäurebestimmungen

Von den untersuchten 50 Patienten hatten 13, das sind 26%, einen erniedrigten Folsäurespiegel im Serum. Die Werte lagen durchschnittlich bei 3,55 nmol/l, mit einem Bereich von 2,1–4,8 nmol/l.

Tabelle 1. Vergleichsdaten der Patientengruppe mit und ohne Folsäuremangel

Patientengruppe mit:	Folsäure-mangel	Folsäure normal
Anzahl	13 (26%)	37 (74%)
Alter	67 (47–85)	65 (45–88)
Diät u. EZ	normal	normal
Diabetiker	3 (23%)	11 (30%)

Tabelle 2. Neurologische Syndrome und Laborparameter der Patientengruppe mit und ohne Folsäuremangel

Patientengruppe mit:	Folsäure-mangel	Folsäure normal
Polyneuropathie	10/13 (77%)	29/37 (78%)
komb. spinale Strangdegeneration	3/13 (23%)	8/37 (22%)
Intrinsicfaktormangel	0/13 (0%)	2/37 (5%)
B_{12}-Malabsorption	7/13 (54%)	5/37 (14%)
Makrozytose	2/13 (15%)	5/37 (14%)

Eine Gruppe von 37 Patienten hatte normale Folsäurespiegel. Die Patientengruppen mit und ohne Folsäuredefizit wurden hinsichtlich der verschiedenen untersuchten Parameter miteinander verglichen.

Gruppenvergleich

Alter, Diät und Ernährungszustand zeigten keine Unterschiede (Tabelle 1). Diabetes war annähernd gleich häufig vertreten (Tabelle 1).

Die Frequenz von Polyneuropathien und kombinierten spinalen Strangdegenerationen war annähernd gleich verteilt (Tabelle 2).

Makrozytäre Blutbildveränderungen fanden sich bei 15% resp. 14% der Patienten (Tabelle 2).

Schilling-Test und Magen-Darm-Befunde

Unterschiede zeigten sich erst bei den Ergebnissen des Vitamin-B_{12}-Resorptionstestes. In der folsäuredefizienten Gruppe fanden sich bei 54% der Patienten Hinweise für eine Malabsorption, jedoch kein einziger Fall hatte einen Intrinsicfaktormangel. In der Gruppe der nichtfolsäuredefizienten Fälle war 2mal ein Intrinsicfaktormangel nachzuweisen. Malabsorptionszeichen lagen nur bei 14% vor.

Alle Patienten beider Gruppen hatten Vitamin-B-Vorbehandlungen, so daß in keinem Fall ein manifester Vitamin-B_{12}-Mangel bestehen konnte.

Eine röntgenologisch faßbare Magen-Darm-Erkrankung konnte in keiner Gruppe nachgewiesen werden. Bei 2 Patienten zeigte sich ein Folsäuredefizit nach einer Billroth-II-Magenresektion. Aus der Normalwertgruppe war ein Patient gastrektomiert.

Liquoruntersuchungen

In der folsäuredefizienten Patientengruppe wurden bei 7 Liquoruntersuchungen 5 mal Normalwerte gefunden, 2 mal lag eine leichte Gesamteiweißerhöhung um 80 mg-% vor (Tabelle 3).

Tabelle 3: Häufigkeit der Liquorveränderungen, NLG-Veränderungen und des Therapie-Effektes bei Patienten mit Folsäuremangel

Eiweißerhöhung im Liquor	2/ 7
Axonale Degeneration	7/ 7
Besserung nach Therapie:	
gut	3/10
mäßig	4/10
spastische Paraparese	0/10

Nervenleitgeschwindigkeiten

Die Bestimmung der NLG wurde an 7 von 13 folsäuredefizienten Patienten durchgeführt. Es zeigten sich durchwegs Zeichen von axonaler Läsion. Verlängerte distale Latenz, verminderte SPA und max. motor. Geschwindigkeit von 42–33 m/s wurden beobachtet.

Therapie

Die Behandlung wurde oral mit 15 mg Folsan täglich durchgeführt. Bei Fällen mit nachgewiesener Resorptionsstörung erfolgte eine i. m. Applikation von 1 Amp. Folsan (15 mg), anfänglich 2 mal wöchentlich, nach 1 Monat auf 1 mal wöchentlich reduziert. Therapiedauer mindestens 3, meist 6 Monate.

Von 10 behandelten Fällen zeigten 7 einen Effekt, davon 3 ausgezeichnet, 4 mäßig (Tabelle 3). Die besten Erfolge waren bei Neuropathien zu erzielen. Die spastischen Paresen der spinalen Strangdegenerationen blieben unbeeinflußt (allerdings auch Krankheitsdauer von bis zu 8 Jahren).

An 1 gebesserten Fall reagierte auch die makrozytäre Anämie. Verbesserung der distalen Latenz war in 3 Fällen zu beobachten.

Diskussion

Aus einem unselektionierten Krankengut von 50 Patienten mit Neuropathien und spinalen Strangdegenerationen konnten 13 Fälle, d. h. 26%, mit Folsäuremangel gefunden werden. Diese Zahl ist überraschend hoch und weist darauf hin, daß Veränderungen in diesem Stoffwechselkompartiment bisher zu wenig berücksichtigt wurden. Vitamin-B_{12}-Mangel, der ursächlich häufig in Erwägung gezogen wird, konnte an unserer Patientenpopulation im Vergleich nur 2mal gefunden werden.

Erniedrigte Folsäurewerte im Serum weisen auf Folsäuremangelsyndrome hin, allerdings nicht schlüssig auch auf niedrige Gewebsspiegel. Denn die Folsäure im Plasma hat eine hohe Turn-over-Rate und ist stark diätetisch beeinflußbar.

Folsäuremangelsyndrome können durch Aufnahme- oder Utilisationsstörungen zustandekommen.

Tiefe Serumwerte weisen vor allem auf *Aufnahmestörungen* hin, deren Ursachen defizitäre Diät oder mangelnde intestinale Resorption sind. Für die erworbenen, spätmanifesten neurologischen Syndrome wird vielfach ein diätetischer Mangel an Folsäure ursächlich angegeben, wie MANZOOR u. RUNCIE (1976) sowie BOTEZ et al. (1977) beschreiben. BOTEZ et al. (1977) fanden auch Dünndarmschleimhautatrophien, die bei Fehlen anderer Malabsorptionszeichen als Folge der Mangeldiät angenommen werden. Der Fall von ROBERTSON et al. (1971) war von einer Urämie, jener von PINCUS et al. (1972) von einer beginnenden Leberzirrhose begleitet. STRACHAN u. HENDERSON (1967) führen auch die beschriebene Demenz auf folsäureinsuffiziente Diät zurück.

Resorptionsstörungen sind bei definierten gastrointestinalen Erkrankungen durch Malabsorption *auch* für die Folsäure bekannt. *Elektive* Resorptionsstörungen sind bisher nur selten beschrieben und in ihrem Mechanismus noch nicht aufgeklärt. Ein Fall von FEHLING et al. (1974) entwickelte eine isolierte Folsäuremalabsorption bei Vorliegen einer Zöliakie. Elektive gastrointestinale Resorptionsstörungen lagen bei 2 kongenitalen Fällen vor (LUHBY et al. 1961; LANZOWSKY et al. 1969), wie aus Belastungstest und Therapieeffekt abgeleitet. Bei dem 19jährigen Mädchen von LANZOWSKY et al. (1969) beschrieben, wurde auch eine Transportstörung zum Liquor gefunden. An unserem Krankengut waren bei 54% der Patienten Hinweise für Resorptionsstörungen nachzuweisen, ohne weitere Malabsorptionssymptome. Dieses Faktum kann vorläufig nur festgestellt, aber noch nicht erklärt werden. Eine elektive Aufnahmestörung von Folsäure aus dem Dünndarm ist anzunehmen. Ob dabei Schleimhautveränderungen im Rahmen des Alternsprozesses eine Rolle spielen oder evtl. Defekte der glutamatspaltenden Peptidasen, bleibt künftigen Untersuchungen vorbehalten.

Utilisationsstörungen der Folsäure sind weitere Ursachen für Mangelsyndrome. Der Serumspiegel kann erniedrigt (FREEMAN et al. 1975), aber auch erhöht (ARAKAWA 1970) sein. Enzymdefekte der Interkonversion von Folsäureverbindungen wurden nachgewiesen. Defekte der Dihydrofolsäurereduktase (WALTERS 1967), der Tetrahydrofolsäurereduktase (ERBE 1975) und der Formiminotransferase (ARAKAWA 1970) sind bekannt.

Inhibition von Enzymen des Folsäurestoffwechsels kann durch Medikamenteninteraktion erfolgen. Dihydrofolsäurereduktase wird von Methotrexat, Trimethoprim u. a. gehemmt. Direkte Interaktion in der DNS-Synthese verursachen verschiedene Zytostatika. Nicht aufgeklärt ist der antagonistische Mechanismus der Antiepileptika (Phenytoin, Primidon, Phenobarbital), die bei Langzeitmedikation Folsäuremangel mit makrozytären Anämien verursachen. Resorptionsstörungen wurden ausgeschlossen (FEHLING et al. 1973), Hemmung von Enzymen steht zur Diskussion. Medikamenteninteraktion wurde für unser Krankengut auch in Erwägung gezogen. Außer gelegentlicher Verwendung von Trimethoprim waren in der Vormedikation allerdings keine bekannten antagonistischen Medikamente vertreten.

Als ursächliche Faktoren für die nachgewiesenen Folsäuremangelsyndrome in unserem Krankengut stehen Resorptionsstörungen an erster Stelle. Folsäurebelastungstests und Spiegelbestimmungen im Liquor sollen zur weiteren Abklärung der pathogenetischen Mechanismen beitragen. Mangeldiät und Medikamenteninteraktion konnten nicht nachgewiesen werden. Spätmanifeste Enzymdefekte bleiben in Diskussion.

Die Frage des *Kausalkonnexes* zwischen Folsäuremangel und neurologischer Erkrankung kann vorläufig nur aus dem Therapieeffekt rückgeschlossen werden, wie dies auch vielfach in der Literatur geschieht. Die geringe Anzahl hämatologischer Veränderungen bei Manifestation neurologischer Syndrome ist auch in der Literatur bei den erworbenen Mangelsyndromen durchgehend festzustellen. Alle kongenitalen Fälle haben ihre Megaloblastenanämie manifest. Ob diese Diskrepanz eine quantitative Frage ist oder ob zwei verschiedene pathogenetische Mechanismen wirksam werden, wie beim Vitamin-B_{12}-Mangel, ist vorläufig noch ein ungeklärtes Problem.

Daß die Folsäure eine besondere Bedeutung für das Nervensystem hat, zeigen ein aktiver Transportmechanismus in den Liquor, der unidirektional und unspezifisch ist und ein spezifischer Folsäurerezeptor im Plexus chorioideus (REYNOLDS 1979; SPECTOR 1979).

Folsäure und neurologisch-psychiatrische Symptome bleiben ein Kapitel mit vielen offenen Fragen, aber ein Kapitel von wesentlicher Bedeutung für die Aufklärung einiger bisher ungeklärter Erkrankungen.

Zusammenfassung

Bei 13 von 50 Patienten mit Neuropathien und/oder kombinierten spinalen Strangdegenerationen wurde ein Folsäuremangel nachgewiesen. Nur 2mal waren auch hämatologische Veränderungen ausgeprägt. Bei 7 von 13 Patienten lag eine Resorptionsstörung vor, die für die Mehrzahl der Fälle ursächlich angenommen wird. Diätetische Faktoren und mögliche Störungen der Interkonversion einzelner Folsäureverbindungen werden diskutiert. Therapeutische Effekte stellen sich ein, besonders bei den Neuropathien. Die Schlüsselrolle der Folsäure in der DNS- und RNS-Synthese sowie im Aminosäuremetabolismus werden aufgezeigt. Auf die Interaktionen mit Vitamin B_{12} wird hingewiesen, der aktive Transport in den und die hohen Werte im Liquor besonders hervorgehoben.

Summary

Folic acid levels in sera were reduced in 13 of 50 patients with neuropathies or subacute combined system degenerations of the spinal cord. Only twice was megaloblastic anemia present. In 7 patients malabsorption was evident. Deficient diet and disturbances of folate interconverting enzymes are discussed. Folate treatment led to improvement, especially in neuropathies. The metabolic key position of folic acid in DNA and RNA syntheses and amino acid metabolism is reviewed. Its interaction with vitamin B 12 is stressed. Folic acid transport to the CSF and high levels of folate in the CSF are emphasized.

Literatur

Ahmed M (1972) Neurological disease and folate deficiency. Br Med J I:181
Arakawa T (1971) Congenital defects in folate utilization. Am J Med 48:594–598
Botez MI, Cadotte M, Beaulieu R, Pichette LP, Pison C (1976) Neurological disorders responsive to folic acid therapy. Can Med Assoc J 115:217–221
Botez MI, Fontaine T, Botez T, Bachevalier J (1977) Folate-responsive neurological and mental disorders: Report of 16 cases. Eur Neurol 16:230–246
Botez MI, Peyronnard JM, Bachevalier J, Charron L (1978) Polyneuropathy and folate deficiency. Arch Neurol 35:581–584
Erbe RW (1975) Inborn errors of folate metabolism. N Engl J Med 293:753–757, 807–812
Fehling C, Jägerstad M, Lindstrand K, Westesson AK (1973) The effect of anticonvulsant therapy upon absorption of folates. Clin Sci 44:595–600
Fehling C, Jägerstad M, Lindstrand K, Elmqvist D (1974) Folate deficiency and neurological disease. Arch Neurol 30:263–265
Freeman JM, Finkelstein JD, Mudd SH (1975) Folate-responsive homocystinuria and "schizophrenia". N Engl J Med 292:491–496
Lanzowsky P, Erlandson ME, Bezan AI (1969) Isolated defect of folic acid absorption associated with mental retardation and cerebral calcification. Blood 34:452–465
Luhby AL, Eagle FJ, Roth E, Cooperman JM (1961) Relapsing megaloblastic anemia in an infant due to specific defect in gastrointestinal absorption of folic acid. Am J Dis Child 102:482–483
Manzoor M, Runcie J (1976) Folate-responsive neuropathy: report of 10 cases. Br Med J I:1176–1178
Pincus JH, Reynolds EH, Glaser GH (1972) Subacute combined system degeneration with folate deficiency. JAMA 221:496–497
Reynolds EH (1976) Neurological aspects of folate and vitamin B 12 metabolism. Clin Haematol 5:661–695
Reynolds EH (1979) Cerebrospinal fluid folate: clinical studies. In: Botez MI, Reynolds EH (eds) Folic acid in neurology, psychiatry and internal medicine. Raven Press, New York, pp 195–203
Robertson DM, Dinsdale HB, Campbell RJ (1971) Subacute combined degeneration of the spinal cord. No association with vitamin B_{12} deficiency. Arch Neurol 24:203–209
Spector R (1979) Cerebrospinal fluid folate and the blood-brain barrier. In: Botez MI, Reynolds EH (eds) Folic acid in neurology, psychiatry and internal medicine. Raven Press, New York, pp 187–194
Strachan RW, Henderson JG (1967) Dementia and folate deficiency. Quart J Med 142:189–204
Sue PC (1976) Congenital folate deficiency. N Engl J Med 294:1128
Walters T (1967) Congenital megaloblastic anemia responsive to N-formyltetrahydrofoloc acid administration. J Pediatr 70:686–687
Wells DG, Casey HJ (1967) Lactobacillus casei CSF folate activity. Br Med J III:834–836

Die Einordnung der viszeralen Neuropathie in die symmetrischen Polyneuropathien beim Diabetes mellitus

G. REICHEL, G. RABENDING und W. BRUNS

Einleitung

Die Häufigkeit viszeraler Störungen bei Diabetikern hat das Interesse an der autonomen Neuropathie geweckt. In den Übersichtsarbeiten der letzten Jahre wurden Störungen des Gastrointestinaltrakts, des Urogenitalsystems und des Herz-Kreislauf-Systems der viszeralen Neuropathie des Diabetikers angelastet (BISCHOFF 1976; CAMPELL 1976; CLARKE et al. 1979; THOMAS u. ELIASSON 1975). Die Wertigkeit des einzelnen klinischen Symptoms (z. B. der Diarrhöe oder der Impotenz) für die Diagnose „diabetische viszerale Neuropathie" ist allerdings umstritten.

Das Bemühen um klinisch anwendbare Untersuchungsmethoden der viszeralen Innervation ist groß, nicht nur aus diagnostischem Interesse, sondern auch zur Klärung pathogenetischer Zusammenhänge. Die meisten vorgeschlagenen Tests basieren auf elektrophysiologischen Methoden mit den Basisparametern Blutdruck bzw. Herzfrequenz. Es stellte sich heraus, daß beim Diabetiker die vagale Innervation früher und häufiger gestört ist als die sympathische (GLÜCK et al. 1979; KAGEYAMA et al. 1979). Da die respiratorische Herzarrhythmie (RHA) als Parameter für die Beurteilung der parasympathischen Herzinnervation gilt (ECKHOLDT u. SCHUBERT 1975; KOEPCHEN 1979), stellten wir uns das Ziel, an einer neurologisch und diabetologisch einheitlichen Patientengruppe durch quantitative Bestimmung der RHA die Beziehungen zwischen somatischer und viszeraler Neuropathie aufzudecken.

Material und Methodik

Die Untersuchungen erfolgten an 215 insulinpflichtigen Diabetikern vom Typ I, die zur stationären Untersuchung im Zentralinstitut für Diabetes Karlsburg aufgenommen wurden. Es handelte sich um 107 Frauen und 106 Männer im Alter von 13–57 Jahre (Mittelwert: $34,8 \pm 10,6$ Jahre) und mit einer bekannten Diabetesdauer von 1–36 Jahre (Mittelwert: $16,5 \pm 7,3$ Jahre).

Eine Auswahl der Patienten erfolgte nur insofern, als sie nicht mit Atropin oder ähnlichen Medikamenten behandelt werden durften und gehfähig sein mußten. Die Untersuchungen wurden in drei Teilbereichen (1. diabetologische Untersuchung, 2. neurologische und elektroneurographische Untersuchung, 3. Ermittlung der RHA) unabhängig voneinander durchgeführt und die Ergebnisse verschlüsselt.

Nach Abschluß der Untersuchungen erfolgte die Zusammenstellung der jeweils zugehörigen Daten und deren statistische Auswertung. Das Vorhandensein einer somatischen Polyneuropathie (PNP) wurde angenommen, wenn das typische Beschwerdebild (symmetrische, distale, sensible Reiz- oder Ausfallserscheinungen) und/oder der klinische Befund einer sensomotorischen PNP (symmetrische Muskeleigenreflexabschwächung und/oder Pallhypästhesie zumindest an den Füßen) vorhanden waren. Auf trophische Störungen an der Haut wurde besonders geachtet. Die Befragung nach viszeralen Beschwerden (gastrointestinale, sexuelle, orthostatische) erfolgte gezielt. Die elektroneurographische Untersuchung (ENG) wurde am N. tibialis, N. peronaeus und N. medianus mit üblicher Methodik durchgeführt.

Die Berechnung der RHA erfolgte nach Aufzeichnung der momentanen Herzfrequenz und der Atemkurve (Thermoelement am Naseneingang) auf ein Bandgerät. Die Signale der Atmung und Herzfrequenz wurden digitalisiert und gespeichert. Mit dem Rechner erfolgte die Berechnung der exakten Kreuzkorrelationsfunktion, aus deren maximaler Amplitude die respiratorische Herzarrhythmie in Pulsschlägen je Minute errechnet wurde. Die Normwerte der RHA wurden an 126 Gesunden erhalten. Die RHA erwies sich bei den Gesunden als stark altersabhängig (FISCHER et al. 1981; RABENDING et al. 1980). Die Altersabhängigkeit folgte einer Exponentialfunktion mit negativem Exponenten. Die RHA wurde bei den Diabetikern dann als pathologisch erniedrigt bezeichnet, wenn ihr Wert unter der 90%-Konfidenzgrenze der Gesunden lag (5% Irrtumswahrscheinlichkeit bei einseitiger Interpretation).

Ergebnisse

Bei 118 (54,9%) Diabetikern waren die RHA-Werte erniedrigt. Deutlich häufiger konnten abnorm niedrige RHA-Werte bei den Diabetikern mit somatischer PNP bzw. mit pathologischem ENG-Befund festgestellt werden (Tabelle 1). Unter den elektroneurographischen Parametern wies die Minderung der maximalen Nervenleitgeschwindigkeit die engste Beziehung zur Erniedrigung der RHA auf. Bei 4 Patienten bestanden neurotrophische Ulzera an der Fußsohle; sie wiesen stark ernied-

Tabelle 1. Anzahl der Diabetiker mit normaler und geminderter RHA

	RHA		G (nach Woolf)	Signifikanz niveau
	Normal n(%)	Gemindert n(%)		
Somatische PNP				
Nein	77 (63,6)	44 (36,4)	40,06	1%
Ja	20 (21,3)	74 (78,7)		
NLG				
Normal	67 (72,8)	25 (27,2)	51,70	1%
Gemindert	30 (24,4)	93 (75,6)		

Tabelle 2. Anzahl der Diabetiker mit normaler und geminderter RHA in Beziehung zu viszeralen Beschwerden

	RHA		G (nach Woolf)	Signifikanz-niveau
	Normal n (%)	Gemindert n (%)		
Orthostatische Beschwerden				
Nein	77 (51,7)	72 (48,3)		
Ja	20 (30,3)	46 (69,7)	8,64	1%
Magen-Darm-Beschwerden				
Nein	85 (53,5)	74 (46,5)	18,12	1%
Ja	12 (21,4)	44 (78,6)		
Darunter:				
Diarrhöe	3 (11,1)	23 (88,9)		
Sexuelle Störungen				
Nein	49 (41,5)	69 (58,5)		
Ja	23 (40,4)	34 (59,6)	0,02	n. s.

rigte RHA-Werte auf und klagten alle über viszerale Beschwerden (RHA stets unter 1 Herzschlag/min/Atemzug). In Tabelle 2 sind die RHA-Werte in Beziehung zu einigen Beschwerden zusammengestellt, die als Ausdruck viszeraler Innervationsstörungen gedeutet werden können. Auffällig ist die Häufigkeit erniedrigter RHA-Werte bei den Diabetikern, die orthostatische oder gastrointestinale Beschwerden angaben, obwohl eine nähere Differenzierung der an sich vieldeutigen Beschwerden nicht vorgenommen worden war. Um die mittleren Werte der RHA in den Diabetikergruppen vergleichen zu können, wurde die RHA in zwei Altersgruppen berechnet (Tabelle 3). Die Mittelwerte der RHA bei Gesunden und Diabetikern, bei Diabetikern mit und ohne somatische PNP sowie bei Diabetikern mit normalem und pathologischem ENG-Befund unterschieden sich jeweils signifikant

Tabelle 3. Mittelwerte und Standardabweichungen der RHA bei Gesunden und Diabetikern

Lebensalter	21–30 Jahre		31–40 Jahre	
	n	X ± S	n	X ± S
Gesunde	36	6,15 ± 3,49	22	5,16 ± 2,38
Diabetiker	58	3,19 ± 2,19	68	2,19 ± 2,02
Davon:				
Ohne somat. PNP	40	3,82 ± 2,32	34	2,88 ± 2,51
Mit somat. PNP	18	1,79 ± 0,82	34	1,50 ± 0,97
ENG o. B.	24	4,06 ± 1,97	19	3,41 ± 2,96
ENG Patholog.	34	2,58 ± 2,16	49	1,72 ± 1,25
Mit Magen-Darm-Beschwerden	12	1,75 ± 0,92	22	1,61 ± 1,31
Davon:				
Diarrhöen	6	1,20 ± 0,68	9	1,15 ± 0,29

(t-Test, P = 1%). Die niedrigsten Mittelwerte wiesen die Patientengruppen mit klinisch sicherer somatischer PNP und die Diabetiker mit chronischen Diarrhöen auf.

Diskussion

Auf eine statistische Beziehung zwischen viszeraler Neuropathie und Störungen an den somatischen Nerven ist von verschiedenen Autoren hingewiesen worden (CANAL et al. 1978; CICMIR et al. 1980; MACKAY et al. 1980; WALSCH et al. 1975). An der Häufung viszeraler Störungen bei klinisch manifester somatischer PNP gibt es auch in unserer Untersuchung keinen Zweifel. Die Anzahl der Diabetiker mit somatischer PNP aber normaler RHA und umgekehrt mit geminderter RHA aber ohne somatische PNP läßt folgende Überlegungen zu: Einmal kann für einen Diabetiker der gemessene RHA-Wert bereits gemindert sein, ohne daß er von uns als pathologisch eingestuft wurde; die interindividuelle Streubreite ist auch bei den Gesunden relativ hoch. Zum anderen sind am somatischen und am viszeralen Nerv qualitativ oder quantitativ unterschiedliche Läsionen möglich.

Naheliegend ist die Vermutung, daß dieser Unterschied in der differenten Faserstruktur der Nerven begründet ist: Gegenüber dem viszeralen Nerv überwiegen im somatischen Nerv die myelinisierten Fasern. An der myelinisierten Faser kann sich ein schädigender Einfluß primär am Axon oder an der Myelinhülle (bzw. der Schwann-Zelle, deren Fortsätze die Myelinhülle bilden) auswirken. Kommt es zu Myelinstörungen, leitet anfangs die Faser im entmarkten Bereich verzögert; erst später kommt es zum Leitungsblock. Ist primär das Axon betroffen (axonaldegenerative Polyneuropathien), leitet die Faser bis zum Ausfall mit normaler Geschwindigkeit. Daraus ergeben sich die elektroneurographischen Besonderheiten dieser PNP-Typen. An der unbemarkten Nervenfaser (C-Faser) sind Entmarkungsvorgänge nicht möglich, diese Faser leitet stets nach dem Prinzip „alles oder nichts". Bei Einzelfaserableitungen an sympathischen C-Fasern von Diabetikern mit PNP konnte festgestellt werden, daß die C-Faseraktion oft fehlte; war sie aber vorhanden, so lag ihre Leitgeschwindigkeit im Normbereich, selbst wenn die myelinisierten Fasern eine verlangsamte Leitgeschwindigkeit aufwiesen (FAGIUS u. WALLIN 1980). Damit ist auch erklärbar, weshalb immerhin ein Viertel der Patienten mit pathologischen elektroneurographischen Befunden bei unserer Untersuchung normale RHA-Werte aufwiesen: Die ENG erfaßt lediglich die elektrischen Erscheinungen an den myelinisierten Nervenfasern.

Aufgrund früherer (REICHEL et al. 1981) und der vorliegenden Untersuchungsergebnisse ist die Hypothese zu stützen, daß die Polarisierung der diabetischen Neuropathien nicht eine Frage des betroffenen Nervensystems (somatisch oder vegetativ), sondern der betroffenen Nervenfasern ist. Den einen Pol des Spektrums klinischer Erscheinungsformen diabetogener Nervenläsionen stellen Patienten mit geringen Beschwerden, aber deutlichen Sensibilitäts- und Muskeleigenreflexausfällen sowie Minderung der Nervenleitgeschwindigkeit dar. Der andere Pol wird gebildet von Diabetikern mit schmerzhaften Parästhesien: Hyperästhesie, bei oftmals erhaltenen Muskeleigenreflexen und Vibrationsempfinden, aber häufig mit viszeralen und trophischen Störungen (Tabelle 4). Die Beziehungen zwischen neurotro-

Tabelle 4. Polyneuropathien beim Langzeitdiabetes Typ I

Betroffene Nervenfasern	Markhaltige	Marklose
Beschwerden	Gering	Ausgeprägt (Schmerz, Parästhesie)
MER	Nicht auslösbar	Auslösbar
Sensibilität	Anästhesie	Hyperästhesie
Trophische Störungen	Nein	Ausgeprägt
Viszerale Störungen	Nein	Ausgeprägt

phischem Ulkus und der somatischen PNP sind bekannt (STOCKES et al. 1975), offenbar bestehen sie auch zur viszeralen PNP. Eine solche Polarisierung wurde gleichfalls bei Suralisbiopsien gefunden: Überwiegen des Untergangs von unbemarkten und dünnen myelinisierten Fasern bei der letztgenannten Form (BROWN et al. 1976). Je nach Grad der Beteiligung myelinisierter und markloser Fasern ist bei der diabetischen PNP das klinische Bild durch unterschiedlich ausgeprägte sensomotorische und trophisch-viszerale Störungen bestimmt.

Die in der Literatur oft erwähnte Betonung der Vagusstörungen bei der viszeralen Neuropathie könnte die enge Korrelation zwischen Magen-Darm-Beschwerden und der geminderten RHA erklären. Die chronisch rezidivierenden nächtlichen Diarrhöen bei Diabetikern sind nach unseren Befunden ohne Zweifel Ausdruck der Vagusläsion. Auf die Ähnlichkeit der Störungen des Magen-Darm-Traktes bei der diabetischen viszeralen Neuropathie mit den Erscheinungen nach Vagotomie wurde hingewiesen (DOTEVALL 1972; FORGÁCS 1974; MALAGELADA et al. 1980). Die Beziehung der RHA zu den orthostatischen Beschwerden ist weniger eng; sie fehlt gänzlich zu den sexuellen Störungen.

Zusammenfassend kann die Polyneuropathie des Langzeitdiabetikers vom Typ 1 als einheitliches Ganzes gesehen werden. Unterschiede in der klinischen Erscheinungsform sind nur Varianten der im großen und ganzen parallel an somatischen und viszeralen Nerven ablaufenden Veränderungen, die durch die chronisch hyperglykämische katabole Stoffwechselsituation ausgelöst wurden.

Zusammenfassung

Bei 215 Diabetikern vom Typ I wurden neurologische und elektroneurographische Untersuchungen durchgeführt und durch Errechnung der Kreuzkorrelationsfunktion zwischen Atmung und momentaner Herzfrequenz die respiratorische Herzarrhythmie quantitativ bestimmt. Die respiratorische Herzarrhythmie zeigt enge statistische Beziehungen zu somatischen Nervenstörungen sowie zu gastrointestinalen und orthostatischen Beschwerden. Es wird die Hypothese abgeleitet, daß die Polyneuropathie des Langzeitdiabetikers ein einheitliches Ganzes mit parallel an somatischen und viszeralen Nerven ablaufenden Veränderungen darstellt.

Summary

215 patients with diabetes mellitus typ 1 have been investigated. Abnormal respiratory heart arrhythmia (RHA) – which was calculated by cross-correlation between respiratory movements and the cardiotachogram – was taken as a sign of visceral neuropathy. RHA statistically was found closely correlated with somatic nerve dysfunction and with gastrointestinal and orthostatic trouble. Polyneuropathy in patients suffering from diabetes for a long time is considered on single process which goes on simultaneously within peripheral somatic and visceral nerve fibers.

Literatur

Bischoff A (1976) Therapeut. Umschau 33:605
Brown MJ, Iwamori M, Rapoport B, Kishimoto Y, Moser H, Asbury AK (1976) J Neuropathol Exp Neurol 35:336
Campell IW (1976) Br J Clin Pract 30:153
Canal N, Comi G, Saibene V, Musch B, Pozza G (1978) In: Canal N, Pozza G (eds) Peripheral neuropathies. Elsevier/North Holland, Biomedical Press, Amsterdam, pp 247–255
Cicmir IJ, Grüneklee D, Morguet A, Berger H, Kley HK, Lehmacher W, Gries F (1980) In: Gries FA, Freund HJ, Rabe E, Berger H (eds) Aspects of autonomic neuropathy in diabetes. Thieme, Stuttgart, pp 73–76
Clarke BF, Ewing DJ, Campbell IW (1979) Diabetologia 17:195
Dotevall G (1972) Acta Med Scand 191:21
Eckholdt K, Schubert E (1975) Acta Biol Med Germ 34:767
Fagius J, Wallin BG (1980) J Neurol Sci 47:449
Fischer W, Reichel G, Rabending G (1981) Die diabetische Polyneuropathie. Thieme, Leipzig
Forgàcs S (1974) Magy Belorv Arch 27:150
Glück Z, Boll H, Weidmann P, Flammer J, Ziegler WH (1979) Klin Wochenschr 57:457
Kageyama S, Shimizu M, Sasch F, Saito N, Tanese T, Abe M (1979) J Jpn Diab Soc 22:627
Koepchen HP (1977) Med Sport 17:136
Mackay J, Paget M, Cambridge J, Watkins PJ (1980) Diabetologia 18:471
Malagelada JR, Rees WDW, Mazzotta LJ, Go VLW (1980) Gastroenterology 78:286
Rabending G, Klöckner H, Reichel G (1980) Dtsch Gesundheitswes 35:613
Reichel G, Rabending G, Zander G, Klöckner H (1981) Psychiatr Neurol Med Psychol 33
Stockes IAF, Faris IB, Hutton WC (1975) Acta Orthop Scand 46:839
Thomas PK, Eliasson SG (1975) In: Dyck PJ, Thomas PK, Lambert EH (eds) Peripheral neuropathy. Saunders, Philadelphia London Toronto, pp 956–981
Walsch JA, Taylor GW, Lumley JSP, Epstein MAS (1975) Aust NZ Obstet Gynaecol 45:426

Reversible Funktionsstörung bei der urämischen Polyneuropathie: Nachweis durch die Refraktärperiode

K. LOWITZSCH

Einleitung

Die urämische periphere Polyneuropathie (PNP) war bis zur Einführung der Langzeithämodialyse und der Nierentransplantation eher als seltene Komplikation bei terminaler Niereninsuffizienz bekannt (KUSSMAUL 1864; ASBURY et al. 1962, 1963; HEGSTROM et al. 1961; GONZALES et al. 1963; LINDHOLM et al. 1963; TYLER u. GOTTLIEB 1965). Bei intensiver Untersuchung fand sich jedoch zu Beginn der Dialyse eine PNP in 40–65% (ROBSON 1968; NIELSEN 1974), die unter der Dialyse und nach erfolgreicher Nierentransplantation auf 10–20% zurückging (JEPSEN et al. 1967; DOBBELSTEIN 1972; THOMAS 1976; DINAPOLI et al. 1966; BOLTON et al. 1971).

Trotz intensiver Bemühungen ist bis heute die Pathogenese der urämischen PNP ungeklärt, und die neurophysiologischen Befunde korrelieren kaum mit den klinischen und Labordaten (TACKMANN et al. 1974; REZNEK et al. 1977; NIELSEN 1978; DELBEKE et al. 1978). Die Verlaufsbeobachtungen während Kurz- und Langzeithämodialysen zeigten widersprüchliche Ergebnisse (CACCIA et al. 1977; CADILHAC et al. 1978). Durch die histopathologischen Veränderungen mit axonaler Degeneration mit sekundärer Demyelinisation (THOMAS et al. 1971; DYCK et al. 1971) ließen sich diese Befunde nicht erklären, so daß von NIELSEN (1978) eine mehr generalisierte und reversible Funktionsstörung der Axonmembran mit Veränderung des Ruhemembranpotentials vermutet wurde. Da hierbei eine Auswirkung auf die Repolarisationsvorgänge an der Axonmembran zu erwarten ist, wurde am N. suralis von 23 chronischen Dialysepatienten die relative Refraktärperiode direkt 1 h vor und 2 h nach einer Hämodialyse (HD) am gleichen Tag bestimmt.

Methodik

Sensible Nervenleitgeschwindigkeit (Nlg.) und relative Refraktärperiode (rel. Rp.) wurden am N. suralis unter antidromer Reiz- und Registrieranordnung unter Kontrolle der subkutanen Temperatur mit einem Digitalthermometer (BAT-8, Bailey) bestimmt (LOWITZSCH u. HOPF 1972, 1973, 1974a, b; LOWITZSCH et al. 1973, 1981) (Abb. 1). Alle Werte wurden auf einen Wert von 30 °C standardisiert, unter Verwendung eines Faktors von 1,3 ms/°C für die Nlg. und von 0,5 ms/°C für die rel. Rp. (LOWITZSCH et al. 1977).

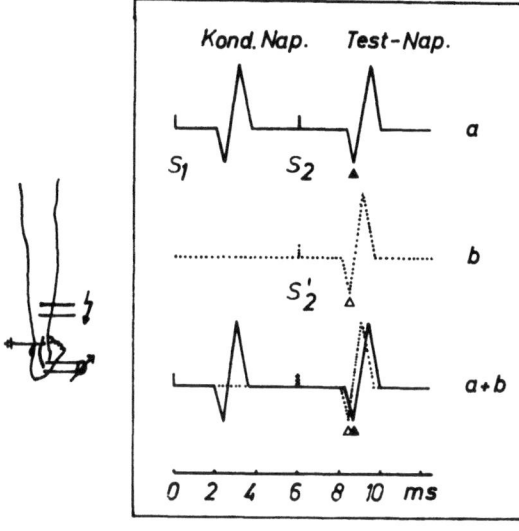 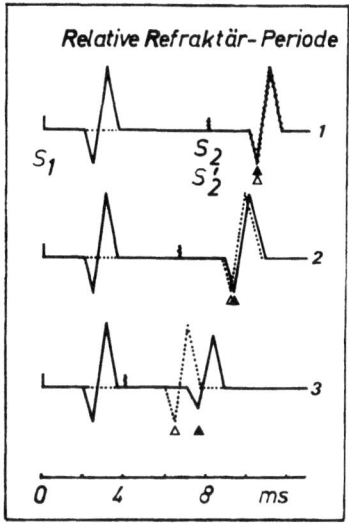

Abb. 1. Bestimmung der relativen Refraktärperiode (rel. Rp.) am N. suralis. Reizelektroden: Oberflächenblock proximal, Ableitung mit blanken Stahlnadeln hinter dem Außenknöchel. *a* Konditionierender (*S1*) und Test-Reiz (*S2*) mit zugehörigem Nap. *b* Unkonditioniertes Test-Nap. *a+b* Superposition von a und b. *1–3* Unterschiedliche Reizintervalle S1–S2 mit zunehmender relativer Verzögerung des konditionierten Test-Nap, durch ▲ markiert

Patienten, Kontrollgruppe

Zur endgültigen Auswertung kamen 18 Patienten mit terminaler Niereninsuffizienz, die seit $22{,}2 \pm 27{,}9$ Monaten wöchentlich 3mal hämodialysiert wurden und alle eine Kreatinin-Restclearance von weniger als 5 ml/min hatten. 24 altersentsprechende, gesunde Probanden bildeten die Kontrollgruppe.

Ergebnisse

Subjektive PNP-Symptome zeigt Tabelle 1. Am häufigsten waren motorische Unruhe, Muskelschwäche und Krämpfe anzutreffen.

Tabelle 1. Subjektive Beschwerden von 18 HD-Patienten

	Leicht	Mäßig	Stark	
Motor. Unruhe	7	1	4	12/18
Muskelschwäche	7	3	1	11/18
Krämpfe	6	2	–	8/18
Parästhesien	2	4	–	6/18
Schmerzen	1	–	–	1/18
Brennende Füße	–	–	1	1/18

Tabelle 2. Muskelstatus und Sensibilität bei 18 HD-Patienten

	Leicht	Mäßig	Stark	
Muskelatrophie	3	3	–	6/18
Paresen	–	1	–	1/18
Sensib.-Störung	4	2	–	6/18
Hypalgesie	1	–	–	1/18

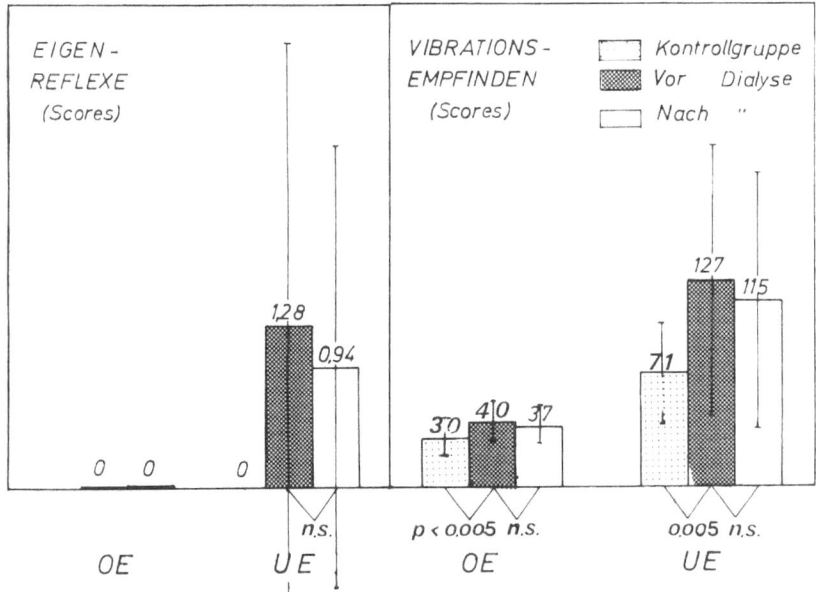

Abb. 2. Eigenreflex- und Vibrations-Scores für Kontrollen (n = 24) und Urämiepatienten vor und nach Dialyse (n = 18). *Säulenhöhe:* Mittelwert, *Balken:* ±1 SD. *OE:* obere, *UE:* untere Extremitäten

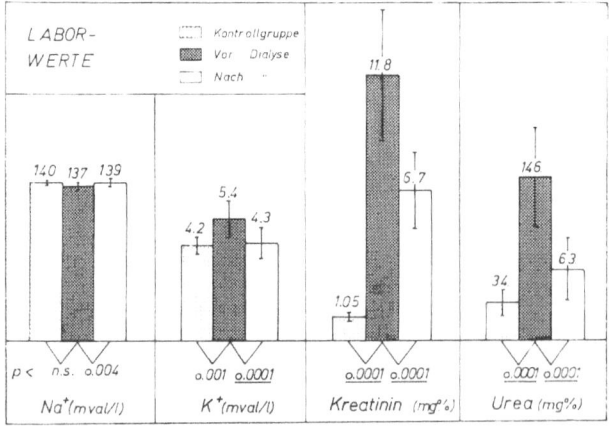

Abb. 3. Laborwerte für Kontrollgruppe sowie Patienten vor und nach Dialyse. Sonst wie Abb. 2

Objektive Hinweise auf eine PNP bestanden nur bei etwa 1 Drittel der Patienten (Tabelle 2).

Das Eigenreflexverhalten und das Vibrationsempfinden, bestimmt mit dem Bio-Thesiometer, war nur an den Beinen pathologisch verändert, zeigte aber keine signifikante Besserung nach Hämodialyse (HD) (Abb. 2). Die Laborwerte hingegen änderten sich, abgesehen vom Na, signifikant durch die HD (Abb. 3).

Die Amplitude des Nap war entsprechend der zugrundeliegenden axonalen PNP gegenüber der Kontrollgruppe deutlich vermindert bei normaler Dauer und nur geringer Verzögerung der Nlg. um etwa 10%. Durch die Dialyse wurden diese Parameter nur gering verändert (Abb. 4). Die relative Rp. hingegen war bei 50% aller Patienten pathologisch verlängert. Nach der HD nahmen alle Werte signifikant ab und lagen dann bis auf einen Wert im Normbereich. Der prozentuale Abfall war dabei direkt abhängig von der prädialytischen Rp-Verlängerung, was auf eine Abhängigkeit von einem dialysierbaren Faktor hinweist (Abb. 5).

Diskussion

In früheren Untersuchungen an PNP verschiedener Ätiologie konnten wir zeigen, daß demyelinisierende Prozesse zu einer Verlängerung der Refraktärperiode führen, wodurch auch die frequente Impulsübermittlung im peripheren Nerven beeinträchtigt wird (LOWITZSCH u. HOPF 1972, 1973, 1974a, b, 1975; LOWITZSCH et al. 1973). Die Verkürzung der Refraktärperiode durch die Dialyse ohne gleichzeitige systematische Veränderung der im Normbereich liegenden Nervenleitgeschwindigkeiten (Abb. 6) spricht dafür, daß verschiedene pathogene Mechanismen vorliegen. Die Nap-Parameter zeigten keine wesentliche Änderung durch die HD, so daß die strukturellen, morphologischen Veränderungen des peripheren Nerven durch die einmalige Dialyse wohl unbeeinflußt blieben. Die urämisch bedingte Verlängerung der Refraktärperiode hingegen war durch die Dialyse auch reproduzierbar kurzfristig zu normalisieren, was als Hinweis auf eine reversible funktionelle Störung der Membranfunktion wahrscheinlich durch dialysierbare Urämiefaktoren gedeutet werden kann. Wegen der engen Beziehung zwischen der Refraktärperiode und den Repolarisationsprozessen an der Membran (HODGKIN 1964; STÄMPFLI 1971) ist eine Reduktion des Ruhemembranpotentials als Hauptursache für die Verlängerung der Refraktärperiode anzunehmen. Aus Tierversuchen und Untersuchungen an der Muskelzellmembran und an Erythrozyten von urämischen Patienten wird geschlossen, daß die Na-K-ATPase-Aktivität inhibiert wird, was zu einer erhöhten intrazellulären Na-Konzentration mit Abnahme der Potentialdifferenz an der Zellmembran führt (BOLTE et al. 1963; WELT et al. 1964; KLAHR et al. 1970; BRICKER et al. 1970; CUNNINGHAN et al. 1971; NIELSEN 1974; COLE u. MALETZ 1975; COLE et al. 1978). Der postdialytische Abfall der K-Konzentration kann dagegen nur zu einem ganz geringen Teil für die Verkürzung der Refraktärperiode verantwortlich sein, da keine statistisch signifikante Beziehung zwischen postdialytischer Abnahme der K-Konzentration und der Refraktärperiode besteht ($r = -0,03$). Bemerkenswerterweise waren die Beziehungen zwischen der Abnahme von Kreatinin und Harnstoff und der Refraktärperiode deutlich zugunsten des Harnstoffes verschoben ($r = 0,28/0,47$).

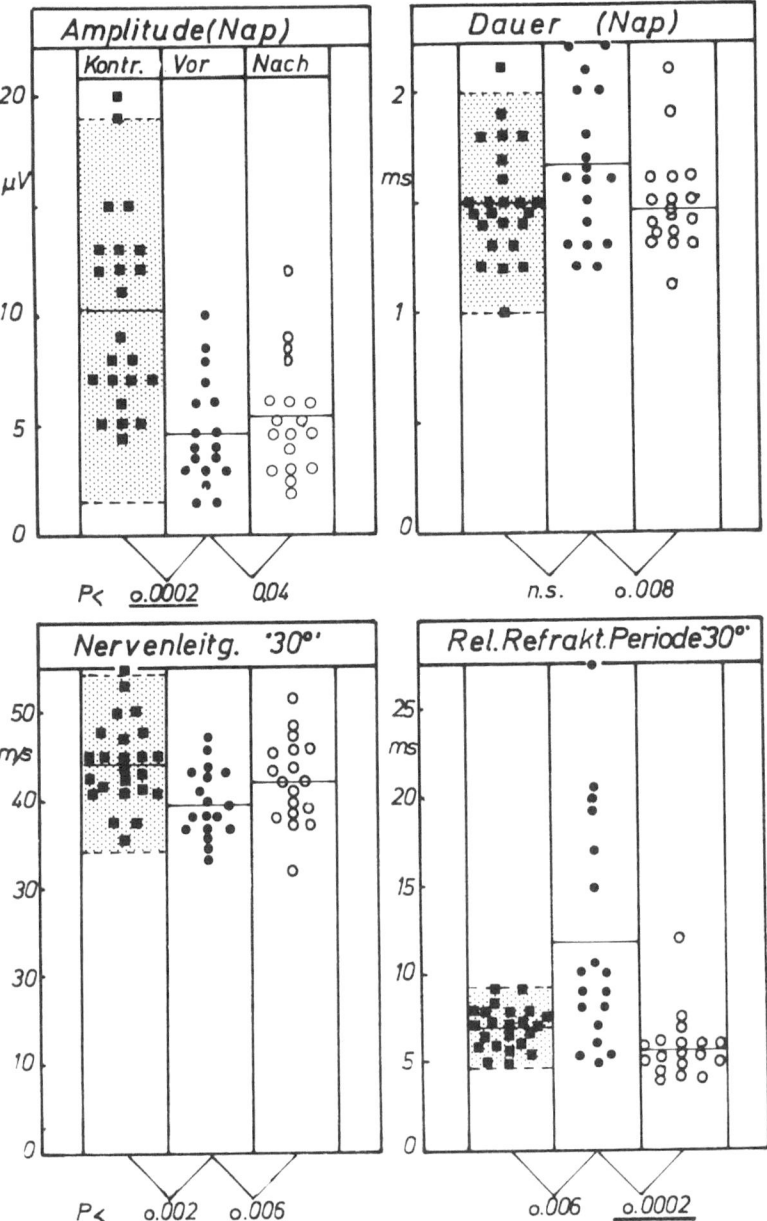

Abb. 4. Histogramme für verschiedene Nap-Parameter (Amplitude, Dauer) sowie die auf 30 °C standardisierte Nervenleitgeschwindigkeit und rel. Refraktärperiode für Kontrollen (*linke Säulen* mit ±2 SD-Bereichen als *punktierte Linien*) und Patienten vor und nach Dialyse

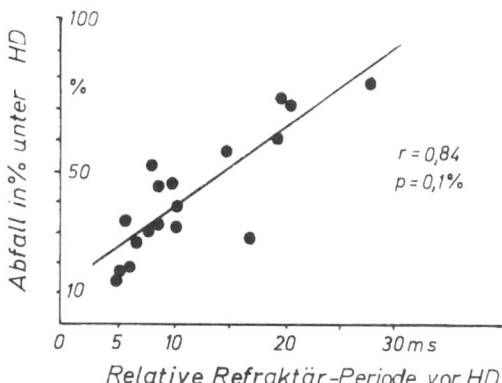

Abb. 5. Abfall der relativen Refraktärperiode unter Hämodialyse in Abhängigkeit von der relativen Refraktärperiode vor HD

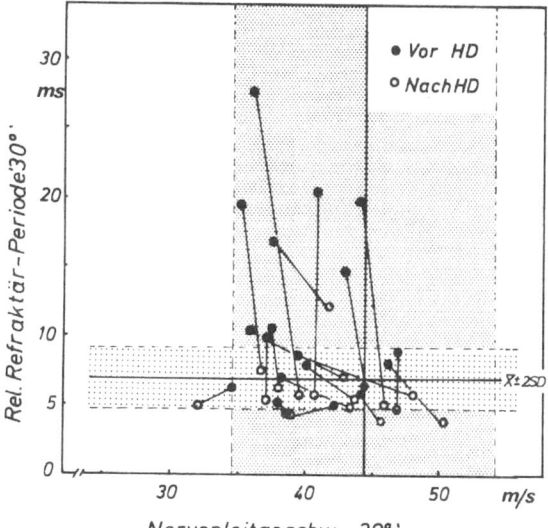

Abb. 6. Prädialytische (●) und postdialytische (○) Werte für Nlg. und rel. Rp. auf 30 °C standardisiert von 18 Urämiepatienten. *Gestrichelte Linien:* obere und untere 2 SD-Grenzen

Aus unseren Ergebnissen ziehen wir den Schluß, daß bei der urämischen PNP neben einer sekundären Markscheidenläsion auf Grund der primär axonalen Degeneration eine reversible Membranstörung, bedingt durch die urämische Vergiftung, mit Abnahme des Ruhemembranpotentials vorliegt. Während die morphologischen Veränderungen nur eine geringe mit den klinischen und Labordaten kaum korrelierte Nervenleitgeschwindigkeitsverzögerung bewirken, führen die funktionellen Membranveränderungen zu einer deutlichen Verlängerung der Refraktärperiode. Die morphologischen Läsionen müssen als Grundlage der chronischen distal symmetrischen Neuropathie angesehen werden; die reversible Dysfunktion der Membran dagegen ist wahrscheinlich verantwortlich für die subjektiven Beschwerden wie Schmerzen, Parästhesien, unruhige Beine und den „flapping tremor". Diese reversible Funktionsstörung läßt sich am besten durch die Bestimmung der Refraktärperiode erfassen, so daß diese für akute und chronische Verlaufsuntersuchungen bei chronischer Urämie zur Abschätzung des Dialyseerfolges am geeignetsten erscheint.

Zusammenfassung

Bei 18 Patienten mit terminaler Niereninsuffizienz wurden die relative Refraktärperiode (rel. Rp.) und die Nervenleitgeschwindigkeit (Nlg.) des N. suralis direkt vor und nach der Hämodialyse bestimmt. Vor der Dialyse lag die Nlg. bei 17 Patienten im Normbereich, während die rel. Rp. in 50% pathologisch verlängert war. Nach der Dialyse war die rel. Rp. in 17 von 18 Fällen normal. Es wird eine Membranfunktionsstörung auf Grund der urämischen Vergiftung angenommen, die zu der reversiblen Verlängerung der rel. Rp. führt.

Summary

In 18 patients suffering from chronic renal failure relative refractory period (rel. rp.) and sensory conduction velocity (cond. vel.) of the sural nerve were estimated immediately before and after dialysis. Before haemodialysis all but one patient had cond. vel. within the normal range, but 50% had prolonged rel. rp. After dialysis, the rel. rp. decreased to normal values in all but one patients. A membrane abnormality due to uraemic poisoning is assumed to cause the reversible prolongation of the rel. rp.

Literatur

Asbury AK, Victor M, Adams RD (1962) Trans Am Neurol Assoc 81:100
Asbury AK, Victor M, Adams RD (1963) Arch Neurol 8:413
Bolte HD, Riecker G, Röhl D (1963) 2nd Int Cong Nephrol 78:114
Bolton CF, Baltzan MA, Baltzan RB (1971) N Engl J Med 248:1170
Bricker NS, Bourgoignie JJ, Klahr S (1970) Arch Intern Med 126:860
Caccia MR, Mangili A, Mecca G, Ubiali E, Zanoni P (1977) J Neurol 217:123
Cadilhac J, Mion C, Duday H, Dapres G, Georgescou M (1978) In: Canal N, Poza G (eds) Peripheral neuropathies. Elsevier, Amsterdam, p 211
Cole CH, Maletz R (1975) Clin Sci Mol Med 48:239
Cole CH, Steinberg R, Guttmann P (1978) Nephron 20:248
Cunningham JN, Carter NW, Rector FC, Seldin DW (1971) J Clin Invest 50:49
Delbeke J, Kopec J, McComas AJ (1978) J Neurol Neurosurg Psychiatry 41:65
Dinapoli RP, Johnson WJ, Lambert EH (1966) Mayo Clin Proc 41:809
Dobbelstein H (1972) Klin Wochenschr 50:533
Dyck PJ, Johnson WJ, Lambert EH, O'Brien PC (1971) Mayo Clin Proc 46:400
Gonzales FM, Pabico RC, Brown HW, Maher JF, Schreiner GE (1963) Trans Am Soc Artif Intern Organs 9:11
Hegstrom RM, Murray JS, Pendras JP, Burnell JM, Scribner BH (1961) Trans Am Soc Artif Intern Organs 7:136
Hodgkin AL (1964) The conduction of the nervus impulses. Thomas, Springfield
Jepsen RH, Tenckhoff HA, Honet JC (1967) N Engl J Med 277:327
Klahr S, Bourgoignie J, Miller CL, Lubowitz H, Bricker NS (1969) In: Allwall L, Berglund F, Josephson B (eds) Proc 4th Int Congr Nephrol, Stockholm, vol 2, Karger, Basel, p 88
Kussmaul A (1864) Würzburger Med Z 4:55
Lindholm DD, Burnell JM, Murray JS (1968) Trans Am Soc Artif Intern Organs 9:3

Lowitzsch K, Hopf HC (1972) J Neurol Sci 17:255
Lowitzsch K, Hopf HC (1973) Z Neurol 205:123
Lowitzsch K, Hopf HC (1974a) In: Hausmanova-Petrusewicz I, Jedrzejowska H (eds) Structure and function of normal and diseased muscle and peripheral nerve. Polish Med Publ, pp 329–334
Lowitzsch K, Hopf HC (1974b) Act Neurol 1:203
Lowitzsch K, Hopf HC (1975) In: Kunze K, Desmedt JE (eds) Studies on neurol diseases, Proc Int Symp Gießen 1973. Karger, Basel, p 244
Lowitzsch K, Hopf HC, Schlegel HC (1973) In: Desmedt JE (ed) New developments in electromyography and clinical neurophysiology, vol 2. Karger, Basel, p 272
Lowitzsch K, Hopf HC, Galland J (1977) J Neurol 216:181
Lowitzsch K, Göhring U, Hecking E, Köhler H (1981) J Neurology Neurosurg Psychiatry 44:121
Nielsen VK (1974) Acta Med Scand [Suppl] 573
Nielsen VK (1978) In: Canal N, Pozza G (eds) Peripheral neuropathies. Elsevier, Amsterdam, p 197
Reznek RH, Salway JG, Thomas PK (1977) Lancet 675
Robson JS (1968) In: Robertson RF (ed) Symp Some Aspects of Neurology. Edinburgh, p 74
Stämpfli R (1971) Klin Wochenschr 49:777
Tackmann W, Ullerich D, Cremer W, Lehmann HJ (1974) Eur Neurol 12:331
Thomas PK (1976) Proc Eur Dial Transplant Assoc 13:109
Thomas PK, Hollinrake K, Lascelles RG, O'Sullivan DJ, Baillod RA, Moorhead JF, Mackenzie JC (1971) Brain 94:761
Tyler HR, Gottlieb AA (1965) Excerpta Med 8th Int Cong Neurol Proc 2:129
Welt LG, Sachs JR, McManus TJ (1964) Trans Assoc Am Physicians 77:169

Neuromuskuläre Reaktion auf Paarstimulation zur Differenzierung axonaler und demyelinisierender Neuropathien

B. REITTER, S. JOHANNSEN und W. E. BRANDEIS

Einleitung

Die Diagnostik bei Polyneuropathien im Kindesalter weist besondere Schwierigkeiten auf: Die Aussagefähigkeit der klinischen Untersuchung wird begrenzt durch die Kooperationsfähigkeit und -bereitschaft der Kinder; in mindestens gleichem Maße gilt dies für neurographische und elektromyographische Objektivierung einer Polyneuropathie. In dieser altersbedingten Begrenzung der Untersuchungsmöglichkeiten ist auch der Grund zu sehen, warum für keine der beschriebenen Techniken zur Bestimmung der Refraktärperioden des peripheren Nerven (BETTS et al. 1976; GILLIAT u. WILLISON 1963; KIMURA 1976; LOWITZSCH u. HOPF 1972; FAISST u. MAYER 1981) Erfahrungen an Kindern vorliegen. Wir haben daher eine Methode zur indirekten Erfassung der Refraktärperioden konzipiert und erstmals 1979 vorgestellt (REITTER 1979a, b); nun können wir Erfahrungen mit der neuromuskulären Reaktion auf Paarstimulation (NMRPS) mitteilen.

Methode

Bestimmt wird nicht die Refraktärperiode oder die subnormale Periode selbst, sondern die relative Veränderung, die ein Summenpotential des Muskels erfährt, wenn der zugehörige Nerv innerhalb der Refraktärperiode ein zweites Mal supramaximal stimuliert wird. Die Reizlatenzen sind dabei vorgegeben.

Voraussetzung der Untersuchung ist die Konstanz der Temperatur: Sie wird durch eine automatische Wärmeeinheit bei 33–34 °C mit 1 °C Hysterese an der Haut im Reiz- und Ableitareal gewährleistet.

Stimuliert wird der N. peroneus superficialis perkutan und supramaximal; Reizparameter: 200 V Konstantspannung, 0,2 ms Dauer. Die Latenzen der Doppelreize sind festgelegt für jede Untersuchung mit 6, 5, 4, 3, 2.5 ms. Abgeleitet wird wiederum mit (Filz- oder Zinn-) Oberflächenelektroden über dem M. extensor digitorum brevis. Im Medelec-MS6-EMG-System werden die Aktionspotentiale gefiltert (LF 32 Hz, HF 32 kHz), verstärkt und elektronisch gespeichert. Jeweils nacheinander werden Doppelantwort und Einzelantwort registriert, wobei der Einzelreiz dem ersten der Doppelreize entspricht.

Die Analogsignale der 512 Teilspeicherplätze werden über einen externen AD-Wandler in einen Commodore-Mikrocomputer (CBM 3032) übernommen. Für das relativ einfache Rechenprogramm genügt eine Kapazität von 16 Kilobyte. Zunächst werden für jede gespeicherte Kurve aus den ersten 50 Speicherplätzen – die noch keine Potentialdeflektion aufweisen – die Grundlinie und somit die Feldeinflüsse festgelegt. Anschließend wird von der gespeicherten Doppelantwort Punkt für Punkt die zugehörige Einzelantwort subtrahiert; dies erlaubt, die konditionierte Reizantwort zu isolieren und im folgenden Rechengang mit der Einzelantwort zu vergleichen. Hierzu werden mehrere Parameter erfaßt:

1. Die maximale Amplitude (Abb. 1 a); hierfür werden die maximalen negativen Werte von einzelnem und konditioniertem Muskelaktionspotential gemessen. Mit Verkürzung des Reizintervalles innerhalb der Refraktärperiode fällt die Höhe des konditionierten MAP im Vergleich zur Einzelantwort ab (Abb. 2–4, schraffierte Fläche, obere Graphiken); unsere Normbereiche für Erwachsene und Kinder über 6 a unterschieden sich nicht wesentlich.[1]
2. Eine Verzögerung, die das negative Maximum des konditionierten MAP bei Verkürzung des Reizintervalles erfährt, ergibt sich als Subtraktionswert zwischen Maximaintervall und Reizlatenz (Abb. 1 b). Bei Reizlatenzen größer als 5 ms dürfte die supernormale Periode des Nerven für die Beschleunigung der konditionierten Antwort verantwortlich sein, die dann als „negative relative Verzögerung" erscheint (Abb. 2–4, schraffierte Fläche, untere Graphiken).
3. Als Maß für die Zahl rekrutierter Nerv- und Muskelfasern haben wir die Fläche des Muskelaktionspotentiales erfaßt (Abb. 1 c). Auch dieser Wert nimmt bei Verkürzung des Reizintervalles relativ zum maximalen Einzelpotential ab.
4. Als Anhalt für Formänderungen des MAP wird eine Teilstrecke der Grundlinie zwischen Maximum und Nulldurchgang erfaßt (Abb. 1 d). Das Verhältnis zum Ausgangswert ändert sich kaum in Abhängigkeit von der Reizlatenz.
5. Die Steilheit des Muskelaktionspotentiales vermindert sich erwartungsgemäß und etwa parallel zur Amplitudenänderung (Abb. 1 e).

Diese fünf Charakteristika wurden sowohl inter- wie intraindividuell normiert. Auch die Temperaturabhängigkeit wurde in Vorversuchen festgelegt.

Aus den vorliegenden Befunden seien hier zwei definierte Krankheitsbilder herausgestellt:

A. Polyradikuloneuropathie Guillain-Barré als Beispiel einer primären Demyelinisierung:
Obwohl bei den 5 Kindern dieser Gruppe die maximale motorische NLG auf Werte unter 35 m/s erniedrigt war, fallen die Werte für relative Amplitude und Maximumverzögerung nicht oder kaum aus dem Altersnormbereich (Abb. 2). Die weiteren Parameter – Potentialfläche, -basis, -steilheit – tragen bei dieser und den folgenden Gruppen nichts Wesentliches bei.
B. Vincristinneuropathie als Beispiel einer primär axonalen Degeneration:
Wie in der Literatur mehrfach berichtet, blieb auch bei den von uns untersuchten 11 Kindern die maximale motorische NLG trotz ausgeprägter klinischer Neuropathie lange normal. Die Kinder wurden wegen akuter lymphatischer

---

[1] Normbereiche für alle Parameter bei Kindern und Erwachsenen s. REITTER u. JOHANNSEN 1981, Abb. 3

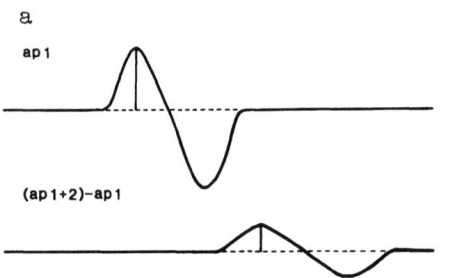
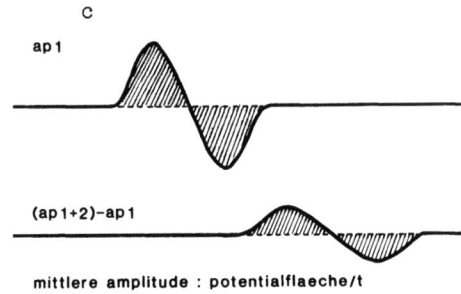

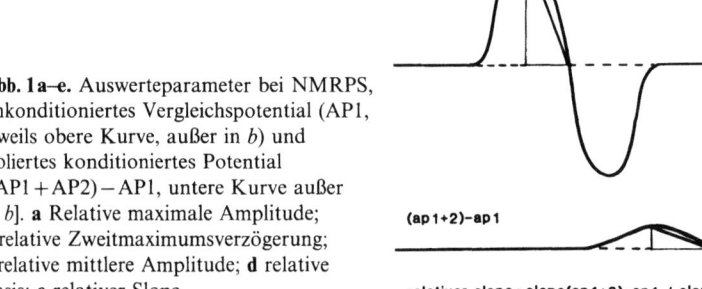

Abb. 1a–e. Auswerteparameter bei NMRPS, unkonditioniertes Vergleichspotential (AP1, jeweils obere Kurve, außer in *b*) und isoliertes konditioniertes Potential [(AP1 + AP2) − AP1, untere Kurve außer in *b*]. **a** Relative maximale Amplitude; **b** relative Zweitmaximumsverzögerung; **c** relative mittlere Amplitude; **d** relative Basis; **e** relativer Slope

Leukose oder Non-Hodgkin-Lymphom mit Vincristin in der Dosierung von 1,5 mg/m² Körperoberfläche pro Einzeldosis behandelt. Die Daten für die NMRPS wichen zumeist schon am 2. Tag nach der ersten Vincristinapplikation vom Normbereich ab; signifikant für die Gruppe war dies sowohl für die intraindividuellen Ausgangswerte wie auch im Vergleich zum Normkollektiv nach der dritten Vincristingabe (Abb. 3).

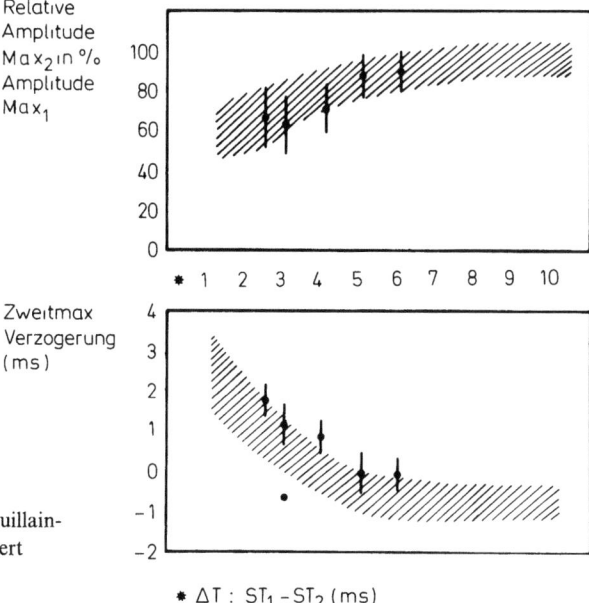

Abb. 2. Polyradikuloneuropathie Guillain-Barré (n = 5); Normbereich schraffiert

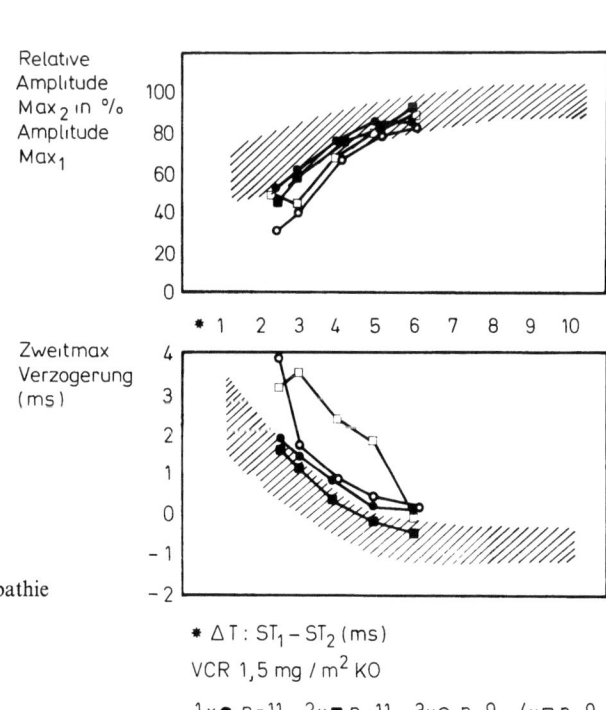

Abb. 3. NMRPS bei VCR-Neuropathie

Diskussion

Es sei dahingestellt, ob die Differenzen zwischen diesen zwei Gruppen wirklich auf eine Funktionseinbuße von Leitgeschwindigkeit einerseits und der Erholungsfähigkeit andererseits zurückgeführt werden können oder nur die Tatsache entscheidend ist, daß die MNLG die dicksten und raschest leitenden A-α-Fasern erfaßt, die NMRPS jedoch die größte Fasergruppe reflektiert. Wesentlich für klinische Belange scheint, daß die Kombination beider Techniken in der Differentialdiagnose der Polyneuropathien hilfreich sein dürfte und daß darüber hinaus die NMRPS eine Quantifizierung zumindest der Vincristinneuropathie gestattet. Voraussetzung ist selbstverständlich, daß der Krankheitsprozeß auf den peripheren Nerv festgelegt werden kann, denn auch Erkrankungen anderer Abschnitte des unteren Motoneurons beeinflussen die NMRPS; dies sei am Beispiel der progressiven Muskeldystrophie vom malignen Beckengürteltyp (Duchenne) nachgewiesen (Abb. 4). Solange sich bei diesen Kindern ausreichende, nicht mehrphasische Summenpotentiale des Muskels ableiten lassen, weichen sowohl relative Amplitude wie auch vor allem die Verzögerung des konditionierten Antwortpotentiales vom Normbereich ab (REITTER u. JOHANNSEN 1981); mit Fortschreiten des Krankheitsprozesses scheint auch die Abweichung beider Parameter zuzunehmen.

Zusammenfassung

Die Bestimmung der Refraktärperioden des peripheren Nerven ist zumindest bei Kindern in der klinischen Routineuntersuchung kaum durchführbar. Als indirektes Maß für die Refraktärperioden wird die neuromuskuläre Reaktion auf supramaximale Paarstimulation des peripheren Nerven vorgestellt, Methode und Technik erläutert und für einzelne definierte Krankheitsbilder die Aussagefähigkeit festgelegt. Danach trägt die NMRPS in Verbindung mit der Bestimmung der MNLG bei zur Differenzierung primär axonaler von demyelinisierenden Prozessen. Voraussetzung hierfür ist die Festlegung des pathologischen Prozesses in den Bereich des peripheren Nerven, nicht der Synapse oder des quergestreiften Muskels, da auch pathologische Veränderungen in diesen Abschnitten die konditionierte Summenantwort des Muskels beeinflussen können. Dies wird am Beispiel der progressiven Muskeldystrophie Typ Duchenne aufgezeigt.

Summary

The estimation of refractory periods of peripheral nerves is hardly possible in young children. The neuromuscular reaction to paired stimuli (NMRPS) is proposed as an indirect measurement of the refractory period. Method and technique are outlined briefly, as well as the diagnostic use in defined diseases.

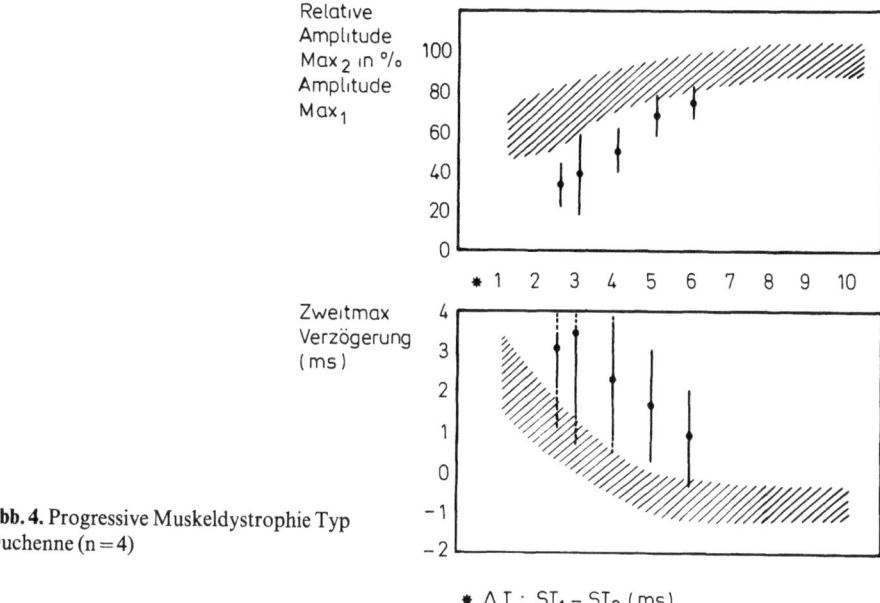

Abb. 4. Progressive Muskeldystrophie Typ Duchenne (n = 4)

According to the data presented, the NMRPS helps to differentiate primary axonal degeneration from demyelinating processes. The results are opposed to the data of NCV-studies. A prior condition is the localization of the basic disease within the peripheral nerve.

NMRPS data in Duchenne-type muscular dystrophy exemplify that diseases located at other parts of the neuromuscular unit do influence the refractory period of the unit as well.

Literatur

Betts RP, Johnston DM, Brown BH (1976) J Neurol Neurosurg Psychiatry 39:694
Faisst S, Meyer M (1981) Electroencephalogr Clin Neurophysiol 51:548
Gilliat RW, Willison RG (1963) J Neurol Neurosurg Psychiatry 26:136
Kimura J (1976) J Neurol Sci 28:48
Lowitzsch K, Hopf HC (1972) J Neurol Sci 17:255
Reitter B (1979a) Z EEG EMG 10:231
Reitter B (1979b) Neuropaediatrie [Suppl] 10:445
Reitter B, Johannsen S (im Druck) Muscle Nerve

Neue elektromyographische Aspekte für die Differentialdiagnose der Polyneuropathien

D. Kountouris und J. Milonas

Einleitung

Die frühe Diagnosesicherung einer Polyneuropathie durch Nachweis mittels der Elektromyographie ist besonders für die weitere Therapie und damit auch für die Prognose bedeutungsvoll. Wir haben diese Methode hinsichtlich ihrer Aussagekraft bei alkoholtoxischen und diabetischen Polyneuropathien anhand ihrer empfindlichsten Untersuchungsparameter, nämlich motorischer und sensibler Nervenleitgeschwindigkeit (Ludin 1981), F-Wellenlatenzen (Conrad et al. 1975; Kimura et al. 1975; Panagiotopoulos et al. 1977a, b u. Panagiotopoulos 1979), Faserdichtemessung mittels Einzelfaserelektromyographie (Ståhlberg u. Thiele 1975), konventionelle Nadelelektromyographie und Nadelelektromyographie nach Erhöhung der unteren Grenzfrequenz (Payan 1958; Kountouris et al. 1982) untersucht.

Ausgehend von der Annahme, daß die alkoholtoxische Polyneuropathie eher durch einen axonalen Schaden verursacht wird (Behse u. Buchthal 1977) und die diabetische Polyneuropathie mehr einer Myelinscheidenschädigung entspricht (Thomas u. Eliasson 1975) haben wir versucht, die jeweils aussagekräftigere Elektromyographiemethode für den jeweiligen Polyneuropathietyp herauszufinden.

Untersuchungsmethode

Es wurden 11 Kranke mit einer alkoholtoxischen und weitere 11 mit einer diabetischen Polyneuropathie von verschiedenen Schweregraden im Alter zwischen 47 und 58 Jahren untersucht. Bei manchen Untersuchungen wurden die Ergebnisse mit denen einer Gruppe von 22 gesunden Kontrollpersonen gleichen Geschlechtes und Alters verglichen.

Geprüft wurden folgende Nerven und Muskeln: N. suralis, N. peronaeus, M. tibialis anterior.

In Tabelle 1 sind sämtliche Untersuchungsmethoden aufgelistet, die nachfolgend im einzelnen erläutert werden:

1. Die Messungen der motorischen Nervenleitgeschwindigkeit (NLG_K) vom N. peronaeus und der sensiblen Nervenleitgeschwindigkeit des N. suralis nach der konventionellen Art. Die entsprechenden Normativdaten sind jeweils von Ludin (Ludin u. Tackmann 1979, Ludin 1981) entnommen.

Tabelle 1. Auflistung der einzelnen EMG-Untersuchungsmethoden

1. Motorische und sensible NLG
2. NLG_F–NLG_K
3. F-Wellenlatenz-Verteilungsmuster
4. EMG_K
5. Nadel-EMG nach Erhöhung der unteren Grenzfrequenz
6. Faserdichte

2. Es wurde die Differenz zwischen der motorischen Nervenleitgeschwindigkeit mittels kürzester F-Wellenlatenz (NLG_F) und der konventionellen Methode (NLG_K) vom N. peronaeus bestimmt. Als pathologisch wurde jede Differenz betrachtet, die größer als 5 m/s war. Dieses Ergebnis wurde bei einer Untersuchung einer gesunden Kontrollgruppe statistisch ermittelt (KOUNTOURIS et al. 1982 a, b und KOUNTOURIS in Vorbereitung).

3. Da bekanntlich die F-Wellenlatenz starken Beugungen unterliegt, haben wir den Mittelwert von der Differenz zwischen der jeweiligen F-Wellenlatenz minus kürzester F-Wellenlatenz nach jeweils 100 Ableitungen von jedem einzelnen Reizpunkt vom N. peronaeus bestimmt (PANAGIOTOPOULOS 1979; ARGYROPOULOS 1980). Dieses so entstandene Verteilungsmuster wurde mit dem ähnlichen F-Wellenlatenzverteilungsmuster einer gesunden Kontrollgruppe verglichen. Latenzunterschiede die mehr als 3 m/s betrugen, wurden als pathologisch betrachtet (GEHLEN et al. 1983; KOUNTOURIS in Vorbereitung).

4. Es wurde bei allen Kranken die mittlere Potentialdauer der motorischen Einheit vom M. tibialis anterior gemessen. Diese Untersuchung wurde im gleichen Muskel wiederholt, nachdem die untere Grenzfrequenz zwischen 800–3 200 Hz erhöht wurde, so daß langsamere Frequenzen herausgefiltert werden konnten und Form und Dauer der Potentiale der motorischen Einheit besser erkennbar waren (PAYAN 1978; KOUNTOURIS et al. 1982a).

5. Mittels Einzelfaserelektromyographie wurden vom M. tibialis anterior bei allen Kranken und Gesunden die Faserdichtewerte bestimmt. Dabei wurde der Mittelwert von 20 Messungen in verschiedenen Muskelbereichen errechnet. Bei diesen 20 Messungen wurde das Oszilloskop stets durch das erste Potential getriggert, und es wurden alle Potentiale mit einer Amplitude höher als 200 µV und einer Anstiegszeit kürzer als 300 µs in die Rechnung mit einbezogen (STÅLBERG u. THIELE 1975; STÅLBERG u. TRONTELJ 1979). Der Mittelwert der Faserdichte des M. tibialis anterior der gesunden Kontrollgruppe lag bei $1,68 \pm 0,18$.

Ergebnisse und Diskussion

Die pathologischen Ergebnisse beider Polyneuropathietypen der untersuchten Kranken sind aus Tabelle 2 zu ersehen. In Tabelle 3 sind die wichtigsten Ergebnisse bei der Untersuchung der Patienten mit diabetischer Polyneuropathie aufgelistet und mit der Kontrollgruppe verglichen worden. Aus diesen Tabellen kann man ersehen, daß die Untersuchungsmethode des F-Wellenlatenz-Verteilungsmusters die

Tabelle 2. Pathologische Ergebnisse der einzelnen EMG-Untersuchungsmethoden bei den Kranken mit alkoholtoxischer und diabetischer Polyneuropathie

	n	Sens. NLG N. suralis	NLG_F–NLG_K N. peronaeus	F-Wellen-latenz Verteilungsmuster	EMG_K	EMG mit zusätzlichem Filter	Faserdichte
Alkoholische Polyneuropathie	11	3	2	4	5	9	7
Diabetische Polyneuropathie	11	7	6	10	4	5	4

Tabelle 3. Vergleichswerte bei Kranken mit diabetischer Polyneuropathie und Gesunden nach statistischer Berechnung der Ergebnisse einzelner Untersuchungsmethoden im N. peronaeus

	Mittlere NLG_K	Mittlere NLG_F	Gemittelte F-Wellen-latenzverteilung
Diabetische Polyneuropathie	$45{,}2 \pm 1{,}5$	$41{,}4 \pm 1{,}4$	$11{,}5 \pm 0{,}8$
Gesunde	$48{,}4 \pm 0{,}5$	$49{,}2 \pm 0{,}9$	$4{,}0 \pm 0{,}2$
t-Test	$p < 0{,}05$	$p < 0{,}005$	$p < 0{,}002$

empfindlichste bei den Patienten mit diabetischer Polyneuropathie ist. Sie ergab deutlich pathologische Werte bei 10 der insgesamt 11 Diabetiker. Im Gegensatz dazu fand sich die sehr empfindlich angenommene Bestimmung der sensiblen Nervenleitgeschwindigkeit vom N. suralis (LUDIN u. TACKMANN 1979) nur 7mal deutlich pathologisch verändert. Sie war auch empfindlicher als die NLG_F, die als geeignet für die Früherkennung der diabetischen Polyneuropathie angesehen wird (FRANZ u. CONRAD 1978).

Durch die Ergebnisse unserer Untersuchungen von alkoholtoxischen Polyneuropathien haben wir herausgefunden, daß die Methoden der Faserdichte-Errechnung mittels Einzelfaser-Elektromyographie und die Bestimmung der mittleren Dauer der Potentiale der motorischen Einheit nach Erhöhung der unteren Grenzfrequenz weit empfindlicher sind als die anderer herkömmlicher EMG-Methoden.

Bei den 11 Kranken mit einer alkoholtoxischen Polyneuropathie waren die Faserdichtewerte vom M. tibialis anterior 7mal und die mittlere Dauer der Potentiale der motorischen Einheit nach Erhöhung der unteren Grenzfrequenz von dem gleichen Muskel 9mal pathologisch. Im Vergleich dazu fand sich eine Spontanaktivität nur bei 5 von diesen Patienten und nur bei 3 war das sensible Nervenaktionspotential reduziert.

Insofern kann man die früheren Annahmen, daß die Untersuchungen zur Messung der Faserdichte (THIELE u. STÅLBERG 1975) und zur Bestimmung der mittleren

Dauer des Potentials der motorischen Einheit nach Erhöhung der unteren Grenzfrequenz (PAYAN 1978), die empfindlichsten zur Verifizierung einer axonalen Polyneuropathie sein können, bestätigen.

Zusammenfassung

Bei 11 Patienten mit einer alkoholischen und bei 11 Patienten mit einer diabetischen Polyneuropathie wurden die Ergebnisse folgender elektromyographischer Untersuchungen ermittelt:
1. Die sensible Nervenleitgeschwindigkeit vom N. suralis.
2. Die Differenz zwischen der motorischen Nervenleitgeschwindigkeit mittels kürzester F-Wellenlatenz (NLG_F) und der konventionellen Nervenleitgeschwindigkeit (NLG_K) vom N. peronaeus.
3. Der Mittelwert von der Differenz zwischen der jeweiligen F-Wellenlatenz minus kürzester F-Wellenlatenz nach 100 Ableitungen von jedem einzelnen Reizpunkt des N. peronaeus.
4. Die mittlere Dauer des Potentials der motorischen Einheit vom M. tibialis anterior nach Erhöhung der unteren Grenzfrequenz auf 800–3200 Hz.
5. Die Faserdichtewerte vom M. tibialis anterior.

Die Ergebnisse mancher Untersuchungen bei Patienten wurden mit denen einer Gruppe von 22 gesunden Kontrollpersonen gleichen Geschlechtes und Alters verglichen.

Die Ergebnisse haben gezeigt, daß die Bestimmung des Mittelwertes von der Differenz zwischen F-Wellenlatenz und kürzester F-Wellenlatenz nach jeweils 100 Ableitungen die empfindlichste Methode zur Verifizierung der diabetischen Polyneuropathie ist. Hingegen war die Bestimmung der mittleren Dauer des Potentials der motorischen Einheit Erhöhung der unteren Grenzfrequenz und der Faserdichte die aussagekräftigste Methode für die alkoholische Polyneuropathie.

Summary

In two groups of 11 patients with alcoholic neuropathy and diabetic neuropathy respectively, the results of the following electromyographic examinations were obtained:
1. The sensory nerve conduction velocity of the sural nerve
2. The difference between the motor nerve conduction velocity defined by means of the shortest F-wave latency (NCV_F) and the conventional motor nerve conduction velocity (NCV_C) in the peroneal nerve
3. The mean value of the difference between the F-wave latency and the shortest F-wave latency in 100 responses from each stimulated point of the peroneal nerve;
4. The mean duration of the motor unit potential of the tibialis anterior after using extra filters and increasing the low-frequency limit to 800–3,200 Hz
5. The fibre density values of the tibialis anterior.

The results of some of these examinations were compared with those from a group of 22 healthy control subjects of the same sex and age.

The results showed that the determination of the mean difference between the F-wave latency and the shortest F-wave latency in 100 responses of the same nerve is the most sensitive method for verifying diabetic neuropathy. In contrast, determination of the mean duration of the motor unit potential after using an increased low-frequency limit and measurement of the fibre density ware the most informative methods for alcoholic neuropathy.

Literatur

Argyropoulos CJ, Panagiotopoulos CP, Scarpaleros S, Nastas PE (1980) F-wave and M-response conduction velocity in diabetes mellitus. Electromyogr Clin Neurophysiol 19:443

Behse F, Buchthal F (1977) Alcoholic neuropathy: Clinical, electrophysiological and biophysical findings. Ann Neurol 2:95

Conrad B, Aschoff JC, Fischer M (1975) Der diagnostische Wert der F-Wellen-Latenz. J Neurol 210:151

Franz A, Conrad B (1978) Zum Problem der Früherkennung diskreter Funktionsstörungen peripherer Nerven. – Vergleichende Untersuchungen von F-Wellen-Latenz und konventioneller motorischer Nervenleitgeschwindigkeit bei Gesunden und Diabetikern. Z EEG EMG 9:189–199

Gehlen W, Kountouris D, Siegmund H, Sonnenberg G, Greulich W (1983) Die F-Wellen-Verteilungskurve bei Patienten mit Diabetes mellitus im Vergleich zu einer gesunden Kontrollgruppe. In: Seitz D, Vogel P (Hrsg) Hämoblastosen. Zentrale Motorik iatrogene Schäden Myositiden. Springer, Berlin Heidelberg New York Tokyo, S 863

Kimura J, Bosch P, Lindsay GM (1975) F-wave conduction velocity in the central segment of the peroneal and tibial nerves. Arch Phys Med Rehabil 56:492–497

Kountouris D (in Vorbereitung) Normativdaten des F-Wellen-Verteilungsmusters bei peripheren Nerven

Kountouris D, Milonas J, Eisenlohr J (1982a) Elektromyographische Untersuchungen zur Differenzierung zwischen axonalen und demylinisierenden Polyneuropathien. In: Struppler A (Hrsg) Elektrophysiologische Diagnostik in der Neurologie. Thieme, Stuttgart New York, S 56

Kountouris D, Doughly ME, Müller E, Milonas J (1982b) Die diabetische Polyneuropathie im Alter. In: Taskos NA (Hrsg) Neurology, Bd II/IV. South-East European Neuropsychiatric Conference, S 247

Ludin HP (1981) Praktische Elektromyographie. Enke, Stuttgart

Ludin HP, Tackmann W (1979) Sensible Neurographie. Thieme, Stuttgart

Panagiotopoulos CP (1979) F-chronodispression: A new electro-physiological method. Muscle Nerve 2:68–72

Panagiotopoulos CP, Scarpalezos S (1977a) F-wave studies on the deep peroneal nerve. Part 2: Chronic renal failure/limp. girdle muscular dystrophy. J Neurol Sci 31:331–341

Panagiotopoulos CP, Scarpalezos S, Nastas P (1977b) F-wave studies on the deep peroneal nerve. Part 1: Control subjects. J Neurol Sci 31:319–329

Payan J (1978) The blanket principle. Muscle Nerve 1:423–436

Stålberg E, Thiele B (1975) Motor unit fibre density in the extensor digitorum communis muscle. J Neurol Neurosurg Psychiatry 38:847

Stålberg E, Trontelj S (1979) Single fibre electromyography. Mirvalle, Old Woking

Thiele B, Stålberg E (1975) Single fibre electromyography findings in polyneuropathie of different aetiology. J Neurol Neurosurg Psychiatry 38:881

Thomas PK, Eliasson SG (1975) Diabetic neuropathy. In: Dyck P, Thomas PK, Lambert EH (eds) Peripheral neuropathy, vol II. Saunders, Philadelphia, p 956

Verlaufsbeobachtungen in einer Familie mit hereditärer Amyloidpolyneuropathie

H. W. Delank und M. Kutzner

Die Amyloidosen sind morphologisch durch faserartige oder scholige Proteinniederschläge von glasig-homogener Struktur im extrazellulären Raum verschiedener Organe oder Gewebe gekennzeichnet. Der Organbefall ist unterschiedlich, und bislang ungeklärt ist die sicherlich nicht einheitliche Entstehungsweise der Amyloidosen (Abb. 1).

Eine Mitbeteiligung des Nervengewebes findet sich bei den Amyloidosen ausschließlich im Bereich der peripheren Nerven sowie der spinalen und vegetativen Ganglien. Anzutreffen sind diese Amyloidpolyneuropathien ganz vorwiegend bei den sog. primären Amyloidosen, bei welchen eine Grunderkrankung nicht nachzuweisen ist und die sporadisch, besonders aber als hereditäre Formen in Erscheinung treten. Bei den insgesamt wesentlich häufigeren sekundären Amyloidosen nach chronisch-entzündlichen Erkrankungen findet sich regelhaft keine Amyloidablagerung in nervalen Strukturen, und auch die bei Paraproteinosen zu beobachtenden Polyneuropathien werden nur seltener durch eine sekundäre Amyloidose bedingt, sind vielmehr meist paraneoplastische Polyneuropathien.

Die Entwicklung der Amyloidpolyneuropathie scheint auf drei verschiedenen Wegen möglich:

Entweder kommt es zu einer nervalen Kompressionsschädigung durch knötchenförmige bzw. diffuse Amyloideinlagerungen im Peri- und Endoneurium (vorwiegend bei den hereditären Amyloidpolyneuropathien!) oder aber es führt ein Amyloidbefall der epi- und endoneuralen Gefäße zu einer ischämischen Nervenschädigung, und schließlich wird eine amyloidbedingte Stoffwechselstörung der Nervenfasern diskutiert.

Die hereditäre Amyloidpolyneuropathie ist eine chronisch-progredient verlaufende interstitielle Neuropathie mit mehr oder weniger deutlicher vaskulärer Komponente. Ihre klinische Symptomatik ist gekennzeichnet durch eine unterschiedlich

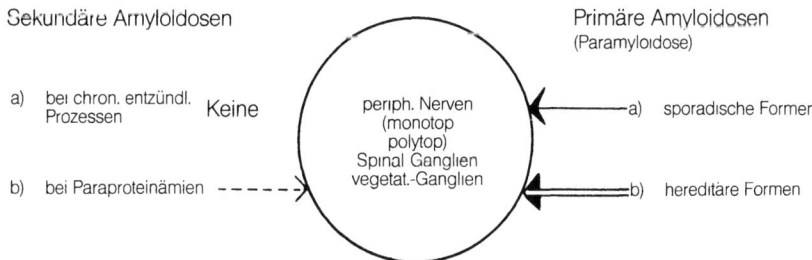

Abb. 1. Mitbeteiligung des Nervensystems bei Amyloidosen

Metabolische und entzündliche Polyneuropathien
Herausgegeben von Gerstenbrand/Mamoli
© Springer-Verlag Berlin Heidelberg 1984

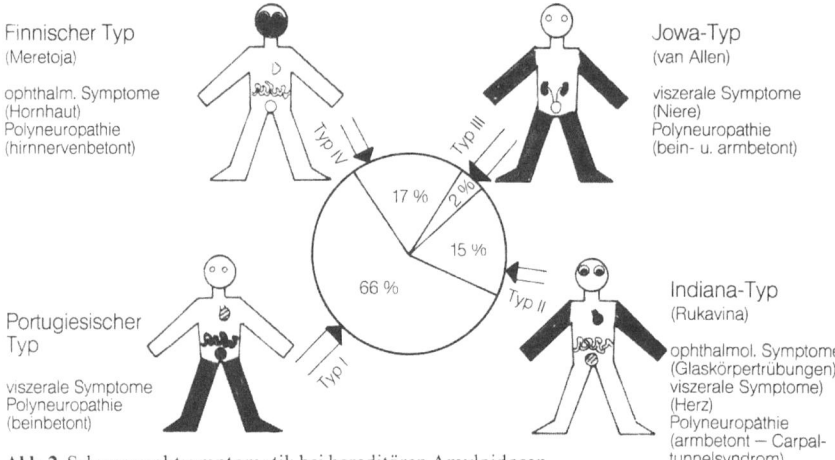

Abb. 2. Schwerpunktsymptomatik bei hereditären Amyloidosen

rasche Entwicklung von distalen Parästhesien, dissoziierten Empfindungsstörungen, vegetativen Störungen in Form von gastrointestinalen Erscheinungen, Impotenz, Blasenstörungen, Hautulzera und orthostatischer Hypotonie sowie schließlich schweren schlaffen Paresen mit Myatrophien.

Unterschiedliche Symptomkonstellationen haben zur Differenzierung verschiedener Typen der hereditären Amyloidpolyneuropathie geführt (Abb. 2).

Der am häufigsten anzutreffende portugiesische Typ zeigt neben einer beinbetonten Polyneuropathie regelmäßig und frühzeitig schwere viszerale Symptome mit vorwiegend gastrointestinalen Störungen.

Beim Indiana-Typ ist die Polyneuropathie anfänglich oft armbetont, die viszerale Symptomatik gibt sich hier vorwiegend mit einer Herzbeteiligung zu erkennen, und besonders auffällig sind frühzeitige Glaskörpertrübungen durch Amyloideinlagerungen.

Ähnlich frühzeitige ophthalmische Symptome, verbunden mit einer hirnnervenbetonten Polyneuropathie, kennzeichnen den sog. finnischen Typ.

Und schließlich findet sich bei dem seltenen Jowa-Typ neben einer ausgeprägten Polyneuropathie regelhaft eine Nierenbeteiligung durch die Amyloidose.

Insgesamt sind hereditäre Amyloidpolyneuropathien sehr seltene Erkrankungen. Bislang dürften in der Weltliteratur nur wenig mehr als 1 200 Fälle in etwa 250 Familien publiziert worden sein, davon allein 700 Fälle in 177 portugiesischen Familien.

Im deutschen Sprachraum sind u. W. 4 Familien bekannt, in denen klinisch und z. T. histologisch gesichert primäre Amyloidpolyneuropathien gehäuft zur Beobachtung gekommen sind. Zu diesen gehört die aus Westpreußen stammende und im Ruhrgebiet lebende Familie K., über die aus unserem Arbeitskreis erstmals 1965 berichtet wurde (Abb. 3).

Wir kennen in dieser Familie bis heute über 3 Generationen verteilt 8 Krankheitsfälle, von denen schon 6 einen letalen Ausgang genommen haben. Darüber hinaus kennen wir in der Familie K. ein Mitglied, das zwar beschwerdefrei und mit jetzt 41 Jahren als Maurer voll arbeitsfähig ist, bei dem wir aber vor nunmehr 16

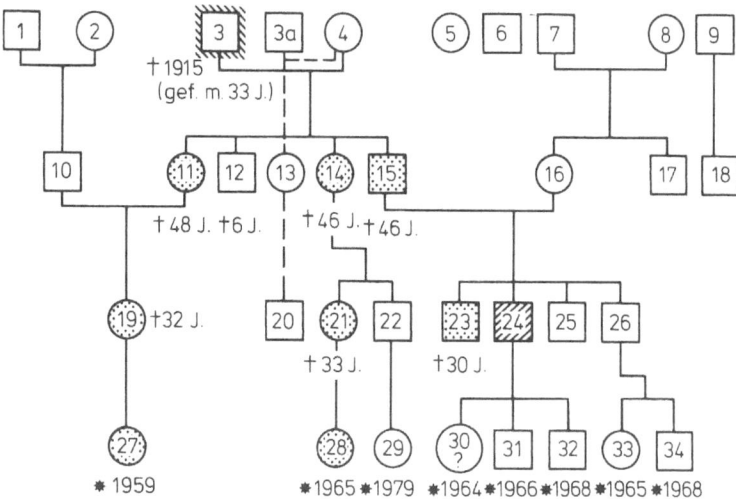

Abb. 3. Stammbaum der an einer hereditären Amyloidose leidenden Familie K. (Stand: Herbst 1981)

Jahren bei einer Umfelduntersuchung Amyloidablagerungen in Rektum und Glaskörper nachweisen konnten.

Die genetische Anlage der Krankheit dürfte von dem mit 33 Jahren 1915 im Krieg gefallenen Stammvater in die Familie eingebracht worden sein, denn weder die 83 Jahre alt gewordene Stammutter noch deren außereheliches Kind, noch dessen bisherige Nachkommen sind von der Krankheit befallen worden (Abb. 4).

Bei einer genaueren Analyse der Krankengeschichte unserer 9 von Krankheitssymptomen befallenen Familienangehörigen lassen sich nun hinsichtlich des Krankheitsbeginns und der Krankheitsdauer einige interessante Feststellungen machen. Und zwar beträgt bei den schon verstorbenen Patienten die Zeit vom klinischen Krankheitsbeginn bis zum Tode etwa 5–8 Jahre. Ähnliche Krankheitszeiträume weisen die meisten der in der Literatur mitgeteilten Amyloidpolyneuropathien vom portugiesischen Typ auf. Auffällig war bei unseren Fällen lediglich, daß die Erkrankungen in der zweiten Generation gegenüber denjenigen in der dritten Generation noch leicht protrahierter verlaufen sind.

Wesentlich eindrucksvoller sind die sehr unterschiedlichen Zeitpunkte des Krankheitsbeginns. Während in der zweiten Generation unserer Familie dieser Krankheitsbeginn erst am Anfang der 5. Lebensdekade lag, erkrankten die Patienten der dritten Generation bereits Mitte der 3. Dekade und die jüngsten Krankheitsfälle der vierten Generation sind nun schon um das 15. Lebensjahr manifest geworden. So gibt sich deutlich eine fast sprunghafte Vorverlagerung des Manifestationsalters der Krankheit von Generation zu Generation um etwa eine Lebensdekade zu erkennen. In der vierten Generation unserer Familie zeigen die bisherigen Krankheitsfälle einen Krankheitsbeginn schon in der Pubertät, also vor dem heiratsfähigen Alter. Diese letzten Fälle widersprechen vor allem der bisherigen Annahme, daß die familiäre Amyloidose ausschließlich eine Erkrankung des Erwachsenenalters sei (Abb. 5).

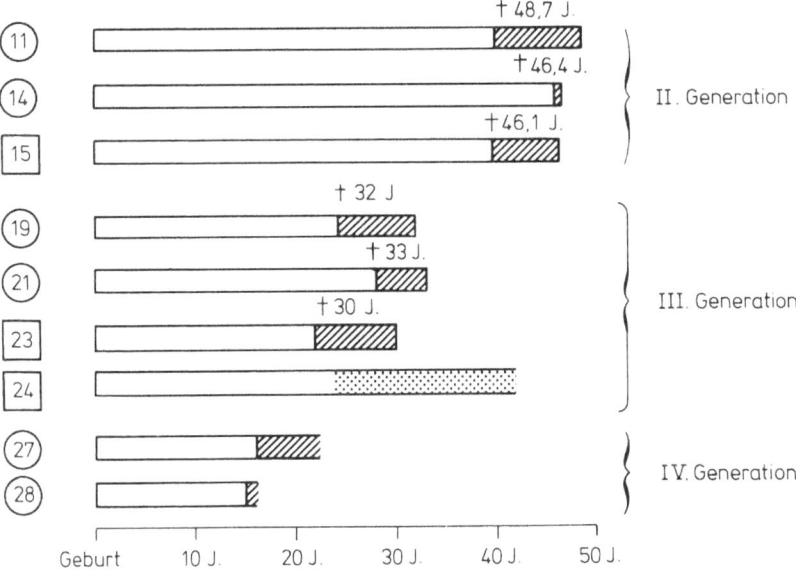

Abb. 4. Krankheitsbeginn und Krankheitsdauer bei 9 Fällen von hereditärer Amyloidose in der Familie K.

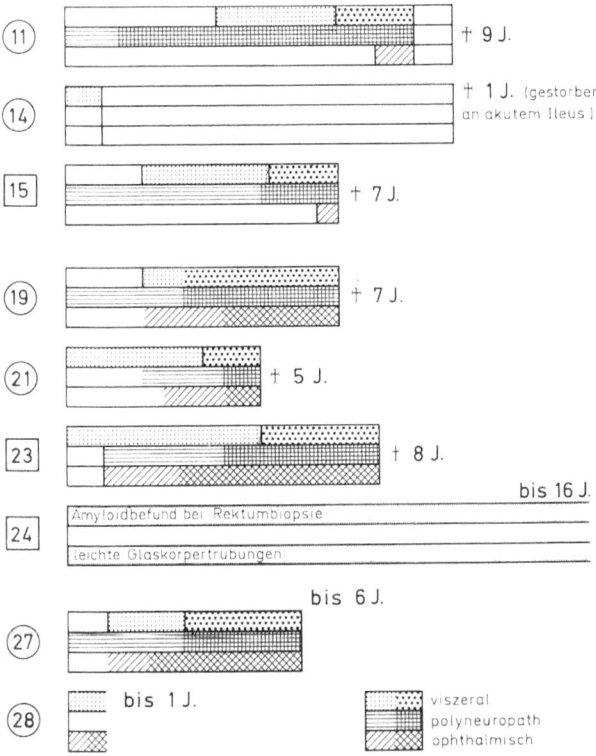

Abb. 5. Klinische Verlaufssymptomatik bei 9 Fällen von hereditärer Amyloidose in der Familie K.

Bei genauerem Vergleich der klinischen Verlaufssymptomatik unserer Krankheitsfälle konnten wir noch eine weitere interessante Beobachtung machen:

Die Erkrankungen bei unseren ersten Patienten der zweiten Generation begannen mit gastrointestinalen Störungen, zu denen dann rasch allmählich progrediente Symptome einer anfänglich beinbetonten Polyneuropathie traten. Ophthalmische Störungen waren nur mäßiggradig und vor allem erst präfinal anzutreffen. Diese Symptomatik gab uns die Berechtigung, unsere Krankheitsfälle dem portugiesischen Typ der Amyloidpolyneuropathie zuzuordnen.

Bei den Erkrankungen in der dritten Generation unserer Familie fiel dann auf, daß die Symptome der sensomotorischen Polyneuropathie deutlich früher einsetzten und ferner Amyloideinlagerungen in den Glaskörpern mit dadurch bedingter rascher Erblindung die schweren Krankheitsverläufe bald in besonderer Weise prägten. In der vierten Generation stehen die ophthalmischen Krankheitssymptome bereits initial deutlich im Vordergrund. Bei unserer jüngsten, erst 16jährigen Patientin ist wegen einer schweren, seit 2 Jahren progredienten beiderseitigen Amyloidablagerung im Glaskörper bereits eine Vitrektomie erforderlich geworden. Zeichen einer Polyneuropathie fehlen bei dieser Patientin bislang noch völlig. Eingehende klinische Untersuchungen erbrachten lediglich bioptisch nachweisbare geringgradige perivaskuläre Amyloidablagerungen in Dickdarm und Niere, vorläufig ohne Funktionsstörungen dieser Organe.

Die Längsschnittbetrachtung der familiären Amyloidose in unserer Familie läßt somit einen gewissen Symptomwandel erkennen, den man unter Bezugnahme auf die eingangs erwähnten verschiedenen Erscheinungstypen der familiären Amyloidosen als einen Wandel vom portugiesischen Typ zum Indiana-Typ interpretieren könnte.

Zusammenfassend können aus unserer fast 25jährigen fortlaufenden Betreuung einer Familie mit hereditärer primärer Amyloidose folgende Beobachtungen als beachtenswert festgehalten werden (Tabelle 1):

1. Während die Krankheitsdauer bis zum letalen Ende in allen Fällen etwa gleichbleibend 5–8 Jahre beträgt, verlagert sich das Manifestationsalter der Krankheit von Generation zu Generation um rund eine Dekade nach vorn, so daß nunmehr der Krankheitsbeginn bereits im Pubertätsalter liegt. Ohne weitreichende und voreilige teleologische Interpretationen dieser Beobachtung geben zu wollen, drängt sich hier doch wohl der Gedanke auf, daß durch den nunmehr in der dritten Erkrankungsgeneration sehr frühen Krankheitsbeginn diese Familienkrankheit gewissermaßen durch Selbstauslese möglicherweise „ausstirbt". Hierdurch könnte vielleicht die außerordentliche Seltenheit der hereditären Amyloidose eine Erklärung finden.
2. Die familiäre Amyloidose ist zweifellos keine ausschließlich im Erwachsenenalter auftretende Erkrankung.

Tabelle 1

1. Manifestationsalter verlagert sich von Generation zu Generation um rund eine Dekade
2. Keine ausschließlich im Erwachsenenalter auftretende Erkrankung
3. Langjährig bestehende Amyloidablagerungen können ohne klinische Krankheitssymptome bleiben
4. Symptomwandel der Krankheit im Verlauf mehrerer Generationen möglich

3. Bei dieser familiären Erkrankung mit einem autosomal-dominanten Erbmodus können Fälle beobachtet werden, bei denen pathologische Amyloidablagerungen in verschiedenen Geweben bioptisch nachzuweisen sind, die jedoch über lange Jahre klinisch gesund und arbeitsfähig bleiben.
4. Die klinische Symptomatik der hereditären Amyloidosen kann sich in einer Familie im Verlauf mehrerer Generationen offensichtlich wandeln. Anfänglich, d. h. in der ersten Erkrankungsgeneration dem portugiesischen Typ zuordnungsfähige Symptomkonstellationen wechseln in den folgenden Generationen zu klinischen Erscheinungsbildern, die eher dem Indiana-Typ zuzurechnen wären.

Eine kausale Therapie ist bei den primären Amyloidosen leider noch nicht bekannt. Auch medikamentöse Versuche mit D-Penicillamin und DMSO sind bislang ohne überzeugende Erfolge geblieben, ebenso wie eine längere immunsuppressive Therapie mit Azathioprin, die wir jüngst bei einer unserer Patientinnen durchführten. So muß sich die Behandlung der hereditären Amyloidpolyneuropathie noch auf rein symptomatische Maßnahmen beschränken.

Zusammenfassung

In einer von uns seit ca. 20 Jahren beobachteten Familie mit hereditären Amyloidpolyneuropathien erkrankten bislang 8 Mitglieder, von denen bereits 6 verstarben. Darüber hinaus konnten bei einem bis heute klinisch gesund gebliebenen Familienmitglied schon vor 16 Jahren Amyloidablagerungen in Rektum und Glaskörper nachgewiesen werden. Eine Längsschnittbetrachtung der Familienkrankheit zeigt eine Rückverlagerung der Krankheitsmanifestation von Generation zu Generation um rund eine Dekade, so daß nunmehr schon bei zwei Fällen der Krankheitsausbruch im Pubertätsalter zu beobachten gewesen ist. Ferner ist im Verlauf mehrerer Generationen ein gewisser Wandel der Symptomatik vom portugiesischen Typ zum Indiana-Typ festzustellen.

Summary

Eight cases of hereditary amyloid polyneuropathy have occurred within a family that has been known us since 20 years. Six of these 8 patients have already died. In one member of this family, who as far has shown no clinical symptoms of the disease, deposits of amyloid in the rectum and in the vitreous body were seen 16 years ago. A survey of the patients' age at which the disease first occurred has shown that in a succeeding generation the disease appeared about 10 years earlier than in the previous generation. Of the youngest generation, two patients showed initial symptoms during adolescence. Apart from that, a change of symptomatology from the Portugal-type toward the Indiana-type has been observed.

Literatur

Arnould JP (1975) Contribution à l'étude des neuropathies amyloides héréditaires. Dissertation, Universität Grenoble

Corino Andrade K (1951) Note prélimnaire sur forme particulière de neuropathie périphérique. Rev Neurol (Paris) 85:303

Corino Andrade K (1952) A peculiar form of peripheral neuropathy. Familiar atypical generalized amyloidosis with special involvement of the peripheral nervus. Brain 75:408

Delank HW, Koch G, Könn G, Missmahl HP, Suwelack K (1965) Familiäre Amyloid-Polyneuropathie Typus Wohlwill – Corino-Andrade. Aerztl Forsch 8:401

Jachson CE, Block WD (1970) Indiana amyloid families. Arthritis Rheum 13:905

Meretoja I, Teppo L (1971) Histopathological findings of familial amyloidosis with cranial neuropathy as principal manifestation. Acta Pathol Microbiol Scand 79:432

Neundörfer B, Kuhn H (1975) Familiäre Amyloidpolyneuropathie von portugiesischem Typ. Nervenarzt 46:177

Rukavina IG, Block WD, Jackson CE, Falls HF, Carey H, Curtis AC (1956) Primary systemic amyloidosis. Medicine (Baltimore) 35:239

Van Allen MW (1969) Inherited predisposition to generalized amyloidosis, clinical and pathological study of a family with neuropathy, nephropathy and peptic ulcer. Neurology (Minneap) 19:10

Polyneuropathie bei hereditärer Amyloidose

K. CHRISTIANI, W. TACKMANN, H. J. THIEL und H. HANSEN

Die Genese primärer, sporadischer und hereditärer Amyloidosen ist bis heute unklar. Aus diesem Grunde ist es naheliegend, die hereditären Amyloidosen, die mit einer Polyneuropathie einhergehen, nach klinischen Gesichtspunkten zu klassifizieren. ZALIN et al. schlugen 1974 eine Einteilung vor, bei der sich vier verschiedene Haupttypen (ANDRADE 1952; RUKAVINA et al. 1956; VAN ALLEN et al. 1969; MERETOJA 1969) voneinander abgrenzen lassen. Einschränkend muß jedoch hinzugefügt werden, daß im letzten Jahrzehnt Fälle mit neurogenen Störungen bei hereditärer Amyloidose beschrieben wurden, die sich nicht in allen Einzelheiten in das oben genannte Schema eingruppieren ließen.

1 Typ Andrade (portugiesischer Typ)

Es kommt zu Amyloidablagerungen in fast allen Organen. Besonders betroffen sind das Herz, die Nieren, die Glaskörper und die peripheren Nerven. Die Erkrankung wird autosomal dominant mit einer unvollständigen Penetranz vererbt, Männer sind etwas häufiger betroffen. Der Beginn liegt zwischen dem 20. und 60. Lebensjahr mit einem Maximum im 3. Lebensjahrzehnt. Die neurologischen Störungen stellen sich zunächst mit von distal nach proximal zunehmenden Sensibilitätsausfällen an den unteren Extremitäten ein, erst später gesellen sich Paresen und Muskelatrophien hinzu. Frühzeitig ist die Sexualfunktion eingeschränkt, es kommt zur Impotenz. Blasen- und Mastdarmfunktion können so erheblich gestört sein, daß sich eine völlige Inkontinenz einstellt. Die Nervenfasern bieten das Bild einer segmentalen Demyelinisation und axonalen Degeneration.

2 Rukavina-Typ (Indiana-Typ)

Bei diesem Typ, der autosomal dominant vererbt wird, liegt der Erkrankungsgipfel in der 5. Dekade. Amyloidablagerungen finden sich in fast allen Organen, im Vordergrund stehen Glaskörpertrübungen. Fast regelmäßig stellen sich Störungen der Herz- und Leberfunktion ein. Die neurologische Symptomatik spielt sich fast ausschließlich an den oberen Extremitäten ab. Zu Beginn sind es Schmerzen, Parästhesien und Taubheit an den Fingern, wobei meistens das Versorgungsgebiet des N.

medianus betroffen ist. Es kommt zum charakteristischen Bild des Karpaltunnelsyndroms. Der Verlauf ist günstiger als beim portugiesischen Typ, die Lebenserwartung ist nur leicht verkürzt.

3 Van Allen-Typ

Der Vererbungsmodus ist auch hier autosomal dominant, die Erkrankung beginnt zwischen dem 20. und 40. Lebensjahr. Der durchschnittliche Krankheitsverlauf bewegt sich zwischen 17 und 20 Jahren. Die ersten Symptome manifestieren sich an den unteren Extremitäten mit Schmerzen und Mißempfindungen. Es folgen dissoziierte Sensibilitätsstörungen, später fallen alle Sinnesempfindungen aus. Im weiteren Verlauf treten Paresen und Muskelatrophien auf. Die oberen Extremitäten werden seltener und erst später betroffen. Das autonome Nervensystem wird mit in den Krankheitsprozeß einbezogen. Charakteristisch sind ferner Magenulzera und Nierenfunktionsstörungen, auch werden Glaskörpertrübungen und Taubheit beschrieben.

4 Meretoja-Typ

Der Erbgang ist autosomal dominant. Bezeichnend für diese Form ist das Auftreten einer gittrigen Dystrophie der Hornhaut im 3. Lebensjahrzehnt. In der 5. Dekade kommt es zu Hirnnervenausfällen, besonders betroffen ist der N. facialis. An den Extremitäten kann es zu Muskelatrophien, Reflexverlusten und Sensibilitätsstörungen kommen. Auffällig sind stark ausgeprägte trophische Hautveränderungen, während eine kardiale Mitbeteiligung nur selten zu konstatieren ist. Anhand von autoptischen Untersuchungen ließ sich nachweisen, daß fast alle Organe betroffen sind. In den peripheren Nerven finden sich Amyloidablagerungen im Perineurium und Epineurium, nicht aber im Endoneurium. Der Krankheitsverlauf ist wenig progredient, die Prognose günstig. Die Lebenserwartung ist nicht gemindert.

Im folgenden wird über 2 Familien aus Schleswig-Holstein berichtet, von denen mehrere Angehörige an einer hereditären systemischen Amyloidose erkrankten bzw. erkrankt sind. Die Familie H. und die Familie T. sind beide im Kieler Raum ansässig, die Entfernung zwischen den Heimatorten beträgt nur 15 Kilometer. Durch die genealogische Erfassung der Familien anhand von Kirchenbüchern in ihren Heimatgemeinden konnten die Stammbäume teilweise bis in die Jahre um 1720 verfolgt werden.

Kasuistik

Von der *Familie H*. (Abb. 1) wurden insgesamt 33 Mitglieder in der Universitäts-Augenklinik Kiel untersucht; in der Stammbaumtafel sind diese besonders gekenn-

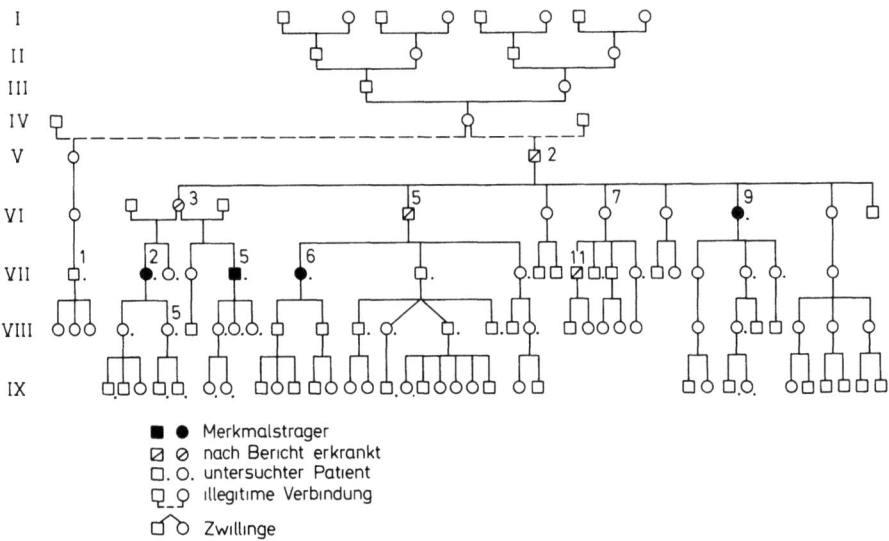

■ ● Merkmalstrager
☒ ⊘ nach Bericht erkrankt
□. ○. untersuchter Patient
⚤ illegitime Verbindung
⚭ Zwillinge

Abb. 1. Stammtafel der Familie H.

zeichnet. 9 Angehörige konnten als Merkmalsträger identifiziert werden. Die in der Stammtafel der Familie H. in der 7. Generation mit den Zahlen 1, 2, 5 und 6 bezeichneten Erkrankten wurden neurologisch untersucht.

H. R. (VII, 1), geb. 4.11.1930: 1976 Nachlassen der Sehkraft auf dem linken Auge. Augenärztlicher Befund: Visus rechts 0,8, links 1/15. Hornhaut beiderseits Arcus lipoides. Im zentralen Anteil beider Glaskörper gelb-braune netzartige Trübungen, links stärker ausgeprägt als rechts. Im peripheren Netzhautbereich manschettenartige Auflagerungen um die Gefäße. Probeexcision der Bauchhaut: Histologisch durch Färbung mit Kongorot Amyloidablagerungen nachweisbar. Die neurologische Untersuchung ergab im Bereich der Hirnnerven, des Rumpfes und der Extremitäten keinen pathologischen Befund.

Neurographisch fand sich in den motorischen Anteilen des N. medianus rechts, des N. medianus links und des N. peronaeus, im N. ulnaris links, im sensiblen Anteil des N. ulnaris links und im N. suralis rechts kein pathologischer Befund. Im distalen sensiblen Segment (Finger III/Handgelenk) des N. medianus rechts war die Leitgeschwindigkeit mit 40 m/s mäßig herabgesetzt, das Nervenaktionspotential wies mit 11 µV eine normale Amplitude auf, war jedoch pathologisch aufgesplittert (Abb. 2). Linksseitig war im sensiblen distalen Medianussegment die Leitgeschwindigkeit mit 45,1 m/s geringfügig vermindert, Amplitude (17 µV) und Konfiguration des Nervenaktionspotentials waren normal. Nadelelektromyographisch waren im M. tibialis anterior rechts die mittlere Dauer der Muskelaktionspotentiale, der Anteil polyphasischer Potentiale, das Muster bei Maximalinnervation normal. Spontanpotentiale fanden sich nicht.

H. T. (VII, 2), geb. 22.11.1906: Die Patientin bemerkte 1969 eine Sehverschlechterung links, 1972 auch rechts. Augenärztlicher Befund: Visus rechts 0,1, vom linken Auge Wahrnehmung von Handbewegungen bei intakter Projektion. Durchsetzung beider Glaskörper von einem fädigen, z. T. filzartigen schmutzig-gelben Netzwerk, links insgesamt dichter als rechts (Abb. 3). 1973 erfolgte die histologische Sicherung der Diagnose durch bioptische Befunde aus der Wangenschleim- und aus der Bauchhaut. 1974 wurde eine Vitrektomie links durchgeführt.

Die erste neurologische Untersuchung erfolgte im Februar 1973. Es konnten keine krankhaften Veränderungen festgestellt werden. Nachuntersuchungen 1974 und 1976 ergaben ebenfalls keine krankhaften Veränderungen auf neurologischem Gebiet.

Elektromyographischer und elektroneurographischer Befund: Im N. medianus rechts war die distale motorische Latenz mit 7,9 ms verlängert, die Leitgeschwindigkeit im Unterarmsegment mit

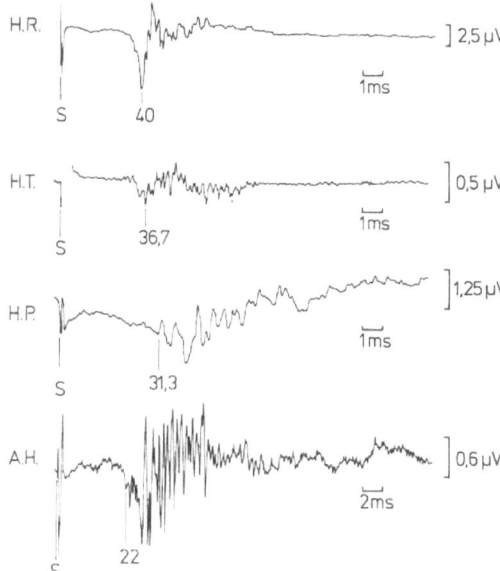

Abb. 2. Sensible Antwortpotentiale des N. medianus (III. Finger-Handgelenk) bei 4 Patienten mit hereditärer Amyloidose

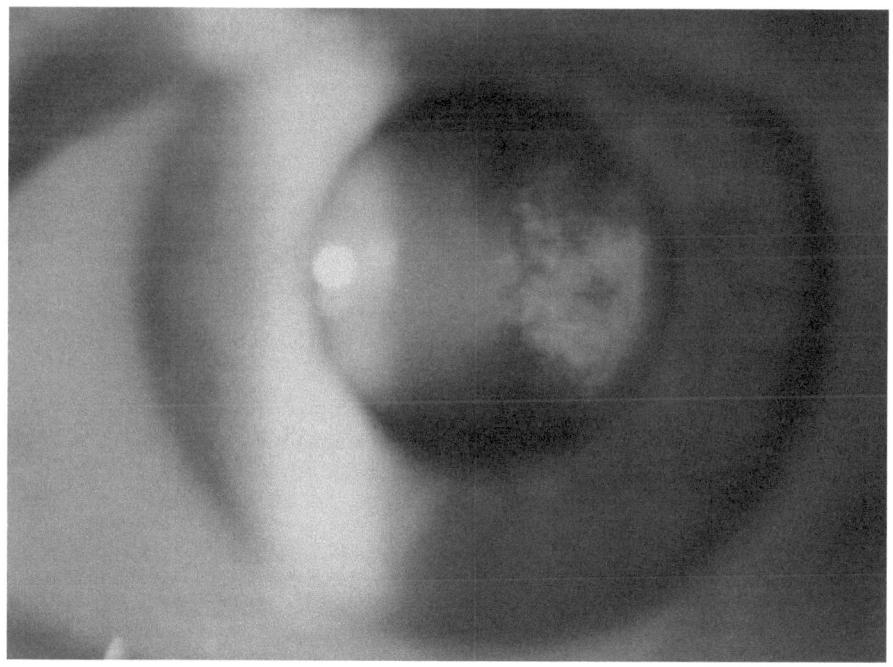

Abb. 3. Pat. VII/2 (Familie H.). Fädige, weißlich-gelbe Strukturen im Glaskörperraum (Spaltlampenfoto)

51,3 m/s normal. Die sensible Nervenleitgeschwindigkeit im Segment III. Finger/Handgelenk war mit 36,7 m/s deutlich reduziert, die Amplitude des Nervenaktionspotentials mit 0,6 µV deutlich vermindert und aufgesplittert (Abb. 2). Im N. peronaeus rechts war die distale motorische Latenz (4,7 ms), die Amplitude (5,8 µV) und die motorische Nervenleitgeschwindigkeit (48,2 m/s) normal. Nadelelektromyographisch konnte im M. abductor pollicis brevis rechts eine neurogene Schädigung nachgewiesen werden, im M. tibialis anterior rechts fand sich kein pathologischer Befund.

H. P. (VII, 5), geb. 17.1.1912: 1970 trat bei dem Patienten eine zunehmende Sehverschlechterung beidseits auf, links mehr als rechts. Augenärztlicher Befund: Visus rechts 0,9, links nur noch Wahrnehmung von Handbewegungen im Abstand von einem Meter. In den peripheren Fundusanteilen des Glaskörpers feine flockige Trübungen, in den Netzhautgefäßen streifen- bis manschettenförmige Plaques. In ihrer Umgebung punktförmige Blutungen und feine baumwollartige Ablagerungen. Fundus links wegen massiver Glaskörpertrübung nicht beurteilbar. Die histologische Sicherung der Diagnose erfolgte durch Probeexzision der Gingiva. 1975 erfolgte eine Vitrektomie links, 1976 rechts.

Bei der ersten neurologischen Untersuchung 1973 konnte kein krankhafter Befund festgestellt werden. 1975 klagte der Patient über ein Schwächegefühl nach längerem Gehen in den Oberschenkeln. Nachts traten gelegentlich Wadenkrämpfe auf. Die neurologische Untersuchung 1976 ließ pathologische Veränderungen nicht erkennen.

Elektromyographischer und elektroneurographischer Befund 1976:
N. medianus: Distale motorische Latenz rechts mit 6,2 ms, links mit 7,2 ms verlängert, motorisch sind die Nervenleitgeschwindigkeiten rechts mit 44 m/s mäßig verlangsamt, links mit 54 m/s normal. Im sensiblen Anteil waren die Leitgeschwindigkeiten im Segment III. Finger/Handgelenk beidseits deutlich herabgesetzt (rechts 31,3 m/s, links 25,9 m/s). Die Nervenaktionspotentiale waren beiderseits in ihrer Amplitude vermindert (rechts 1,9 µV, links 4,6 µV) und pathologisch aufgesplittert (Abb. 2). Im N. suralis fand sich eine verminderte Amplitude des Nervenaktionspotentials (0,5 µV), die Leitgeschwindigkeit lag mit 47,7 m/s im Normbereich. Leitgeschwindigkeiten, distale motorische Latenzen und Amplituden der evozierten Muskelaktionspotentiale im N. ulnaris rechts und N. peronaeus links waren normal. Die nadelelektromyographische Untersuchung des M. tibialis anterior rechts und M. abductor pollicis brevis rechts wies in beiden Muskeln einen erhöhten Anteil polyphasischer Potentiale sowie einen Ausfall motorischer Einheiten bei Maximalkontraktion auf.

A. H. (VII, 6), geb. 9.10.1909: 1967 bemerkte die Patientin eine Sehverschlechterung beidseits, links mehr als rechts. 1968 waren ausgeprägte Glaskörperdestruktionen nachweisbar. 1976 war nur noch Fingerzählen in 20 cm Entfernung möglich. 1976 erfolgte eine Vitrektomie rechts, 1978 links. In der Glaskörperflüssigkeit konnten Amyloidablagerungen nachgewiesen werden.

Die neurologische Untersuchung ergab 1976 keinen von der Norm abweichenden Befund.

Elektromyographischer und elektroneurographischer Befund: Die distale motorische Latenz beim N. medianus rechts mit 10,5 ms war erheblich verlängert, die sensible Leitgeschwindigkeit im Segment III. Finger/Handgelenk auf 21,9 m/s herabgesetzt, das Nervenaktionspotential mit 2,4 µV deutlich verlängert und aufgesplittert (Abb. 2). In den motorischen Anteilen des N. ulnaris rechts und des N. peronaeus rechts sowie im N. suralis links fand sich kein pathologischer Befund. Nadelelektromyographisch waren im M. tibialis anterior links und im M. abductor pollicis brevis rechts Fibrillationspotentiale, ein erhöhter Anteil polyphasischer Potentiale bei leichter Willkürinnervation sowie ein gelichtetes Muster bei Maximalkontraktion zu registrieren.

Von der *Familie T.* sind bisher, wie der Stammtafel (Abb. 4) zu entnehmen ist, 8 Angehörige in der Universitäts-Augenklinik untersucht worden. Bei 5 Patienten ist aufgrund von Berichten die Erkrankung an einer Amyloidose wahrscheinlich, in 2 Fällen wurde die Diagnose gesichert.

M.W. (VIII, 6), geb. 17.11.1914: Bei der Patientin stellte sich 1967 eine Visusverschlechterung ein. Augenärztlicher Befund: Graubraune Kerntrübung rechts, linke Linse klar. Beidseits erhebliche Korpusdestruktionen, links am hinteren Funduspol weißliche, segelartige Eintrübung. 1968 erfolgte eine Kataraktoperation, 1974 eine Vitrektomie. Im Glaskörpermaterial ließ sich Amyloid nachweisen, ebenfalls in der Rektumschleimhaut.

Die erste neurologische Untersuchung fand 1970 statt. Dabei klagte die Patientin über seit 1962 bestehende Schmerzen in beiden Handgelenken, später setzten Mißempfindungen und Sensibilitätsstörungen im Versorgungsgebiet des N. medianus beiderseits ein, links mehr als rechts. Neurologisch lie-

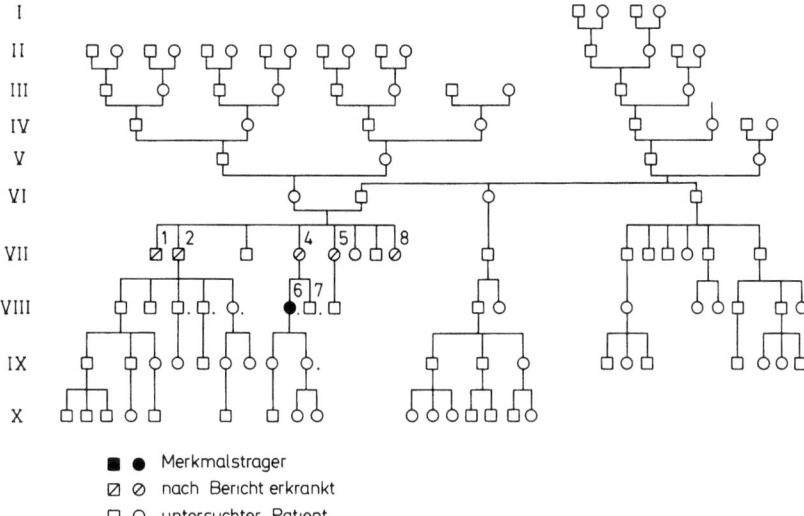

- ■ ● Merkmalsträger
- ◪ ⊘ nach Bericht erkrankt
- □ ○ untersuchter Patient

Abb. 4. Stammtafel der Familie T.

ßen sich deutliche Zeichen einer Medianusschädigung beidseits mit Sensibilitätsstörungen und Atrophien nachweisen, links mehr als rechts. Wegen des Vorliegens eines Karpaltunnelsyndroms erfolgte 1970 die Freilegung des N. medianus links mit Durchtrennung des Ligamentum carpi transversum.

Elektromyographischer und neurographischer Befund: Neurographisch fand sich im N. medianus rechts und im N. medianus links eine Verlängerung der distalen motorischen Latenz mit 5,5 und 6,3 ms. Nadelelektromyographisch wurden in der Thenarmuskulatur beiderseits Spontanpotentiale registriert.

Diskussion

Eine hereditäre systemische Amyloidose, die als führendes Symptom schwere Glaskörpertrübungen aufweist, zählt zu den seltenen Krankheitsbildern; im deutschsprachigen Raum sind bisher keine Fälle beschrieben worden.

So liegt die Vermutung nahe, daß beide in Schleswig-Holstein ansässigen Familien in ihrer Aszendenz auf eine gemeinsame Mutante zurückzuführen sind, daß sie also einer Sippe angehören. Für eine Verwandtschaft zwischen den Familien H. und T. spricht auch die geringe Entfernung zwischen ihren damaligen Wohnsitzen, sie betrug in Anbetracht früherer Verhältnisse etwa 3 Fußmaß-Stunden. Es ist daher nicht auszuschließen, daß der gesuchte gemeinsame Vorfahr beider Familien zu einer Zeit gelebt hat, die mit den vorliegenden Kirchenbüchern nicht mehr erfaßt werden kann.

In der Familie H. sind bisher 4 weibliche und 5 männliche Merkmalsträger in drei aufeinanderfolgenden Generationen aufgetreten. Die Familie T. weist 4 weibliche und 3 männliche Merkmalsträger in zwei aufeinanderfolgenden Generationen auf. Das Verhältnis von weiblichen zu männlichen Erkrankten beträgt also 1:1, eine geschlechtsgebundene Vererbung scheidet damit aus. Es ist davon auszugehen, daß die beschriebene familiäre Amyloidose wahrscheinlich autosomal dominant vererbt wird.

Das führende Symptom der bei dieser Sippe beschriebenen Erkrankung ist eine zunehmende Trübung des Glaskörpers, die im 5. bis 6. Lebensjahrzehnt klinisch manifest wird. Die neurologische Untersuchung ergab nur bei einem Patienten Hinweise auf das Vorliegen eines Karpaltunnelsyndroms, bei allen anderen Patienten ließ sich ein Karpaltunnelsyndrom nur elektroneurographisch nachweisen. Bei 2 Patienten (H. P., A. H.) ließ sich mit Hilfe der Elektromyographie eine über ein CTS hinausgehende Läsion im Bereich des peripheren Nervensystems nachweisen. Bei einem dieser Patienten fand sich eine pathologisch erniedrigte Amplitude des Nervenaktionspotentials des N. suralis. Bei beiden Patienten fand sich nadelelektromyographisch eine neurogene Läsion im M. tibialis anterior. Die Befunde bei den 4 ersten Patienten mit einem elektrophysiologisch nachweisbaren Karpaltunnelsyndrom ohne entsprechendes klinisches Korrelat sind nur schwer zu interpretieren. Bei der hereditären Amyloidneuropathie vom Rukavina-Typ steht klinisch ein Karpaltunnelsyndrom im Vordergrund, bei dem sich auch ausgeprägte Sensibilitätsstörungen vor allem des Temperatur- und Schmerzempfindens nachweisen lassen, derartige Störungen lagen aber hier nicht vor.

Unsererseits muß offen gelassen werden, ob die hier beschriebene Sippe, bei der Glaskörpertrübungen ganz im Vordergrund stehen und nur geringe neurologische Störungen an der oberen Extremität aufgetreten sind, dem Rukavina-Typ zuzuordnen ist. Es erhebt sich damit die Frage, ob die von ZALIN vorgenommene Einteilung der 4 Haupttypen nicht noch durch weitere Unterteilungen erweitert werden muß.

Zusammenfassung

Die hereditäre Amyloidose mit polyneuropathischen Erscheinungen ist ein seltenes Krankheitsbild. Ihre Diagnostik kann zu Beginn der Erkrankung Schwierigkeiten machen. Anhand einer in Schleswig-Holstein ansässigen Sippe werden Symptomatik und die verschiedenen Formen der Amyloidose dargestellt.

Summary

Hereditary amyloidosis with polyneuropathy appearances is a rare clinical picture. Its diagnostic may be difficult in the early time of disease. By the example of a family residing in Schleswig-Holstein symptomatology and the various forms of amyloid neuropathy are represented.

Literatur

Andrade C (1952) A peculiar form of peripheral neuropathy. Familiar atypical generalized amyloidosis with special involvement of the peripheral nerves. Brain 75:408–426

Hansen H (1979) Systemische Amyloidose mit Glaskörpereinlagerungen. Dissertation, Universität Kiel
Meretoja J (1969) Familial systemic paramyloidosis with lattice dystrophy of the cornea, progressive cranial neuropathy, skin changes and various internal symptoms. Ann Clin Res 1:314–324
Rukavina JG, Block WD, Jackson CE, et al. (1956) Primary systemic amyloidosis: A review and an experimental genetic and clinical study of 29 cases with porticular empasis on the familial form. Medicine (Baltimore) 35:239–334
Van Allen MW, Fröhlich JA, Davis JR (1969) Inherited predisposition to generalized amyloidosis. Clinical and pathological study of a family with neuropathy, nephropathy and peptic ulcer. Neurology (Minneap) 19:10–25
Zalin A, Darby A, Vaughan S, Raftery EB (1974) Primary neuropathic amyloidosis in three brothers. Br Med J I:65–66

Neurologische, elektromyographische und histologische Befunde bei der A-β-Lipoproteinämie (Bassen-Kornzweig-Syndrom)

W. TACKMANN, J. LEITITIS und M. STAHL

Die A-β-Lipoproteinämie (ABL), häufig auch nach den Erstbeschreibern (BASSEN u. KORNZWEIG 1950) als Bassen-Kornzweig-Syndrom bezeichnet, gehört zu den angeborenen Lipoproteinmangelerkrankungen. In der Weltliteratur sind bisher etwa 60 Fälle beschrieben worden (TACKMANN u. HERDEMERTEN 1979). Der Vererbungsmodus ist wie bei den hier vorgestellten 5 Fällen aus 2 Familien autosomal rezessiv (Abb. 1).

Das klinische Bild ist durch intestinale, ophthalmologische und neurologische Symptome gekennzeichnet. Bei einigen Fällen kommen weitere degenerative Stigmata des Skelettsystems vor.

Erstsymptome sind fast immer rezidivierende gastrointestinale Störungen mit häufigen, voluminösen, fauligen, fetthaltigen Stühlen, weshalb bei den Patienten zunächst die Diagnosen „Dyspepsie, Malabsorptionssyndrom, rezidivierende Diarrhöen unklarer Genese" gestellt werden. Die statomotorische Entwicklung ist in der Regel verzögert. Ophthalmologisch finden sich eine atypische Retinitis pigmentosa, gelegentlich auch eine Farben- oder Nachtblindheit.

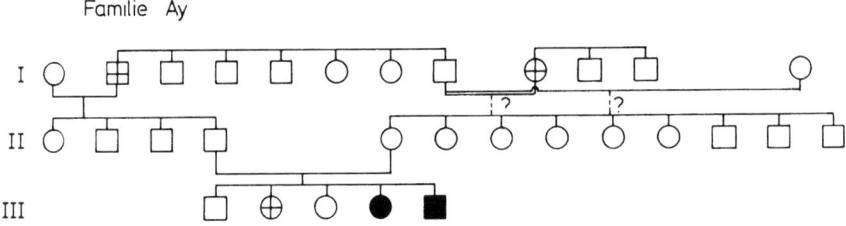

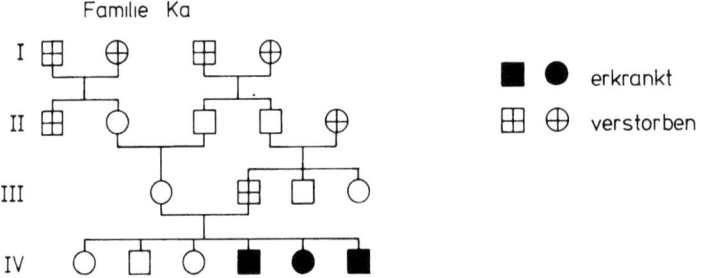

Abb. 1. Stammbäume der Familien Ay und Ka mit A-β-Lipoproteinämie

Tabelle 1. Distale motorische Latenzen (dml), motorische und sensible Leitgeschwindigkeiten (NLG), sowie Amplituden evozierter Muskel- und Nervenaktionspotentiale bei Patienten mit A-β-Lipoproteinämie (* geben Werte an, die unterhalb der Altersnorm liegen)

Patient	Geschl.	Alter	N. medianus (motorisch)			N. medianus (sensibel)		N. peronaeus			N. tibialis			N. suralis	
			dml (ms)	NLG (m/s)	Ampl. (mV)	NLG (m/s)	Ampl. (uV)	dml (ms)	NLG (m/s)	Ampl. (mV)	dml (ms)	NLG (m/s)	Ampl. (mV)	NLG (m/s)	Ampl. (uV)
Ay, III, 5	m	5/12	2,2	21*	7,5	–	–	3,5	38	8	3,3	39	15	19*	7
Ay, III, 4	w	1 10/12	2,4	44	5,5	–	–	3,4	48	6,5	3,5	40,5	30	43	32
Ka, IV, 6	m	7	2,7	44	9	46	4,6*	3,3	38	6,5	3,6	40	12	–	–
Ka, IV, 5	w	9	2,8	56,5	10	54	7,5	3,5	57,3	7,0	3,5	47,2	10	54,1	4,5*
Ka, IV, 4	m	15	3,2	36*	12	43*	3,8*	3,8	42,6	9,5	3,8	40*	22	38*	6,5*

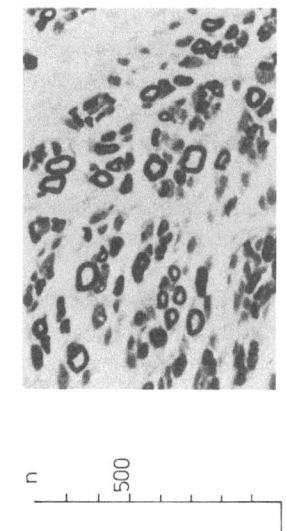

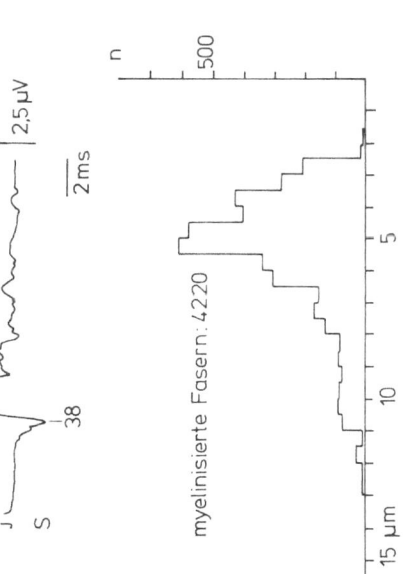

Abb. 2. Nervenaktionspotential, Histogramm der Faserdurchmesser myelinisierter Fasern und repräsentativer Querschnitt vom N. suralis des Patienten Ka, IV, 6. Die maximale motorische Nervenleitgeschwindigkeit und die Amplitude des Nervenaktionspotentials sind reduziert. Histologisch fand sich eine Reduktion der Zahl myelinisierter Nervenfasern, wovon besonders großkalibrige Fasern betroffen waren

Neurologische Ausfälle sind bei etwa 60% aller Patienten mit ABL beschrieben worden. Sie manifestieren sich meist in den ersten Lebensjahren und ähneln in vielen Zügen der Friedreich-Erkrankung. Erste neurologische Symptome sind Gangstörungen, die im weiteren Verlauf sich häufig zu oft schwersten Ataxien entwickeln und durch degenerative Veränderungen im Bereich der peripheren Nerven, der Hinterstränge und des Zerebellums verursacht werden. Störungen des Vibrationsempfindens und des Lagesinns, die ebenfalls eine deutliche Progredienz aufweisen, kommen in etwa der Hälfte aller Fälle vor. Andere Sinnesmodalitäten sind dagegen seltener und in einem nicht so ausgeprägten Maße betroffen. Die Muskulatur ist meist hypoton und nur schmächtig entwickelt. Ausgeprägte Paresen gehören aber nicht zum Krankheitsbild. Die Muskeleigenreflexe sind bei über 80% aller Patienten mit ABL abgeschwächt oder fehlen. Bei einem Viertel aller Patienten wurden auch Pyramidenbahnzeichen gefunden. Daneben kennzeichnen vor allem zerebellare Symptome eine Rumpfataxie im Sitzen, ein pathologisches Reboundphänomen, Dysdiadochokinese, Dysmetrie und Intensionstremor das klinische Bild. Hirnnervenausfälle kommen selten vor.

Elektromyographisch wurden meist neurogene Veränderungen gefunden. Die motorischen und sensiblen Nervenleitgeschwindigkeiten sind, wie bei den 5 eigenen Fällen, normal oder leicht vermindert, die Amplituden der Nervenaktionspotentiale z. T. reduziert (Tabelle 1).

Diese Befunde und die Ergebnisse quantitativ morphometrischer Untersuchungen beim N. suralis des Patienten Ka, IV, 4 weisen auf eine vorwiegend axonale Läsion hin, wobei besonders die großen myelinisierten Fasern vermindert waren (Abb. 2).

Bei den Laboruntersuchungen ist das Fehlen der β-Lipoproteine pathognomonisch, daneben finden sich in der Regel eine charakteristische Verminderung des Cholesterins, der Triglyceride und der Phospholipide im Serum (Tabelle 2).

Die Konzentration der fettlöslichen Vitamine im Serum ist ebenfalls vermindert.

Die Akanthozytose, die fast immer anzutreffen ist, ist zwar typisch, aber nicht pathognomonisch und wird auch in Kombination mit anderen neurologischen Erkrankungen gefunden.

Therapeutisch werden hohe Dosen von wasserlöslichen Formen der Vitamine A, E und parenterale Gaben von Vitamin K_1 appliziert. Die Entwicklung der Retinitis pigmentosa und die Progression neurologischer Symptome sollen dadurch aufgehalten werden (ILLINGWORTH et al. 1980).

Tabelle 2. Typische Laborbefunde bei 5 Patienten mit α-β-Lipoproteinämie (* Werte unterhalb der Altersnorm)

Patient	Geschl.	Alter	Cholesterin mg/100 ml	Triglyceride mg/100 ml	Phospholipide mg/ml	β-Lipoproteine
Ay, III, 5	m	$5/12$	22*	9*	–	0
Ay, III, 4	w	$1^{10}/12$	97	7*	–	0
Ka, IV, 6	m	7	30*	<1*	51*	0
Ka, IV, 5	w	9	30*	<1*	50*	0
Ka, IV, 4	m	15	14*	<1*	55*	0

Zusammenfassung

Neurologische und elektromyographische Befunde bei Patienten mit A-β-Lipoproteinämie werden beschrieben.

Summary

Neurological signs and electromyographic findings in cases with A-β-lipoproteinemia are described.

Literatur

Bassen FA, Kornzweig AL (1950) Malformation of the erythrocytes in a case of atypical retinitis pigmentosa. Blood 5:381–387

Illingworth DR, Connor WE, Miller RG (1980) A-betalipoproteinemia. Report of two cases and review of therapy. Arch Neurol 37:659–662

Tackmann W, Herdemerten S (1979) Neurologische Symptome bei der A-β-Lipoproteinämie. (Bassen-Kornzweig-Syndrom.) Darstellung anhand von drei eigenen Fällen und Literaturübersicht. Fortschr Neurol Psychiatr 47:24–35

Elektroneurographische Befunde bei Morbus Refsum

T. N. Witt, M. Reiter und A. Wieck

Einleitung

Die Polyneuropathie im Rahmen des Morbus Refsum (Refsum 1945, 1946) gehört zu den Leitsymptomen dieser Krankheit. Klinisch handelt es sich um eine distal- und beinbetonte sensomotorische Polyneuropathie mit symmetrischer Verteilung. Der histopathologische Befund am peripheren Nerven entspricht einer hypertrophen Neuropathie mit Bildung von Zwiebelschalenstrukturen, endoneuraler Fibrose, segmentaler Demyelinisierung und einzelnen Waller-Degenerationen (Cammermeyer 1975; Fardeau u. Engel 1969; Lenz et al. 1979).

Entsprechend dem histopathologisch im Vordergrund stehenden demyelinisierenden Prozeß sind elektroneurographisch verlangsamte Nervenleitgeschwindigkeiten (NLG) zu erwarten. Erheblich verlangsamte motorische NLG wurden wiederholt mitgeteilt, z. T. extrem verlangsamte Werte unter 10 m/s für den N. ulnaris (Lundberg et al. 1972; Oftedal 1965; Quinlan u. Martin 1970; Stokke u. Eldjarn 1975).

Der erste und nach unserer Kenntnis bisher einzige Hinweis auf die Durchführung einer sensiblen Neurographie findet sich in der Arbeit von Oftedal (1965): Sensible Nervenaktionspotentiale waren in dem von ihm mitgeteilten Fall allerdings nicht abzuleiten, eine sensible NLG nicht zu bestimmen. Sensible NLG oder Analysen von Nervenaktionspotentialen bei Morbus Refsum sind bisher unseres Wissens nicht mitgeteilt worden.

Eigene Untersuchungen, Methodik

Im folgenden soll über die elektroneurographischen Befunde zweier Brüder mit der Refsum-Krankheit berichtet werden.

Die Synopsis der klinischen- und Laborbefunde der beiden Patienten zeigt Tabelle 1. Bei unserem Patienten Heinrich F. (H. F.) zeigt sich das Vollbild der Refsum-Krankheit, sein Bruder Josef F. (J. F.) war zum Zeitpunkt der Diagnosestellung und ist bis jetzt subjektiv beschwerdefrei. Klinisch-neurologisch fanden sich bei ihm keine Anhaltspunkte für eine Ataxie oder Polyneuropathie. Der eindeutige ophthalmologische und dermatologische Befund sowie der erhöhte Phytansäurewert im Serum und das erhöhte Liquoreiweiß ließen dennoch die Diagnose zweifelsfrei zu.

Tabelle 1. Symptomatik und Befunde bei 2 Patienten mit M. Refsum

		Heinrich F., 22 J.	Josef F., 16 J.
Neurologisch	Hirnnerven	Anosmie Innenohrschwerhörigkeit	
	Zerebelläre Zeichen	*Ataxie* Nystagmus Dysarthrie Dysdiadochokinese	
	Peripherer Nerv	*Polyneuropathie*	
Ophthalmo- logisch		*Retinitis pigmentosa* Hemeralopie Schalentrübung beider Linsen	Retinitis pigmentosa Hemeralopie
Haut		Ichthyosis simplex Lingua plicata	Ichthyosis simplex
Skelett		Hypoplasie IV.+ V. Zehenstrahl bds. rechtskonvexe Skoliose Spitz-Hohlfuß	
Labor	Phytansäure (mg/dl)	74,0	32,5
	Liquoreiweiß (mg/dl)	340	86
	EKG	Erregungsrückbildungsstörungen	

Seit der Diagnosestellung im November 1979 umfaßt der Beobachtungszeitraum 21 Monate. Elektroneurographisch wurden regelmäßig die motorische und sensible Nervenleitgeschwindigkeit des N. medianus und des N. ulnaris sowie bei J. F. zusätzlich die motorische NLG des N. peronaeus bestimmt. Bei H. F. gelang die Bestimmung einer NLG an den unteren Extremitäten aufgrund einer kompletten Atrophie der zur Ableitung der evozierten Muskelantwort notwendigen Fußmuskulatur nicht.

Die sensible Nervenleitgeschwindigkeit wurde am N. medianus distal für den Abschnitt Zeigefinger – Handgelenk, proximal für den Abschnitt Handgelenk – Ellenbeuge ermittelt, am N. ulnaris für das Segment 5. Finger-Handgelenk und Handgelenk – distal Sulcus ulnaris.

Die Registrierung der sensiblen Nervenaktionspotentiale erfolgte in orthodromer Technik mit teflonbeschichteten Nadelelektroden in unipolarer Anordnung, entsprechend den Angaben von BUCHTHAL u. ROSENFALCK (1966). Neben der Bestimmung der sensiblen NLG wurden die Parameter der Nervenaktionspotentiale – Amplitude, Dauer und Anzahl der Komponenten – ausgewertet.

Ergebnisse

Motorische Neurographie

Die errechneten motorischen NLG unserer Patienten sind in Tabelle 2 zusammengefaßt:

Tabelle 2. Maximale motorische Nervenleitgeschwindigkeit (m/s)

	Heinrich F.	Josef F.
N. ulnaris	V_1:35 V_9:40 (35–44)	V_1:52 V_9:75 (52–75)
N. medianus	V_1:34 V_9:36 (27–40)	V_1:51 V_9:48 (48–66)
N. peronaeus	∅	V_1:29 V_9:32 (28–34)

Aufgenommen wurde der erste und letzte (V1, V9) sowie der niedrigste und höchste Wert der Beobachtungsperiode. Die NLG des N. ulnaris und N. medianus von H. F. waren immer mäßiggradig verlangsamt, die entsprechenden Werte von J. F. im Normbereich. Bemerkenswerterweise fand sich bei J. F., der wie erwähnt klinisch keine Zeichen einer Polyneuropathie bot, eine deutliche Verlangsamung der NLG des Nervus peronaeus.

Sensible Neurographie

Die sensible NLG war bei H. F. für beide Nerven und jedes Segment verlangsamt, wobei die Nervenleitung über dem distalen Nervensegment relativ stärker beeinträchtigt war im Vergleich zum proximalen Nervensegment (Tabelle 3). Die Nervenaktionspotentiale waren durchweg amplitudengemindert, die Dauer deutlich verlängert, die Anzahl der Komponenten erhöht (Abb. 1).

Die sensible NLG bei J. F. war nur für das distale Segment beider Nerven geringgradig verlangsamt, die proximale NLG jeweils im Normbereich, von den Parametern der Nervenaktionspotentiale lediglich die Amplitude im Sinne einer Erniedrigung verändert (Tabelle 3).

Tabelle 3. Sensible Nervenleitgeschwindigkeit (m/s)

		Heinrich F.	Josef F.
N. ulnaris	Digitus V – Handgelenk	V_1:21 V_7:29 (21–31)	V_1:42 V_6:43 (41–43)
	Handgelenk – distal Sulkus	V_1:45 V_6:42 (42–50)	V_1:56 V_6:65 (56–65)
N. medianus	Digitus II – Handgelenk	V_1:34 V_9:31 (29–34)	V_1:43 V_9:45 (39–47)
	Handgelenk – Ellenbeuge	V_1:41 V_9:37 (35–44)	V_1:55 V_9:57 (52–57)

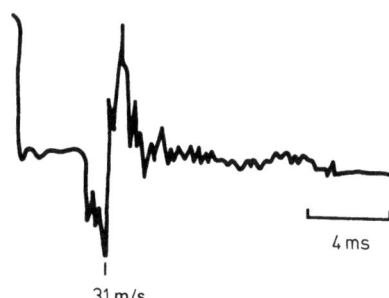

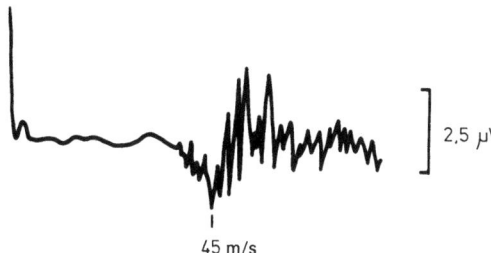

Abb. 1. Sensible Nervenaktionspotentiale: Ableitung am Handgelenk (*oben*), Ableitung distal Sulcus ulnaris (*unten*). Die Zahlen am ersten positiven Peak geben die errechnete sensible NLG an

Die elektroneurographischen Befunde im Verlauf der diätetischen Behandlung

Mit Diagnosestellung wurde bei beiden Patienten mit einer phytansäure- und phytolarmen Diät begonnen (STOKKE 1969). Bei H. F. wurde zusätzlich initial einmalig ein Plasmaaustausch von 2 000 ml vorgenommen. Im weiteren Verlauf kam es unter dieser Therapie der beiden Patienten zu einem deutlichen Absinken des Phytansäurespiegels im Blutserum und des Gesamteiweißes im Liquor.

Die distale sensible NLG des N. ulnaris nahm unter Diät bei H. F. von 21 auf 29 m/s zu (Abb. 2). Noch eindrucksvoller waren jedoch die Veränderungen der Parameter des sensiblen Nervenaktionspotentiales unter der Therapie: Die Dauer des Nervenaktionspotentiales reduzierte sich von 7,2 auf 4,2 ms, die Anzahl der Komponenten nahm von 12 auf 5 ab (Abb. 3). Das distale Nervenaktionspotential des N. medianus zeigte ein identisches Verhalten. Die proximalen sensiblen NLG und Nervenaktionspotentiale lassen bisher keine eindeutige Besserungstendenz erkennen.

Bei unserem Patienten J. F. konnte ein eindeutiger Effekt der diätetischen Maßnahmen auf die neurographischen Befunde bisher nicht objektiviert werden.

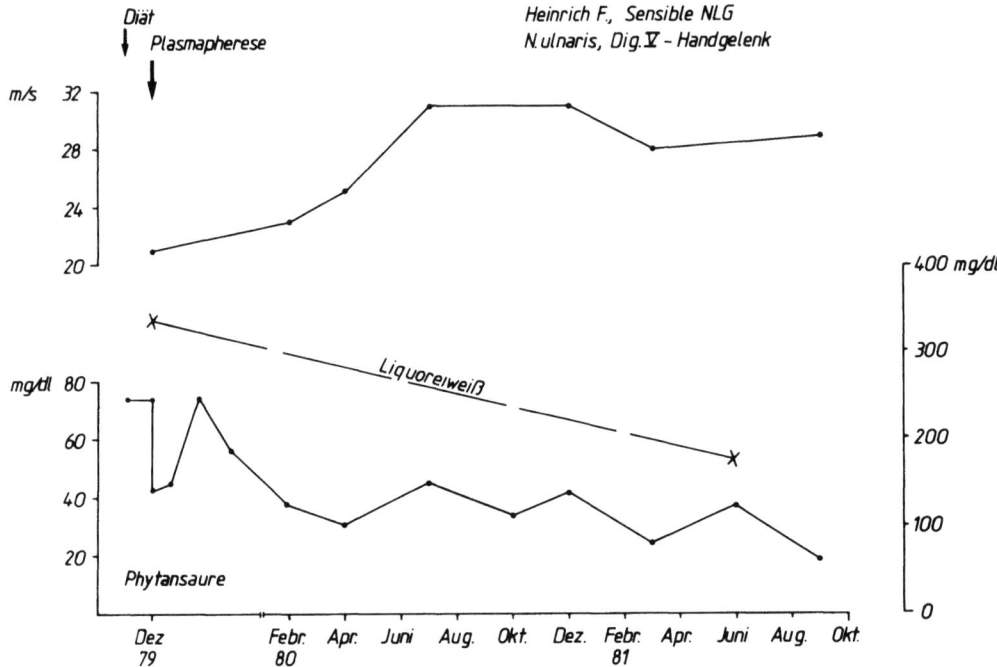

Abb. 2. Verlauf von distaler sensibler NLG des N. ulnaris im Vergleich zum Liquoreiweiß und Serum-Phytansäurespiegel unter phytansäure- und phytolarmer Diät

Der Verlauf von Phytansäure im Serum, Liquoreiweiß und NLG zu Beginn der Diät sprechen bei unserem Patienten für eine kalorienmäßig gute Bilanzierung, da eine initiale Verschlechterung dieser Parameter und des klinischen Befundes, die unter Abnahme des Körpergewichtes von verschiedenen Autoren mitgeteilt wurde (LENZ et al. 1979; LUNDBERG et al. 1972), nicht aufgetreten ist (Abb. 2).

Diskussion

BUCHTHAL u. ROSENFALCK (1971) haben die vorwiegend demyelinisierenden Polyneuropathien aufgrund der Befunde, die sie bei der sensiblen Neurographie erhielten, nach dem Schweregrad der Nervenläsion in 3 Gruppen eingeteilt:

In der ersten Gruppe mit leichtem Befall der Nerven beträgt die NLG für die verschieden schnell leitenden Fasern etwa 80% der Norm, die größere zeitliche Streuung erklärt die Reduzierung der Amplituden auf ein Drittel der Norm. Die Konfiguration der Nervenaktionspotentiale kann in dieser Gruppe regelrecht sein. Wir glauben, daß unser Patient J. F., der klinisch keine Symptome einer Polyneuropathie zeigt, in diese Gruppe gehört.

Unser Patient H. F. ist in die zweite Gruppe dieser Einteilung der demyelinisierenden Polyneuropathien, in die Gruppe mit mäßiggradigem Befall des peripheren Nervens einzuordnen: Die Nervenaktionspotentiale dieser Gruppe sind stark auf-

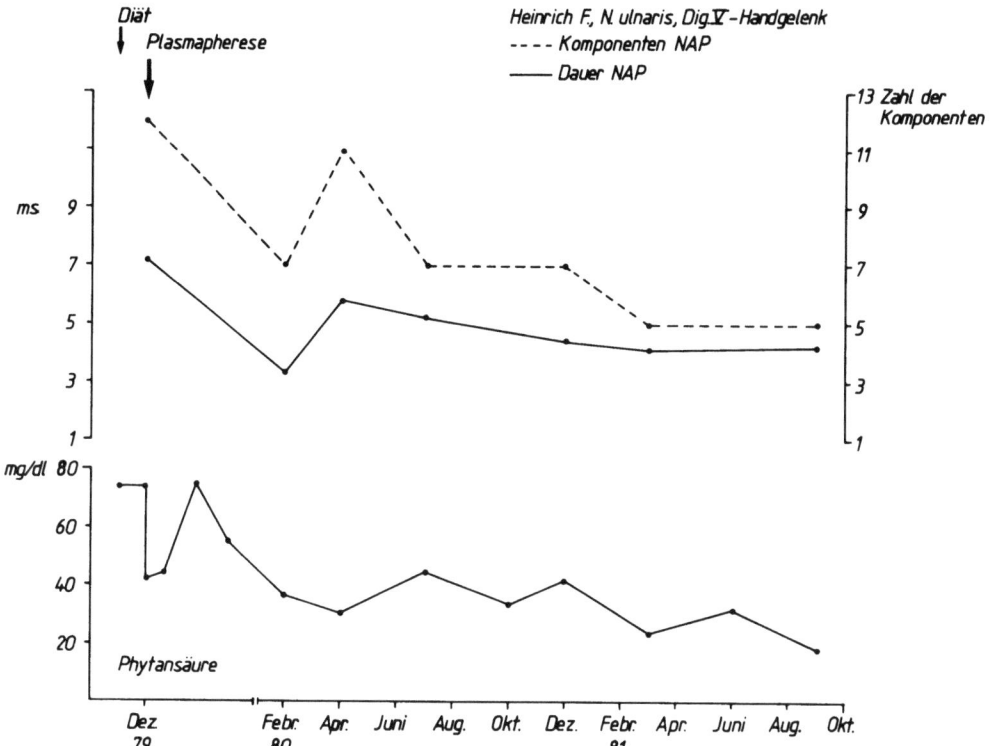

Abb. 3. Verlauf von Dauer und Komponentenzahl des distal registrierten sensiblen Nervus-ulnaris-Nervenaktionspotentiales im Vergleich zum Serum-Phytansäurespiegel unter phytansäure- und phytolarmer Diät

gesplittert, ihre Dauer ist verlängert, die Amplitude um durchschnittlich 80–90% der Norm erniedrigt, die NLG im Mittel auf 70% der Norm verlangsamt.

Eine Zunahme der motorischen Nervenleitgeschwindigkeit unter konsequenter phytansäure- und phytolarmen Diät wurde wiederholt mitgeteilt (ELDJARN et al. 1966; LUNDBERG et al. 1972; STEINBERG 1970). Die motorische Nervenleitgeschwindigkeit in unseren beiden Fällen zeigte in 21 Monaten keine eindeutige Zunahme, wenngleich objektive Parameter wie der Phytansäurespiegel im Serum und das Liquorgesamteiweiß eine wirksame Diät belegen. Wir glauben, daß der Grund zum einen in dem relativ kurzen Beobachtungszeitraum zu anderen Untersuchern liegt, andererseits sind die Nervenleitgeschwindigkeiten auch bei unserem schwerer betroffenen Patienten immer vergleichsweise relativ gut gewesen. Eindrucksvolle Besserungen der motorischen NLG unter Diät finden sich in der Literatur insbesondere bei den Fällen, welche initial eine massive Verlangsamung von unter 20 bis unter 10 m/s boten (ELDJARN et al. 1966; STEINBERG et al. 1970).

Bei unserem Patienten Heinrich F. ließ sich ausschließlich durch die Bestimmung der sensiblen NLG unter Berücksichtigung der Parameter der Nervenaktionspotentiale ein Effekt der diätetischen Maßnahmen elektroneurographisch belegen. Hierbei erwiesen sich Dauer und Zahl der Komponenten der distal abgeleiteten Nervenaktionspotentiale als besonders feine Indikatoren für eine Besserung der Nervenfunktion. Somit kommt den Parametern der sensiblen Nervenaktionspotentiale neben der Frühdiagnostik von Polyneuropathien, wie LUDIN et al. (1977) nachgewiesen haben, auch in der neurographischen Früherfassung von Reparationsvorgängen am peripheren Nerven ein hoher Stellenwert zu.

Zusammenfassung

Bei zwei Brüdern mit Morbus Refsum wurden im Verlaufe von 21 Monaten wiederholt das motorische und sensible Elektroneurogramm des N. medianus und N. ulnaris, in einem Falle zusätzlich das motorische Elektroneurogramm des N. peronaeus bestimmt. Erstmals werden in orthodromer Technik registrierte sensible Nervenaktionspotentiale und die entsprechenden distalen und proximalen sensiblen Nervenleitgeschwindigkeiten mitgeteilt. Die sensible Nervenleitgeschwindigkeit ist über dem distalen Nervensegment relativ stärker verlangsamt im Vergleich zum proximalen Nervensegment, die Nervenaktionspotentiale waren beim stärker betroffenen Bruder im Sinne einer demyelinisierenden Polyneuropathie pathologisch verändert. Unter der sofort nach Diagnosestellung begonnenen phytansäure- und phytolarmen Diät besserten sich im Beobachtungszeitraum die distalen sensiblen Nervenleitgeschwindigkeiten sowie die Parameter der sensiblen Nervenaktionspotentiale, das motorische Elektroneurogramm zeigte keine eindeutige Besserungstendenz. Eine wirksame Diät konnte durch den Verlauf des Serum-Phytansäurespiegels und der Liquorgesamteiweißkonzentration belegt werden.

Summary

In two cases of Refsum's disease (brothers), both motor and sensory electroneurograms of the median and ulnar nerves were determined repeatedly over a period of 21 months; in one case the motor electroneurogram of the peroneal nerve was also determined. Sensory nerve action potentials registered by use of the orthodromic technique and the corresponding distal and proximal nerve conduction velocities were published for the first time. The sensory nerve conduction velocity was relatively more strongly slowed in the distal nervous segment than in the proximal segment. The nerve action potentials in the more seriously afflicted brother were pathologically changed as if in a sort of demyelinizing polyneuropathy. Under a diet low in phytanic acid and phytol, begun immediately after the diagnosis was made, the distal sensory nerve conduction velocity, as well as the parameters for sensory nerve action potentials improved during observation, whereas the motor electroneurogram showed no definite improvement. An effective diet could be demonstrated by measuring the course of the phytanic acid serum levels and the total protein concentration in the cerebrospinal fluid.

Literatur

Buchthal A, Rosenfalck A (1966) Evoked action potentials and conduction velocity in human sensory nerves. Brain Res 3:1
Buchthal F, Rosenfalck A (1971) Sensory potentials in polyneuropathy. Brain 94:242
Cammermeyer J (1975) Refsum's disease. Neuropathological aspects. In: Vinken PJ, Bruyn GW (eds) Handbook of clinical neurology, vol 21. North Holland, Amsterdam Oxford, pp 231
Eldjarn L, Try K, Stokke O et al. (1966) Dietary effects on serum phytanic acid levels and on clinical manifestations in heredopathia atactica polyneuritiformis. Lancet I:691
Fardeau M, Engel WK (1969) Ultrastructural study of a peripheral nerve biopsy in Refsum's disease. J Neuropathol Exp Neurol 28:278
Lenz H, Sluga E, Bernheimer H, Molzer B, Pürgyi W (1979) Refsum-Krankheit und ihr Verlauf bei diätetischer Behandlung durch 2½ Jahre. Klinik, biochemische und neuropathologische Daten. Nervenarzt 50:52
Ludin HP, Lütschg J, Valsangiacomo F (1977) Vergleichende Untersuchung orthodromer und antidromer sensibler Nervenleitgeschwindigkeiten. 2. Befunde bei Polyneuropathien und bei Status nach Polyradikulitis. Z EEG EMG 8:180
Lundberg A, Lilja LG, Lundberg PO, Try K (1972) Heredopathia atactica polyneuritiformis (Refsum's disease). Experiences of dietary treatment and plasmapheresis. Eur Neurol 8:309
Oftedal S-I (1965) Motor nerve conduction velocity in Refsum's disease. Proc. 8. Int. Congr. Neurol. Vienna, Sept. 1965, Part II. Verlag Wiener Med Akademie, 407
Quinlan CD, Martin EA (1970) Refsum's syndrome: Report of three cases. J Neurol Neurosurg Psychiatry 33:817
Refsum S (1945) Herdeoataxia hemeralopica polyneuritisformis et tidligere ikke beskrevet familiaert Syndrom? Nord Med 28:2682
Refsum S (1946) Heredopathia atactica polyneuritisformis. A familiar syndrome not hitherto described. A contribution to the clinical study of the hereditary diseases of the nervous system. Acta Psychiatr Scand [Suppl] 38:1
Steinberg D, Mize CE, Herndon HH, Fales HM, King Engel W, Vroom FQ (1970) Phytanic acid in patients with Refsum's syndrome and response to dietary treatment. Arch Intern Med 125:75
Stokke O (1969) Dietary treatment of patients with Refsum's disease: In: Try K, Stokke O (eds) Biochemical and dietary studies in patients with Refsum disease (Heredopathia atactica polyneuritiformis). Universitetsforlaget, Oslo
Stokke O, Eldjarn L (1975) Biochemical and dietary aspects of Refsum's disease. In: Dyck PJ, Thomas PK, Lambert EH (eds) Peripheral Neuropathy, vol 2. Saunders, Philadelphia, p 872

Entzündliche Polyneuropathien – Klinik und Differentialdiagnose

E. Gibbels

Wenn wir uns einer exakten Terminologie bedienen wollen, so haben wir unter dem Begriff entzündliche Polyneuropathien nur die Polyneuritiden zu verstehen, also jene Krankheitsbilder, die nach der für uns verbindlichen Definition von Krücke (1955) durch das primäre und selbständige Auftreten des entzündlichen Symptomenkomplexes im peripheren Nervensystem charakterisiert sind (Tabelle 1). Hierher gehören vor allem die sog. idiopathischen und die postinfektiösen Polyneuritiden, wahrscheinlich auch die meisten postvakzinalen Formen, insgesamt also Erkrankungen, für die heute am ehesten ein zellvermittelter Immunprozeß des verzögerten Typs angeschuldigt wird, und für die – wie bei der experimentell-allergischen Polyneuritis – die Zerstörung der Markscheiden durch stimulierte Lymphozyten unterstellt wird (vgl. Arnason 1975). Diese Erkrankungen sind demnach als vorwiegende Markscheidenprozesse zu kennzeichnen. Offenbar gehören in diese Gruppe auch noch die entzündlichen Polyneuropathien im Sinne der Polyneuritis bei Hyperthyreose, Neoplasma und Immuninkompetenz.

Die serogenetischen Formen scheren unseres Erachtens bereits aus dieser strengen Polyneuritisdefinition aus, indem hier oft eine allgemeine Serumkrankheit besteht, die im Nerv eine Immunkomplexvaskulitis bedingen soll, der Prozeß also schon sehr an diejenigen Polyneuropathien heranreicht, bei denen das periphere Nervensystem ausnahmslos sekundär im Rahmen einer entzündlichen Allgemeinerkrankung befallen wird. Dies gilt vor allem für die große Gruppe der generalisierten entzündlichen Gefäßerkrankungen, so etwa die Periarteriitis nodosa, die rheumatoide Arthritis, den Lupus erythematodes. Auch für viele parainfektiöse Polyneuritiden, also Polyneuritiden im Rahmen aktueller Infektionskrankheiten mit

Tabelle 1. Einteilung der entzündlichen Polyneuropathien

Polyneuritiden (primäre Entzündung im PNS)	Polyneuropathien bei entzündlichen Allgemeinerkrankungen
Idiopathische Polyneuritis	Periarteriitis nodosa
Postinfektiöse Polyneuritis	Rheumatoide Arthritis
Postvakzinale Polyneuritis	Lupus erythematodes
(Polyneuritiden bei Hyperthyreose, Neoplasma, Immuninkompetenz)	Wegener-Granulomatose
Serogenetische Polyneuritis	
(para)infektiöse Polyneuritis	
Meningopolyneuritis Bannwarth	
Lepra	

Befall auch anderer Organsysteme, ist das selbständige und primäre Auftreten des Entzündungsprozesses im Sinne von KRÜCKE wohl nicht aufrechtzuerhalten und die Einordnung bei den so definierten Polyneuritiden daher zweifelhaft. Die Unsicherheiten in der Zuordnung sind hier durch noch immer mangelhafte Kenntnisse über die Pathogenese mancher Einzelformen bedingt, wobei es vor allem an zuverlässigen morphologischen und elektrodiagnostischen Befunden mangelt.

Geringere Bedenken gegenüber der Einordnung bei den Polyneuritiden im strengen Sinne des Wortes bestehen gegenüber der durch Zecken übertragenen Meningopolyneuritis Bannwarth und der Lepra, da es sich hierbei um Infektionskrankheiten handelt, bei denen das periphere Nervensystem mindestens zu den Hauptangriffspunkten gehört.

Nun zur Klinik der eigentlichen Polyneuritiden, also vornehmlich der idiopathischen, postinfektiösen und postvakzinalen Formen: Die idiopathischen Polyneuritiden entstehen ohne jegliche Vorboten oder Begleiterkrankungen. Lediglich vereinzelt erfährt man von einem vorausgegangenen Unfall, einer Operation, einer besonderen körperlichen Anstrengung. Bei den postinfektiösen Polyneuritiden gehen den ersten neurologischen Symptomen Erscheinungen eines meist banalen und flüchtigen Infektes, oft mit katarrhalischen oder gastrointestinalen Symptomen, im Abstand von 8–20 Tagen, am häufigsten von etwa 14 Tagen voraus. Nur ausnahmsweise wird die Ätiologie dieser Infektion durch mikrobiologische Untersuchungen zu erhärten sein. Den postvakzinalen Polyneuritiden schließlich geht eine Applikation von Fremdeiweiß – meist im Rahmen einer Impfung, seltener einer Bluttransfusion oder Frischzellentherapie – voraus.

Wir unterscheiden bei den Polyneuropathiesyndromen, die sich im Rahmen dieser Polyneuritiden entwickeln, zwei Grundtypen, einmal das vorwiegend symmetrische Polyneuropathiesyndrom, zum anderen das asymmetrisch umschriebene, oft die Schulterregion bevorzugende.

Das symmetrische Syndrom wird im allgemeinen nach GUILLAIN und BARRÉ benannt, jenen französischen Autoren, die zusammen mit STROHL im 1. Weltkrieg die für diese Polyneuritiden weitgehend typische Eiweißvermehrung im Liquor beschrieben (GUILLAIN et al. 1916). Es handelt sich um ein meist vorwiegend motorisches Syndrom. Keineswegs gehen seiner Entwicklung regelmäßig Schmerzen voraus, wie oft fälschlich unterstellt wird. Auch sensible Mißempfindungen, die so gerne zur Fehldiagnose der Kreislaufstörungen verleiten und ein häufiges Frühsymptom andersartiger Polyneuropathien darstellen, können bei den Polyneuritiden fehlen. Die ersten Lähmungen betreffen oft die proximalen Beinmuskeln, dann fallen das Treppensteigen und das Aufstehen aus dem Sitzen besonders schwer. Aber auch ein Beginn an den Armen, den Unterschenkeln und Füßen oder sogar im Hirnnervengebiet kommt vor, etwa im Bereich des N. facialis oder der Schluck- und Schlundmuskeln. Keineswegs ist der Entwicklungsmodus also stets ein „aufsteigender", wie vielfach fälschlich angenommen wird. Auch sind in diesem Frühstadium häufiger noch asymmetrische Verteilungsmuster der Lähmungen zu ermitteln. Mit dem Übergreifen der Paresen auf alle vier Extremitäten können auch die Atemmuskeln einbezogen werden. In solchen Fällen wird von einem Landry-Verlaufstyp gesprochen. Die Reiz- und Ausfallerscheinungen der Sensibilität – vor, mit oder nach den ersten Lähmungen auftretend – folgen einem eher normierten Verteilungsmuster: durchwegs finden sie sich zuerst an den Extremitätenenden mit distaler Akzentuierung und steigen dann mit zunehmender Schwere proximalwärts in strumpf- und handschuhförmiger Verteilung unter Beibehaltung der distalen Betonung auf. In seltenen Fällen reichen sie schließlich von den unteren Extremitäten querschnittsmäßig bis zum Rumpf hinauf. Immer sind dann aber auch schon die oberen Extremitäten betroffen, ein wichtiges differentialdiagnostisches Merkmal gegenüber subakut entstehenden thorakalen Querschnittssyndromen, etwa im Rahmen einer Myelitis. Meist sind alle Qualitäten der Oberflächensensibilität und auch die Tiefensensibilität betroffen. Nicht selten lassen sich – zumal anfangs – nur geringfügige Sensibilitätsstörungen ermitteln. Die rasch fortschreitenden Lähmungen können die Aufmerksamkeit des Untersuchers von den sensiblen Störungen ablenken. Mitunter verleitet das bei oberflächlicher Betrachtung dann rein motorische Bild zur fälschlichen Annahme einer akuten Muskelerkrankung, etwa einer Myositis, einer periodischen Lähmung oder auch einer synaptogenen Erkrankung nach Art der Myasthenie oder des Botulismus. Der meist frühzeitige Verlust der Eigenreflexe bei der Polyneuritis – schon bei noch nicht hochgradigen Lähmungen – vermag neben der sorgfältigen Prüfung der Sensibilität dann als einfaches differentialdiagnostisches Unterscheidungsmerkmal zu dienen. Werden bei den Polyneuritiden auch die vegetativen Neurone betroffen, wie dies bei schwereren Fällen regelmäßig und oft sogar schon frühzeitig der Fall ist, können Blasenstörungen auftreten. Damit rückt das klinische Bild bei oberflächlicher Betrachtung wiederum in die Nähe eines Rückenmarksprozesses mit noch fehlender Spastik, also im spinalen Schocksyndrom. Neben zahlreichen anderen vegetativen Symptomen sind bei den Polyneuritiden vor allem Herzrhythmusstörungen gefürchtet, die nicht selten selbst im Zeitalter der Intensivmedizin trotz der Möglichkeiten von Intubation und Beatmung das Leben des Kranken beenden.

Zu den Charakteristika des klinischen Bildes gehört ferner die schon erwähnte Eiweißvermehrung im Liquor vom Typ der Schrankenstörung, bedingt durch die

Tabelle 2. Minimalprogramm bei Verdacht auf Guillain-Barré-Polyneuritis

Liquor
NLG
EMG
EKG
Rö-Thorax
gynäkologische/urologische Untersuchung
BSG
Blutbild
Urinstatus
Urin auf Porphyrine
Serum: T_3-, T_4-Wert
       Nü-Bz
       CEA
       Elektrolyte
       CK
       Phytansäure
Liquor ⎫
Serum ⎬ mikrobiologische Untersuchungen
Stuhl ⎭

Entzündung auch der Spinalwurzelanteile der peripheren Neurone. Wenn der Liquor sehr frühzeitig nach dem Auftreten der ersten Symptome entnommen wird, läßt sich diese Eiweißvermehrung mitunter noch nicht fassen. Im späteren Verlauf gehört sie zu den fast konstanten Symptomen, da die Wurzelabschnitte dann so gut wie regelmäßig ebenso wie die peripheren Nervenabschnitte vom Entzündungsprozeß befallen sind. Geringere Pleozytosen kommen nach unseren Erfahrungen – die sich im übrigen auf rund 300 stationär betreute Kranke erstrecken – gar nicht so selten vor, nämlich bei etwa einem Drittel der Fälle. Obligate Symptome sind im Rahmen der elektrodiagnostischen Zusatzuntersuchungen zu gewinnen: das Ansteigen der distalen Latenzzeiten infolge der distalen Entmarkungen und die Minderung der Nervenleitgeschwindigkeit, sofern die Entmarkungen zwischen den Meßstellen liegen. Diese elektrodiagnostischen Befunde, die in einem gesonderten Vortrag abgehandelt werden, sind ein wichtiges differentialdiagnostisches Kriterium gegenüber jenen Polyneuropathien, die bei subakuter Entwicklung ein ähnliches oder gar gleiches klinisches Bild bieten können, gemeint ist vor allem die gefährliche Porphyrie-Polyneuropathie.

Um den wichtigsten differentialdiagnostischen und auch ätiologischen Gesichtspunkten Rechnung zu tragen, empfiehlt es sich, beim Verdacht auf eine Polyneuritis ein Minimalprogramm an Zusatzuntersuchungen durchzuführen, wie wir es für unseren Arbeitskreis entwickelt haben (Tabelle 2), und dem sich später dann noch weitere Untersuchungen anschließen können.

Der typische Verlauf der Guillain-Barré-Polyneuritiden – sofern die Kranken mit Hilfe der modernen Behandlungsmaßnahmen über die Klippen der Schlucklähmung, der Atemlähmung, der kardiovaskulären und der thromboembolischen Komplikationen hinweggebracht werden können – ist folgendermaßen zu charakterisieren: Die sich subakut einstellenden Symptome erreichen meist in 2, spätestens in 3 Wochen ihr Maximum und lassen dann die erste Rückbildung erkennen. Die Restitutionsphase kann sich allerdings über Wochen bis Monate, in schwersten Fällen selbst über Jahre hinziehen. Dies trifft für jene Kranken zu, bei denen durch ausgedehnte Entmarkungen der peripheren Neurone erhebliche sekundäre Axonschädigungen eingetreten sind mit ihrer oft zeitraubenden Restitution je nach der Entfernung, die das neu aussprossende Axon bis zum Erfolgsorgan überbrücken muß.

Neben den geschilderten typischen subakuten Polyneuritiden vom Typ Guillain-Barré existieren Varianten und verwandte Krankheitsbilder, die hier nur kurz genannt werden können: die totale perakute Form, die sich innerhalb von Stunden zum Vollbild mit Lähmungen der gesamten quergestreiften Muskulatur entwickelt, rezidivierende und chronische Polyneuritiden sowie besondere Manifestationen vom Typ des Miller-Fisher-Syndroms mit der Trias: Ophthalmoplegie, Ataxie und Areflexie. Auf diese interessanten Formen wird z. T. in späteren Beiträgen eingegangen.

Idiopathische, postinfektiöse und postvakzinale Polyneuritiden können sich aber auch als asymmetrisches umschriebenes Syndrom manifestieren, das einseitig auf eine Körperregion begrenzt bleibt. Oft handelt es sich um die Schulter-Arm-Region. Da zu diesen Polyneuritiden vorauseilende und im weiteren Verlauf noch anhaltende heftigste Schmerzen gehören, die oft nur durch Opiate zu lindern sind, wird nach PARSONAGE u. TURNER (1948) auch von einer neuralgischen Amyotrophie gesprochen. Wir bevorzugen die Bezeichnung „Polyneuritis vom serogenetischen Typ" (SCHEID u. GIBBELS 1980), weil diese Manifestationsform der Polyneuritis sich vor allem nach Serumgaben entwickelt. Von einer „Plexusneuritis" zu sprechen – wie das immer wieder geschieht – ist abwegig, da hiermit der Befall einer bestimmten Struktur unterstellt wird, wofür der morphologische Beweis bis heute noch anzutreten wäre. Erst Tage bis Wochen nach Beginn der umschriebenen Schmerzen fallen in der betroffenen Region atrophische Paresen auf. Die sensiblen Ausfälle treten demgegenüber ganz in den Hintergrund. Bei der Differentialdiagnose sind auch hier viele Möglichkeiten offen: Außer zahlreichen umschriebenen Polyneuropathien anderer Herkunft, etwa im Rahmen des Diabetes oder der Periarteriitis nodosa, müssen hier auch nichttraumatische Armplexusschäden unterschiedlicher Herkunft genannt werden, Wurzelläsionen bei zervikalem Bandscheibenschaden oder anderen raumfordernden spinalen Prozessen sowie vor allem auch der Pancoast-Tumor.

Bei der durch Zecken übertragenen Meningopolyneuritis Bannwarth handelt es sich um eine Virusinfektion mit folgenden Charakteristika: nach einem mitunter unbemerkt abgelaufenen Zeckenbiß entwickelt sich oft – zunächst an entsprechender Stelle – ein Erythema migrans; in den nächsten Wochen entstehen wandernde rheumatische Schmerzen. Schließlich kommt es zu asymmetrischen neurologischen Ausfällen vom Multiplextyp. Besonders häufig ist der N. facialis betroffen. Der charakteristische Liquorbefund besteht aus einer hartnäckigen höhergradigen lymphozytären Pleozytose – meist ohne das klinische Korrelat einer Nackensteifigkeit – sowie einer lokalen IgM- oder IgG-Vermehrung. Ohne Kenntnis des Liquorbefundes kommt es wegen des schlechten Allgemeinzustandes dieser Kranken häufig zur Verwechslung mit malignen Erkrankungen, eine Fehldiagnose, die sich durch die Wiederherstellung, wenn auch nach mehrmonatigem Verlauf, von selbst korrigiert. – Auf die häufigste bakterielle Polyneuritis, die Lepra, hier einzugehen wäre sehr reizvoll, muß aber aus Platzgründen unterbleiben.

Zusammenfassung

Zu den entzündlichen Polyneuropathien gehören die primär das periphere Nervensystem betreffenden entzündlichen Prozesse nach Art der Polyneuritiden und die Polyneuropathien im Rahmen einer entzündlichen Allgemeinerkrankung. Polyneuritiden können sich als symmetrisches Syndrom nach Art der Guillain-Barré-Polyneuritis oder nach Art der asymmetrisch umschriebenen neuralgischen Amyotrophie Parsonage-Turner manifestieren. Klinik, Verlauf und Differentialdiagnose dieser Hauptmanifestationsformen werden besprochen. Abschließend folgt eine kurze Darstellung der durch Zecken übertragenen Meningopolyneuritis Bannwarth.

Summary

Inflammatory polyneuropathies should be divided in inflammatory processes primarily involving the peripheral nervous system: the different forms of polyneuritis, and the polyneuropathies in the course of a generalized inflammatory disease. There are two main manifestations of polyneuritis: symmetrical syndromes such as in Guillain-Barré-polyneuritis and asymmetric circumscript forms as in neuralgic amyotrophy of Parsonage and Turner. Clinical features and course, as well as differential diagnosis of these two main manifestations of polyneuritis are described. A short resumé of tick-borne meningo-polyneuritis Bannwarth is added.

Literatur

Arnason BGW (1975) Inflammatory polyradiculoneuropathies. In: Dyck PJ, Thomas PK, Lambert EH (eds) Peripheral neuropathy. Saunders, Philadelphia, pp 1110–1148
Guillain G, Barré JA, Strohl A (1916) Bull Soc Med Hop Paris 40:1462
Krücke W (1955) In: Scholz W (Hrsg) Nervensystem. Springer, Berlin Göttingen Heidelberg (Handbuch der speziellen pathologischen Anatomie und Histologie, Bd. 13/5, S 64)
Parsonage MJ, Turner WA (1948) Lancet 1:973
Scheid W, Gibbels E u. Mitarb. (1980) In: Lehrbuch der Neurologie. Thieme, Stuttgart, S 911–913

Immunologische Aspekte bei entzündlichen Neuropathien

K. V. Toyka und U. A. Besinger

Die folgende, kurze Übersicht wird sich auf die Erkrankungen beschränken, bei denen immunpathologische Mechanismen von Bedeutung sind. Zur Darstellung neuropathologischer und immuntherapeutischer Gesichtspunkte sei auf die Vorträge an anderem Orte verwiesen.

Experimentell-allergische Neuritis (EAN)

Als Prototyp einer experimentellen Autoimmunkrankheit des peripheren Nerven gilt die experimentell-allergische Neuritis (EAN). In Abb. 1 ist das Prinzip dargestellt. Wenn ein Tier, am bekanntesten sind Ratte und Kaninchen, mit Nervenho-

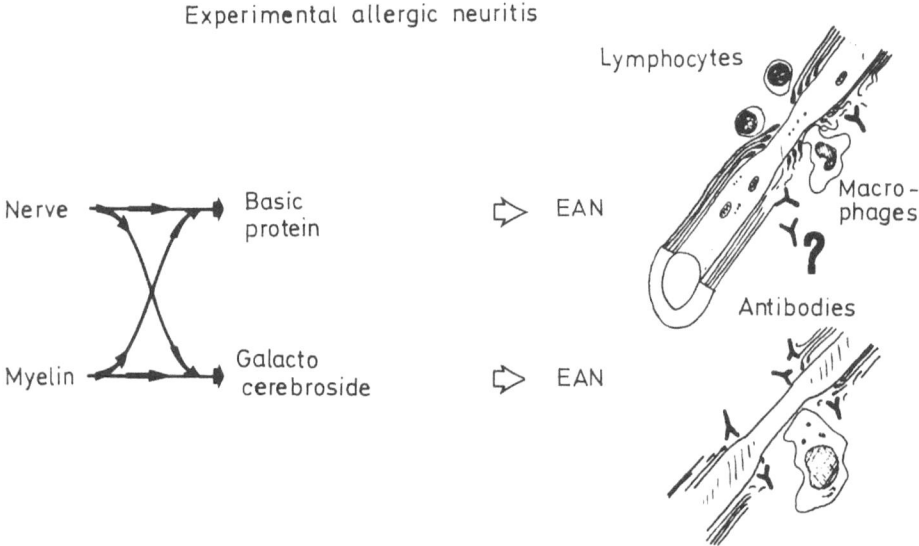

Abb. 1. *EAN:* Immunisierung mit peripherem Nervengewebe führt zur klassischen EAN mit lymphozytären, perivenösen Infiltraten und sekundärer Makrophageninvasion (*oben*). Bei Anwendung von Galactocerebrosid als Antigen entsteht im Kaninchen mit längerer Latenz eine EAN, bei der Makrophagen, jedoch kaum Lymphozyten am Nerven nachweisbar sind. Die pathogene Bedeutung von humoralen Antikörpern stützt sich auf die demyelinisierende Aktivität der Immunseren dieser Tiere nach passiver, intraneuraler Übertragung

mogenat oder Myelinextrakt immunisiert wird, so entsteht nach wenigen Wochen eine fulminante Polyneuritis. Histologisch findet sich am peripheren Nerven eine ausgeprägte Infiltration mit Makrophagen und T-Lymphozyten, die zu einer progredienten Neuropathie führen (MEIER, a. a. O.). Vor etwa 2 Jahren gelang es SAIDA et al. (1979) eine andere Form der EAN durch Immunisierung mit dem Sphingolipid der Myelinscheide, dem Galactocerebrosid (GC), beim Kaninchen zu erzeugen. Zum Unterschied aber von der klassischen EAN entsteht 1. die Erkrankung mit längerer Latenz und 2. fanden sich bei diesen Tieren histologisch keine starken zellulären Infiltrate, insbesondere fehlen die perivenösen Lymphozyten weitgehend. Diese Beobachtungen führten zur Hypothese, daß zirkulierende Antikörper gegen GC die Neuropathie verursachen. Da nur IgG-Antikörper die intakte Blut-Nerv-Schranke durchdringen können, wäre die längere Latenz bis zum Auftreten der Neuropathie erklärt (SAIDA et al. 1981).

Warum kommt es zu einer solchen Autoimmunreaktion, wenn man mit einem Antigen und zusätzlich einem Immunstimulans wie dem Freund-Adjuvans immunisiert? Im normalen Immunsystem besteht eine Toleranz der immunologisch kompetenten Zellen gegenüber den Organen des Körpers. Die Aufrechterhaltung dieser Toleranz erfordert komplexe Regulationsmechanismen. Wesentliche Funktion haben insbesondere Regulatorlymphozyten (thymusabhängige Suppressor- und Helfer-Zellen) sowie anti-idiotypische Antikörper (Übersicht bei TALAL 1977; ROITT 1979). Wird nun ein Antigen zusammen mit einem Immunstimulans dem Immunsystem präsentiert, dann kann es über die Vermittlung von Makrophagen zu einem Durchbrechen der Toleranz kommen. Wenn es sich z. B. um ein Antigen handelt, das dem Immunsystem bisher nicht bekannt ist (Neoantigen), das aber gleichzeitig Verwandtschaft hat mit einer körpereigenen Substanz, so reagiert das Immunsystem gegen beide und zerstört über die Kreuzreaktivität das Zielorgan.

Bei der klassischen Form der EAN ist inzwischen sehr wahrscheinlich, daß autoimmune, zytotoxische T-Lymphozyten, zusammen mit Makrophagen, zur Neuritis führen. Die passive Übertragung („adoptive transfer") von Lymphozyten erzeugt beim Empfängertier ebenfalls eine EAN, was als Beweis einer zellvermittelten Immunreaktion gewertet wird (ARNASON 1975). Bei der GC-induzierten EAN scheinen hingegen demyelinisierende Antikörper von Bedeutung zu sein (SUMNER et al. 1981).

Welche Faktoren begünstigen oder verhindern eine Autoimmunreaktion? Es kommen in Frage: Virusinfektionen, genetische Faktoren (Histokompatibilitätssystem), Immundefizienz anderer Ursachen einschließlich Wirkung von Zytostatika.

Die Bedeutung einer intakten Suppressor-T-Lymphozytenfunktion soll an einem Beispiel verdeutlicht werden: Bei einem anderen autoimmunologischen Tiermodell, der experimentell allergischen Enzephalitis, konnte kürzlich belegt werden, daß die Suppressorzellfunktion eine wesentliche Basis für die Erhaltung der Toleranz trotz gleichen Antigenreizes darstellt. SJL/J-Mäuse sind sehr empfänglich, eine EAE nach Immunisierung zu entwickeln, während z. B. die BALB/c-Maus nicht empfänglich ist. Behandelt man BALB/c mit niedrigen Dosen von Cyclophosphamid und hemmt damit die Suppressor-Lymphozyten, so entwickelt sich aus der nichtempfänglichen eine mittel- bis gut empfängliche Maus (LANDO et al. 1980).

Der Prototyp der wahrscheinlichen Autoimmunerkrankungen im *menschlichen peripheren Nervensystem* ist die akute Polyradikuloneuritis (Guillain-Barré-Strohl-

Syndrom, GBS). Eine weitere Erkrankung, die wir zumindest in einem Teil der Fälle als immunpathologische periphere Nervenerkrankung ansprechen müssen, ist die Polyneuropathie im Rahmen eines multiplen Myeloms oder bei benignen Gammopathien. Welche Kriterien sprechen dafür, daß es sich um Autoimmunkrankheiten handelt?

Guillain-Barré-Strohl-Syndrom (GBS)

1. Wie bei der EAN finden sich lymphozytäre und Makrophagen-Infiltrate am peripheren Nerven (ARNASON 1975);
2. Lymphozyten von Patienten können durch Antigene aus peripherem Nervengewebe in Kultur stimuliert werden (ABRAMSKY et al. 1980).

Diese Befunde sind jedoch nicht unumstritten (IQBAL et al. 1981). Bisher ist es, im Gegensatz zur EAN, nicht zweifelsfrei gelungen, mit Lymphozyten der Patienten eine autoimmune Reaktion gegen peripheres Nervengewebe im xenogenen System zu reproduzieren, so daß der Beweis einer zellvermittelten Autoimmunreaktion noch nicht erbracht ist.

Die mögliche pathogene Bedeutung humoraler Faktoren ist seit vielen Jahren diskutiert worden (COOK u. DOWLING 1981). In den letzten Jahren ist diese Frage dadurch aktualisiert worden, daß erfolgreiche Therapieversuche mit Plasmaaustausch bekannt wurden (vgl. Rumpl et al. sowie Mohs et al. in diesem Buch). Zirkulierende Antikörper gegen xenogenes Nervengewebe wurde von verschiedenen Autoren nachgewiesen, meist mit Techniken der indirekten Immunfluoreszenz. Die intraneurale Injektion von Serum von Patienten mit GBS soll zu einer lokal demyelinisierenden Neuropathie beim Empfängertier führen (COOK u. DOWLING 1981). Beim *chronischen* und *chronisch rezidivierenden* Typ des GBS gibt es u. E. überzeugendere Hinweise auf eine Bedeutung von zirkulierenden Antikörpern, die parallel zur zellvermittelten Reaktion oder alternativ bei der Pathogenese mitwirken:

1. Die Wirksamkeit der Plasmapheresebehandlung in einzelnen kontrollierten Untersuchungen (SERVER et al. 1979; TOYKA et al. 1980).
2. Die histologischen Veränderungen mit häufig fehlender lymphozytärer Infiltration, als Hinweis auf Wirkung zytophiler Antikörper (PRINEAS 1981).
3. Die Ähnlichkeit dieser strukturellen Befunde mit der GC-EAN, bei der die pathogene Wirkung von Antikörpern gegen GC gesichert ist (SAIDA et al. 1981).

In eigenen tierexperimentellen Untersuchungen haben wir die Bedeutung der Immunglobuline bei unseren ersten, erfolgreich mit Plasmapherese behandelten Patienten (chronisches GBS) geprüft. Die passive Übertragung von ungereinigten Immunglobulinfraktionen sowie mit reinem IgG auf gesunde Marmoset-Affen führte nach 10–14 Tagen zu einer klinisch und neuropathologisch nachweisbaren, axonal betonten Neuropathie. Die spezifische Bindung des IgG dieser Patienten ließ sich – im Gegensatz zu IgM und A – mit der indirekten Immunfluoreszenz am

Axon nachweisen (Dr. WIETHÖLTER, Tübingen). Alle bisherigen Kontrollversuche mit Immunglobulinen von Patienten mit nichtimmunologischen Neuropathien waren negativ. Zur Zeit prüfen wir, ob auch andere Patienten mit der chronischen Form des GBS diese neuropathogene Aktivität in der Immunglobulinfraktion besitzen.

Dysproteinämische (Myelom-) Neuropathie

Schon lange wurde diskutiert, daß die monoklonalen Immunglobuline bei multiplem Myelom für die bei 10% der Patienten auftretende Polyneuropathie verantwortlich sein könnte (zur klinischen Differentialdiagnose s. FATEH-MOGHADAM et al. 1980; KELLY et al. 1981). Seit 1977 haben wir uns mit der Frage der pathogenetischen Bedeutung der monoklonalen Immunglobuline bei dieser Polyneuropathie beschäftigt. Für die tierexperimentellen Untersuchungen verwendeten wir das ursprünglich für die Myasthenia gravis entwickelte Mouse-Passiv-Transfermodell (TOYKA et al. 1975). Die monoklonalen IgG von 6 Patienten mit IgG-Myelom wurden passiv auf BDF_1-Mäuse übertragen. Nach wenigen Tagen zeigten die Tiere eine Verlangsamung der Leitgeschwindigkeit und neuropathologische Veränderungen im Sinne einer segmentalen Demyelinisierung (BESINGER et al. 1981). Nur die IgG der Patienten, die selbst an einer schweren Polyneuropathie litten, zeigten diesen Effekt, während die monoklonalen IgG von Patienten *ohne* Neuropathie inaktiv waren. Auch bei einer Patientin mit benigner IgG-Gammopathie und Polyneuropathie ließ sich dieser Effekt nachweisen. Die demyelinisierende Wirkung ist wahrscheinlich auf einen spezifischen, gegen Nervengewebe gerichteten Antikörpermechanismus zurückzuführen, da auch Fab-Fragmente des monoklonalen IgG wirksam waren.

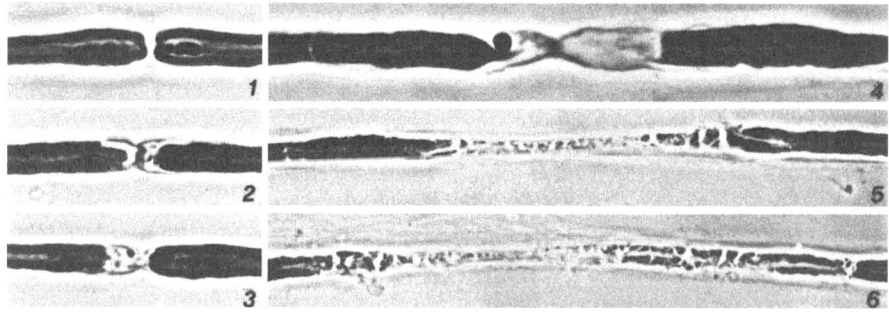

Abb. 2. Segmental demyelinisierende Neuropathie nach passiver Übertragung eines monoklonalen IgG eines Patienten mit multiplem Myelom und Polyneuropathie. Die an Zupfpräparaten sichtbaren Myelinveränderungen reichen von paranodaler Demyelinisierung bis zur Entmarkung mehrerer ganzer Internodien. Auch axonale Veränderungen sind sichtbar

Zusammenfassung

Die experimentell allergische Neuritis (EAN) ist der Prototyp einer experimentellen Autoimmunkrankheit des peripheren Nervensystems. Nach Immunisierung mit Galactocerebrosid tritt eine Variante der EAN auf, bei der humorale, demyelinisierende Antikörper eine entscheidende Rolle spielen sollen. Bei der menschlichen Polyneuritis (Guillain-Barré-Syndrom, GBS) finden sich histologisch bei der subakuten Form ähnliche Veränderungen wie bei klassischer EAN, weshalb auch hier eine zellvermittelte Autoimmunerkrankung angenommen wird. Demgegenüber ähneln die pathologischen Nervenveränderungen bei der chronischen Variante des GBS denen bei der Galactocerebrosid-EAN. Die Erfolge der Plasmapheresetherapie sowie eigene, erste Untersuchungen mit Hilfe des Passiv-Transfermodells am Affen sprechen für eine pathogenetische Bedeutung humoraler Faktoren beim *chronischen* GBS. Auch bei der Polyneuropathie im Rahmen eines multiplen Myeloms konnte die pathogenetische Bedeutung der monoklonalen Immunglobuline (Paraproteine) mit Hilfe des Passiv-Transfermodells an der Maus gesichert werden. Nach Übertragung monoklonaler IgG finden sich typische Zeichen einer demyelinisierenden Neuropathie. Der immunfluoreszenzhistochemische Nachweis von IgG am Nerven sowie die Wirksamkeit von Fab-Fragmenten sprechen für eine Antigen-Antikörperreaktion.

Anmerkung

Die statistische Zwischenanalyse der kontrollierten, amerikanischen Studie zur Plasmapherese-Therapie des *akuten* GSB ergab *keine* besseren Ergebnisse in der Plasmapherese-Gruppe [n = 125; G. M. McKhann (1982) Neurology (NY) 32:1282–1283; n = 190, J. W. Griffin, persönliche Mitteilung].

Summary

Experimental allergic neuritis (EAN) is the prototype of an autoimmune disease of peripheral nerve. A newly recognized variant occurs in rabbits after immunization with galactocerebroside (GC). Humoral antibodies which demyelinate nerves on intraneural transfer appear to play an important pathogenic role in GC-EAN. In human polyneuritis of the Guillain-Barré-Strohl (GBS) type the acute variant is probably a cell-mediated autoimmune disease although experimental proof of this hypothesis is lacking. In the chronic (-remitting) type of GBS (1) the well-documented effectivity of plasma exchange therapy, (2) the histologic similarity to GC-EAN, and (3) preliminary evidence from experiments with systemic passive transfer of human IgG to monkeys suggest humorally mediated factors to be operative in this disease. In the polyneuropathy of multiple myeloma and benign gammopathy the pathogenic action of the monoclonal IgG has recently been shown by systemic transfer to mice. Some cases with myeloma neuropathy may therefore present an immunopathologic disease of the peripheral nervous system.

Literatur

Abramsky O, Teitelbaum D, Arnon R (1980) Eur J Immunol 7:213–217
Arnason BGW (1975) In: Dyck PJ, Thomas PK, Lambert EH (eds) Peripheral neuropathy. Saunders, Philadelphia, pp 1110–1148
Besinger UA, Toyka KV, Anzil AP (1981) Science 213:1027–1030
Cook SD, Dowling PC (1981) Ann Neurol [Suppl] 9:70–79
Fateh-Moghadam A, Besinger UA, Toyka KV (1980) Verh Dtsch Ges Inn Med 86:1097–1101
Iqbal A, Oger JF, Arnason BGW (1981) Ann Neurol [Suppl] 9:65–69
Kelly JJ, Kyle RA, Miles JM, et al. (1981) Neurology (NY) 31:24–31
Lando Z, Teitelbaum D, Arnon R (1980) Nature 287:551–552
Prineas JW (1981) Ann Neurol [Suppl] 9:6–19
Roitt I (1978) Essential immunology. Blackwell, Oxford
Saida T, Saida K, Dorfmann SH (1979) Science 204:1103–1106
Saida T, Saida K, Silberberg DH (1981) Ann Neurol [Suppl] 9:87–101
Server AC, Lefkowith J, Braine H (1979) Ann Neurol 6:258–261
Sumner AJ (1981) Ann Neurol [Suppl] 9:28–30
Talal N (1977) Autoimmunity. Genetic, immunologic, virologic, and clinical aspects. New York, Academic Press
Toyka KV, Drachman DB, Pestronk A (1975) Science 190:397–399
Toyka KV, Augspach R, Paulus W, et al. (1980) Ann Neurol 8:205–206

Pathologie der entzündlichen Polyneuropathien

C. Meier

Einleitung

„Polyneuritiden" sind bei zahlreichen Infektionskrankheiten beschrieben worden, wobei für die meisten dieser Fälle eine entzündliche Genese keineswegs bewiesen ist. Im Gegenteil, die „Polyneuritiden" bei Diphtherie, Botulismus und Tetanus sind erwiesenermaßen toxischer Genese. Bei den zahlreichen Mononeuritis-multiplex-Fällen, die besonders bei schweren, konsumierenden Infektionskrankheiten beschrieben wurden und die bevorzugt den N. ulnaris resp. den N. peronaeus betreffen, handelt es sich wahrscheinlich eher um Druckläsionen dieser Nerven als um entzündliche Reaktionen des Nervensystems.

Als entzündliche Polyneuropathien, als Polyneuritiden im engeren Sinne des Wortes, definiert Krücke (1955) Erkrankungen des peripheren Nervensystems (PNS), die durch das selbständige, also direkte Auftreten des entzündlichen Symptomenkomplexes im peripheren Nerven charakterisiert sind. Hierzu gehören nach Ansicht des Autors das seröse Exsudat, das zelluläre Infiltrat mit Leukozyten, Lymphozyten und Makrophagen und die Proliferation endoneuraler Zellelemente, d. h. Schwann-Zellen und Fibrozyten.

Diese Definition soll den nun folgenden Ausführungen den Rahmen geben.

Systematik der Pathologie entzündlicher Neuropathien

Bei systematisierender Betrachtungsweise läßt sich die Pathologie der entzündlichen Neuropathien anhand von 3 Typen darstellen:

– Typus Guillain-Barré-Syndrom (GBS) – Experimentell allergische Neuritis (EAN)
– Typus der angiopathischen Neuropathie bei Vaskulitis
– Typus der lepromatösen Lepra.

GBS-EAN-Typus (Abb. 1 a–d)

Die Pathologie des Guillain-Barré-Syndroms ist praktisch mit derjenigen der experimentell allergischen Neuritis identisch (Prineas 1972). Die nun folgenden Darstellungen beruhen auf Befunden, die an dem Modell der mittels peripherem bovinem Myelin an der Lewis-Ratte induzierten EAN gewonnen wurden. Die besonderen Eigenschaften dieses Modells liegen in der nahezu 100%igen Reproduzierbarkeit und der strikt auf das PNS begrenzten Ausprägung der Erkrankung. Mit großer Konstanz setzt die klinische Symptomatik 12 Tage nach der Inokulation des Allergens ein. 36–24 h vorher sind morphologisch die ersten Veränderungen faßbar: eine umschriebene, ödematöse Erweiterung des endoneuralen Interstitiums, Ablösungen und Duplikaturen der Balsalmembranen von Markfasern und Remakfasern sowie merkwürdige Verformungen des Schwann-Zellzytoplasmas (Abb. 1a). Mit dem Auftreten von zellulären Infiltraten, die mehrheitlich aus kleinen und großen Monozyten bestehen, und die gelegentlich von Fibrinextravasaten begleitet sind, wird erstmals segmentaler Markscheidenzerfall beobachtet. Der Markscheidenzerfall steht in der Regel in direktem Zusammenhang mit einem Monozyten- resp. Makrophagenangriff auf die Schwann-Zelle (Abb. 1 b, c), d. h. der Entmarkungsvorgang geschieht durch aktive Beteiligung der in die Schwann-Zelle eindringenden Infiltratzellen. Die derartig attackierten Markscheidensegmente zerfallen nun gänzlich, wobei Makrophagen, die ebenfalls in den Schlauch der weitgehend erhalten gebliebenen Basalmembran der Schwann-Zelle eindringen, die Degradation des Myelins vollenden. Die Schwann-Zellen retrahieren ihr Zytoplasma, einige gehen zugrunde. Schließlich bleibt das über ein oder mehrere benachbarte Segmente demyelinisierte Axon zurück, welches lediglich durch die Basalmembran vom endoneuralen Interstitium abgegrenzt ist. Nicht alle Axone überstehen diesen Vorgang. In unserem Modell zeigen 5–10% der demyelinisierten Axone – vielfach schon im initialen Stadium der Entmarkung – pathologische Veränderungen bis hin zur Wallerschen Degeneration. Der Reparationsprozeß wird durch eine Proliferation der Schwann-Zellen eingeleitet. Die mitotisch vermehrten Schwann-Zellen verteilen sich entlang des entmarkten Axonsegmentes und bilden neue, kurze Markscheidensegmente von ca. 200–300 µm Länge. Diese sog. interkalierten Segmente sind von der 4. Woche nach Inokulation des Allergens an in Zupffaserpräparaten erkennbar. Die Wiederherstellung entspricht klinisch einer Restitutio ad integrum.

Vaskulitisch-angiopathischer Typus (Abb. 2 a, b)

Während sich der GBS-EAN-Typus der entzündlichen Neuropathie im Endoneurium manifestiert, liegt die entzündliche Läsion bei der vaskulitischen Neuritis primär im Epineurium. Betroffen sind vor allem die mittleren und kleineren Arterien der epineuralen Vasa nervorum. Der klassische klinische Typus einer derartigen Erkrankung ist die Polyarteriitis nodosa. Dem Neurologen begegnet diese unter den Kollagenosen subsumierte Erkrankung nicht selten als primäre Neuropathie vom Mononeuropathia-multiplex-Typ.

Die primäre Läsion ist eine segmentale Entzündung der Gefäßwände, die gesetzmäßig mit einem initialen exsudativen Ödem mit Fibrineinlagerung innerhalb der Wandschichten (fibrinoide Verquellung) beginnt. Bald darauf erscheint eine entzündliche Zellreaktion, zunächst Leukozyten, worunter sich in manchen Fällen auch zahlreiche Eosinophile befinden, später ein monozytäres Infiltrat. In dieser

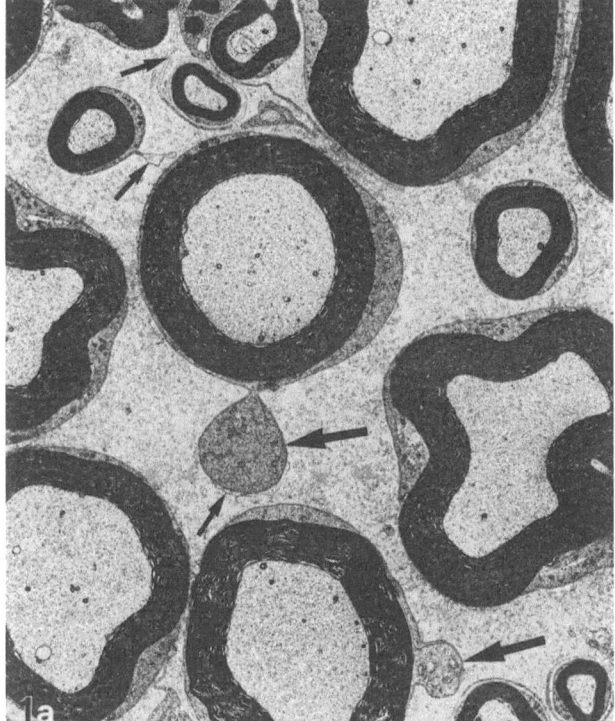

Abb. 1a–d. Experimentell allergische Neuritis.
a Frühe Veränderung bei EAN, charakterisiert durch Auftreten eines eiweißreichen interstitiellen Ödems, Deformierung des Schwann-Zellzytoplasmas (*große Pfeile*) und Ablösung der Basalmembran von den Schwann-Zellen (*kleine Pfeile*). (EM, Vergr. 4500:1.)

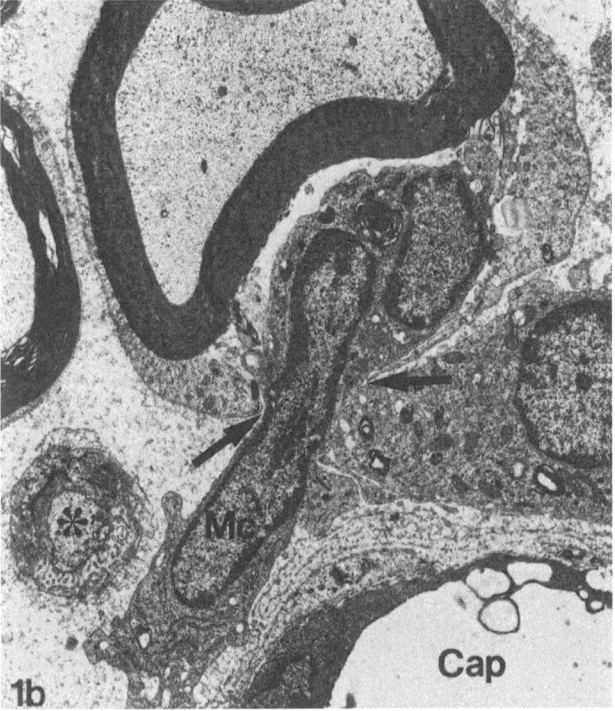

b Monozytäre Attacke auf eine Markfaser. Der Monozyt (*Mc*) hat die Basalmembran (*zwischen den Pfeilen*) durchbrochen und ist in das Zytoplasma der Schwann-Zelle eingedrungen. Er ist bereits dabei, die äußeren Myelinlamellen abzuschälen. Man beachte, daß der in dieser Szene aktive Monozyt offensichtlich den Ranvier-Knoten (*Sternchen*) als Zugang verschmäht, und statt dessen die direkte Attacke auf das Internodium vorzieht (*Cap* = Kapillare). (EM, Vergr. 7400:1.)

Pathologie der entzündlichen Polyneuropathien

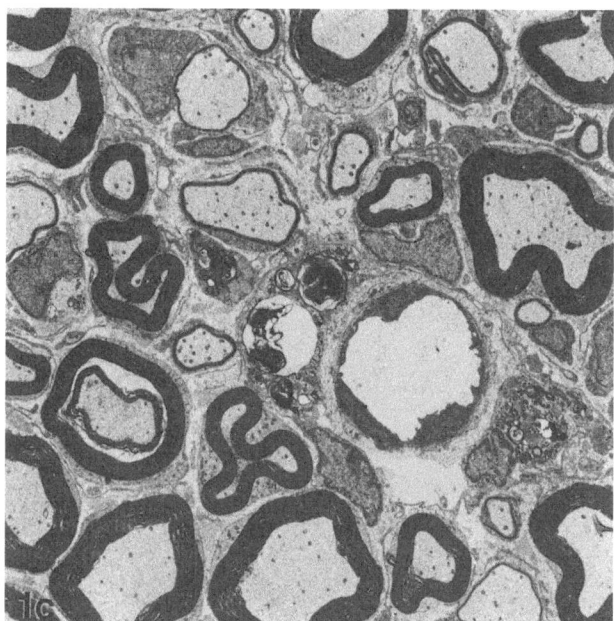

c Typische perikapilläre Läsion im fortgeschrittenen Stadium. Zahlreiche Markfasern sind bereits weitgehend demyelinisiert. Perikapilläre Makrophagen enthalten Markscheidendebris. (EM, Vergr. 2680:1.)

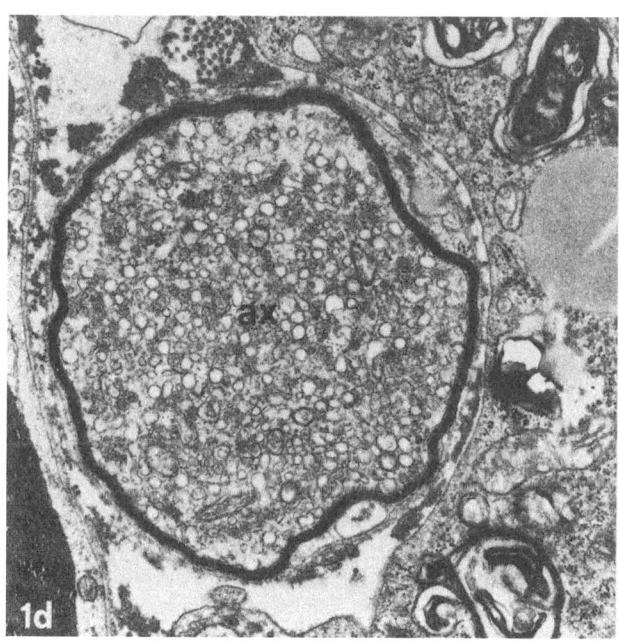

d Weitgehend demyelinisierte Nervenfaser mit den Zeichen der axonalen Degeneration. (EM, Vergr. 22400:1). (Abb. 1b und c aus S. LEIBOWITZ and R. A. C. HUGHES: Immunology of the Nervous System. E. Arnold, London 1983)

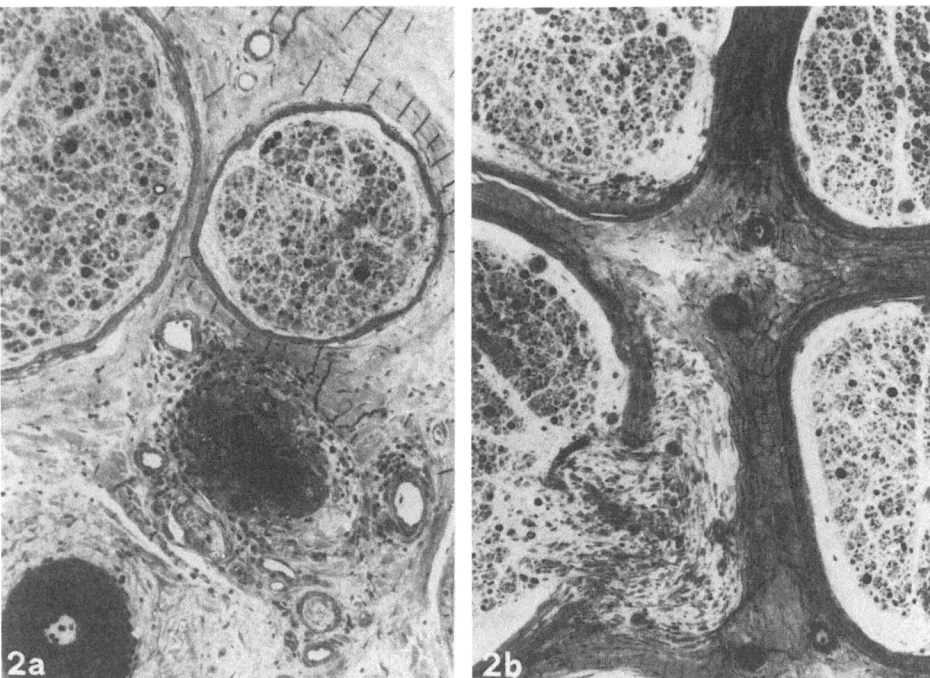

Abb. 2a, b. Angiopathische Neuropathie bei Vaskulitis. **a** Panarteriitisches Stadium einer epineuralen Arterie. In den beiden benachbarten Nervenfaszikeln ist bereits ein deutlicher Verlust von Markfasern erkennbar. **b** Die Entzündung einer penetrierenden Arteriole hat zu einer Zerstörung des Perineuriums am Faszikel links unten geführt. Hochgradiger Verlust von Markfasern in allen Nervenfaszikeln. Mit Methylenblau gefärbter Semidünnschnitt aus dem N. suralis bei Polyarteriitis nodosa. (Vergr. 140:1)

Phase kommt es zur völligen Zerstörung der Wandstrukturen (Panarteriitis). Häufig werden Kerntrümmer beobachtet. Die Entzündung ist begleitet von thrombotischer Obliterierung des Gefäßlumens. In der Heilungsphase bildet sich eine fibroblastische Verdickung der Gefäßwände in den betroffenen Segmenten, die als Narbe oft noch lange erkennbar bleibt. Das thrombotisch obliterierte Gefäßlumen kann rekanalisiert werden. Typischerweise finden sich in späteren Läsionen kompensatorische kollaterale Gefäßsprossen in der Umgebung der verschlossenen Arterien. Die Vaskulitis befällt das Gefäß nicht auf seiner gesamten Länge, sondern hat, wie erwähnt, segmentalen Charakter. Der bioptische Nachweis der Erkrankung ist darum in manchen Fällen nur in Stufenschnitten zu erbringen. Der Ablauf ist asynchron, so daß sich die verschiedenen Stadien des Prozesses im gleichen Präparat aufzeigen lassen. Bei vaskulitischem Befall kommt es trotz der luxuriösen Gefäßversorgung der peripheren Nerven zu ischämischen Läsionen. Die Folge ist eine axonale Degeneration, zunächst der Markfasern, die distal der Läsion als Waller-Degeneration erkennbar ist. Der hieraus resultierende Faserverlust kann von Faszikel zu Faszikel unterschiedlich sein (Abb. 2a). Bei schwerstem Zerfall gehen auch die marklosen Fasern und zahlreiche Schwann-Zellen zugrunde, so daß es zur Fibrosierung der Nervenstämme kommt.

Die Frage, ob die Nervenläsion bei vaskulitischer Neuritis allein auf einer Ischämie beruht, ist vorerst nicht schlüssig zu beantworten. Aufgrund eigener Beobachtungen kommt es nicht selten zu Verletzungen des Perineuriums an Stellen, an denen vaskulitische Arteriolen dieses penetrieren, so daß Störungen des endoneuralen Milieus nach Art des experimentellen „perineuralen Fensters" (SPENCER et al. 1975) zu erwarten wären (Abb. 2 b). Der immunhistochemische Nachweis von Hepatitis-B-Antigen-Antikörperkomplexen im Faszikelinnern wirft die Frage auf, ob es zu einer direkten Nervenschädigung durch den entzündlich-allergischen Immunprozeß kommen kann.

Die vaskulitischen Neuritiden zeigen klinisch primär den Mononeuropathiamultiplex-Typ. Ein bevorzugter Befall der Beinnerven wird als hämodynamisch bedingt gedeutet. Konfluierende vaskulitische Läsionen können jedoch auch zum klinischen Bild der distal betont symmetrischen Polyneuropathie führen.

Typus der lepromatösen Lepra (Abb. 3 a–d)

Die beiden bereits besprochenen Formen der entzündlichen Neuropathien sind pathogenetisch als gebahnte Reaktionen des Immunsystems auf ein entzündliches Allergen zu deuten. Die Neuritis bei der lepromatösen Lepra hingegen ist das klassische Beispiel einer direkten Nervenschädigung durch den Erreger selbst, welche dadurch zustande kommt, daß die Eindämmung der Erregerproliferation wegen einer defekten Immunabwehr nicht gelingt. Es resultiert eine hämatogene Aussaat der Erreger, welche auch die peripheren Nerven erreicht. Da das Mycobacterium leprae eine Prädilektion für die kühlen Körperpartien aufweist, kommt es klinisch in der Regel zur Ausbildung einer distal betonten, mehr oder weniger symmetrischen Neuropathie. Makroskopisch zeigen die betroffenen distalen Nervenabschnitte häufig eine fusiforme Anschwellung. Die Faszikelstruktur bleibt jedoch gut erhalten. Histologisch findet sich eine spärliche zelluläre Infiltration des Epi-, Peri- und Endoneuralgewebes. Mykobakterien dringen in die Schwann-Zellen ein und verursachen zunächst segmentale Demyelinisierung, schließlich auch axonale Degeneration mit zunehmendem Faserverlust. Die säurefesten Stäbchen sind in Schwann-Zellen, Kapillarendothelien und endoneuralen Histiozyten nachweisbar. Letztere zeigen dann ein vakuoliges Zytoplasma und werden als Schaumzellen bezeichnet. Konglomerationen derartiger Schaumzellen nennt man Globi (SABIN u. SWIFT 1975).

Kommentar

Entzündliche Prozesse können in verschiedener Form auf das periphere Nervensystem einwirken. Bei dem Versuch einer systematisierenden Betrachtung der pathologischen Veränderungen am peripheren Nerven lassen sich 3 Reaktionstypen des peripheren Nerven auf den entzündlichen Prozeß voneinander abgrenzen. Diese Reaktionstypen sind geprägt durch die Antwort des Immunsystems auf das entzündliche Agens. Bei defekter Abwehrlage, die eine ungehemmte Erregerprolifera-

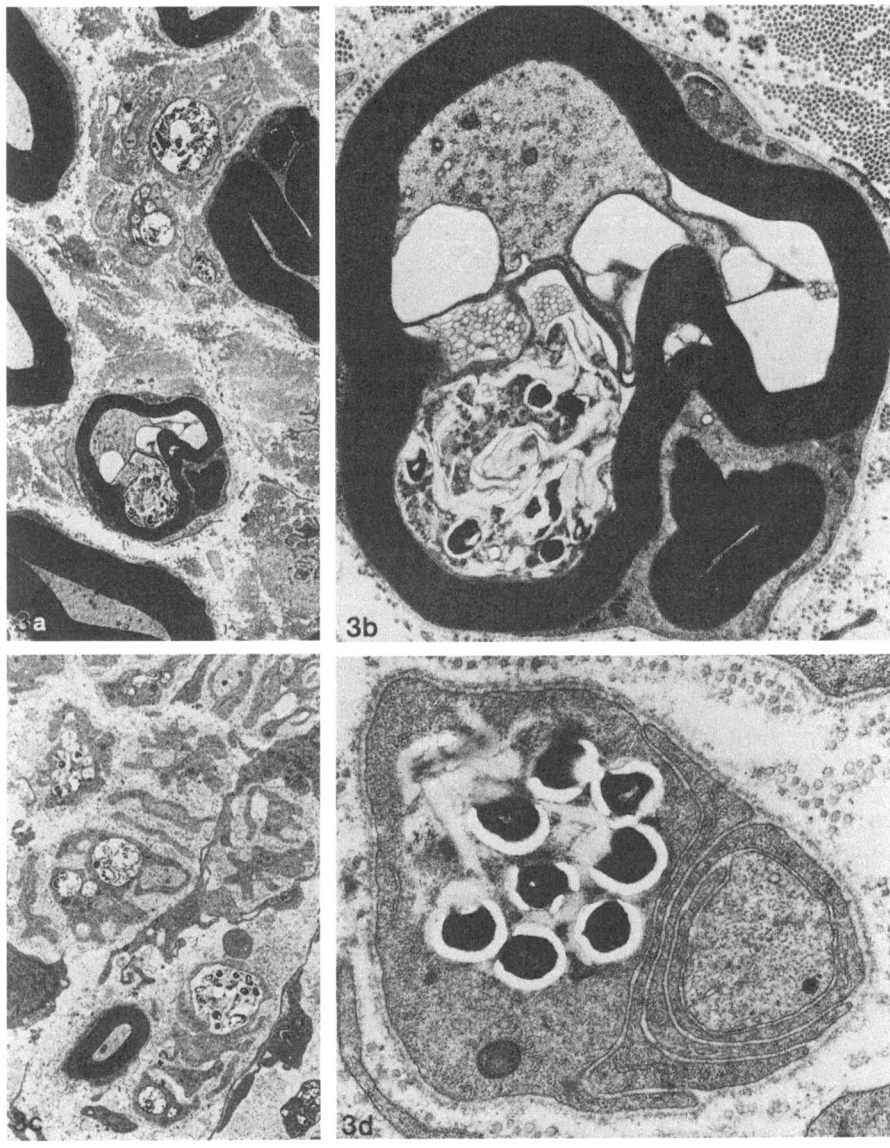

Abb. 3a–d. Neuritis bei lepromatöser Lepra. **a** Die Erreger sind ohne erkennbare zelluläre Reaktion in die Schwann-Zellen von mehreren Remak- und einer Markfaser eingedrungen (Vergr. 5 250:1). **b** Bei hoher Auflösung (Vergr. 16 960:1) ist eine vesikuläre Auflösung des Myelins sichtbar. **c** Remak-Fasern werden im initialen Stadium deutlich bevorzugt von den Mykoplasmen befallen. Einige enthalten keine Axone mehr (Vergr. 5 960:1). **d** Mehrere Erreger (erkennbar als osmiophile Sphaeroide) liegen im Zytoplasma einer Schwann-Zelle. Sie sind offensichtlich nicht von einer Membran gegenüber dem Zytoplasma abgegrenzt (Vergr. 42 500:1)

tion erlaubt, kann es zur direkten Einwirkung des Erregers auf die zellulären Kompartimente des peripheren Nervensystems kommen. Als Beispiel einer derartigen entzündlichen Neuropathie wurde die Neuritis bei lepromatöser Lepra angeführt. Bei intaktem Immunsystem kann der Erreger entzündlich-allergische Reaktionen auslösen, in deren Ablauf das periphere Nervensystem beschädigt wird. Bei der durch eine Vaskulitis bedingten angiopathischen Neuropathie spielen wahrscheinlich entzündlich-allergische Reaktionen vom Immunkomplextypus die entscheidende Rolle. Es wird angenommen, daß die beschriebenen entzündlichen Reaktionen durch Ablagerungen von Antigen-Antikörper-Komplexen in den Gefäßwänden unter Mitwirkung verschiedener Komponenten des Komplementsystems ausgelöst werden. Als stimulierendes Antigen kommt u.a. das Hepatitis-B-Virus in Betracht (GOCKE et al. 1970).

Auch bei der Pathogenese des Guillain-Barré-Syndroms-EAN-Typus spielen entzündlich-allergische Reaktionen, hier die zellvermittelte Überempfindlichkeitsreaktion vom Spättyp, eine Rolle. Es wird angenommen, daß entweder eine Kreuzreaktion zwischen Erreger und Zellmembranen im peripheren Nervensystem oder Membranen infizierter Zellen die spezifische Reaktion, d.h. den gezielten von T-Zellen initiierten Angriff auf das Myelin steuern. Von besonderem Interesse ist in dieser Hinsicht die Marek-Erkrankung der Hühner. Bei dieser durch Viren erzeugten Erkrankung entsteht eine akute Polyradikuloneuritis, die pathologisch von der mit Fremdmyelin induzierten EAN nicht zu unterscheiden ist (LAMPERT et al. 1977; STEVENS et al. 1981). Die „coonhound paralysis", die bei Jagdhunden nach Biß durch Waschbären beobachtet wird, ist ein weiteres Beispiel einer natürlichen Polyradikuloneuritis, die wahrscheinlich durch einen entzündlichen Erreger verursacht wird (HOLMES u. DELAHUNTA 1974). Beim Menschen ist eine Virusinfektion als Ursache eines Guillain-Barré-Syndroms nur in Einzelfällen belegt worden. Dennoch liegt die Vermutung nahe, daß Viren häufiger als bisher festgestellt, in der Pathogenese dieser Erkrankung eine Rolle spielen (BERGER et al. 1981).

Zusammenfassung

Die Pathologie der entzündlichen Neuropathien ist nicht einheitlich. Bei systematisierender Betrachtungsweise lassen sich 3 verschiedene Formen unterscheiden: 1. der Guillain-Barré-Syndrom-EAN-Typus, 2. der vaskulitisch-angiopathische Typus und 3. der Typus der lepromatösen Lepra. Die Ausprägung der einzelnen Formen ist abhängig vom Erregertyp und von der Abwehrlage des Organismus.

Summary

The pathological alterations of polyneuropathies in infectious neuritis show different features. Three types may be differentiated: 1. Guillain-Barré syndrome-EAN type, 2. angiopathic neuropathy due to vasculitis, and 3. a type of lepromatous leprosy. The form of pathological changes is determined by the infectious agent and the immunological predisposition.

Danksagung

Die erwähnten Untersuchungsergebnisse an der experimentell-allergischen Neuritis entstammen einer gemeinsam mit R. A. C. Hughes und M. Kadlubowski (Guy's Hospital, London) durchgeführten, bisher nicht publizierten Studie.

Das Material für die Untersuchung der lepromatösen Lepra wurde mir dankenswerterweise von Frau Dr. Rosalind King, Department of neurological Science, Royal Free Hospital, London, zur Verfügung gestellt.

Fräulein Therese Lauterburg und Herrn Willy Müller schulde ich Dank für ausgezeichnete technische Mitarbeit.

Die Untersuchungen wurden mit großzügiger Unterstützung der Schweizerischen MS-Gesellschaft durchgeführt.

Literatur

Berger JR, Ayyar DR, Sheremata WA (1981) Guillain Barré Syndrome complicating acute Hepatitis B. Arch Neurol 38:366–368

Gocke DJ, Hsu K, Morgan C, Bombardieri S, Lockshin M, Christian CL (1970) Association between polyarteriitis and Australia antigen. Lancet II:1149

Holmes DF, DeLahunta A (1974) Experimental allergic neuritis in the dog and its comparison with the naturally occurring disease, coonhound paralysis. Acta Neuropathol (Berl) 30:329–337

Krücke W (1955) Erkrankungen der peripheren Nerven. In: Henke F, Lubarsch O (Hrsg) Handbuch der speziellen pathologischen Anatomie und Histologie, Bd 13: Nervensystem. Springer, Berlin Göttingen Heidelberg S 1–203

Lampert P, Garrett R, Powell H (1977) Demyelination in allergic and Marek's disease virus induced neuritis. Acta Neuropathol (Berl) 40:103–110

Prineas JW (1972) Acute idiopathic polyneuritis: an electron microscope study. Lab Invest 26:133–145

Sabin TD, Swift TR (1975) Leprosy. In: Dyck PJ, Thomas PK, Lambert EH (eds) Peripheral Neuropathy, vol II. Saunders, Philadelphia

Spencer PS, Weinberg HJ, Raine CS (1975) The perineurial window – a new model of focal demyelination and remyelination. Brain Res 96:323–329

Stevens JG, Pepose JS, Cook ML (1981) Marek's disease: a natural model for the Landry-Guillain-Barré Syndrome. Ann Neurol [Suppl] 9:102–106

Elektrophysiologie der entzündlichen Polyneuropathien

H. P. Ludin

Allgemeine Gesichtspunkte

Es ist nicht möglich, auf Grund elektrophysiologischer Untersuchungen entzündliche von anderen Polyneuropathien zu unterscheiden. Es gibt keinen elektrophysiologischen Befund, der spezifisch für eine besondere Polyneuropathieform wäre. Die Ergebnisse der konventionellen Elektromyographie und Elektroneurographie sollen hier deshalb nur kurz gestreift werden (näheres s. bei Ludin 1981).

In vielen Fällen findet man eine Verzögerung der motorischen und der sensiblen Leitgeschwindigkeiten. Häufig werden allerdings in der 1. Krankheitswoche noch normale Befunde erhoben (Abb. 1). Das Ausmaß der Verzögerung ist sehr unterschiedlich. Es gibt Fälle, bei denen die Leitgeschwindigkeit nicht oder nur leicht verlangsamt oder evtl. auch nur umschrieben an Stellen, die für Druckläsionen prädisponiert sind, gestört sind. Auf der anderen Seite des Spektrums findet man extrem langsame Leitgeschwindigkeiten unter 10 m/s. Zum Nachweis einer leichten Störung ist die sensible Leitgeschwindigkeit sicher geeigneter als die motorische. Auch bei Fällen mit klinisch rein motorischer Polyradikulitis Guillain-Barré läßt sich elektrophysiologisch praktisch immer eine Mitbeteiligung der sensiblen Fasern nachweisen. Dieser Befund kann differentialdiagnostisch gegenüber einer Poliomyelitis bedeutsam sein. Die Verlangsamung der Leitgeschwindigkeit kann einerseits durch eine Markscheidenschädigung bedingt sein, andererseits aber

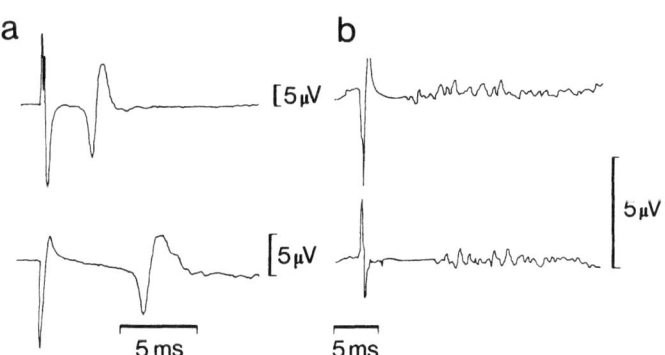

Abb. 1a, b. Sensible Nervenaktionspotentiale vom N. medianus bei einer Patientin mit Polyradikulitis Guillain-Barré. **a** 1 Woche, **b** 3 Wochen nach Krankheitsbeginn. Supramaximale Reizung des N. medianus am Zeigefinger, Ableitung mit unipolaren Nadelelektroden am Handgelenk (*oben*) und in der Ellenbeuge (*unten*). (Nach Ludin 1981)

auch durch einen Verlust der schnellsten Fasern bei axonalen Läsionen. In diesem Fall ist die Verlangsamung allerdings meist nicht so stark wie bei demyelinisierenden Prozessen. Sichere Rückschlüsse auf die Pathologie erlauben elektroneurographische Befunde aber nicht (BUCHTHAL u. BEHSE 1978).

Die Nadelmyographie ist in der Regel weniger ergiebig als die neurographische Untersuchung. Der Ausfall motorischer Einheiten bei maximaler Willkürinnervation ist für sich alleine ein wenig aussagekräftiger Befund. Falls es zu einem axonalen Untergang kommt, können Fibrillationspotentiale und positive scharfe Wellen abgeleitet werden. Man muß allerdings bedenken, daß der Prozeß 2–3 Wochen alt sein muß, bevor diese Spontanaktivität gefunden werden kann. Noch länger dauert es, bis Veränderungen an den Potentialen motorischer Einheiten nachgewiesen werden können. Sie sind deshalb bei der Diagnostik entzündlicher Polyneuropathien praktisch bedeutungslos.

Polyradikulitis Guillain-Barré

Die häufigste und praktisch sicher wichtigste entzündliche Polyneuropathie ist zweifellos die Polyradikulitis Guillain-Barré. In der Folge sollen einige Probleme diskutiert werden, die bei elektrophysiologischen Untersuchungen von Patienten mit diesem Syndrom auftreten.

Nachweis einer proximalen Leitungsstörung

Bei der Polyradikulitis Guillain-Barré kann die segmentale Demyelinisierung auf proximale Anteile der Nerven und Wurzeln beschränkt bleiben, die bei der üblichen neurographischen Untersuchung nicht erfaßt werden. Auch beim Vorliegen von eindeutigen Paresen kann in solchen Fällen außer einer Lichtung des Aktivitätsmusters kein pathologischer elektrophysiologischer Befund in der Peripherie erhoben werden.

GASSEL (1964) hat die Latenzzeiten zu proximalen Muskeln bei Reizung am Erb-Punkt gemessen. Dabei konnte er bei Patienten mit distal normalen Leitgeschwindigkeiten manchmal pathologische Werte messen. Die Ergiebigkeit der Methode ist aber doch recht beschränkt, und außerdem ist die Untersuchung für den Patienten recht schmerzhaft.

Von mehreren Autoren ist die Bestimmung der F-Wellen-Latenzzeit zur Abschätzung der proximalen Leitgeschwindigkeit empfohlen worden, und es wurden auch mehrere Patienten mit distal normalen Leitgeschwindigkeiten und pathologischen F-Wellen-Latenzen beschrieben (KIMURA u. BUTZER 1975; KING u. ASHBY 1976; LACHMAN et al. 1980). Die Zahl dieser Patienten ist aber noch so klein, daß über den Wert der Methode noch kein endgültiges Urteil abgegeben werden kann.

Auch kortikale und spinale evozierte Potentiale können Hinweise auf die Leitung in proximalen Anteilen der peripheren Nerven und der Wurzeln geben. Systematische Untersuchungen bei der Polyradikulitis Guillain-Barré liegen meines Wissens aber noch nicht vor.

Prognose

Es ist möglich, auf Grund der elektrophysiologischen Befunde Hinweise auf die Prognose von Patienten mit Polyradikulitis zu machen (EISEN u. HUMPHREYS 1974; RAMAN u. TAORI 1976). Patienten, die zahlreiche Fibrillationspotentiale und positive scharfe Wellen aufweisen, haben die schlechteste Prognose und die längsten Erholungszeiten. Falls nur wenige oder keine Fibrillationspotentiale gefunden werden, die Leitgeschwindigkeiten aber verlangsamt sind, ist die Prognose bedeutend besser, und die Patienten erholen sich auch viel rascher. Am schnellsten geht die Besserung in den Fällen, wo in der Peripherie keine Spontanaktivität und keine Leitungsverlangsamung gefunden werden. Diese Schlußfolgerungen wurden allerdings von MCLEOD et al. (1976) teilweise in Zweifel gezogen. Insbesondere fanden diese Autoren keine Korrelation zwischen Verlangsamung der Leitgeschwindigkeiten einerseits und Dauer bzw. Vollständigkeit der Erholung andererseits.

Nachuntersuchungen von Patienten mit Polyradikulitis

Bei elektroneurographischen Nachuntersuchungen von Patienten, die früher eine Polyradikulitis Guillain-Barré durchgemacht haben, fanden HOPF et al. (1973) praktisch immer normale elektroneurographische Befunde. MCLEOD et al. (1976) fanden dagegen lediglich in 11 von 18 Patienten eine normalisierte motorische Leitgeschwindigkeit im N. medianus. HAUSMANOWA-PETRUSEWICZ et al. (1977) haben bei 30 geheilten Patienten, die vor mehr als 10 Jahren krank waren, sogar immer Störungen der motorischen und sensiblen Leitgeschwindigkeit gefunden. Bei der Untersuchung von 19 jungen Patienten fanden LUDIN et al. (1977) in 8 Fällen eine Verlängerung der distalen motorischen Latenzzeit und eine Verzögerung der sensiblen Leitgeschwindigkeit im N. medianus.

Umschrieben oder diffus verlangsamte Leitgeschwindigkeiten sind bei Personen, die früher eine Polyradikulitis durchgemacht haben, sicher nichts Außergewöhnliches und müssen nicht auf ein Rezidiv hinweisen.

Zusammenfassung

Es gibt keine elektrophysiologischen Befunde, welche für eine entzündliche Polyneuropathie spezifisch wären. Außer der Bestätigung, daß eine Polyneuropathie vorliegt, können mit der Elektromyographie auch in beschränktem Ausmaße Hinweise auf die Art der Nervenläsion (axonal oder demyelinisierend) und auf die Prognose gewonnen werden. Die Probleme beim Nachweis proximaler Leitungsstörungen werden besprochen.

Summary

There are no electrophysiological findings that are specific for inflammatory neuropathies. Except for confirming the diagnosis of polyneuropathy, electromyography indicates the type of nerve lesion (axonal or demyelinating) and to a certain degree allows a prognosis. The problems in the detection of proximal conduction changes are discussed.

Literatur

Buchthal F, Behse F (1978) In: Cobb WA, Van Dijn H (eds) Contemporary clinical neurophysiology. Elsevier, Amsterdam, pp 373–383
Eisen A, Humphreys P (1974) Arch Neurol (Chic) 30:438
Gassel MM (1964) J Neurol Neurosurg Psychiat 27:200
Hausmanowa-Petrusewicz I, Emaryk-Szajewska B, Rowinsak-Marcinska K, Jedrzejouska H (1977) Electroenceph clin Neurophysiol 43:590
Hopf HC, Althaus HH, Vogel P (1973) Eur Neurol 9:90
Kimura J, Butzer JF (1975) Arch Neurol (Chic) 32:524
King D, Ashby P (1976) J Neurol Neurosurg Psychiat 39:538
Lachman T, Shahani BT, Young RR (1980) J Neurol Neurosurg Psychiat 43:156
Ludin HP (1981) Praktische Elektromyographie, 2. Aufl. Enke, Stuttgart
Ludin HP, Lütschg J, Valsangiacomo F (1977) Z EEG – EMG 8:180
McLeod JG, Walsta JC, Prineas JW, Pollard JD (1976) J neurol Sci 27:145
Raman PT, Taori GM (1976) J Neurol Neurosurg Psychiat 39:169

Rezidivierende und chronische Polyneuritiden
(Erfahrungen mit 24 Fällen und Vergleich mit subakuten Formen)

E. GIBBELS und P. HANN

Unter 300 stationär untersuchten Fällen mit idiopathischen und postinfektiösen Polyneuritiden vom Typ Guillain-Barré finden sich im Kölner Krankengut 24 Fälle, also 8%, mit rezidivierenden und chronischen Verläufen. Diese Krankheitsbilder gelten nach übereinstimmender Meinung als Varianten der klassischen subakuten Formen, obwohl bis heute die Faktoren unbekannt sind, die einen rezidivierenden oder chronischen Verlauf bedingen.

Wie schon von DYCK et al. (1975) hervorgehoben, zeichnen sich dabei vier unterschiedliche Verlaufsmuster ab: rezidivierende, chronisch-monophasische, in Schüben verlaufende und chronisch-progrediente Formen (Tabelle 1). Als *rezidivierend* bezeichneten wir bei der Analyse unseres Krankengutes solche Verläufe, bei denen sich zwischen je zwei monophasischen Erkrankungen nach völligem Abklingen der ersten Polyneuritis – sei es mit oder ohne Defekt – ein freies Intervall von wenigstens einem Jahr abgrenzen ließ. Dies traf für 4 Patienten zu. Sie wiesen nämlich Intervalle von 2–18 Jahren auf. Die Zahl der Rezidive betrug 1–2. Bei 3 dieser 4 Fälle zeichneten sich einzelne Erkrankungen bemerkenswerterweise durch einen chronisch-monophasischen Verlauf aus. Als *chronisch-monophasische Verläufe* wurden jene Fälle eingestuft, bei denen die Ausfälle jenseits der vierten Krankheitswoche noch weiter zunahmen. In dieser zweiten Gruppe finden sich 9 eigene Fälle. Als *schubweise verlaufende Formen* erachteten wir solche, bei denen nach nur leichter und inkompletter Besserung schon nach wenigen Wochen oder Monaten, stets aber innerhalb eines Jahres, eine erneute Zunahme der Symptomatik einsetzte. Hier waren 10 eigene Fälle anzusiedeln, wobei wieder Überschneidungen sichtbar wurden, indem einzelne Schübe bei 2 Patienten wegen der Länge des freien Intervalls als Rezidive einzustufen waren. Im übrigen verzeichneten wir bei den einzelnen Patienten dieser Gruppe 2–10 Schübe in einem überschaubaren Krankheitsverlauf von etwa ½ Jahr bis zu 8 Jahren. Glücklicherweise entsprach nur 1 Fall dem *chronisch-progredienten Verlauf* mit tödlichem Ende.

Tabelle 1. Unterschiedliche Verlaufsweisen chronischer Polyneuritiden

Chronische Polyneuritiden	24 Fälle	
Rezidivierend	4 Fälle	3 von 4 z. T. mit chron. monophasischen Rezidiven
Chron. monophasisch	9 Fälle	
Schubweise fortschreitend	10 Fälle	2 von 10 mit Schüben z. T. nach Art von Rezidiven
Chron. progredient	1 Fall	

Metabolische und entzündliche Polyneuropathien.
Herausgegeben von Gerstenbrand/Mamoli
© Springer-Verlag Berlin Heidelberg 1984

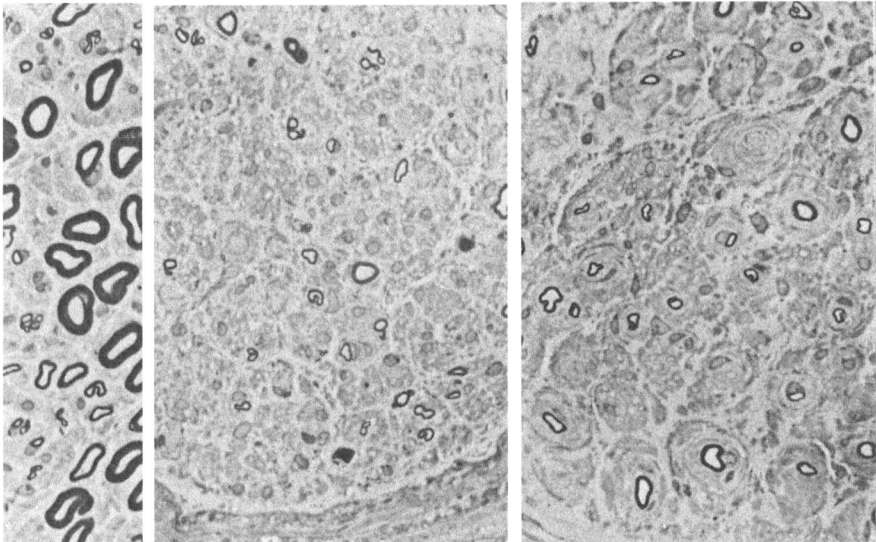

Abb. 1. Phasenkontrastmikroskopischer Befund an Semidünnschnitten von Suralisbiopsaten. *Links* Kontrollfall, *Mitte* chronisch-monophasische, *rechts* schubförmig chronische Polyneuritis. Vergr. 468:1

Ein Vergleich der vier Untergruppen hinsichtlich des klinischen Bildes, der elektrodiagnostischen und der Liquorveränderungen ergab keine auffälligen Abweichungen. Dies mag an der geringen Zahl der Fälle liegen. Eine Ausnahme bilden offenbar die bioptischen Befunde am N. suralis, indem hier bei einem chronisch-monophasischen Krankheitsbild jenseits des Höhepunktes vollständig entmarkte und unvollständig remyelinisierte Axone sowie uncharakteristische Schwann-Zellkomplexe des markhaltigen Typs vorherrschten, bei einer schubförmig verlaufenden Erkrankung jedoch eindrucksvolle Zwiebelschalenformationen der Schwann-Zellen um unvollständig remyelinisierte Axone – Folge der schubweisen Re- und Demyelinisierung – das Bild beherrschten (Abb. 1 und 2). In den entzündlichen Infiltraten fanden wir – anders als POEWE et al. (1981) – keine Plasmazellen.

Um gegebenenfalls *Abweichungen von den klassischen subakuten Formen* der Polyneuritis festzustellen, wurde die Gesamtgruppe der rezidivierenden und chronischen Polyneuritiden – im folgenden kurz „chronisch" bezeichnet – einer gleich großen Gruppe wahllos herausgegriffener klassischer subakuter Formen gegenübergestellt. Hierbei handelt es sich ja um monophasische Verläufe, deren Maximum durchweg nach 2, spätestens aber nach 3 Wochen erreicht wird. In der chronischen Gruppe war das Durchschnittsalter geringer, überdies überwog hier deutlich das männliche Geschlecht (Tabelle 2). Typische „Vorkrankheiten" waren etwa gleich häufig zu verzeichnen. Bei den chronischen Formen kamen eindeutig seltener schwere Erkrankungen vor – gemessen an bulbären Ausfällen und der Notwendigkeit der Beatmung. Die Liquorbefunde wichen nicht wesentlich voneinander ab. Dies gilt für alle Parameter. Eine liquoreigene Produktion von γ-Globulinen wurde nur bei 1 Fall, und zwar in der chronischen Gruppe, angetroffen. Patholo-

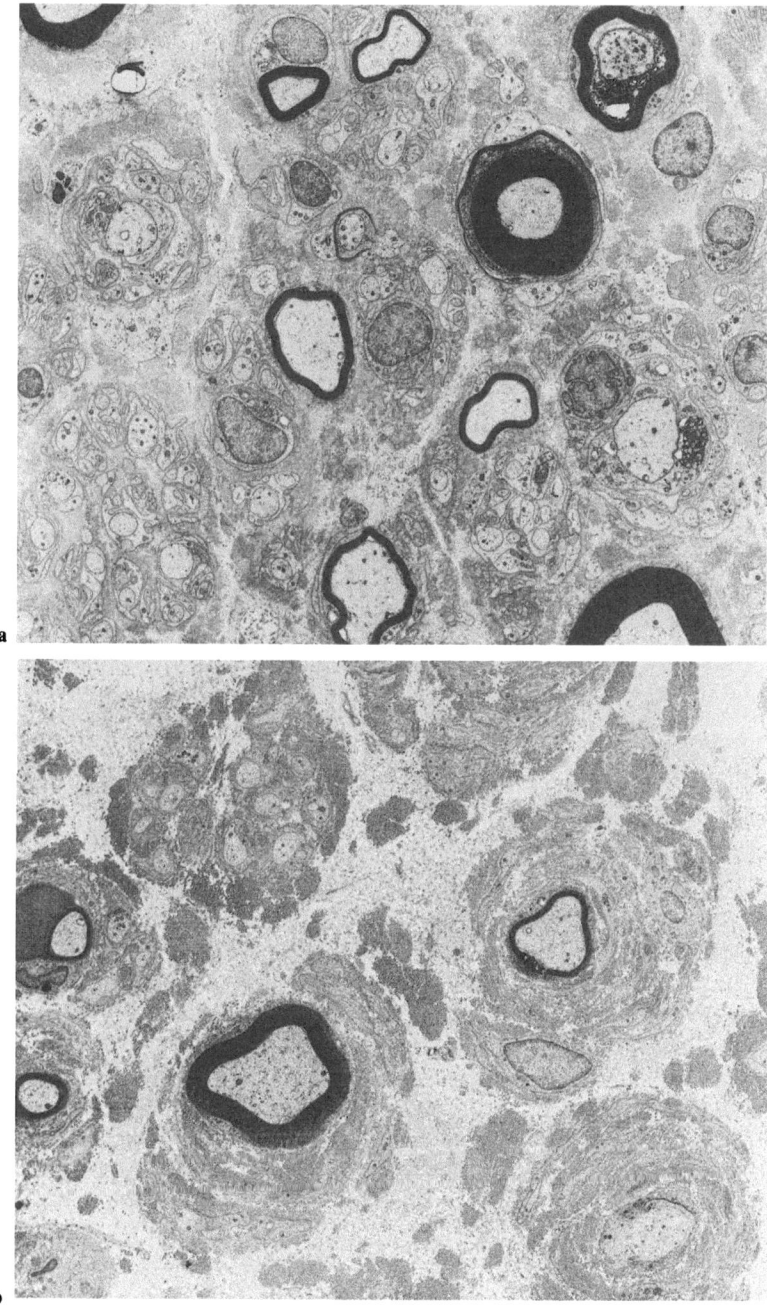

Abb. 2 a, b. Chronische Polyneuritiden. Elektronenmikroskopischer Befund, Suralisbiopsat. **a** Monophasischer Verlauf, **b** schubförmiger Verlauf. Vergr. 2650:1

Tabelle 2. Vergleich klinischer und liquorserologischer Parameter zwischen subakuten und chronischen Polyneuritiden

	Subakute Formen (n=24)	Chronische Formen (n=24)
Mittleres Alter	44 J.	36,5 J.
Geschlecht	11 ♂ : 13 ♀	15 ♂ : 9 ♀
Typische Vorkrankheiten	9 Fälle	6 Fälle
Beatmung erforderlich	6 Fälle	1 Fall
Liquorpleozytose	9 Fälle	8 Fälle
Liquoreiweiß ($\hat{X}_{p50}$)	2,6 KE	2,8 KE

Tabelle 3. Vergleich elektrodiagnostischer und muskelbioptischer Kriterien sowie der Ansprechbarkeit auf immunsuppressive Maßnahmen zwischen subakuten und chronischen Polyneuritiden

	Subakute Formen	Chronische Formen
NLG N. medianus, $\hat{X}_{p50}$	42,10 m/s (n=18)	26,84 m/s (n=18)
Distale Latenzzeit N. medianus, $\hat{X}_{p50}$	6,96 ms (n=18)	7,93 ms (n=18)
Muskelbiopsien	Häufiger Typ-2-Faseratrophie (n=9)	Häufiger Typengruppierung Typ-1-Faserüberwiegen lymphozytäre Infiltrate (n=12)
Ansprechbarkeit		
auf Glukokortikoide	4 von 4 Fällen(?)	6 von 8 Fällen
auf Plasmaaustausch	0 von 1 Fall	3 von 3 Fällen

gische Werte der Nervenleitung und der distalen Latenzzeiten, hier analysiert für den N. medianus, waren eindeutig ausgeprägter in der chronischen Gruppe, Folge der zeitlich ausgedehnteren oder wiederholt ablaufenden Entmarkungen (Tabelle 3). Auch die Muskelbiopsien entsprachen den Erwartungen: Überwiegen der Typ-2-Faseratrophie in der subakuten Gruppe, vermehrte Hinweise auf eine chronische Denervation mit Typengruppierung oder Typ-1-Faserüberwiegen bei den chronischen Fällen. Außerdem kamen hier häufiger kleine interstitielle oder perivaskuläre mononukleäre Infiltrate vor. Ein ganz wesentlicher Unterschied bestand im Ansprechen auf immunsuppressive Maßnahmen. Dies gilt nach unseren Erfahrungen für Glukokortikoide wie für den Plasmaaustausch, der bei jedem der bisher entsprechend behandelten 3 chronischen Fälle zu einer dramatischen, anhaltenden Besserung geführt hat.

Abschließend fassen wir zusammen: Zahlreiche Überschneidungen innerhalb der vier erstellten Untergruppen der chronischen Polyneuritiden sprechen für ein gemeinsames verlaufsbestimmendes Prinzip dieser Fälle. Hierin ist zunächst auch der wesentliche Unterschied zu den klassischen subakuten Formen zu sehen. Das in unserem Krankenmaterial beobachtete geringere Lebensalter der Kranken mit den chronischen Polyneuritiden, das Überwiegen des männlichen Geschlechtes und die im Durchschnitt geringere Schwere der Ausfälle trotz des protrahierten

Verlaufs könnte jedoch wie das bereits allgemein bekannte bessere Ansprechen auf immunsuppressive Maßnahmen darauf hinweisen, daß wir es hier möglicherweise nicht nur mit Varianten der klassischen Polyneuritiden, sondern mit hiervon abzugrenzenden eigenen Krankheitsprozessen zu tun haben. Eine gemeinsame genetische Disposition bei den Kranken mit chronischen Formen wird erörtert, insbesondere wegen des verdächtigen Vorherrschens bestimmter HLA-Typen. Eigene immunologische Untersuchungen an dem hier analysierten Beobachtungsgut sind in Angriff genommen.

Zusammenfassung

Zahlreiche Überschneidungen zwischen vier Verlaufsformen der chronischen Polyneuritiden vom Typ Guillain-Barré sprechen für ein gemeinsames verlaufsbestimmendes Prinzip. Von subakuten Polyneuritiden des eigenen Beobachtungsgutes unterscheiden sich die chronischen Formen vor allem durch Überwiegen des männlichen Geschlechts, geringere Schweregrade, stärker erniedrigte Nervenleitgeschwindigkeit und offenbar besseres Ansprechen auf immunsuppressive Maßnahmen.

Summary

Many overlapping features of four subforms of chronic polyneuritis suggest a common course denominator. The most prominent differences between subacute and chronic cases were a higher incidence in male patients, lower degree of paresis, lower nerve conduction velocity, and apparently a more favourable response to immunsuppressive management.

Literatur

Dyck PJ, Lais AC, Ohta M, Bastron J, Okazaki H, Groover RV (1975) Mayo Clin Proc 50:621
Poewe W, Sluga E, Aichner F (1981) Acta Neuropathol [Suppl VII] (Berl) 262

Chronische Polyneuritis – klinische und bioptische Beobachtungen

E. SLUGA und W. POEWE

Einleitung

Der idiopathischen Polyradikuloneuritis wurde seit der Originalbeschreibung durch GUILLAIN et al. (1916) eine umfangreiche Literatur gewidmet.

Die klassischen Formen mit akut-monophasischem Verlauf blieben dabei in ihrer nosologischen Stellung unbestritten. Ihre Pathogenese konnte inzwischen als zellulär-vermittelter immunpathologischer Entmarkungsprozeß analog der akuten experimentell-allergischen Neuritis (EAN) verstanden werden (WAKSMAN 1963; ASHBURY et al. 1969; WISNIEWSKI et al. 1969; PRINEAS 1972). Transformierte und transformierbare Lymphozyten im Blut wurden nachgewiesen (COOK u. DOWLING 1968; WHITAKER et al. 1969). Myelintoxische Effekte werden durch Zellen (ARNASON et al. 1969), aber auch humorale Faktoren, insb. Antikörper der IgM-, auch der IgG-Klasse verursacht (COOK et al. 1971; DUBOIS-DALCQ et al. 1971). IgM und Komplement finden sich an der Markscheide lokalisiert, durch Immunfluoreszenzuntersuchungen dargestellt (LUIJTEN u. BAART 1972).

Demgegenüber war die nosologische Abgrenzung subakut-chronischer und chronisch-rezidivierender Verlaufsformen lange umstritten, und über ihre klinischen, elektrophysiologischen und bioptischen Merkmale lagen weniger Informationen vor. Erst in den letzten Jahren sind die chronischen Formen der idiopathischen Polyneuritis wieder verstärkt beobachtet worden, wobei anhand klinischer und histologischer Befunde ihre Stellung als Variante des Guillain-Barré-Syndroms mit einem gleichartigen zellvermittelten Entmarkungsprozeß unterstrichen wurden (THOMAS et al. 1969; PRINEAS 1971; DYCK et al. 1975; PRINEAS u. McLEOD 1976). Spontane Rezidive oder Chronizität aber lassen Unterschiede der Immunpathogenese annehmen, wofür jüngste Untersuchungen von DALAKAS u. ENGEL (1980) Hinweise geben.

Im folgenden werden anhand 10 eigener Fälle die klinischen, elektrophysiologischen, Liquor- und bioptischen Befunde bei subakut-chronischen und chronisch-rezidivierenden Polyneuritisformen diskutiert.

Patientengut und Klinik

In den letzten 3 Jahren wurden von uns 10 Patienten mit der Diagnose einer chronischen idiopathischen Polyneuritis untersucht (Tabelle 1). Männer und Frauen waren gleich häufig vertreten, das Manifestationsalter lag zwischen 17 und 75 Jah-

Tabelle 1. Übersicht über die klinischen Daten von 10 Patienten mit chronischer Polyneuritis (a = Jahre)

Patientengut und klinische Daten

Zahl	Alter	Verlauf der Erkrankung			Dauer der Erkrankung	Klinische Syndrome
		Subakut	Chron.	Schubf.		
10	17–75[a] ⌀ 48[a]	2	5	3	10–1[a]	Aszendierend Senso-motor. UE > OE

ren (durchschnittlich 48 Jahre). Der Krankheitsverlauf war bei 7 Patienten subakut oder chronisch, 3 Patienten zeigten einen chronisch-rezidivierenden Verlauf. Die Krankheitsdauer lag zwischen 1 und 10 Jahren.

Die klinische Symptomatik war in allen Fällen von einer distal-symmetrischen Polyneuropathie geprägt, wobei die unteren Extremitäten mehr als die oberen betroffen waren. In der Regel war der Verlauf aszendierend, so daß eine proximale Mitbeteiligung nicht selten war. Das Verhältnis sensibler und motorischer Ausfälle war unterschiedlich, wobei bei den leicht verlaufenden Fällen und auch bei den schubförmigen Verläufen sensible Symptome anfänglich oft im Vordergrund standen. Die chronischen Verlaufsformen zeigten dagegen ausgeprägte sensomotorische Polyneuropathiesyndrome mit schweren Paresen und Atrophien, die in einem Fall zu Gehunfähigkeit führten.

Zusatzbefunde

Unter den Zusatzbefunden (Tabelle 2) war das Liquoreiweiß stets erhöht, in 5 Fällen über 100 mg-%. Das Liquor-IgG war in 5 Fällen erhöht, in 3 Fällen im Normbereich gelegen und in 2 Fällen grenzwertig.

Tabelle 2. Tabellarische Zusammenstellung der liquorologischen, elektrophysiologischen und bioptischen Befunde bei 10 Patienten mit chronischer Polyneuritis

Befunde

Liquor-EW		NLG (N. peron.)		Biopsie				
Gesamt-EW	IgG	↓ 28 m/s	40–30 m/s	Entzündung	Entmarkung	Remyelinisierung	Hypertrophie	Axonale
60–140 mg-%	↑ ↑ ↑ 5× 2× 3×	8× (2× = 0)	2×	4×	+3× 2× +1×	+2×	1×	+3× +2× 3×

Die motorischen Nervenleitgeschwindigkeiten wurden im N. peronaeus und N. medianus kontrolliert, wobei im N. peronaeus in 8 Fällen ausgeprägte Verzögerungen der maximalen motorischen NLG mit Werten unter 28 m/s bzw. bei 2 Fällen nicht mehr bestimmbare Werte gefunden wurden. In 2 Fällen lag nur eine mäßige Verzögerung mit Werten zwischen 30 und 40 m/s im N. peronaeus vor.

Bioptische Befunde

Bei allen Patienten wurden Biopsien des N. suralis entnommen und licht- und elektronenmiskroskopisch untersucht. In Abhängigkeit von der Schwere des Krankheitsbildes wurden unterschiedliche Veränderungen beobachtet (Tabelle 2).

Bei den klinisch leichter verlaufenden Fällen fanden sich mitunter nur Einzelfaserdegenerationen als krankheitsunspezifischer Befund. Solche Einzelfaserdegenerationen im N. suralis sind als sekundäre Folgen des schwerpunktmäßig weiter proximal gelegenen entzündlichen Prozesses zu sehen. In 7 unserer Fälle konnten aber demyelinisierende Veränderungen nachgewiesen werden, die bei 1 Patienten mit hypertrophen Veränderungen einhergingen, in 2 Fällen ohne Entzündungsveränderungen aber mit axonalen Läsionen auftraten und bei 4 Patienten das Vollbild der Entzündung zeigten (Tabelle 2).

Ein krankheitsunspezifischer Befund in der Suralisbiopsie schließt also die Diagnose der Polyneuritis keineswegs aus, für die immer das klinische Gesamtsyndrom entscheidend ist.

Die Analyse der 7 krankheitsspezifischen Syndrome und Entmarkungen zeigten: Bei den klinisch schwerstverlaufenden Fällen fanden sich lichtmikroskopisch ausgeprägte peri- und endoneurale entzündliche Infiltrate, häufig in perivaskulärer Lokalisation (Abb. 1). Die entzündlichen Infiltrate enthielten neben mononukleär-lymphozytären Zellen auch Plasmazellen, deren Präsenz elektronenmikroskopisch bestätigt werden konnte (Abb. 2). In der Immunfluoreszenz zeigten sie sich als IgG-positive Zellen.

Elektronenmikroskopisch imponierte das reichliche Vorkommen von mononukleären Zellen, einige wenige waren Lymphozyten (Abb. 2); zahlreich waren Makrophagen anzutreffen (Abb. 3–9 u. 11–13). Diese lagen teilweise frei im Endoneurium (Abb. 7), vielfach aber innerhalb der Basalmembran von Markfasern (Abb. 4–6, 8, 9 u. 13).

Abb. 1. Entzündliche Infiltrate peri-, endoneural und perivaskulär. (Nervus-suralis-Biopsie, Längsschnitt. Limi., HE, Vergr. 63:1)

Abb. 2. Infiltratzellen im Endoneurium. *P* – Plasmazelle, *L* – Lymphozyt. (Elmi., Vergr. 4000:1)

Abb. 3. Makrophagen im Endoneurium. (Elmi., Vergr. 6000:1)

Abb. 4. Invadierter Makrophage an bemarkter Nervenfaser. (Elmi., Vergr. 4000:1)

Abb. 5. Myelin-„splitting" durch Makrophagenfortsatz. (Elmi., Vergr. 6000:1)

Abb. 6. Invadierter Makrophage mit Markabbauprodukten an entmarkter Nervenfaser. (Elmi., Vergr. 9000:1)

Chronische Polyneuritis – klinische und bioptische Beobachtungen

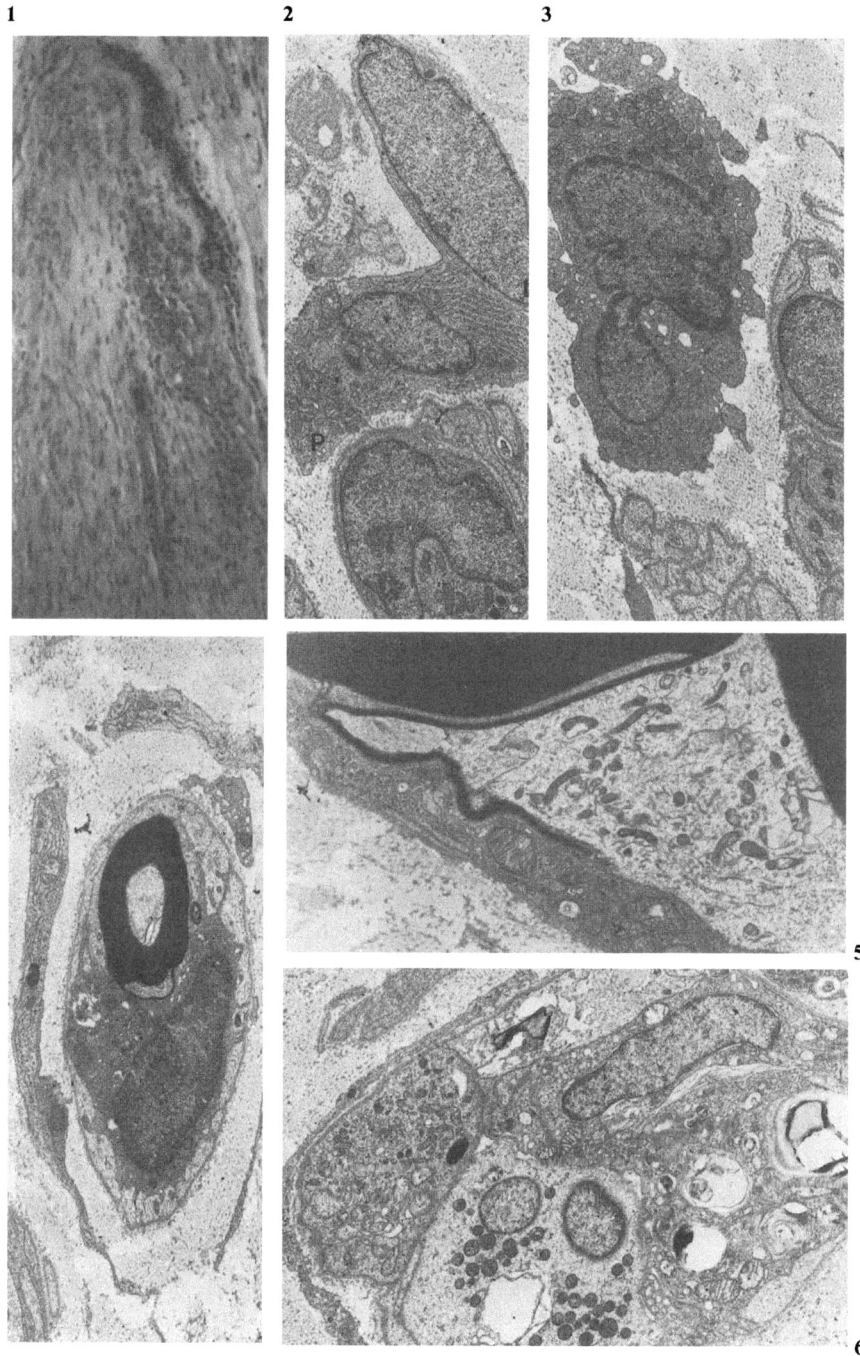

Abb. 1–6

Die Nervenfasern selbst zeigten demyelinisierende Veränderungen, überwiegend im Zusammenhang mit invadierten Makrophagen, die in unmittelbaren Kontakt zur Markscheide bzw. letztlich zum Axon kamen (Abb. 4, 5 u. 13). Die originären Schwann-Zellen wurden an den Rand verdrängt (Abb. 4, 6, 8 u. 13). „Myelin splitting" durch Fortsätze der invadierten Makrophagen trat auf (Abb. 5). Spätere Stadien dieses Entmarkungsprozesses zeigten sich durch Schwann-Zellfreie oder -arme Basalmembrankomplexe, in denen überwiegend Makrophagen, bereits ohne Markabbauprodukte, anzutreffen waren (Abb. 8 u. 9). Sie traten zahlreich auf, mehrfach mit einem Axon, das ohne zelluläre Hülle, nur von Basalmembran umgeben, extrudiert war (Abb. 9). Ein Verlust der ursprünglichen Schwann-Zellen war anzunehmen. Selten waren entmarkte Axone ohne Makrophagenbezug anzutreffen (Abb. 10). Sie waren von einer Schwann-Zelle mit verändertem hellen, vakuolisierten, organellenarmen Zytoplasma umgeben, und ein Plasmazellfortsatz war in unmittelbarer Nähe (Abb. 10).

Der Markabbau erfolgte in den Makrophagen. Frühe Stadien in invadierten Makrophagen zeigten typische Markballen (Abb. 6 u. 13). In den zahlreichen Makrophagen, die frei im Endoneurium lagen, fanden sich gleichförmig strukturierte Markabbauprodukte späterer Stadien (Abb. 7). Sie zeigten sich stets als schwach osmiophil mit granulärer Matrix und zahlreichen Membranstrukturen (Abb. 7).

Neben Demyelinisierung und Abbauvorgängen waren bei den chronisch-rezidivierenden, aber auch einigen der chronisch-progredienten verlaufenden Fälle Remyelinisierungen im Gange. Zahlreiche Axone hatten bereits wieder eine komplette Umhüllung von neuen Schwann-Zellen und deren Fortsätze (Abb. 11 u. 12). Vielfach traten mehrere Schwann-Zellen um solche Axone auf („supernumerary"), öfters lagen kleine Zwiebelschalenbildungen vor (Abb. 12). Mehrfach waren um die von neuen Schwann-Zellen wieder umgebenen Axone einige Lamellen von freien Basalmembranen anzutreffen (Abb. 11), ein weiterer Hinweis auf den Verlust von originären Schwann-Zellen. Die Remyelinisierung zeigte sich durch schmale Markmäntel, teilweise noch mit losem Myelin (Abb. 12). Makrophagen waren auch in diesem Stadium der Veränderungen noch anzutreffen (Abb. 11 u. 13).

Diskussion

Die bei unseren Fällen bioptisch nachweisbaren Veränderungen in peripheren Nerven bestätigen, daß auch den chronischen Formen der idiopathischen Polyneuritis

---

Abb. 7. Freier Makrophage mit persistenten Markabbauprodukten. (Elmi., Vergr. 9000:1)

Abb. 8. Basalmembran-Zell-Fortsatzkomplex ohne Axon. Zentrale Zelle vom Makrophagentyp. Keine Abbauprodukte. Randständig heller Schwann-Zellfortsatz. (Elmi., Vergr. 6000:1)

Abb. 9. Basalmembran-Zell-Fortsatzkomplex mit extrudiertem Axon. Zentrale Zelle vom Makrophagentyp. (Elmi., Vergr. 15000:1)

Abb. 10. Demyelinisiertes Axon in veränderter Schwann-Zelle. Helles, vakuolisiertes, organellenarmes Zytoplasma. Kein Makrophagenbezug. *P* – Plasmazelle. (Elmi., Vergr. 24900:1)

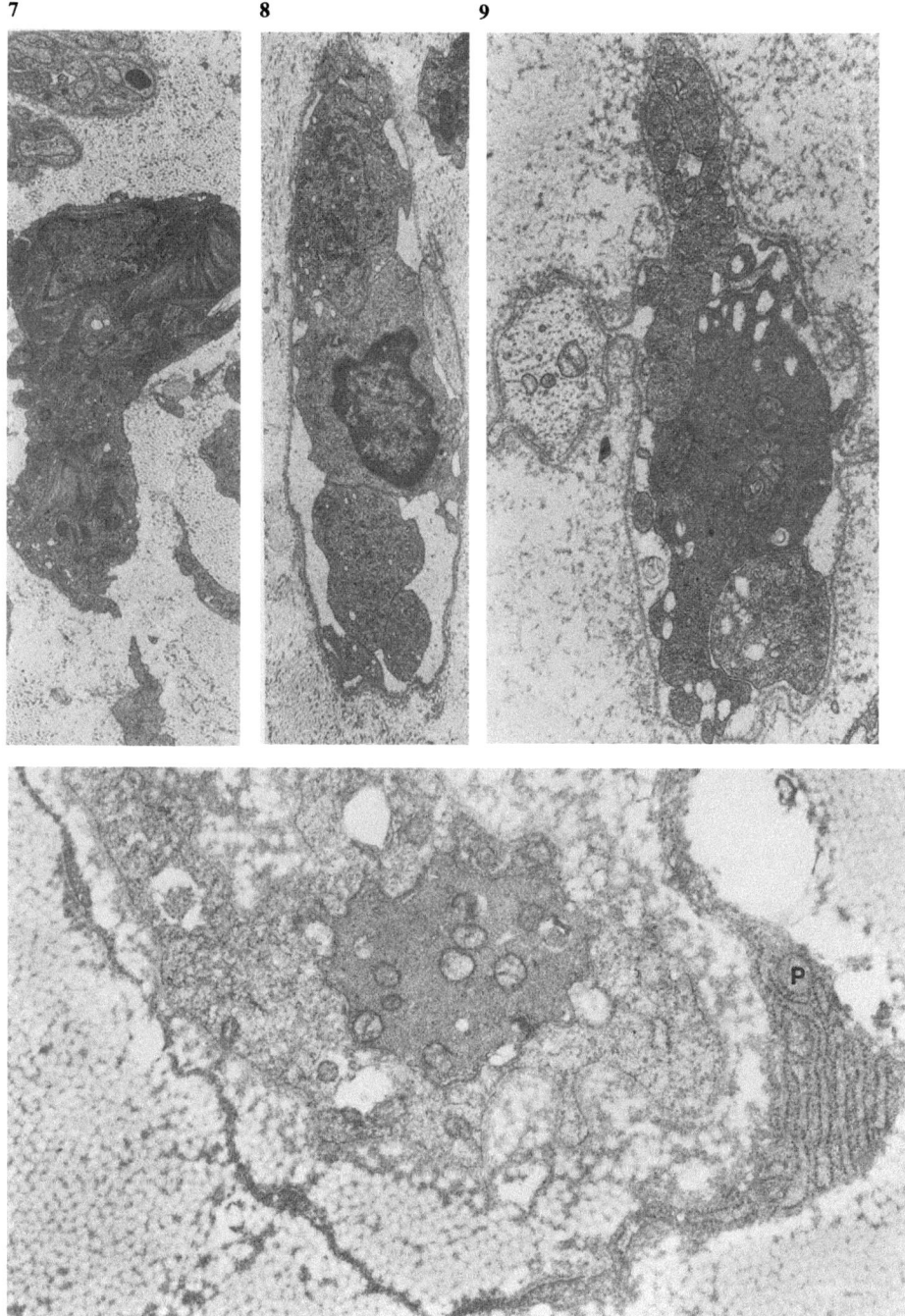

Abb. 7–10

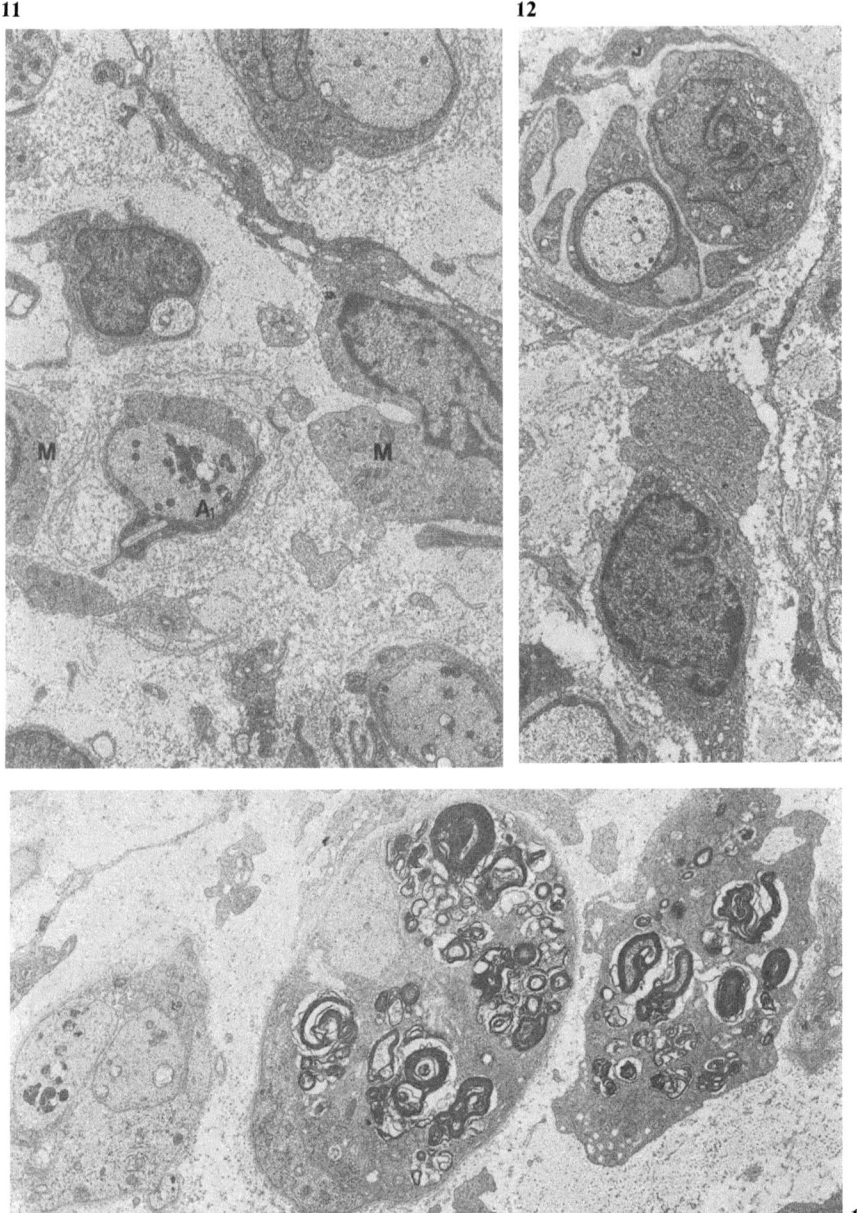

Abb. 11–13

Abb. 11. Beginnende Remyelinisierung. Axone von Schwann-Zellen umgeben. Um A_1 mehrere Schichten von freien Basalmembranen. *M* – Makrophagen. (Elmi., Vergr. 6000:1)

Abb. 12. Remyelinisierendes Axon, von mehreren Schwann-Zellen und Fortsätzen („supernumerary") umgeben. (Elmi., Vergr. 6900:1)

Abb. 13. Rezente Entmarkung durch invadierten Makrophagen in Zone mit Remyelinisierungen. (Elmi., Vergr. 6000:1)

ein zellvermittelter Entmarkungsprozeß zugrunde liegt. Darüber hinaus konnten weitere bzw. neue Informationen gewonnen werden.

Das gleichzeitige Vorkommen von De- und Remyelinisierungen war nicht nur bei rezidivierenden, sondern auch bei chronisch-progredient verlaufenden Fällen anzutreffen. Dies weist darauf hin, daß es sich bei den chronischen Polyneuritiden um kein monophasisches Geschehen, sondern um einen fortschreitenden Prozeß mit selbstperpetuierenden Merkmalen handelt. Eine solche Prozeßdynamik wurde aus experimentellen Befunden diskutiert (WISNIEWSKI et al. 1974).

Die elektronenmikroskopisch nachweisbare Persistenz von Myelinabbauprodukten bestimmter Abbauphasen ist bisher bei menschlichen peripheren Entmarkungskrankheiten noch nicht beschrieben worden, wohl aber in tierexperimentellen Untersuchungen von LASSMANN et al. (1978, 1979). Sie konnten die lange Persistenz von membranhaltigen, stark osmiophilen, PAS-positiven Produkten bei entzündlichen Entmarkungserkrankungen nachweisen und nehmen eine zeitliche Verschiebung im Myelinabbau an, wobei die Glykolipide im Vergleich zu den Phospholipiden langsamer abgebaut werden. Welche Faktoren die längere Persistenz der Glykolipide beim „entzündlichen Markabbautyp" bedingen, steht noch zur Diskussion.

Auffallend an unserem Biopsiematerial war die erhebliche Involvierung von Schwann-Zellen, an Nervenfasern mit zellvermittelter Entmarkung, gelegentlich auch ohne eine solche. Auf die besondere Stellung der Schwann-Zellen für die Pathogenese der chronischen Polyneuritiden weisen auch jüngste Untersuchungen von DALAKAS u. ENGEL (1980) hin. Sie haben mittels Immunfluoreszenz die Ablagerung von nichtkomplementbindenden IgM-Antikörpern an der Schwann-Zelloberfläche nachgewiesen und auf den Unterschied zu akuten Polyneuritisfällen hingewiesen, bei denen komplementbindende IgM-Antikörper entlang der Markscheide abgelagert werden (LUIJTEN u. BAART 1972). Es ist daher für die chronische Polyneuritis ein gegenüber den akuten Formen unterschiedlicher immunpathologischer Mechanismus anzunehmen, bei dem die Schwann-Zelle selbst das „Target"-Organ ist. Ein glykoproteinhaltiges Oberflächenantigen der Schwann-Zellen könnte eine primäre Rolle spielen. Humorale Faktoren werden in den Vordergrund gestellt, eine Bindung von IgM an die Schwann-Zelloberfläche wird angenommen. Makropageninvasion und Markabbau sind nachgeordnete Phänomene.

Ein Unterschied im pathogenetischen Mechanismus zwischen akuten und chronischen Polyneuritisformen kann auch aus neueren Liquorbefunden abgeleitet werden. DALAKAS et al. (1980) konnten bei chronischer Polyneuritis im Liquor ein persistierendes monoklonales IgG-Band nachweisen, das auch durch Kortikosteroidbehandlung unbeeinflußt blieb und deutlich verschieden von den transienten oligoklonalen IgG-Vermehrungen der akuten Polyneuritis ist. Transiente IgM-Vermehrung kommt bei chronischen Polyneuritiden vor, diese aber ist verlaufs- und therapieabhängig.

Therapeutisch sind die chronischen Formen idiopathischer Polyneuritis einer Behandlung mit Kortikosteroiden zugänglich. Rezidive bei den schubförmigen Verläufen sind nicht immer zu verhindern. Ein Langzeitregime, gemeinsam mit immunsuppressiver Therapie ist erforderlich (DALAKAS u. ENGEL 1981). Erste Erfolge konnten auch mit der Plasmapherese erzielt werden.

Zusammenfassung

An 10 Patienten mit chronischer Polyneuritis, 3 mal mit schubförmigem Verlauf, wurden Klinik, Liquorbefunde, Nervenleitgeschwindigkeit (NLG) und Nervenbiopsien untersucht. Charakteristisch waren: distal-symmetrisches Polyneuropathiesyndrom, vorwiegend motorisch, oft auch proximal, Liquordissoziation mit elektiver IgG-Vermehrung und stark reduzierter NLG. Im peripheren Nerven wurden zellvermittelte Entmarkungen, simultane De- und Remyelinisierungen, erhebliche Schwann-Zellveränderungen und Persistenz glykolipidhaltiger Markabbauprodukte gefunden. Es ergaben sich eigenständige Parameter für die chronischen Formen. Der Entmarkungsprozeß ist „selbstperpetuierend" und nicht monophasisch, wie bei den akuten Formen. Schwann-Zellen bzw. deren Oberflächenantigene haben eine zentrale Funktion im immunpathologischen Prozeß. Therapeutisch ist ein gutes Ansprechen auf Kortikosteroide charakteristisch. Langzeittherapien kombiniert mit Immunsuppressiva, evtl. auch Plasmapherese, sind oft erforderlich.

Summary

Clinical, CSF, electrophysiological, and pathological findings in 10 cases of chronic polyneuritis, 3 of them with a relapsing course, are described. Signs of distal-symmetrical, sensorimotor deficit appeared, often of predominantly motoric type, frequently with proximal weakness. Elevated CSF protein, increase in IgG, and markedly reduced NCV were characteristic. In peripheral nerves, cell-mediated demyelination, simultaneous de- and remyelination, considerable involvement of Schwann cells, and long-persisting glycoprotein-rich myelin-degradation products were observed. Particular features for the chronic type of polyneuritis were found. The demyelinating process is "self-perpetuating" and not monophasic as compared to the acute forms. Schwann cells, i.e., their surface antigens, seem to be targets of the immune response. Corticosteroids are effective in chronic polyneuritis. Long-term treatment in combination with immunosuppressants and plasmapheresis is often necessary.

Literatur

Arnason BGW, Winkler GF, Hadler NH (1969) Lab Invest 21:1–10
Ashbury KA, Arnason BG, Adams RD (1969) Medicine 48:173–215
Cook SD, Dowling PC (1968) Arch Neurol 24:583–690
Cook SD, Dowling PC, Murray M, Whitaker JN (1971) Arch Neurol 24:136–144
Dalakas MC, Engel WK (1980) Arch Neurol 37:637–640
Dalakas MC, Engel WK (1981) Ann Neurol 9:134–145
Dalakas MC, Hooff SA, Engel WK, Madden DL, Sever JL (1980) Neurology 30:864–867
Dubois-Dalcq M, Buyse M, Buyse G, Gorce F (1971) J Neurol Sci 13:67–83
Dyck PJ, Lais AC, Ohta M, Bastron JA, Okazaki H, Groover RV (1975) Mayo Clin Proc 50:621–637
Guillain G, Barré JA, Strohl A (1916) Bull Soc Med Hôp Paris 40:1462–1470

Lassmann H, Wisniewski HM (1979) Brain Res 169:357–368
Lassmann H, Ammerer HP, Jurecka W, Kulnig W (1978) Acta Neuropathol (Berl) 44:103–109
Luijten JAFM, Baart de la Faille-Kuyper EH (1972) J Neurol Sci 15:219–214
Prineas JW (1971) Acta Neuropathol (Berl) 18:34–57
Prineas JW (1972) Lab Invest 26:133–147
Prineas JW, McLeod JG (1976) J Neurol Sci 27:427–458
Thomas PK, Lascelles RG, Hallpike JF, Hewer RL (1969) Brain 92:589–606
Waksman BH (1963) In: Rose A, Pearson CM (eds) Mechanism of demyelination. McGraw-Hill, New York
Whitaker JN, Hirano A, Cook SC, Dowling PC (1969) Neurology 19:313
Wisniewski HM, Terry RD, Whitaker JN, Cook SD, Dowling PC (1969) Arch Neurol 21:269–276
Wisniewski HM, Steven WB, Carter H, Eylar H (1974) Arch Neurol 30:347–358

Neuroradikulomyelitis viraler Genese

G. LADURNER, G. BONÉ, G. RADL, D. STÜNZNER und G. KLEINERT

Erkrankungen des peripheren Nervensystems sind bei Allgemeinerkrankungen – insbesondere bei Stoffwechselstörungen – nicht so selten, treten jedoch meist gegenüber den Allgemeinsymptomen in den Hintergrund. Ähnlich könnte die Situation des peripheren Nervensystems bei entzündlichen Erkrankungen definiert werden, wenn nicht hier das oft akute Einsetzen der Polyneuroradikulitis mit lebensbedrohlicher Entwicklung der Symptome das klinische Bild wesentlich dramatischer gestalten würde. Damit ist auch die klinische Symptomatologie der entzündlichen Erkrankungen des peripheren Nervensystems mit Einschluß des Rückenmarkes eine sehr vielfältige, wobei die Abgrenzung nach anatomischen Strukturen, z. B. peripherer Nerv, Wurzel oder Myelon, nicht immer einfach bzw. manchmal überhaupt unmöglich sein wird. Neben diesem Problem der Definition wird vor allem auch epidemiologischen Faktoren Augenmerk geschenkt werden müssen, da diese das Krankengut sehr beeinflussen können. Es soll daher im weiteren auf die Patienten eines definierten Einzugsgebietes eingegangen werden, bei denen die Diagnose einer entzündlichen, viral bedingten Erkrankung des peripheren Nervensystems – mit Einschluß des Rückenmarkes – gestellt worden ist. Dabei sollen insbesondere das Problem des Erregernachweises und der klinische Verlauf betrachtet werden.

Krankengut und Methodik

Es wurden insgesamt 155 Patienten mit einer Myelitis, Radikulitis oder Neuritis in den Jahren 1973 bis inklusive 1980 an der Psychiatrisch-Neurologischen Klinik Graz untersucht. Dabei wurde bei jedem Patienten neben den anderen Untersuchungen zumindest eine Lumbalpunktion sowie zwei serologische Befunde des Blutes zur Frage der Ätiologie erhoben.

Bei 45 Patienten wurde serologisch eine FSME diagnostiziert (Hämagglutinationshemmtest, 2 Mercaptoäthanolreaktion). Bei 10 Patienten konnte eine virale Genese anderer Art (6 Herpes zoster, 3 Zytomegalie, 1 Ornithose) nachgewiesen werden. In 100 Fällen, d.h. bei 67% der Patienten, konnte keine Erregerdiagnose gestellt werden.

Die Prognosebeurteilung wurde zum Zeitpunkt der Entlassung der stationären Behandlung durchgeführt. Kontrolluntersuchungen wurden im allgemeinen danach nicht mehr durchgeführt.

Ergebnisse

Bei Betrachtung der Verteilung des neurologischen Ausfallmusters fand sich zwischen der Gruppe der Patienten mit einer FSME und den nicht näher zuordenbaren Patienten (Tabelle 1) ein wesentlicher Unterschied im Verteilungsmuster. Dabei bestand ein ähnliches Bild in Hinblick auf das Auftreten einer peripheren Fazialisparese, während eine Hirnnervenpolyneuritis signifikant häufiger bei den nicht zuordenbaren Patienten vorgelegen hatte. Eine Myelitis war dagegen signifikant häufiger bei den Patienten mit einer FSME zu finden. Die 10 abgeklärten Fälle mit viralen Infektionen anderer Genese, zeigten in 6 Fällen bei einem Herpes zoster eine Fazialisparese, einmal eine Ornithose mit einer Polyneuritis, während 3 Patienten mit einer Zytomegalie zweimal ein Guillain-Barré-Syndrom und einmal eine Fazialisparese aufwiesen. Die klinische Zuordnung war dabei – abgesehen von den Fällen mit einer isolierten Fazialisparese und einer isolierten Myelitis – nicht immer trennscharf, da oft mehr als nur ein anatomisches System betroffen war.

Die Beurteilung der Prognose (Tabelle 2) zeigt ebenfalls wesentliche Unterschiede der FSME gegenüber den Viruserkrankungen anderer Genese. Dabei ist vor allem die Rückbildung neurologischer Ausfälle bei der FSME, abgesehen von der Myelitis, insgesamt besser als bei den anderen Krankheitsgruppen. Dies gilt sowohl für die Fazialisparesen als auch für die Polyneuritis.

Tabelle 1. Erregernachweis und Symptomatologie

FSME	Lokalisation	ohne Virusnachweis
13	periph. Fazialisparese	37
2	Hirnnervenpolyneuritis	18[b]
2	Guillain-Barré	10
16	Radik. Neuritis	35
12[a]	Myelitis	–
45	Gesamt	100

[a] $p < 0{,}05$
[b] $p < 0{,}001$

Tabelle 2. Erregernachweis und Prognose

FSME			Viral Exkl. FSME	
Zahl	Restsympt.	Lokalisation	Zahl	Restsympt.
13	1	periph. Fazialisparese	44	19
2	–	Hirnnervenpolyneuritis	18	14
2	2	Guillain-Barré	12	8
16	4	Radik. Neuritis	36	30
12	8	Myelitis	–	–
45	15	Gesamt	110	71[a]

[a] $p < 0{,}001$

Bei 26 Patienten wurde eine Bestimmung der Immunglobuline im Blut durchgeführt. Dabei war die Verteilung pathologischer Befunde in Hinblick auf Hirnnervenpolyneuritis, Guillain-Barré-Syndrom oder Polyneuritis unauffällig. Es zeigte sich, daß 5 der 26 untersuchten Patienten, d. h. 20%, ein Immunglobulindefizitsyndrom aufwiesen.

Diskussion

Wenn es sich auch bei den entzündlichen Erkrankungen des peripheren Nervensystems um insgesamt seltene Krankheitsbilder handelt, so sind die Verläufe besonders bei den Formen mit einem Guillain-Barré-Syndrom bzw. einer Polyradikulitis häufig dramatisch. Dabei spielen sicher neben direkten unmittelbaren Entzündungsvorgängen, wie z. B. bei der FSME, auch immunologische Vorgänge nach Ablauf der Akutphase, wie dies beim Guillain-Barré-Syndrom gezeigt werden konnte, eine Rolle. Hier liegt vielleicht auch ein Bindeglied zwischen den akuten entzündlichen Erkrankungen und den chronisch persistierenden Entzündungen im Sinne von Slow-Virus-Infektionen bzw. den Autoimmunerkrankungen (LASSMANN et al. 1981).

Im eigenen Krankengut konnte nur bei 30% der Patienten ein gesicherter Erregernachweis geführt werden. Auf Grund epidemiologischer Bedingungen stehen bei den nachgewiesenen Erregern die Patienten im Vordergrund, bei denen eine FSME vorgelegen hatte. Dabei ist auffällig, wenn dies auch in Einzelfällen schon beschrieben worden ist (ERBSLÖH u. KOHLMEYER 1968; LADURNER et al. 1976; REISNER 1981), daß neben dem Rückenmark auch das periphere Nervensystem befallen werden kann. Die FSME weist dabei eine günstigere Prognose auf als analoge Erkrankungen, die durch andere nicht näher spezifizierbare Viren verursacht worden sind. Bei den Fazialisparesen könnte dies z. T. durch das Vorliegen von Patienten mit Banwarth-Formen erklärt werden, da diese durch besonders protrahierte Verläufe und langes Bestehenbleiben auch objektiv faßbarer neurologischer Symptome und Liquorveränderungen gekennzeichnet sind. Zusätzlich können vielleicht die schon zuvor angeführten sekundären immunologischen Vorgänge zu einem Unterhalten der Erkrankung führen und damit den Verlauf anders gestalten als dies bei einer akuten Entzündung der Fall gewesen wäre. Dies könnte auch erklären, warum Patienten bei einer FSME, z. B. mit einer Enzephalitis, in einem wesentlich geringeren Ausmaß als bei einem Befall des peripheren Nervensystems und des Rückenmarkes mit längerdauernden neurologischen Ausfällen bzw. Dauerschäden zu rechnen haben (SCHOLZ et al. 1976; ACKERMAN u. REHSE-KÜPPER 1979). Dabei muß natürlich offen bleiben, ob es wirklich diese speziellen immunologischen Vorgänge sind, die die Erkrankung unterhalten bzw. einen protrahierten Verlauf bewirken oder ob andere Faktoren, wie z. B. höheres Erkrankungsalter, mit der potentiellen Möglichkeit einer Vorschädigung oder epidemiologische Gesichtspunkte, wie z. B. Auftreten der Erkrankung in Form eines monophasischen Verlaufes oder auch eine Immunkörperschwäche, das Auftreten peripher determinierter Krankheitsbilder begünstigen. Zusätzlich wird hier auch, wie dies im Zusammenhang mit anderen Erkrankungen diskutiert worden ist, die prinzipielle Möglichkeit einer Zweitinfektion (LIBIKOVA et al. 1978) mit einem anderen Virus berücksichtigt werden müssen.

Zusammenfassung

Es wurden 155 Patienten mit einer Myelitis, Radikulitis oder Neuritis untersucht. Bei 45 Patienten konnte eine FSME, bei 10 Patienten eine virale Genese anderer Art (6 Herpes zoster, 3 Zytomegalie, 1 Ornithose), in 100 Fällen (67%) keine bestimmte Ätiologie nachgewiesen werden.

Das klinische Verteilungsmuster zeigte bei den nicht zuordenbaren viralen Erkrankungen signifikant seltener eine Hirnnervenpolyneuritis als bei den FSME-Patienten. Eine Myelitis war dagegen signifikant häufiger bei den FSME-Patienten zu finden. Ein Immunmangelsyndrom im Blut konnte in 20% der untersuchten Patienten (26) gefunden werden.

Die Prognose der neurologischen Ausfälle war bei den FSME-Patienten besser (ausgenommen die Myelitis) als bei den anderen viralen Erkrankungen.

Summary

155 patients with myelitis, radiculitis or neuritis have been investigated. In 45 patients as the cause the FSME (TBE) Virus was diagnosed. In 10 cases the etiology was confirmed (6 Herpes zoster, 3 Cytomegaly, 1 Ornithosis). For 100 patients (67%), no definite etiology could be found.

Comparing the distribution of the clinical symptoms patients with FSME showed significantly rarer a polyneuritis of the cranial nerves than the patients in the unidentified group. A myelitis was significantly more common in the FSME patients. A immundeficiency in the blood was seen in 20% of the 26 investigated patients.

The prognosis of the neurological symptoms except for myelitis was better in the FSME group than in the remaining 110 patients with other viral diseases.

Literatur

Ackermann R, Rehse-Küpper B (1979) Die Zentraleuropäische Enzephalitis in der Bundesrepublik Deutschland. Fortschr Neurol Psychiatr 47:103–122

Erbslöh F, Kohlmeyer K (1968) Über polytope Erkrankungen des peripheren Nervensystems bei lymphozytärer Meningitis. Fortschr Neurol Psychiatr 36:321–341

Ladurner G, Sixl W, Lechner H, Dornauer U, Stünzner D, Ott E (1976) Klinik und Epidemiologie der FSME. 2. Int. Arbeitskolloquium „Naturherde von Infektionskrankheiten in Zentraleuropa", Graz S 125–130

Lassmann H, Budka H, Schnaberth G (1981) Inflammatory demyelinating polyradiculitis in a patient with multiple sklerosis. Arch Neurol 38:99–103

Libikova H, Heinz F, Ujhazyova D, Stünzner D (1978) Orbiviruses of the Kemerovo complex and neurological diseases. Med Microbiol Immunol 166:255–263

Reisner H (1981) Clinic and treatment of TBE. In: Kunz C (ed) Tick-borne enzephalitis. Facultas, Wien, pp 1–5

Scholz H, Lechner G, Ladurner G (1976) Nachfolgeuntersuchungen nach FSME (TBE) 2. Int. Arbeitskolloquium „Naturherde von Infektionskrankheiten in Zentraleuropa", Graz, S 131–136

Untersuchungen zum Verlauf schwerer idiopathischer Polyneuropathien

Katamnestische Studie

K. A. FLÜGEL und M. KLUPP

Im folgenden wird über die Ergebnisse klinischer und elektroneuro- und -myographischer Nachuntersuchungen an Patienten berichtet, die 1½–6 Jahre nach einer akuten idiopathischen Polyradikuloneuritis durchgeführt wurden. Alle Patienten hatten sich während der akuten Erkrankung in unserer Behandlung befunden. Es handelte sich um 21 Patienten im Alter von 19–70 Jahren und durchschnittlich 42,4 Jahren. In bemerkenswerter Höhe überwogen 15 Frauen gegenüber 6 Männern. Der Abstand von der akuten Erkrankung lag im Mittel bei 3,5 Jahren.

Alle Patienten hatten im Akutstadium ein in den meisten Fällen hochgradiges Tetraplegiesyndrom mit Sensibilitätsstörungen und häufig mit Hirnnervenbeteiligung, vor allem beidseitige Fazialislähmung. Vorübergehende Behandlung auf der Intensivstation der Klinik war in allen Fällen erforderlich, die Dauer schwankte zwischen 3 und 48 Tagen (Mittelwert 18,7 Tage). Die stationäre Klinikbehandlung insgesamt dauerte im Mittel 79,9 Tage, in 4 Fällen zwischen 3 und 6 Monaten und in einem Fall mehr als 6 Monate. In 9 Fällen war maschinelle Beatmung notwendig, in 2 Fällen sogar länger als 2 Wochen. Zur Prophylaxe einer Lungenembolie war bei 7 Patienten ein Cavaclip nach Adams und De Weese gelegt worden.

Das Maximum der Lähmung war im Durchschnitt nach 12,2 Tagen erreicht, beginnende Besserung setzte im Mittel nach 28,7 Tagen ein, in 5 Fällen erst nach mehr als 35 Tagen.

Die bei der Nachuntersuchung erhobenen klinischen Befunde wurden in 4 Gruppen (Gruppen 0, 1, 2 und 3) zusammengefaßt. Gruppe 0 erfaßt Fälle ohne subjektive und objektive Störungen; es handelt sich um 8 Personen. Gruppe 1 enthält Patienten ohne objektive Symptome, aber mit subjektiven Störungen wie Parästhesien und Schwere- und Ermüdungsgefühl der Beine (3 Patienten), Gruppe 2 solche mit leichteren neurologischen Ausfällen wie Reflexverlust, Paresen und sensible Störungen (8 Fälle) und in die Gruppe 3 mit erheblichen neurologischen Restschäden gehören 2 Patienten.

Die elektroneurographischen Untersuchungen umfassen die maximale motorische Nervenleitgeschwindigkeit der Nn. medianus, ulnaris, peronaeus und tibialis und die orthodromen sensiblen Leitgeschwindigkeiten in den Nn. medianus, ulnaris und suralis. Außer den Leitgeschwindigkeiten selbst wurden bestimmte Parameter der Reizantwortpotentiale berücksichtigt. Nadelmyographische Ableitungen wurden nur bei bestehenden Paresen aus repräsentativen Muskeln durchgeführt.

Die elektroneurographischen Ergebnisse wurden ebenfalls in 4 Gruppen zusammengefaßt. Gruppe 0 bedeutet unauffälliger Befund, Gruppe 1 Grenzbefund, Gruppe 2 leichte Veränderungen der Leitgeschwindigkeiten und der Reizantwortpotentiale und Gruppe 3 stärker ausgeprägte Abweichungen. Gruppe 0 enthält sie-

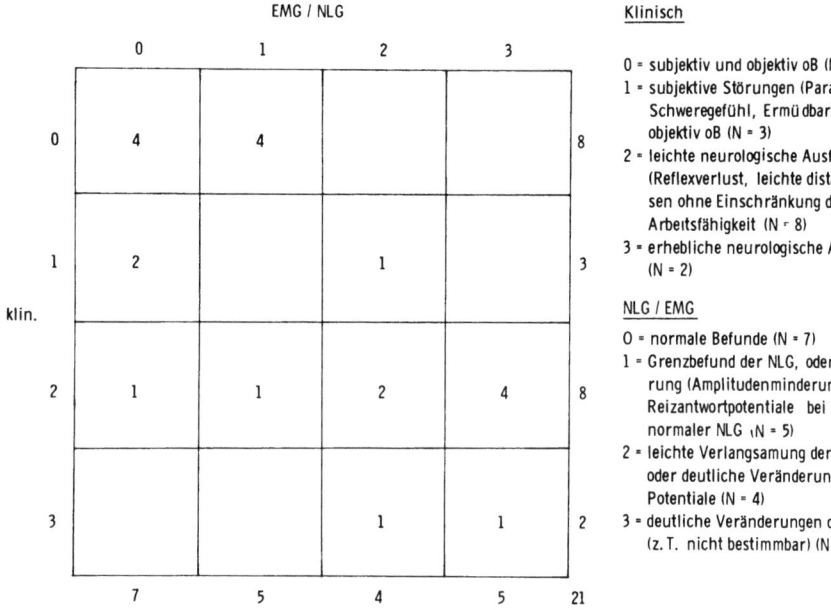

Abb. 1. Gruppeneinteilung elektroneurographischer Ergebnisse

ben Patienten, Gruppe 1 fünf, Gruppe 2 vier und Gruppe 3 fünf Patienten (Abb. 1).

Zwischen den klinisch definierten Gruppen 0–3 und den elektroneurographisch bestimmten ist eine Beziehung insofern erkennbar, als bei normalem klinischen Befund in 4 von 8 Fällen auch neurographisch unauffällige Verhältnisse bestanden und in den übrigen 4 Fällen Grenzbefunde. Leichte bis erhebliche klinische Ausfälle (Gruppen 2 und 3) waren in 8 von 10 Fällen auch mit leichten bis deutlichen Veränderungen der elektroneurographischen Befunde vergesellschaftet. Die erhebliche Streuung der Meßwerte ist in den Tabellen 1 und 2 erkennbar.

Die Leitgeschwindigkeiten liegen bei Patienten mit durchgemachter Polyneuropathie im Durchschnitt niedriger als bei vergleichbaren gesunden Kontrollpersonen. Die distalen motorischen Latenzen zeigen nur geringgradige Unterschiede, am deutlichsten im N. peroneaus. Die Differenz der Dauer des Muskelsummenpotentials bei proximaler und distaler Reizung ist bei den Patienten mit durchgemachter Polyneuropathie gegenüber einer normalen Vergleichsgruppe erhöht. Dieser Befund ist wahrscheinlich auf eine höhere Streubreite der Leitgeschwindigkeiten einzelner Fasern der Nerven zurückzuführen.

Wenn die klinischen Gruppen ohne objektive Störungen (Gruppen 0 und 1) und diejenigen mit Ausfällen getrennt betrachtet werden, zeigen sich geringgradige Unterschiede. Die Einzelfälle, bei denen ein Reizantwortpotential überhaupt nicht mehr erhältlich und die Leitgeschwindigkeit des entsprechenden Nerven somit nicht bestimmbar war, gehörten alle den Gruppen 2 und 3 mit objektiven Symptomen an.

Werden die Meßwerte einzeln graphisch dargestellt, zeigt sich die erhebliche Streubreite besonders deutlich. Auf den Abb. 2–6 sind die einzelnen Meßwerte je

Tabelle 1. Elektroneurographische Befunde[a] nach idiopathischer Polyneuropathie (Guillian-Barré-Syndrom)

		Patienten	Gesunde	Normalwerte (nach Ludin)[b]
Motor.	N. medianus	55,3 (4,8)	57,0 (3,7)	54,7 (3,3)
NLG	N. ulnaris	59,1 (8,4)	62,9 (3,4)	59,2 (7,58)
(max.)	N. peronaeus	46,1 (6,4)	51,0 (5,1)	49,4 (4,0)
	N. tibialis	44,0 (5,7)	44,7 (2,6)	46,6 (3,4)
distale	N. medianus	3,8 (0,8)	3,3 (1,0)	3,2 (0,4)
motor.	N. ulnaris	3,1 (0,7)	2,5 (1,0)	2,5 (0,3)
Latenz	N. peronaeus	5,5 (1,6)	3,9 (0,9)	3,6 (0,5)
	N. tibialis	5,8 (1,1)	5,3 (1,1)	4,0 (0,7)
Differenz d.	N. medianus	2,3 (3,2)	1,5 (1,1)	
Pot.-Dauer	N. ulnaris	1,7 (1,1)	1,2 (1,0)	
proximal-	N. peronaeus	4,0 (3,4)	1,9 (1,2)	
distal	N. tibialis	3,8 (3,1)	2,1 (1,1)	
sensible	N. medianus	51,1 (8,1)	58,6 (4,5)	55,9 (6,5)
NLG	N. ulnaris	52,9 (9,4)	54,7 (4,1)	48,8 (4,1)
(max.)	N. suralis	46,2 (6,2)	51,8 (4,8)	55,7 (3,7)

[a] Mittelwerte (in Klammern Standardabweichung)
[b] korrigiert auf durchschnittl. Lebensalter

Tabelle 2. Zustand nach idiopathischer Polyneuropathie (Guillain-Barré-Syndrom). Motorische und sensible NLG (Mittelwerte und SD)

	Gruppen 0 und 1 (klinisch-objektiv oB)	Gruppen 2 und 3 (klinisch-neurol. Ausfälle)
motorische NLG		
N. medianus	56,7 (4,0)	53,6 (+5,1)
N. ulnaris	60,0 (8,0)	57,6 (+7,3)
N. peronaeus	48,0 (16,0)	44,7 (11,0)[a]
N. tibialis	45,2 (4,3)	41,9 (6,6)[b]
sensible NLG		
N. medianus	52,7 (9,4)	49,5 (7,1)[c]
N. ulnaris	51,9 (9,8)	47,5 (17,3)
N. suralis	46,2 (6,0)	46,2 (7,0)[d]
Amplitude des sensiblen NAP		
N. medianus	12,4 (7,4)	7,0 (3,7)[c]
N. ulnaris	5,5 (3,5)	5,0 (2,8)
N. suralis	5,9 (2,9)	6,0 (2,7)[d]

[a] In 2 Fällen kein Reizantwortpotential, NLG nicht bestimmbar
[b] In 1 Fall kein Reizantwortpotential, NLG nicht bestimmbar
[c] In 1 Fall kein Nervenpotential, NLG nicht bestimmbar
[d] In 3 Fällen kein Nervenpotential, NLG nicht bestimmbar

Untersuchungen zum Verlauf schwerer idiopathischer Polyneuropathien

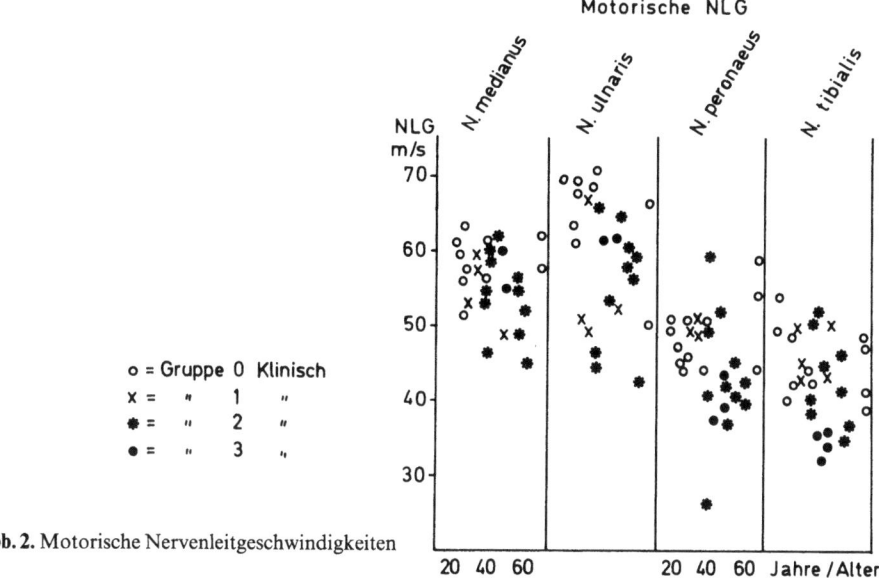

Abb. 2. Motorische Nervenleitgeschwindigkeiten

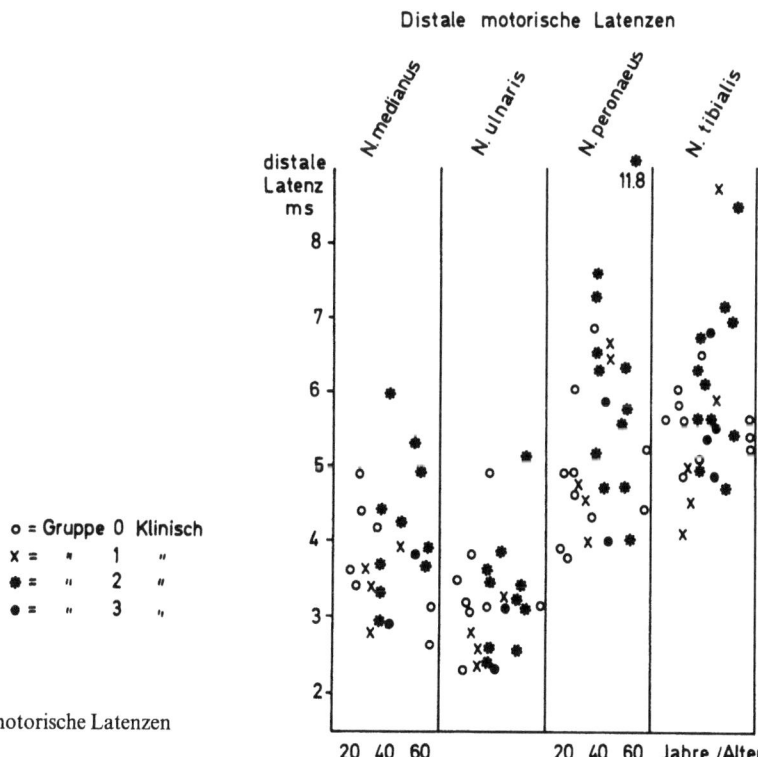

Abb. 3. Distale motorische Latenzen

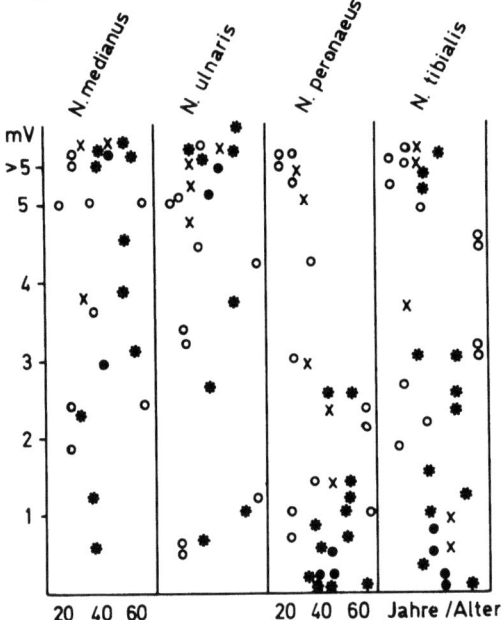

Abb. 4. Motorische NLG. Amplituden des Reizantwortpotentials (Muskelsummenpotential)

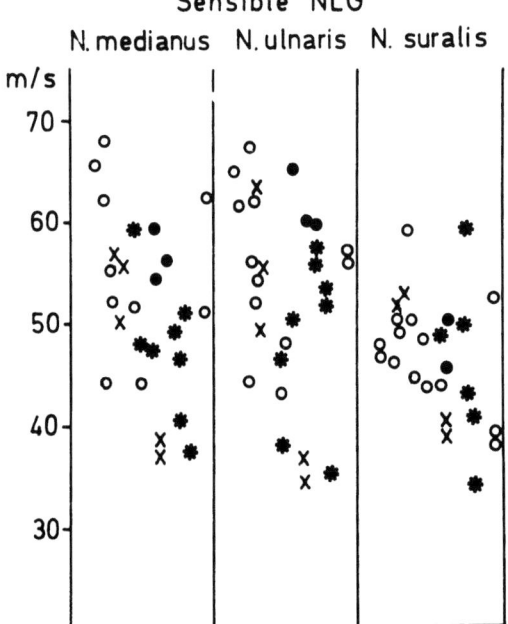

Abb. 5. Sensible Nervenleitgeschwindigkeiten

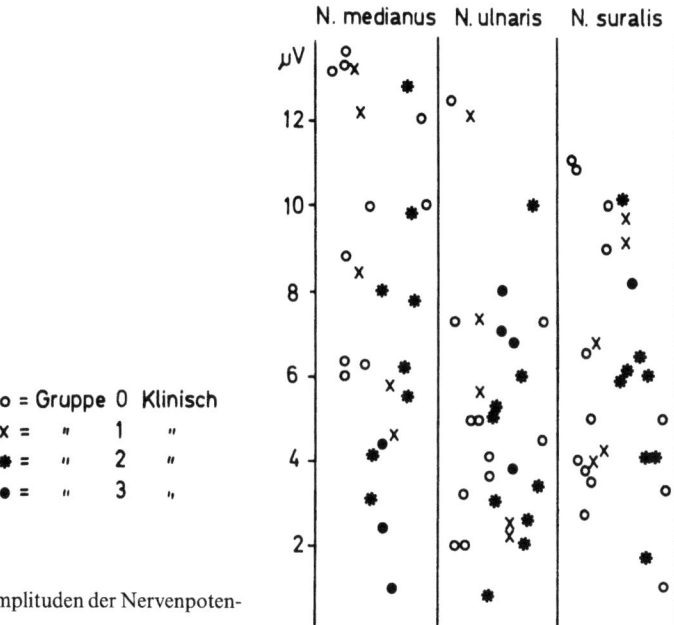

Abb. 6. Sensible NLG. Amplituden der Nervenpotentiale

nach der Zugehörigkeit zur klinisch definierten Gruppe mit verschiedenen Symbolen markiert.

Die Veränderungen der NLG waren z. T. nur an einzelnen Nerven ausgeprägt, an anderen Nerven der gleichen Person normal. Das EMG wurde in 13 Fällen aus einzelnen oder mehreren Muskeln abgeleitet und zeigte in 3 Fällen noch Spontanaktivität, in einem Fall sogar 6 Jahre nach der akuten Erkrankung.

Nicht in allen Fällen waren elektromyo- und -neurographische Befunde aus dem Akutstadium verfügbar und nur bei wenigen Patienten waren die Untersuchungen mehrfach im Verlauf durchgeführt worden. Ein Vergleich der später erhobenen elektrodiagnostischen Befunde mit denen der Initialphase ist daher in unseren Fällen unergiebig, insbesondere kann über eine etwaige prognostische Bedeutung keine Auskunft erzielt werden.

In nahezu allen Fällen hat ein Wiederanstieg der zunächst unterschiedlich stark verlangsamten NLG stattgefunden, wenn auch häufig nicht bis in den Normalbereich hinein (Abb. 7). Auch andere Autoren, z. B. McLeod et al. (1976), fanden entsprechende Verläufe. Gleichbleibend niedrige NLG auch über längere Zeit nach akuter Exazerbation wurden bei rezidivierenden Polyneuropathien beschrieben (z. B. Pleasure et al. 1968; Hausmanova-Petrusewicz et al. 1973), die jedoch bei unseren Kranken nicht vorkamen.

Wenn wir insgesamt von den Befunden des Spätstadiums ausgehend nach prognostisch bedeutsamen Kriterien ausschauen, so scheint die Dauer der maximalen Lähmungsphase, d. h. die Zeitspanne bis zur beginnenden Rückbildungstendenz, eine Rolle zu spielen. Die durchschnittliche Latenz bis zum Besserungsbeginn be-

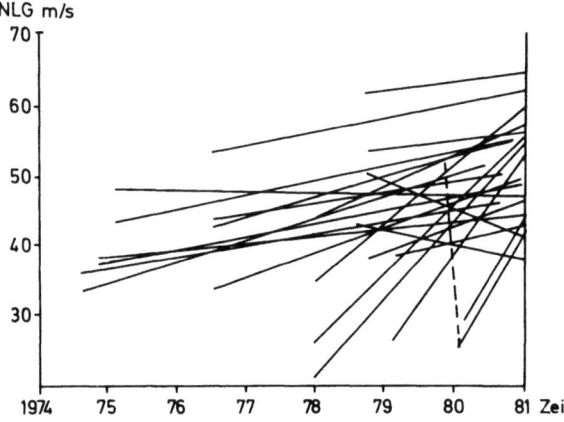

Abb. 7. Nervenleitgeschwindigkeiten im Akutstadium und bei Nachuntersuchung (Verlaufsprofile)

trug bei den später unauffälligen Patienten 8 Tage, bei den Gruppen 1 und 2 20 resp. 18,5 Tage und bei den Patienten der Gruppe 3 mit ausgeprägten Ausfällen 31,2 Tage. Liquorbefunde und andere Laborparameter ließen keinen signifikanten Einfluß auf die Prognose erkennen.

Die bei der Nachuntersuchung durchgeführte Lungenfunktionsprüfung ergab bei 2 von 9 beatmeten Patienten eine Einschränkung der Vitalkapazität; die Dauer der maschinellen Beatmung hatte 13 bzw. 19 Tage betragen. Von den 6 Patienten mit Cavaclip gaben bei der Nachuntersuchung 5 eine anfängliche Neigung zum Anschwellen der Beine an, 3 waren z. Z. der Untersuchung beschwerdefrei, in je einem Fall bestanden Varikosis der Beine, Venenstauung am Bauch und Schmerzen in der Leiste.

Im Gegensatz zu den zahlreichen Untersuchungen im Akutstadium des Guillain-Barré-Syndroms sind elektrodiagnostische Befunde an Patienten mit abgelaufener Erkrankung seltener mitgeteilt worden (Tabelle 3).

Die Befunde sind nicht einheitlich. Während z. B. Hausmanova-Petrusewicz et al. (1973) als einzigen signifikant veränderten Parameter die NLG des N. ulnaris fand, beschrieben Löffel et al. (1977) Veränderungen der distalen motorischen Latenz des N. medianus in 10 von 20 und des N. peronaeus in 9 von 18 Fällen, neben

Tabelle 3. Elektroneuro(myo)graphische Untersuchungen bei Zuständen nach Polyradikuloneuritis Guillain-Barré (Nachuntersuchungen)

Autoren	Jahr	Fallzahl	Zeit nach Erkrankung
Kaeser	1964	22	
Pleasure et al.	1968	10	13 Jahre
Hopf et al.	1973	24	21 Monate bis 10,5 Jahre
McLeod et al.	1976	18	„bis 5½ Jahre"
Hausmanova-Petrusewicz et al.	1977	30	„mehr als 10 Jahre"
Löffel et al.	1977	20	durchschnittl. 5,1 Jahre
Ludin et al.	1977	19	„mindestens 2 Jahre"
eigene	1981	21	durchschnittl. 3,5 Jahre (1½–6 J.)

anderen Normabweichungen. HOPF et al. (1973) betonen die vergrößerte Streubreite der NLG bei 9 von 14 Patienten unter Anwendung der Doppelreizmethode. Eine stärkere Verlangsamung der sensiblen NLG im distalen gegenüber proximalen Abschnitt des N. medianus fanden LUDIN et al. (1977). Bei KAESER (1964) findet sich der Hinweis, daß Verlangsamungen der Nervenleitgeschwindigkeit nach klinischer Ausheilung auf umschriebene, zu Engpaßsyndromen disponierende Abschnitte, wie z. B. den Sulkusbereich, begrenzt sein können. Eine derartige lokale Verlangsamung des N. ulnaris war auch bei 5 unserer Patienten festzustellen. KAESER stellte außerdem fest, daß später persistierende elektroneurographische Veränderungen häufiger in Fällen mit subakut protrahiertem Beginn und lang anhaltenden Ausfällen seien, als bei akuten Verläufen. Wir meinen, diese Feststellung auf Grund unserer katamnestischen Erhebungen bestätigen zu können.

Zusammenfassung

Nach abgelaufener idiopathischer Polyneuropathie vom Typ Guillain-Barré erhobene elektrodiagnostische Befunde wurden nur in relativ kleinen Patientengruppen beschrieben und sind nicht einheitlich. Die Mitteilung eigener Erhebungen erscheint deshalb gerechtfertigt. Durchschnittlich 3,5 Jahre nach der Erkrankung hatten 10 von 21 Patienten (52,3%) objektivierbare klinisch-neurologische Symptome. Elektroneurographische Normabweichungen hatten 9 von 21 Patienten (42,8%) und grenzwertige Befunde bestanden in weiteren 4 Fällen. Die Veränderungen sind unterschiedlich und oft unregelmäßig verteilt. Sie sind teilweise auch an klinisch nicht betroffenen Nerven zu finden, während andererseits normale Leitgeschwindigkeiten in klinisch betroffenen Nerven vorkommen. Im großen und ganzen besteht allerdings eine relativ gute Übereinstimmung zwischen klinischen und elektroneurographischen Befunden. Nach der Art der residualen Veränderungen kann eine gemischte Verteilung von axonalen und demyelinisierenden Läsionen angenommen werden.

Summary

21 patients (15 females, 6 males) were investigated between 1 and 6 years (mean 3.5 years) after acute neuropathy. All patients had tetrapareses, sensory deficit and frequently cranial nerve palsy in the acute stage. In 9 cases artificial respiration was necessary, in some instances for more than 2 weeks. Cava clip was performed as prophylaxis of pulmonary embolism in 7 cases. The pareses had reached their maximum in a mean time of 12.2 days and the mean interval until the beginning of improvement was 28.7 days.

Conduction studies were performed in the median, ulnar, peroneal, tibial, and sural nerves. Clinical findings in the late stage and the electrodiagnostic findings were independently divided into 4 groups. Group 0 had normal findings, group 3 was characterized by marked abnormalities. Electrodiagnostic findings were normal in 7 cases (33%), borderline in 5 cases (group 1), mildly or moderately abnormal (group 2) in 4 cases and severely abnormal in 5 cases. Deviations of individual findings were considerable. This was true for conduction velocities, amplitudes, latencies, and the differences of potential durations with proximal and distal stimulation of the motor nerves. The results are compared with those of other studies. No significant correlations were found between clinical or laboratory data of the acute stage and the outcome.

Literatur

Hausmanova-Petrusewicz I, Emeryk-Szajewska B, Rowinska-Morcinska K (1973) Conduction velocity changes of peripheral nerves in acute stage of the Guillain-Barré-syndrome. Neurol Neurochir Pol 12:129–134

Hopf HC, Althaus HH, Vogel P (1973) An evaluation of the course of peripheral neuropathies based on clinical and neurographical re-examinations. Eur Neurol 9:90–104

Kaeser HE (1964) Klinische und elektromyographische Verlaufsuntersuchungen beim Guillain-Barré-Syndrom. Schweiz Arch Neurol Neurochir Psychiatr 94:278–286

Kimura J (1978) Proximal versus distal slowing of motor nerve conduction velocity in the Guillain-Barré-syndrome. Ann Neurol 3:344–350

King D, Ashby P (1976) Conduction velocity in the proximal segments of a motor nerve in the Guillain-Barré-syndrome. J Neurol Neurosurg Psychiatr 39:538–544

Löffel NB, Mumenthaler M, Lütschg J (1977) Die Prognose des Landry-Guillain-Barré-Strohl-Syndroms im Erwachsenenalter. Fortschr Neurol Psychiatr 45:279–292

Ludin HP, Lütschg J, Valsangiacomo F (1977) Vergleichende Untersuchung orthodromer und antidromer sensibler Nervenleitgeschwindigkeiten. 2. Befunde bei Polyneuropathien und bei Status nach Polyradikulitis. Z EEG EMG 8:180–186

McLeod JC (1981) Electrophysiological studies in the Guillain-Barré-syndrome. Ann Neurol [Suppl] 9:20–27

McLeod JG, Walsh JC, Prineas JW, Pollard JD (1976) Acute idiopathic polyneuritis. A clinical and electrophysiological follow-up study. J Neurol Sci 27:145–162

Oppenheimer DR, Spalding JM (1973) Late residua of acute idiopathic polyneuritis. J Neurol Neurosurg Psychiat. 36:978–988

Pleasure DE, Lovelace RE, Duvoisin RC (1968) The prognosis of acute polyradiculoneuritis. Neurology (Minneap.) 18:1143–1148

Raman PT, Taori GM (1976) Prognostic significance of electrodiagnostic studies in the Guillain-Barré-syndrome. J Neurol Neurosurg Psychiat. 39:163–170

Zur Prognose des Guillain-Barré-Syndroms anhand elektroneurographischer und klinischer Untersuchungen

J. Zeitlhofer, B. Mamoli, N. Mayr und E. M. Maida

In einer retrospektiven Studie soll untersucht werden, inwieweit anhand klinischer Parameter und elektroneurographischer Befunde (maximale motorische Nervenleitgeschwindigkeit, distale Latenz und Summenpotentialamplitude vom N. medianus bzw. N. peronaeus) eine Langzeitprognose gestellt werden kann.

Es wurden 35 Patienten (18 Männer und 17 Frauen) im Alter zwischen 16 und 76 Jahren in die Untersuchung einbezogen. Als diagnostische Kriterien wurden progrediente motorische Schwäche mit/ohne sensible Störungen bzw. Hirnnervenbeteiligung sowie eine zytoalbuminäre Dissoziation im Liquor angesehen. Kinder bis 16 Jahre sowie Personen mit der klinischen Symptomatik, jedoch mit Pleozytose im Liquor, wurden ausgeschlossen. Von den 35 Patienten konnten 24 in einem Zeitraum zwischen einem halben und 6½ Jahren nachuntersucht werden.

In der Vorgeschichte fand sich in 43% ein grippaler Infekt, in 26% eine chronisch-metabolische Störung (Diabetes mellitus, Hyperthyreose).

Folgende indirekte Hinweise auf einen entzündlichen Prozeß fanden sich zum Zeitpunkt der Aufnahme: in 37% eine beschleunigte Blutsenkungsreaktion, in 43% eine Leukozytose zwischen 8000 und 14000, in 31% Erhöhungen einzelner Globulinfraktionen in der Serumelektrophorese.

In den virologischen Untersuchungen konnte in keinem Fall eine signifikante Titeränderung festgestellt werden (Komplementbindungsreaktion gegen neurotrope Viren).

Bezüglich der klinischen Verteilung der Ausfälle fanden wir in 43% eine sensomotorische, in 51% eine sensomotorische Symptomatik mit gleichzeitiger Hirnnervenbeteiligung und in 6% lediglich eine motorische Symptomatik; 11% der Patienten mußten während des klinischen Maximums auf einer Intensivstation künstlich beatmet werden.

Die Therapie erfolgte in 74% mit ACTH bzw. Cortison, 26% der Patienten erhielten keine Steroide, sondern lediglich eine symptomatische Therapie bzw. Heilgymnastik.

In Abb. 1 ist der klinische Verlauf dargestellt, und zwar das Zeitintervall vom Beginn der neurologischen Symptomatik bis zum Maximum (Median: 3,6 Wochen), die Dauer des Maximums (MW 2,0 ± SD 2,5 Wochen) und das Zeitintervall vom Beginn der neurologischen Symptomatik bis zur ersten Besserung (Median: 5,2 Wochen) (Abb. 1).

Die 24 nachuntersuchten Patienten wurden nach folgenden Kriterien bei der Kontrolluntersuchung in 2 Gruppen eingeteilt:

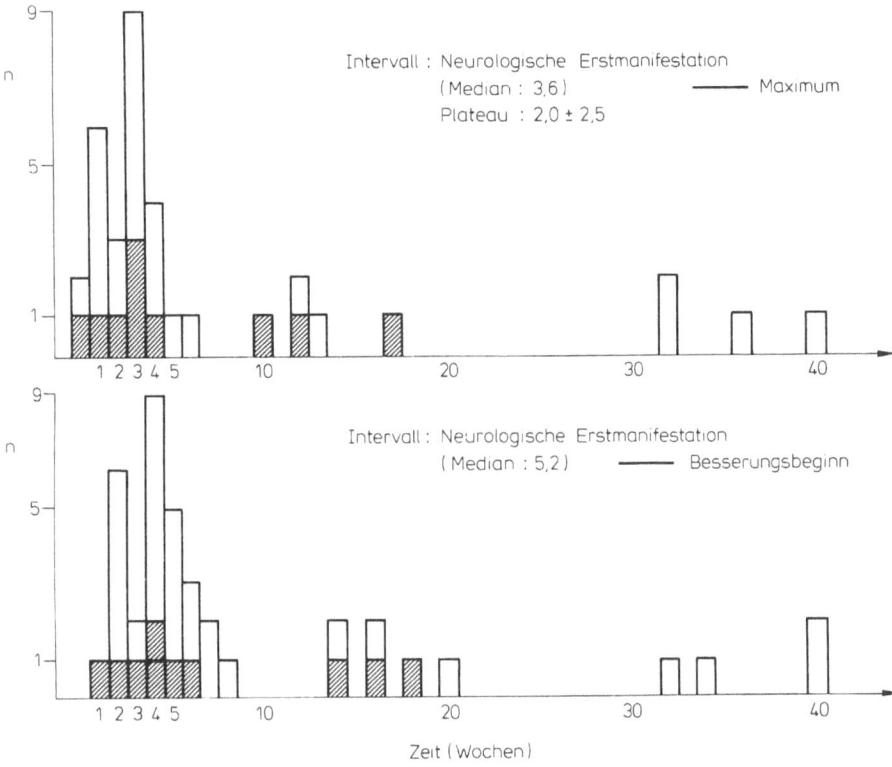

Abb. 1. Beziehung zwischen klinischem Verlauf und Prognose. *Oben:* Beziehung zwischen Intervall der neurologischen Erstmanifestation bis zum Maximum des Ausprägungsgrades der Symptomatik und der Prognose. *Unten:* Beziehung zwischen Intervall der neurologischen Erstmanifestation bis zum Besserungsbeginn und der Prognose. *Schraffiert:* Patienten mit schlechter Prognose. *Weiß:* Patienten mit guter Prognose

a) Patienten mit guter Prognose, und zwar Patienten, die bei der Kontrolluntersuchung eine Restitutio ad integrum zeigten bzw. bei denen sensible Störungen oder eine Reizabschwächung bzw. motorische Spurensymptome bestehen blieben.

b) Patienten mit schlechter Prognose; das waren Patienten, die bei der Kontrolluntersuchung bleibende motorische Ausfälle aufwiesen, selbst dann, wenn es sich nur um geringgradige, den Patienten im täglichen Leben nicht behindernde Paresen handelte.

Abbildung 2 zeigt die Beziehung zwischen den elektroneurographischen Parametern (maximale motorische Nervenleitgeschwindigkeit, distale Latenz, Summenpotentialamplitude für den N. medianus und den N. peronaeus) zum Zeitpunkt des klinischen Maximums und der Prognose (Abb. 2).

Es ergab sich keine Beziehung zwischen der Prognose und dem elektroneurographischen Befund zum Zeitpunkt des klinischen Maximums.

Auch HAUSMANOWA-PETRUSEVICZ et al. (1979), DE JESUS (1974), MCLEOD (1981) und WEXLER (1980) fanden keine signifikante Beziehung zwischen elektroneurographischen Parametern und Rückbildungstendenz.

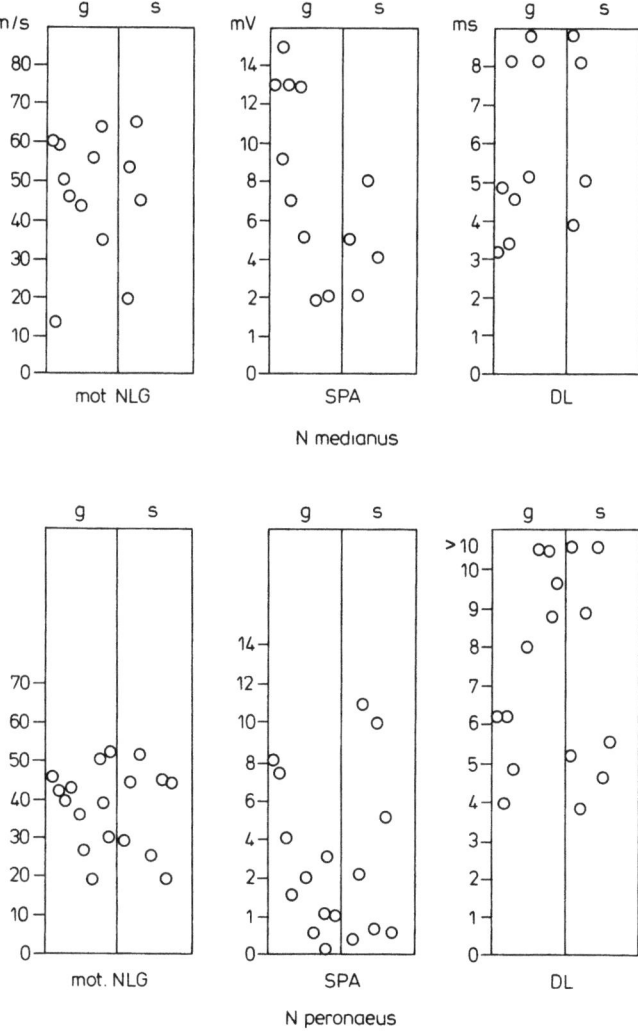

Abb. 2. Beziehung zwischen elektroneurographischem Befund und Prognose bei Guillain-Barré-Syndrom (*g* gute Prognose, *s* schlechte Prognose, *mot. NLG* maximale motorische Nervenleitgeschwindigkeit, *SPA* Summenpotentialamplitude, *DL* distale Latenz)

Die verschiedene Dauer des Maximums und die variierende Geschwindigkeit der Rückbildung der klinischen Symptome macht ein Konstanthalten des Abstandes vom Maximum zur Erhebung des elektroneurographischen Befundes unmöglich. Die einzelnen Nerven können außerdem verschieden stark betroffen sein (McLeod 1981). Dies mögen Gründe für die fehlende Beziehung zwischen elektroneurographischem Befund und Prognose sein.

Darüber hinaus muß berücksichtigt werden, daß vor allem im Anfangsstadium die Veränderungen auf die Nervenwurzel beschränkt sind, so daß Untersuchungstechniken, welche die distale Funktion der Nerven prüfen, keine oder nur geringe Veränderungen aufzeigen.

Im Gegensatz dazu können bereits im Anfangsstadium Veränderungen der F-Welle beobachtet werden, wie KIMURA (1978) nachweisen konnte.

Erst zu einem späteren Zeitpunkt kommt es evtl. zu einer Demyelinisierung auch distaler Anteile des Nerven.

Dies ist meist nach Erreichen des klinischen Maximums der Fall; die Diskrepanz zwischen klinischer Besserung und Verschlechterung des elektroneurographischen Befundes ist dadurch erklärbar, daß es in den proximalen Abschnitten bereits zu einer Remyelinisierung kommt, während in den distalen noch die Demyelinisierung fortschreitet.

Diese Phänomene machen es verständlich, daß anhand des elektroneurographischen Befundes des distalen Nerven eine Prognoseerstellung nicht möglich ist.

Auch die Höhe des Eiweißwertes im Liquor ließ keine Prognose zu. Es fand sich allerdings ein Zusammenhang zwischen dem Liquor-Eiweißwert und der Dauer der distalen Latenz sowie der Höhe der Summenpotentialamplitude mit einem auf dem 5%-Niveau signifikanten Rangkorrelationskoeffizienten ($R_{EW/DL} = 0{,}45$; $R_{EW/SPA} = -0{,}45$). Auch aus dem klinischen Verlauf ergaben sich keine prognostischen Kriterien.

Anhand unseres Patientengutes konnte weder der von LÖFFEL et al. (1977) beschriebene Zusammenhang zwischen Dauer des Maximums und Prognose noch ein Zusammenhang zwischen der Dauer der Entwicklung neurologischer Symptome bis zum Maximum und der Dauer der Rückbildung (EISEN u. HUMPHREY 1974) bestätigt werden.

Zusammenfassung

Es wurden 35 Patienten mit Guillain-Barré-Syndrom klinisch und elektroneurographisch untersucht, 24 davon konnten in einem Abstand zwischen ½ und 6½ Jahren nachuntersucht werden.

Es stellte sich heraus, daß weder die klinischen Parameter (Dauer des Maximums, Dauer bis zum Maximum, Liquoreiweißwert) noch die elektroneurographischen Untersuchungen zum Zeitpunkt des Maximums des klinischen Bildes (maximale motorische Nervenleitgeschwindigkeit, distale Latenz, Summenpotentialamplitude) eine sichere Prognose zuließen.

Summary

35 patients with Guillain-Barré-syndrome were examined clinically and electroneurographically; 24 of these were controlled after interval from ½ to 6½ years.

Whether the clinical parameters (duration of maximum, duration from begin of the illness to maximum, liquor protein) nor the electroneurographical examinations at the maximum of the illness (maximal motor nerve conduction velocity, distal latency, compound action potential) do allow a prognosis.

Literatur

Eisen A, Humphreys P (1974) The Guillain-Barré-syndrome. A clinical and electrodiagnostic study of 25 cases. Arch Neurol 30:438

Hausmanowa-Petrusewicz I, Emeryk B, Rowinska-Marcinska K, Jedrejowska H (1979) Nerve conduction in the Guillain-Barré-Strohl-syndrome. J Neurol 220:169–184

Jesus PV De (1974) Landry-Guillain-Barré-Strohl syndrome: Neuronal disorder and clinico-electrophysiological correlation. Electromyogr Clin Neurophysiol 14:115–132

Kimura J (1978) Proximal versus distal slowing of motor nerve conduction velocity in the Guillain-Barré-syndrome. Ann Neurol 3:344–350

Löffel NB, Mumenthaler M, Lütschg J (1977) Die Prognose des Landry-Guillain-Barré-Strohl-Syndroms im Erwachsenenalter. Fortschr Neurol Psychiatr 45:279–292

McLeod JG (1981) Electrophysiological studies in the Guillain-Barré-syndrome. Ann Neurol [Suppl] 9:20–27

Wexler I (1980) Serial sensory and motor conduction measurement in Guillain-Barré-syndrome. Electromyogr Clin Neurophysiol 20:87–103

Guillain-Barré-Syndrom bei Clostridium-botulinum-Typ-C-Toxikoinfektion

E. KETZ, W. SONNABEND, O. SONNABEND und H. J. HUNGERBÜHLER

Eine infektiöse oder virale Genese der akuten Polyneuroradikulitis ist bisher nicht bewiesen, wenngleich dies von Guillain selbst bereits diskutiert wurde. Das Guillain-Barré-Syndrom tritt jedoch bekanntlich nicht selten im Gefolge der verschiedensten Infektionskrankheiten auf. Beim Botulismus auf der anderen Seite steht auch heute noch in Diskussion, ob die tetraplegischen Bilder Ausdruck einer Polyneuropathie oder Folge einer neuromuskulären Transmissionsstörung sind.

Ein besonders gelagertes Beispiel im Hinblick auf eine sich erst im Nachhinein aufklärende Genese stellt folgender Krankheitsfall dar:

Fallbericht. E. R., männlich, geboren 1951. Der 30jährige Mann bietet bei der stationären Aufnahme am 20.7.1981 das klinische Bild des typischen Guillain-Barré-Syndroms, welches sich innerhalb der vorangegangenen 14 Tage subakut entwickelt hatte: Asymmetrische, doppelseitige Fazialislähmung, rechts mehr als links, schlaffe motorische Tetraparese mit symmetrischen Parästhesien in den Füßen (Tabelle 1). Allgemeinbefund: Gliederschmerzen, mittelgradige Senkungsbeschleunigung, leichte Thrombozytose. Im **EMG** (Abb. 1 a, b) Zeichen der segmentären Demyelinisation und einer myasthenischen Reaktion bei repetitiver Stimulation. Im **Liquor cerebro-spinalis** (Tabelle 2) anfänglich typische

Tabelle 1. Chronologie des Krankheitsablaufes bei Botulismus-Typ-C-Toxikoinfektion (E. R., m., 1951)

22.6.1981:	Magenkrämpfe und Müdigkeit nach Verzehr einer halben Dose Champignons (roh)
6.7.–17.7.1981:	Füße und Hände wie eingeschlafen und Gliederschmerzen, Obstipation
17.7.1981:	Akute dps. periphere VII-Lähmung, deszendierende schlaffe sensomotorische Tetraparese
20.7.–18.8.1981:	Hospitalisation
21.7.1981:	*1. Serumprobe:* ZNS-Serologie *negativ* Mäuse-Toxizitätstest: Kein Nachweis von Botulinustoxin
27.7.1981:	*1. Stuhlprobe:* Kein Virusnachweis a) Nachweis von Botulinustoxin Typ C (Mäuse-Toxizitäts- und Neutralisationstest) b) Isolierung von Clostridium botulinum Typ C
5.8.1981:	*2. Serumprobe:* ZNS-Serologie *negativ* Mäuse-Toxizitätstest: Kein Nachweis von Botulinustoxin
11.8.1981:	*2. Stuhlprobe:* a) Nachweis von Botulinus-Toxin Typ C b) Isolierung von Clostridium botulinum Typ C
11.9.1981:	*3. Serumprobe:* ZNS-Serologie *negativ* *3. Stuhlprobe:* a) Nachweis von Botulinustoxin Typ C mit abfallendem Titer b) Clostridium-botulinum-Typ-C-Erregernachweis +, verminderte Keimzahl

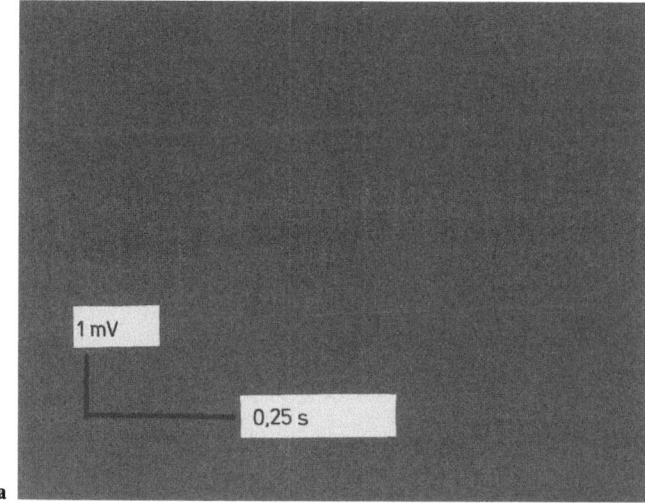

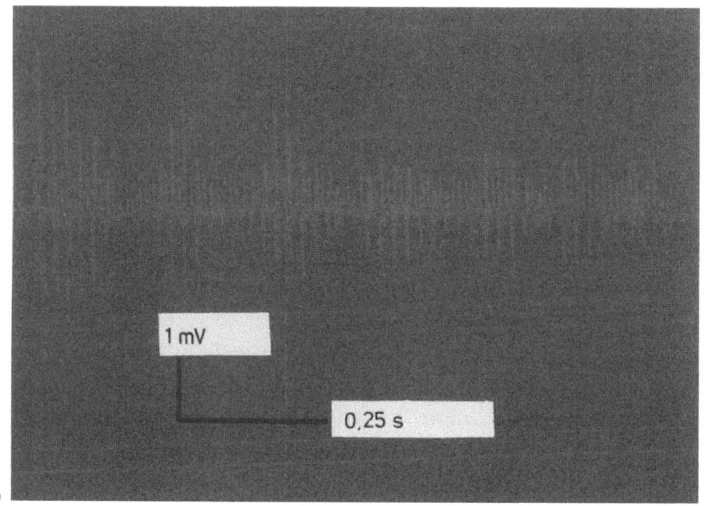

Abb. 1a, b. Myasthenieähnliches Dekrement bei mittleren und schnellen Reizserien in der Stimulationsmyographie während des Krankheitsbeginnes. **a** Rep. Train-R. 20/s. **b** Rep. Train-R. 50/s

Tabelle 2. Liquorbefunde bei E. R., m., 1951

Datum	Zellzahl (0–3/μl)	Eiweiß (0,15–0,40 g/l)	IgG-Index (bis 0,6)
20.7.1981	5 (2 mono, 3 poly)	1,41	0,51
7.8.1981	5 (mono)	0,64	0,45
14.9.1981	2 (mono)	0,40	0,33

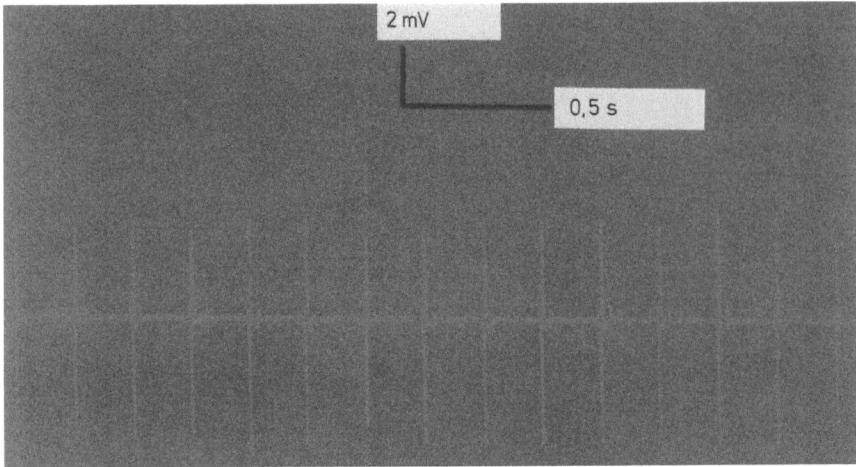

Abb. 2. Kein Dekrement bei repetitiven Einzelreizen nach klinischer Erholung (bestätigt durch Einzelfaser-Myographie von H. H. Schiller)

„dissociation albuminocytologique". Serologisch und virologisch kein Hinweis auf einen ZNS-Virusinfekt. Nach kurzer Progredienzphase mit Verschwinden der Muskeldehnungsreflexe schnelle Erholung und Rückbildung aller neurologischen Symptome (Abb. 2) sowie Normalisierung des Liquorbefundes bis Mitte September 1981 (s. Tabelle 2).

Nach der Entlassung werden unserem Bakteriologen, der sich seit Jahren mit der Botulismusforschung bei plötzlichen Todesfällen befaßt (SONNABEND u. SONNABEND, 1981; SONNABEND et al. 1981), einige besondere Daten der Vorgeschichte und mehrere Symptome bekannt, die der Akutphase der Erkrankung vorausgingen. Diese wurden beim Klinikeintritt entweder nicht angegeben oder es wurde ihnen zu wenig Bedeutung beigemessen: 4 Wochen vor Spitaleintritt waren am 22. 6. 1981 zwei Tage nach dem Verzehr roher Pilze aus einer Konservendose Magenkrämpfe in 10minütigem Abstand aufgetreten, welche 3 Wochen lang intermittierend wiederkehrten und am 10. 7. 1981 noch vor der Klinikaufnahme spontan verschwanden. Daneben beobachtete der Patient während der ganzen Zeit eine zunehmende Müdigkeit und Obstipation. Insbesondere das Symptom der Obstipation im Zusammenhang mit der akut aufgetretenen Fazialislähmung mit anamnestisch angegebenen Halsschmerzen veranlaßte nun zur retrospektiven Untersuchung von zwei tiefgefrorenen Serumproben und einer Stuhlprobe aus der Akutphase auf Anwesenheit von Clostridium-botulinum-Erregern und Toxin zum Ausschluß einer Botulismuserkrankung. Dabei erwiesen sich die Serumproben im Mäusetoxizitätstest als negativ, dagegen konnten im Stuhl vom 10. Tage nach Hospitalisationsbeginn sowohl Cl.-botulinum-Toxin als auch Erreger vom Typ C mittels Mäuseneutralisationstest bzw. Isolierung nachgewiesen werden. Kontrolluntersuchungen von Stuhlproben 25 und 38 Tage nach Beginn der Hospitalisation erwiesen sich ebenfalls als positiv für Toxin und Erreger des Typs C.

Diskussion und Folgerungen

Außergewöhnlich in unserem Fall ist nicht nur die nachträgliche Aufklärung eines Guillain-Barré-Syndroms im Zusammenhang mit einem Botulismus, sondern es ergeben sich auch einige Besonderheiten einerseits in den klinischen und elektrophysiologischen Daten, andererseits in der Art der Intoxikation bzw. Infektion durch einen bisher in der Humanmedizin wenig auffällig gewordenen Toxintyp.

Das Auftreten einer Polyneuritis im engeren Sinn wird bei Botulismus einerseits in Zweifel gezogen, andererseits als Ursache tetraparetischer Bilder diskutiert (BODECHTEL 1974; MUMENTHALER 1979; NEUNDÖRFER 1973; WIECK 1955). Mehr für eine neuromuskuläre Transmissionsstörung infolge einer Hemmung der Acetylcholinausschüttung an der Endplatte sprechen myasthenische oder myasthenieähnliche Reaktionen bei der Stimulationsmyographie (RICKER u. DÖLL 1970; LUDIN 1981) sowie Untersuchungen mittels Einzelfaserelektromyographie (SCHILLER u. STÅLBERG 1978). Andererseits wurden auch sog. Denervationspotentiale nachgewiesen, neben Polyphasie, verkürzten Einheitspotentialen sowie die Lichtung des Aktivitätsmusters (CARUSO et al. 1971). In unserem Falle sprachen die neurologische Symptomatik und vor allem der Liquorbefund für ein echtes Guillain-Barré-Syndrom, die elektrophysiologischen Befunde mit Nachweis von Fibrillationen, einer Verzögerung der distalen und proximalen Latenzzeiten und einer myasthenieähnlichen Reaktion bei der Stimulationsmyographie für eine Kombination von peripherer Neuropathie und neuromuskulärer Übertragungsstörung. Diese Deutung entspricht Mitteilungen beim infantilen Botulismus (MIDURA u. ARNON 1976; ARNON et al. 1977) sowie Beobachtungen bei Epidemien mit Cl. botulinum Typ C bei Tieren (SMITH 1977; BARSANTI et al. 1978). Hier wurden im EMG als charakteristisch gedeutete „brief small amplitude-abundant potentials" (BSAP) gefunden, des weiteren fand sich bei den Tieren (amerikanische Foxterrier) eine verlangsamte motorische NLG. Bei zwei in der Literatur beschriebenen *humanen* Fällen von Infektion mit Cl.-botulinum Typ C (MEYER et al. 1953; PRÉVOT et al. 1955) konnte nur der Erreger isoliert werden, das Toxin nicht.

Hinsichtlich des Infektionsmodus muß betont werden, daß bei unserem Fall sowohl das Toxin als auch der Erreger mehrmals über längere Zeit im Stuhl nachgewiesen werden konnten. Ein reine Intoxikation durch primäre Aufnahme von im Nahrungsmittel präformiertem Toxin ist nicht anzunehmen, da der Nachweis von Keimen noch mehrere Wochen nach Auftreten der Magenkrämpfe im Anschluß an den Verzehr von Pilzen gelang. Der kulturelle Nachweis von Cl.-botulinum Typ C in mehreren Stuhlproben beweist die Anwesenheit der Erreger im Darm und damit die Infektion, einschließlich der Neuproduktion von Toxin, wobei eine primäre Aufnahme von präformiertem Botulinustoxin neben der Aufnahme von Erregern nicht ausgeschlossen werden kann. Eine Persistenz von mit Nahrungsmitteln aufgenommenem Toxin im Darminhalt nach so langer Zeit ist kaum denkbar, zumal der Patient bei der Entlassung, d. h. bereits 3 Wochen vor der bisher letzten toxinpositiven Probe, regelmäßigen Stuhlgang hatte. Der klinische Verlauf läßt eine Infektion mit anschließender Toxinproduktion vermuten, wie dies beim „infant botulism" seit Jahren bewiesen ist. Eine solche Toxikoinfektion wird seit Jahren von sowjetischen Forschern auch für Erwachsene postuliert (PETTY 1965). 1977 wurde durch das Center for Disease Control in Atlanta, USA, eine neue Kategorie in die Klassifikation des Botulismus eingeführt, der sog. „botulism, classification undetermined", um Fälle, bei denen eine Neuproduktion von Toxin durch Infektion mit den Erregern angenommen werden könnte, einreihen zu können (CDC 1979). Mit einer Obstipation, den akuten absteigenden Lähmungen, dem negativen Nachweis von Toxin im Serum und dem positiven Nachweis im Stuhl ist unser Fall denjenigen von „infant botulism" vergleichbar. Bei allen Fällen mit „infant botulism" ist die Obstipation eines der wichtigsten und konstantesten Symptome zu Beginn der Erkrankung (ARNON 1980). *Außergewöhnlich* ist in unserem Fall *der Toxintyp C*. Und es wird nochmals betont, daß bei unserem Fall sowohl das Toxin als auch der Erreger mehrmals über längere Zeit im Stuhl nachgewiesen wurden, obwohl Cl.-botulinum nicht zur normalen Darmflora gehört (DOWELL et al. 1977).

Möglicherweise ist gerade dieser Typ verantwortlich für unseren klinisch und elektrophysiologisch etwas ungewöhnlichen Fall. Aus dieser Beobachtung schließen wir und regen an, in einem möglichst breiten Rahmen bei allen Fällen von Polyradikuloneuritis Guillain-Barré die Stuhlprobenuntersuchung auf Cl.-botulinum-Toxin und Erreger in die diagnostische Abklärung miteinzubeziehen.

Zusammenfassung

Ein 30jähriger Mann erkrankt unter dem Bild des Guillain-Barré-Syndroms mit doppelseitiger peripherer Fazialislähmung, leichter absteigender schlaffer sensomotorischer Tetraparese mit Verschwinden der Muskeldehnungsreflexe und mit albumino-zytologischer Dissoziation im Liquor. Die serologischen und virologischen Abklärungen ergeben keinen Hinweis auf einen Infekt. Retrospektiv kann aus tiefgefrorenem Stuhl *Cl.-botulinum Typ C und Toxin* isoliert werden. Im Serum kann kein Toxin nachgewiesen werden. Der klinische Verlauf läßt eine *Toxikoinfektion* vermuten, mit Neubildung von Toxin im Stuhl, da der Erreger *und das Toxin* mehr als 75 Tage nach Beginn der Erkrankung noch immer nachgewiesen werden können. Unsere Beobachtung veranlaßt uns, darauf hinzuweisen, bei allen Guillain-Barré-Syndromen einen Botulismus auszuschließen und nicht nur in den Serumproben, sondern vor allem auch im Stuhl nach Clostridium zu fahnden.

Summary

A 30-year-old man was hospitalized with Guillain-Barré-syndrome. He had facial diplegia, a slight, descending flaccid sensorimotor tetraparesis with loss of tendonreflexes, and protein-cell dissociation in the cerebrospinal fluid. All serologic and virologic examinations were negative. *Cl.-botulinum typ C* organisms and toxin could be identified retrospectively in deep-frozen feces. No toxin was found in the serum. The clinical course let suppose a *toxico-infection* with intestinal botulinal toxin production, since the organisms *and the toxin* could still be demonstrated 75 days after onset of illness. In every case of Guillain-Barré-syndrome the possibility of botulism should be excluded by testing not only the serum for toxin but also the feces.

Literatur

Arnon SS, (1980) Annu Rev Med 31:541
Arnon SS, Chin J (1981) In: Wehrle PF, Top F (eds) Communicable and infectious diseases. Mosby, St. Louis
Arnon SS, Midura TF, Clay SA, Wood RM, Chin J (1977) JAMA 237:1946
Barsanti JA, Walser M, Hatheway CL, Bowen JM, Crowell W (1978) J Am Vet Med Assoc 172:809
Bodechtel G (1974) Differentialdiagnose neurologischer Krankheitsbilder, Thieme, Stuttgart
Caruso G, Brienza A, Labianca O, Ferrannini E, Perniola T (1971) Reperti elettrofisiologici ed istochimici muscolari in un caso di intossicazione botulinica. Acta Neurol (Napoli) 26:23–35
Center for Disease Control (1979) Botulism in the United States, 1899–1977. (Handbook for epidemiologists, clinicians and laboratory workers)
Dowell VR, McCroskey LM, Hatheway CL, Lombard GL, Hughes JM, Merson MH (1977) JAMA 238:1829
Ludin HP (1981) Botulismus. In: Hopf HC, Poeck K, Schliack H (Hrsg) Polyneuropathien. Thieme, Stuttgart New York (Neurologie in Praxis und Klinik, Bd 2, S 29)
Meyer KF, Eddi B, York GK, Collier CP, Townsend CT (1953) Microbiology 2:276
Midura TF, Arnon SS (1976) Lancet II, 2:934
Mumenthaler M (1979) Neurologie. Thieme, Stuttgart
Neundörfer B (1973) Differentialtypologie der Polyneuritiden und Polyneuropathien. Springer, Berlin Heidelberg New York
Petty CS (1965) Am J Med Sci 249:127
Prévot AR, Tettasse J, Daumail J, Cavaroc M, Riol J, Sillioc R (1955) Bull Acad Natl Med (Paris) 139:355
Ricker K, Döll W (1970) Guanidinbehandlung des Botulismus. Z Neurol 198:332–341
Schiller HH, Stålberg E (1978) Human botulism studied with single-fiber electromyography. Arch Neurol 35:346–349
Smith LDS (1977) Botulism: The organism, its toxins, the disease. Thomas, Springfield
Sonnabend W, Sonnabend O (1981) Different types of Cl. botulinum (A, D, and G) found at autopsy in humans: I. Isolation of the organisms and identification of the toxins. Academic Press, London New York
Sonnabend O, Sonnabend W, Heinzle R, Sigrist T, Dirnhofer R, Krech U (1981) Isolation of clostridium botulismus typ G and identification of type G botulinal toxin in humans: Report of five sudden unexpected deaths. J Infect Dis 143:22–27
Wieck HH (1955) Probleme der Polyneuritiden. Fortschr Neurol Psychiatr 23:379

Beobachtung einer Polyneuritis mit Lähmungsbild, vergleichbar mit dem Locked-in-Syndrom

M. Kutzner und H. W. Delank

Ausgedehnter Lähmungsbefall bei akuter Polyneuritis ist vorwiegend bei entzündlich und toxisch bedingten Formen bzw. beim Landry-Verlaufstyp bekannt. Eine vollständige Lähmung aller Kranial- und Spinalnerven mit Ausfall der gesamten Willkürmotorik ist u. W. bisher jedoch nicht publiziert worden, so daß wir eine eigene, kürzlich gemachte Beobachtung für mitteilenswert halten (Abb. 1).

Die Erkrankung des 25jährigen Ingenieurstudenten V. B. begann in Art eines Fisher-Syndroms morgens mit Diplopie, Akkommodationslähmungen, verwaschener Sprache, Schwankneigung und Armschwächegefühl re. Stürmisch fortschreitend breiteten sich innerhalb von 2 Wochen Paresen symmetrisch über das Hirnnervengebiet und die Extremitäten aus, bis schließlich die gesamte Motorik der Kranial- und Spinalnerven von einer schlaffen Paralyse betroffen war. Lediglich Restbewegungen der Augen waren erhalten. Während der Krankheitsausbildung waren Areflexie, Apnoe und handschuhförmige Sensibilitätsstörungen an den Armen distal hinzugetreten. Nach 3tägigem Höhepunkt bildeten sich die Ausfälle ab 17. Krankheitstag zurück, etwa in umgekehrter Reihenfolge ihres Auftretens. Der Patient bedurfte 3monatiger Intensivbehandlung und maschineller Beatmung. Er wurde aus der Klinik nach 5½ Monaten alltagstauglich zur Rehabilitationsbehandlung entlassen. Bei einer Untersuchung 11 Monate später hatte er sich

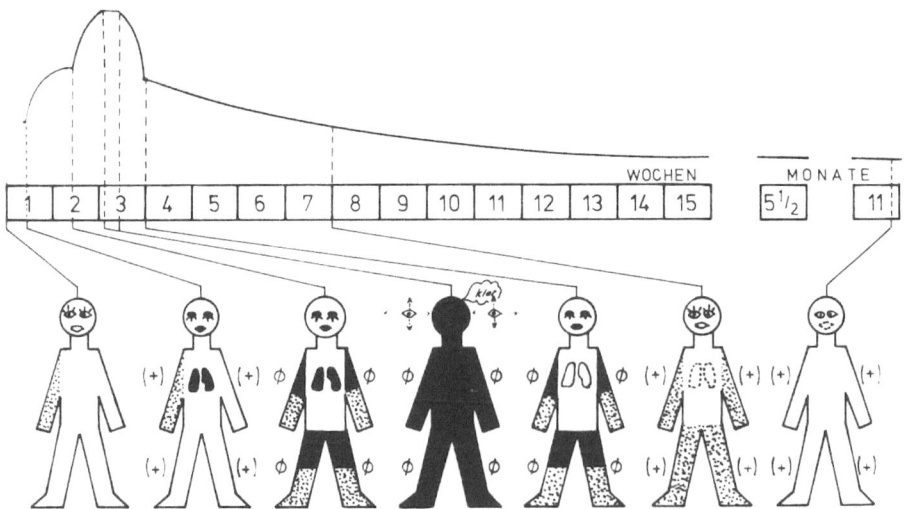

Abb. 1. Verlauf der klinischen Symptomatik bei beobachteter Polyneuritis

Metabolische und entzündliche Polyneuropathien.
Herausgegeben von Gerstenbrand/Mamoli
© Springer-Verlag Berlin Heidelberg 1984

vollständig erholt, bis auf subjektive leichte Schluckbeschwerden, nur schwach auslösbare Muskeleigenreflexe und eine Hyperopie als Folge der beidseitigen Akkommodationslähmung. Diese bedurfte einer Brillenkorrektur nur noch bis zum 14. Monat, wie wir vom behandelnden Augenarzt erfuhren. Die medizinisch-technische Diagnostik in der Akutphase der Erkrankung ergab einschließlich wiederholter Liquoruntersuchungen keine wesentlichen Besonderheiten. Eine erhöhte motorische Chronaxie der Fußmuskulatur am Krankheitshöhepunkt deutete auf axonale Nervenschädigungen hin.

Syndromal hat es sich um eine polytope Erkrankung des peripheren Neurons gehandelt, mit ganz überwiegend motorischem Befall, symmetrischer Verteilung und Ausschaltung der gesamten Spinalnerven- und Hirnnervenmotorik bis auf erhaltene Reste der Blick- und Pupillomotorik. Diagnostisch muß man nach Fehlen anamnestisch und befundmäßig faßbarer toxischer Einflüsse das Krankheitsbild einer idiopathischen Polyneuritis zuordnen. Liquorveränderungen können bei derartigen Krankheitsbildern bekanntlich fehlen.

Betrachtet man das klinische Erscheinungsbild auf dem 3 tägigen Verlaufshöhepunkt (Abb. 2), so war es neben Areflexie, Apnoe und Sensibilitätsstörungen der Arme ganz vordergründig geprägt durch eine schlaffe Paralyse der gesamten Willkürmotorik mit resultierender Regungsunfähigkeit. Lediglich Augenmuskelfunktionen waren erhalten, mit völlig intakter Vertikalbewegung und Einschränkung der übrigen Motilität, wie Akkommodationsparese und Trägheit des pupillomotorischen Spiels. Beidseits war zur initial aufgetretenen Externusschwäche auch eine leichtere Internusschwäche hinzugekommen, es resultierten endgradige Blickwendeeinschränkungen nach beiden Seiten. Bewußtsein und Wahrnehmung von Sinnesreizen waren nicht gestört, wie der Patient auch später rückschauend bestätigt hat. Er machte sich ausschließlich durch verabredete Augenbewegungen verständlich. Um diese zu erkennen, mußten seine paralytischen Oberlider jeweils gehoben werden. Der Patient gab zu erkennen, daß es ihm bis auf den Austausch aktuell notwendiger Informationen am angenehmsten war, wach vor sich hin zu dösen. Später erfuhren wir von ihm, daß der Zustand der Regungsunfähigkeit unter Bedingung der Intensivstation nicht peinigend mit Angst und Qual erlebt wurde, sondern mehr mit einem „Mir-ist-alles-egal-Gefühl". Regelmäßige häufige Kontakt-

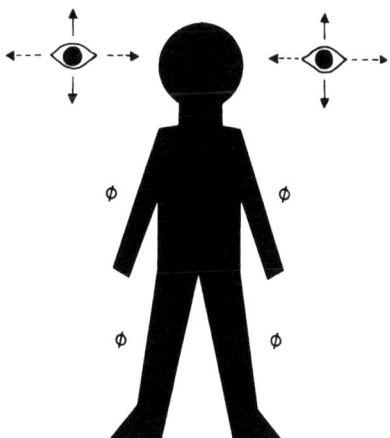

Abb. 2. Vollbild der klinischen Störungen bei beobachteter Polyneuritis

aufnahme erschien ihm lediglich beruhigend und wichtig, um sich stetiger Kontrolle zu versichern und um Bedürfnisse mitteilen zu können.

Besonders eindrucksvoll war die Ähnlichkeit der klinischen Symptomatik am Krankheitshöhepunkt mit dem Erscheinungsbild des Locked-in-Syndroms. Dieses ist von PLUM u. POSNER (1966) beschrieben und gekennzeichnet durch den Verlust der gesamten Willkürmotorik bei ungestörter Psyche und sensorischer Wahrnehmung. Lediglich die Vertikalbewegung der Augen ist erhalten und gestattet dem Patienten, sich dem aufmerksamen Untersucher verständlich zu machen. Durch Morsebewegungen der Augen kann sogar eine differenzierte Zwiesprache möglich werden, wie FELDMAN beobachtet hat. Da dieser Zustand eine psychische Reaktionslosigkeit bzw. Kontaktunfähigkeit vortäuschen kann, hat man ihn auch als „Pseudokoma" bzw. als „pseudoapallisches Syndrom" bezeichnet. Beschrieben wurde das Locked-in-Syndrom zumeist bei Gefäßprozessen im Basilarisbereich mit letalem Ausgang. Verläufe chronischer Art (FELDMAN 1971) und im Sinn transitorisch-ischämischer Attacken (BAUER et al. 1979) wurden ebenfalls berichtet.

Topodiagnostisch ist das Locked-in-Syndrom bei ventralen Pons-Läsionen („ventrales Pons-Syndrom"), aber auch bei anderen Schädigungsorten beobachtet worden. NORDGREN et al. (1971) fanden es bei einer Läsion des Pons zentral, einschließlich des Tegmentums kaudal. Entscheidend ist die Unterbrechung der kortikobulbären bzw. -spinalen Bahnen (de-efferented state). KARP u. HURTIG (1974) sahen es bei bilateraler Infarzierung der lateralen Zweidrittel der Hirnschenkel ohne Beeinträchtigung der Augenmotilität. Vom klassischen Locked-in-Syndrom grenzen BAUER et al. (1979) das inkomplette (mit erhaltenen weiteren Bewegungsresten) und das totale ab, letzteres als Ausdruck einer Unterbrechung beider Hirnschenkel.

Zu totalem Ausfall der Willkürmotorik können auch Schädigungen ganz anderer Lokalisation führen. Dies haben PLUM u. POSNER (1966) für vaskuläre oder demyelinisierende Medulläsionen, aber auch für Myasthenie, Polyomyelitis und periphere Neuropathien postuliert. Tatsächlich gesehen hat JOUVET (1969) solche Zustände bei curarisierten Tetanuspatienten, die zum Zwecke der maschinellen Beatmung relaxiert waren. Unseres Wissens sind derartige Zustände bei Polyneuritis bisher nicht beschrieben worden. Bemerkenswert erscheint uns, daß unsere Beobachtung bei Polyneuritis nicht nur einem „de-efferented state" allgemein glich. Auf Grund des blickmotorischen Ausfallsmusters mit erhaltener Vertikalbewegung sah sie wie ein klassisches Locked-in-Syndrom aus (Abb. 3).

Vergleichen wir das beobachtete Zustandsbild mit einigen Mitteilungen aus der Literatur zum Locked-in-Syndrom (z. B. PLUM u. POSNER 1966; FELDMAN 1971; NORDGREN et al. 1971; HAWKES 1974; BAUER et al. 1980) so finden wir, daß Angaben über Muskeleigenreflexe, Pyramidenbahnzeichen, Muskeltonus und Sensibilitätsstörungen in vielen mitgeteilten Fällen fehlen. Weitere Symptome wie Dezerebrationshaltungen oder unwillkürliche motorische Bewegungen auf Reize können vorkommen.

Interessanterweise werden ausdrücklich Fälle mit Areflexie (FELDMAN 1971; BAUER 1979), schlaffer Tetraplegie (BAUER et al. 1979; NORDGREN 1971) und ohne Pyramidenbahnzeichen erwähnt. Somit gibt es das hirnorganisch bedingte Locked-in-Syndrom mit dem klinischen Erscheinungsbild, welches wir vorübergehend auch bei der Polyneuritis gesehen haben. Diese Gemeinsamkeit beschränkt

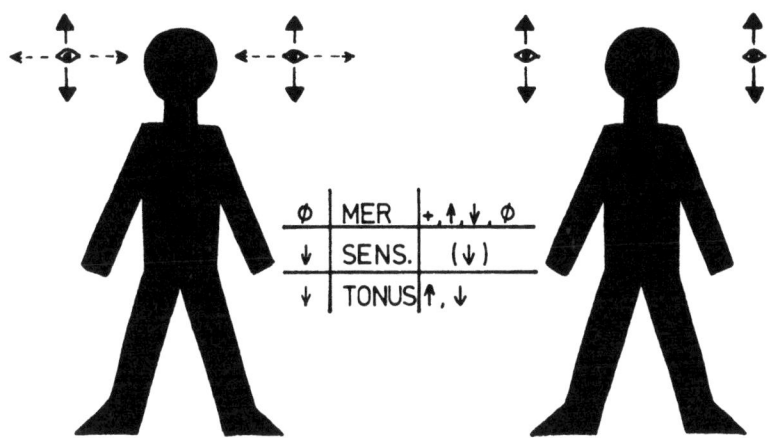

Abb. 3. Vergleich zwischen beobachtetem Polyneuritis-Syndrom und Locked-in-Syndrom

sich auf die syndromale Gestalt und auf einen zeitlich begrenzten Ausschnitt im Verlauf dieser Krankheitsbilder, denen eine prinzipiell unterschiedliche Entstehung und eine unverwechselbare Verlaufsdynamik eigen ist.

Es bleibt zu fragen, ob die beobachtete Symptomenkombination mit ausschließlicher Unberührtheit der vertikalen Blickbewegung zufällig auf dem Weg peripher-nervaler Ausfälle das klassische Locked-in-Syndrom imitiert hat, oder ob gemeinsame neuro-anatomische Strukturen befallen gewesen sind. Dies erscheint nicht ausgeschlossen, da der polyneuritische Hirnnervenbefall auch zur Beteiligung zerebraler Strukturen (Pons?) geführt haben könnte. Eine Beteiligung des zentralen Nervensystems ist bei der Polyneuritis bekanntlich nicht ausgeschlossen.

Anliegen dieses Beitrages war es darzustellen, daß das Erscheinungsbild des Locked-in-Syndroms auch auf dem Weg peripher-nervaler Ausfälle bei Polyneuritis vorkommt. Anregenswert erscheint uns die Diskussion, ob der Begriff des Locked-in-Syndroms nicht besser aus der gewohnten syndromgenetischen Verknüpfung herausgelöst und zusammen mit der Angabe der jeweiligen Ätiologie und des Läsionsortes verwandt werden sollte. Dann könnte man im vorliegenden Fall von einem peripher-nerval entstandenen klassischen Locked-in-Syndrom bei Polyneuritis sprechen.

Zusammenfassung

Kasuistisch wird die klinische Beobachtung einer akuten Polyneuritis berichtet, auf deren 3 tägigem Verlaufshöhepunkt eine Paralyse der gesamten Hirn- und Spinalnervenmotorik bestand, bis auf Reste der Augenmotorik und unberührte vertikale Blickbewegung. Das beobachtete klinische Zustandsbild ist weitgehend identisch mit Erscheinungsformen des klassischen Locked-in-Syndroms, welches PLUM u. POSNER (1966) beschrieben haben. Dies wird mit Literaturvergleich diskutiert. Der Schluß liegt nahe, daß das klinische Erscheinungsbild des Locked-in-Syndroms auch auf peripher-nervalem Wege entstehen kann und daß die syndromgenetische Verknüpfung des Begriffes mit ausschließlich hirnorganischer Entstehung nicht aufrecht zu erhalten ist.

Nach Drucklegung ist uns eine von CARROLL u. MASTAGLIA (1979) publizierte syndromal ähnliche Beobachtung bekannt geworden, welche hinsichtlich der Frage nach dem zugrundeliegenden Läsionsort (peripher-nerval?, zentral?) aus klinischer Sicht diskutiert wurde.

Summary

A case auf acute polyneuritis is reported which culminated in a 3 days' paralysis of all cranial and spinal nerves except rests of vertical eye movement. The clinical state is very similar to the classic locked-in-syndrome as described by PLUM and POSNER (1966). This is discussed comparing with literature. It is assumed that the classic locked-in syndrome may also originate in the lesion of peripheric nerves and that the exclusive association of this term with cerebral lesions cannot be maintained.

Literatur

Bauer G, Gerstenbrand F, Rumpl E (1979) Varieties of the Locked-in-syndrome. J Neurol 221:77
Bauer G, Gerstenbrand F, Hengl W (1980) Involuntary motor phenomena in the locked-in-syndrome. J Neurol 223:191
Carroll W, Mastaglia FL (1979) "Locked-in-Coma" in Postinfective Polyneuropathy. Arch Neurol 36:46
Feldman H (1971) Physiological observations in a chronic case of "locked-in-" syndrome. Neurology (NY) 21:459
Hawkes CH (1974) "Locked-in-"syndrome: Report of seven cases. Br Med J 4:379
Jouvet M (1969) Coma and other disorders of consciousness. Part 3: Disorders of higher nervous activity. In: Vinken PJ, Bruyn GW (eds) Handbook of clinical neurology. North Holland, Amsterdam New York Oxford, pp 62–79
Karp JS, Hurtig HI (1974) "Locked-in" state with bilateral midbrain-infarcts. Arch Neurol 30:176
Neundörfer B (1973) Differentialtypologie der Polyneuritiden und Polyneuropathien. Springer, Berlin Heidelberg New York
Nordgren RE, Markesbery WR, Fukuda K, Reeves AG (1971) Seven cases of cerebromedullospinal disconnection: The „locked-in" syndrome. Neurology (NY) 21:1140
Plum F, Posner JB (1966) Diagnosis of stupor and coma. FA Davis, Philadelphia
Stefan H, Wappenschmidt J, Kiefer H (1981) Occlusions of the basilar artery. Neurosurg Rev 4:41

Die sensible Polyneuropathie bei akuter Ophthalmoplegie und Ataxie
(Fisher-Syndrom)

K. Ricker und R. Rohkamm

Das 1956 von Fisher beschriebene Syndrom gilt allgemein als eine Sonderform des Guillain-Barré-Syndroms. Eine Übersicht gaben 1975 Schumm u. Geysel. Hauptsymptome sind die oft im Anschluß an einen unspezifischen Infekt innerhalb von 1–2 Tagen dramatisch einsetzenden Ophthalmoplegie und Ataxie. In einzelnen seltenen Fällen kann sich die Krankheit innerhalb von 2–3 Wochen weiterentwickeln zu einer schweren, schlaffen Tetraplegie, einschließlich Lähmung der Atemmuskulatur. Im allgemeinen verläuft das Fisher-Syndrom jedoch wesentlich gutartiger.

Eine deutliche Unterscheidung zum Guillain-Barré-Syndrom ist die ebenfalls bereits in den allerersten Tagen auftretende Polyneuropathie, welche ganz überwiegend die sensiblen Fasern zu betreffen scheint. Diese noch wenig bekannte Beobachtung deutet darauf hin, daß die wahrscheinlich zugrundeliegende Immunattakke beim Fisher-Syndrom eine andere Zielrichtung hat als beim Guillain-Barré-Syndrom. Da mit Hilfe der Suralisbiopsie durchaus sensible Nervenfasern zugängig sind, läßt sich in Zukunft vielleicht unter Zuhilfenahme immunologischer Methoden die Pathogenese weiter aufklären.

Wir konnten die sensible Polyneuropathie bei 2 Patienten mit Fisher-Syndrom genauer untersuchen. Bei einem 33jährigen und einem 66jährigen Mann traten wenige Tage nach einem leichten Infekt innerhalb von 2 Tagen eine starke Ataxie auf und eine hochgradige Einschränkung der Augenbewegungen nach allen Seiten. Beide klagten über leichtes Brennen in den Fingerspitzen. Die am 6. Tag durchgeführte Registrierung des orthodromen sensiblen Aktionspotentials des N. medianus vom Handgelenk ergab eine deutlich erniedrigte und desynchronisierte Amplitude. (Abbildung 1 zeigt das Potential des jüngeren Patienten.)

Ebenso ergab bei beiden die Registrierung vom N. suralis ein sehr stark erniedrigtes und erheblich desynchronisiertes sensibles Nervenaktionspotential (Abb. 2). Die motorische Nervenleitungsgeschwindigkeit war normal, das motorische Antwortpotential nicht erkennbar erniedrigt.

Eine am 6. bzw. 10. Tag entnommene Suralisbiopsie ergab keinerlei entzündliche Infiltrationen des Nerven. Es fanden sich jedoch zahlreiche dicke Fasern mit ganz auffällig dünner Myelinscheide (Abb. 3). Zupfpräparate zeigten verbreiterte Schnürringe mit retrahierten Myelinscheiden. Der ältere Patient verstarb am 11. Tag überraschend an Herzstillstand. Die nach dem Tod vorgenommene Entnahme des Suralisnerven der anderen Seite ergab, daß die Veränderungen stark fortgeschritten waren, so daß jetzt nur noch wenige dickmyelinisierte Fasern im Nerven vorhanden waren.

Neben dieser betont sensiblen Neuropathie kann beim Fisher-Syndrom auch das autonome Nervensystem befallen sein. Wir führen den plötzlichen Tod des

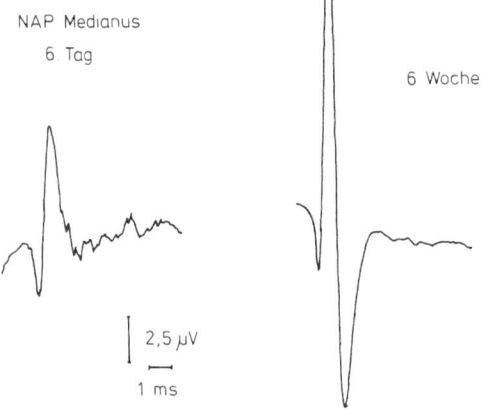

Abb. 1. Orthodromes sensibles Aktionspotential des N. medianus, abgeleitet in Höhe des Handgelenkes. Deutlich erniedrigte und desynchronisierte Amplitude

Abb. 2. Patient 1: Stark erniedrigtes und erheblich desynchronisiertes sensibles Aktionspotential des N. suralis

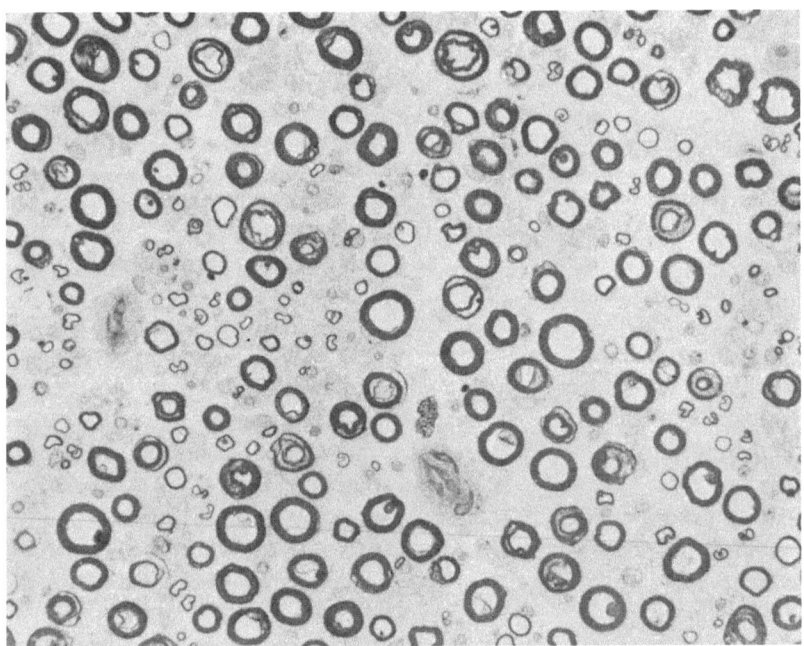

Abb. 3. Patient 1: Suralisbiopsie. Zahlreiche Fasern mit auffällig dünner Myelinscheide

2. Patienten darauf zurück. Bei dem jüngeren Patienten kam es bereits in den ersten Krankheitstagen zu einem Anstieg der Pulsfrequenz auf 100–110/min. Ein Bulbusdruckversuch ergab eine Asystolie von über 5 s Dauer. Daraufhin wurde zur Vorbeugung bradyarrhythmischer Komplikationen ein Herzschrittmacher gelegt. Eine bei dem jüngeren Patienten am 10. Tag begonnene mehrmalige Plasmaaustauschbehandlung hatte keinerlei erkennbaren Effekt auf den Krankheitsverlauf. Der Zustand dieses Patienten besserte sich nach 4–6 Wochen wieder, und er war nach 3 Monaten weitgehend beschwerdefrei.

Die sensible Polyneuropathie stellt ein weiteres interessantes Unterscheidungsmerkmal des Fisher-Syndroms gegenüber dem Guillain-Barré-Syndrom dar. Ihre Beachtung kann einmal in der klinischen Differentialdiagnose gegenüber vermutetem Hirnstamminsult, Myasthenie oder Botulinusintoxikation hilfreich sein. Zum anderen dürfte sich das Fisher-Syndrom aber besonders für die zukünftige pathogenetische Aufklärung in immunologischer Hinsicht als ein interessantes Krankheitsmodell anbieten.

Zusammenfassung

Es wird über 2 Patienten mit akuter Ophthalmoplegie und Ataxie berichtet (Fisher-Syndrom). Dabei wird besonders auf die bereits in den ersten Tagen auftretende, ganz betont sensible Polyneuropathie aufmerksam gemacht. Es fanden sich bei normaler motorischer Leitungsgeschwindigkeit stark desynchronisierte sensible Nervenaktionspotentiale. Die Suralisbiopsie zeigte in beiden Fällen eine Demyelinisierung der dicken Axone. Plasmaaustauschbehandlung hatte keinen Effekt. Das autonome Nervensystem kann betroffen sein und zu gefährlichen bradyarrhythmischen Herzstörungen führen. Vorübergehend sollte rechtzeitig ein Herzschrittmacher gelegt werden.

Summary

We report of two patients with acute ophthalmoplegia and ataxia (Fisher syndrome). The sensory peripheral neuropathy present in the first days of illness is stressed. Motor nerve conduction velocity was normal, whereas sensory nerve action potentials were markedly altered.

Sural nerve biopsy showed in both cases demyelination. Plasma exchange was of no beneficial effect. The autonomous nervous system may be affected causing dangerous cardiac arrhythmias. In those cases temporary pacemaker should be applied.

Literatur

Becker, WJ, Watters GV, Humphreys P (1981) Fisher-syndrome in childhood. Neurology (NY) 31:555–560
Blau I, Casson I, Lieberman A, Weiss E (1980) The not-so-benign Miller Fisher syndrome. Arch Neurol 37:384–385
Fisher M (1956) An unusual variant of acute idiopathic polyneuritis (syndrome of ophtalmoplegia, ataxia and areflexia). N Engl J Med 255:57–62
Schumm F, Geysel A (1975) Das Fisher-Syndrom, eine Sonderform des Landry-Guillain-Barré-Syndroms. Nervenarzt 46:678–687

Polyneuropathie und Vorderhorndegeneration bei malignen Lymphomen

W. Grisold, K. Jellinger und R. Heinz

Ausfälle der neuromuskulären Peripherie bei Patienten mit malignen Lymphomen können bedingt sein durch

1. toxische Effekte der Zytostatikatherapie,
2. metastatische Tumorinfiltration,
3. verschiedene paraneoplastische Syndrome,

die klinisch oft nur schwierig voneinander abzugrenzen sind.

Bei generalisierten Lymphomen findet sich mit dem Fortschritt der modernen Therapie ein zunehmender zentralnervöser und neuromuskulärer Befall (Jellinger 1979). In einer Autopsieserie von 200 Lymphomen, davon 158 Non-Hodgkin-Lymphomen, fand sich ein ZNS-Befall in 30 bzw. 36%, davon etwa die Hälfte mit Infiltration der Hirnnerven und Spinalwurzeln, während 45% der untersuchten Fälle einen blastomatösen Befall der peripheren Nerven und Skelettmuskel aufwiesen (Tabelle 1). Er war am häufigsten bei Lymphoblastom und Immunozytom, etwa bei einem 73jährigen Mann mit generalisiertem Immunozytom ohne Makro-

Tabelle 1. Befall des Nervensystems bei malignen Lymphomen (ML) (Path. Inst. Univ. Wien, 1.1.1972–31.12.1976 – 9000 Autopsien)

Extraneurale Lymphome	[n]	Hirn-Befall		Epidural Spinal		Wurzeln+periph. Nerven		Intrakran. Blutung		Sek. ZNS-Infektion	
		[n]	[%]	[n]	[%]	[n/n]	[%]	[n]	[%]	[n]	[%]
M. Hodgkin	42	1		2		1/5		6		7	
CLL	34	7		–		2/10		6		6	
M. F. Sézary-Syndrom	6	4		–		2/2		–		1	
Immunozytom	25	8		1		6/12		5		2	
Zentrozytom	7	2		1		1/5		–		2	
Zentroblast./zytom	15	–		2		1/4		1		–	
Zentroblastom	4	–		2		–/3		–		–	
Lymphoblastom	15	4		–		4/7		1		1	
ALL	31	21		–		6/10		9		12	
Immunoblastom	21	5		1		3/6		–		1	
Mal. Lymphome	200	52	26,0	9	4,5	26/60	43,3	28	14,0	32	16,0
Non-Hodgkin-M.L. (+ALL)	158	51	32,2	7	4,4	25/55	45,4	22	13,7	25	15,6
Primäre zerebrale M.L.	17										

globulinemie als Substrat einer therapieunabhängigen proximalen und distalen Amyotrophie (Abb. 1 a, b). Diese Infiltration kann klinisch eine Polyradikuloneuritis vortäuschen, wie bei einem 32jährigen Mann mit akuter ALL mit 8 monatigem Verlauf, der eine rasch aufsteigende Landry-Paralyse mit positiver Liquorzytologie und autoptisch einen ZNS-Befall mit Hirnnervenbeteiligung und Infiltration peripherer Nerven bot (Abb. 2). Ein klinischer Verdacht auf diffuse Beteiligung des zentralen und peripheren Nervensystems bei Lymphomen ergibt sich bei positivem liquorzytologischen Befund (MCLEOD u. WALSH 1975), doch fanden ENGELHARDT u. STAMM (1980) eine „neoplastische Neuropathie" auch nach Liquorsanierung durch intrathekale Zytostatikatherapie.

Eine *nichtmetastatische* Neuropathie, die CURRIE et al. (1970) in 1,4%, WALSH (1971) aber in 35% elektrophysiologisch nachweisen konnten, tritt meist als gemischte sensomotorische Neuropathie vom symmetrischen oder asymmetrischen Verteilungstyp mit oder ohne Schmerzen mit akutem, subakut bis chronischen oder rezidivierenden Verlauf auf. Neurographisch finden sich herabgesetzte motorische und sensible Nervenleitgeschwindigkeiten mit verlängerten distalen Latenzzeiten (MCLEOD u. WALSH 1975).

Morphologisch findet sich ein den übrigen paraneoplastischen Formen analoges Bild axonaler Polyneuropathie mit sekundärer Entmarkung (MCLEOD 1975) oder segmentale Entmarkung und Axondegeneration mit oder ohne entzündliche Zellinfiltration (MCLEOD u. WALSH 1975; BRUNET et al. 1981). Gleich anderen paraneoplastischen Polyneuropathien kann ihre klinisch-neurographische Manifestation dem Tumornachweis vorausgehen, etwa bei einem 69 Jahre alten Mann mit symmetrischer sensomotorischer, distaler Polyneuropathie, insbesondere der unteren Extremitäten, mit stark verlängerten distalen Latenzzeiten und hohen reduzierten Summenantwortpotentialen, bei dem die spätere Durchuntersuchung ein immunoblastisches Lymphom des Magens mit Generalisationstendenz ergab. Bei anderen Patienten tritt die Neuropathie im Spätstadium der Erkrankung auf: 72jährige Frau mit CLL ohne zytostatische Therapie, die Monate vor dem Tod schwere Gangstörungen mit Muskelatrophien, Hyporeflexie und verminderte Vibrationsempfindung bot. Klinisch und autoptisch kein Hinweis auf ZNS-Befall, jedoch ausgeprägte axonale Nervus tibialis-Neuropathie mit schwerer neurogener Muskelatrophie und myopathischer Begleitreaktion.

Eine bisher nur in 2 Fällen beschriebene Polyneuropathie bei primärem malignen Lymphom des Gehirns (GAROFALO et al. 1978) sehen wir bei einer 58jährigen Frau, die wegen nekrotisierender Vaskulitis eine Langzeitbehandlung mit Kortikosteroiden und Azathioprin (100 mg/Tag) erhalten hatte und 4 Jahre nach deren Be-

---

Abb. 1 a, b. Infiltration des N. tibialis und der Oberschenkelmuskulatur bei generalisiertem Immunozytom. HE × 90

Abb. 2. Perineurale und perivasale Infiltration des N. suralis bei ALL. HE × 250

Abb. 3 a, b. Polyneuropathie bei primärem Immunoblastom des ZNS nach Immunsuppressionsbehandlung. **a** Entmarkung im N. peron. superfic. GSB × 100. **b** Neurogene Atrophie mit Target-Fasern im M. gastrocnemius. HE × 100

Abb. 4 a, b. Degeneration des peripheren motorischen Neurons bei malignem Lymphom. **a** Entmarkung der lumbalen Vorderwurzeln. Kl. B × 12. **b** Subtotaler Neuronenausfall und Gliose im zervikalen Vorderhorn mit Verschonung medioventraler Kerngruppen. KV × 56

Polyneuropathie und Vorderhorndegeneration bei malignen Lymphomen 197

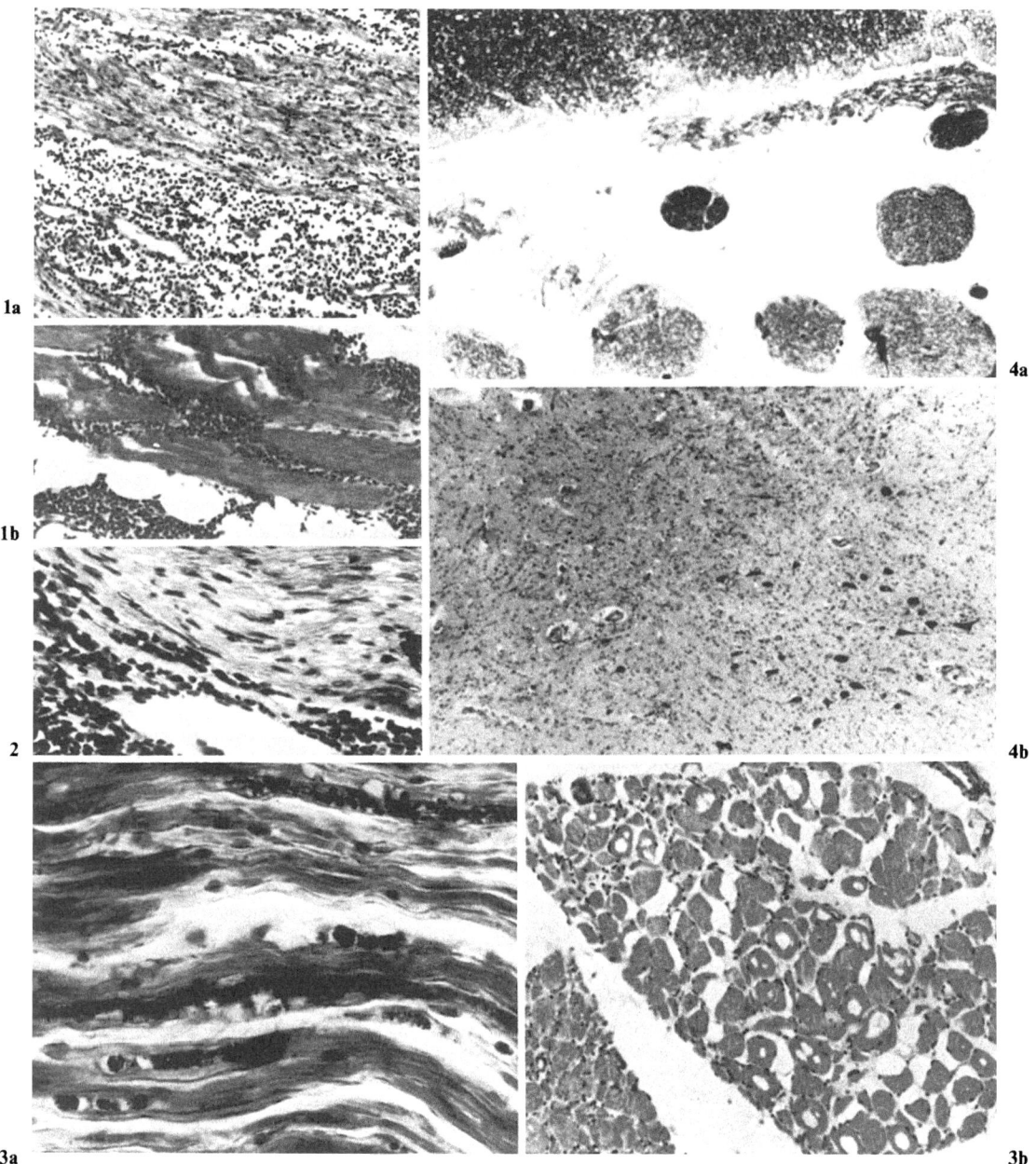

endigung Schmerzen und Schwäche im linken Bein, später rasch progrediente Beinparese, Areflexie, strumpfförmige Anästhesie und Myatrophien, gefolgt von multiplen Hirnnervenausfällen mit positiver Liquorzytologie entwickelte und trotz intrathekaler Methotrexat-Therapie rasch verstarb. Das EMG zeigte diffuse Fibrillation und polyphasische Potentiale; die motorische NLG der Nn. tibialis und peronaeus war mit 31,5 und 23,8 m/s deutlich herabgesetzt. Autoptisch fand sich ein primäres multilokuläres Immunoblastom des Gehirns ohne extrakranielle Infiltration (JELLINGER et al. 1979) sowie eine Polyneuropathie vom axonalen Typ mit sekundärer Entmarkung und Denervationsatrophie der Skelettmuskulatur ohne neuromuskulären Lymphombefall (Abb. 3 a, b).

Die Ursache der nichtmetastatischen Neuropathien bei malignen Lymphomen ist wie bei den übrigen paraneoplastischen Formen ungeklärt; neben toxischen, viralen und immunologischen werden besonders metabolische Ursachen (Malnutrition) diskutiert (McLEOD 1975). Die für Neuropathien bei Myelom und angioimmunoplastischer Lymphadenopathie pathogenetische Bedeutung polyklonaler Dysproteinämie mit Ablagerung pathologischer Immunglobuline an den Markscheiden (SWASH et al. 1979; BRUNET et al. 1981) ist im allgemeinen nicht nachweisbar.

Bei malignen Lymphomen treten daneben akute aufsteigende Guillain-Barré-ähnliche Syndrome, besonders bei Morbus Hodgkin, vermutlich auf Autoimmunbasis (LISAK et al. 1977), ferner Radikuloneuropathien mit z. T. nekrotisierender Myelopathie (PERESS et al. 1979; GRISOLD et al. 1980) und schließlich rein motorische Ausfälle im Sinne einer nukleären Atrophie als paraneoplastische Degeneration des peripheren motorischen Neurons (subakute Motorneuronopathie) auf (WALTON et al. 1968; SCHOLD et al. 1979). Sie sind klinisch durch Tetraparesen, Muskelatrophien, Faszikulieren und Areflexie ohne Sensibilitätsstörung gekennzeichnet und können gleichfalls dem Grundprozeß vorausgehen. Bei einer 63jährigen Frau mit diffusem zentroblastischen Lymphom des Magens, die nach systemischer Polychemotherapie zunächst eine toxische Neuropathie mit späterer Rückbildung entwickelte, bildeten sich einige Monate vor dem Tod diffuse Myotrophien mit Bulbärsyndrom und myasthenischer Reaktion. Autoptisch fand sich bei fehlendem lymphomatösen ZNS-Befall eine symmetrische Vorderhorndegeneration vorwiegend im Hals- und Lendenmark (Abb. 4a) mit Verschmächtigung und fleckförmiger Entmarkung der Vorderwurzeln ohne spinale Strangdegeneration (Abb. 4b). Diese von der „karzinomatösen ALS" (BRAIN et al. 1965) abweichende selektive Vorderhornzelldegeneration gilt als Spiegelbild der nur selten bei malignen Lymphomen beobachteten subakuten sensorischen Neuropathie (DENNY-BROWN 1948), kann aber nach SCHOLD et al. (1979) mit segmentaler Entmarkung peripherer Nerven und Schwann-Zelldegeneration einhergehen. Ätiologisch werden Virusinfektionen und Strahlenschäden diskutiert.

Zusammenfassend sind folgende Formen neuromuskulärer Beteiligung bei malignen Lymphomen zu unterscheiden (s. auch GRISOLD et al. 1983):

1. „Neoplastische" Neuropathie-Myopathie durch metastatische Infiltration.
2. Paraneoplastische sensomotorische und sensorische Polyneuropathie.
3. Polyneuropathie bei Para- und Dysproteinämie.
4. Polyradikuloneuritis (entzündliche Polyneuropathie).

5. Radikuloneuropathie und Myelopathie.
6. Nukleäre Atrophien (Pseudo-ALS) mit oder ohne Polyneuropathie.
7. Myasthenische Syndrome.
8. Therapieinduzierte toxische Polyneuropathien.

Eine exaktere klinisch-neurophysiologische und morphologische Differenzierung dieser verschiedenen Komplikationen erscheint wegen der therapeutischen Relevanz wünschenswert.

Zusammenfassung

Polyneuropathien bilden wichtige und differentialdiagnostisch oft schwer abgrenzbare Komplikationen maligner Lymphome. Folgende Schädigungen der neuromuskulären Peripherie sind zu berücksichtigen: 1. „neoplastische" Neuropathie durch blastomatöse Infiltration; 2. paraneoplastische sensorische und sensomotorische Polyneuropathie; 3. Polyneuropathie bei Para- und Dysproteinämie; 4. Polyradikuloneuritis (entzündliche Polyneuropathie); 5. Radikuloneuropathie und Myelopathie; 6. nukleäre Atrophien (Vorderhorndegeneration); 7. myasthenische Syndrome und 8. therapieinduzierte toxische Polyneuropathien. Einige dieser Läsionsformen werden an exemplarischen Beobachtungen demonstriert.

Summary

Polyneuropathy represents an important complication of malignant lymphomas. The following lesions of the neuromuscular system are to be distinguished: 1. "neoplastic" neuropathy due to metastatic infiltration; 2. paraneoplastic sensory and sensori-motor polyneuropathy; 3. polyneuropathy associated with dysproteinaemia; 4. polyradiculoneuritis (inflammatory polyneuropathy); 5. radiculoneuropathy and myelopathy; 6. motor neuronopathy (lower motor neuron syndrome); 7. myasthenia; and 8. drug-induced toxic polyneuropathy. Some of there remote effects of malignant lymphoma are demonstrated.

Literatur

Brain R, Croft PB, Wilkinson M (1965) Motor neuron disease as a manifestation of neoplasm. Brain 88:479–500

Brunet P, Binet JL, Saxce H de, Gray F et al (1981) Neuropathies périphériques aucours de la lymphadénopathie angioimmunoblastique. Rev Neurol (Paris) 137

Currie S, Henson RA, Morgan HG, Poole AJ (1970) The incidence of the non-metastatic neurological syndromes of obscure origin in the reticuloses. Brain 93:629–640

Denny-Brown D (1948) Primary sensory neuropathy with muscular changes associated with carcinoma. J Neurol Neurosurg Psychiatry 11:73–87

Engelhardt P, Stamm T (1980) Malignes Lymphom mit Meningeosis lymphomatosa und Infiltration peripherer Nerven. Aktuel Neurol 7:41–44

Garofalo M, Danon MJ, Donnenfeld H, Chusid JG (1978) Peripheral polyneuropathy associated with primary malignant lymphoma of the brain. Arch Neurol 35:50–52

Grisold W, Lutz D, Wolf D (1980) Necrotizing myelopathy associated with ALL. Acta Neuropathol (Berl.) 49:231–235

Grisold W, Jellinger K, Mamoli B, Heintz R, Lutz D (1983) Polyneuropathie und Myelopathie bei Hämoblastosen und malignen Lymphomen. In: Seitz D, Vogel P (Hrsg) Hämoblastosen, Zentrale Motorik, Iatrogene Schäden, Myositiden. Springer: Berlin Heidelberg New York Tokyo, S 390–396

Jellinger K (1979) Maligne Lymphome des Zentralnervensystems. In: Stacher A, Höcker P (Hrsg) Lymphknotentumoren. Urban & Schwarzenberg, München Wien Baltimore, S 238–247

Jellinger K, Kothbauer P, Weiss R, Sunder-Plassmann E (1979) Primary malignant lymphoma of the CNS and polyneuropathy in a patient with necrotizing vasculitis treated with immunosuppression. J Neurol 220:259–268

Lisak RP, Mitchell M, Zweiman B, et al. (1977) Guillain-Barré syndrome and Hodgkin's disease. Ann Neurol 1:72–78

McLeod JG (1975) Carcinomatous neuropathy. In: Dyck, PJ, Thomas PK, Lambert EH (eds) Peripheral neuropathy. Saunders, Philadelphia, pp 1301–1313

McLeod JG, Walsh JC (1975) Peripheral neuropathy associated with lymphomas and other reticuloses. In: Dyck PJ, Thomas PK, Lambert EH (eds) Peripheral neuropathy. Saunders, Philadelphia, pp 1314–1325

Peress NS, Su PC, Turner I (1979) Combined myelopathy and radiculoneuropathy with malignant lymphoproliferative disease. Arch Neurol 36:311–313

Schold SC, Cho E-S, Somasundaram M, Posner JB (1979) Subacute motor neuronopathy: A remote effect of lymphoma. Ann Neurol 5:271–287

Swash M, Perrin J, Schwartz MS (1979) Significance of immunoglobuline deposition in peripheral nerve in neuropathies associated with paraproteinemias. J Neurol Neurosurg Psychiat 42:179–182

Walsh JC (1971) Neuropathy associated with lymphoma. J Neurol Neurosurg Psychiat 34:42–50

Walton JN, Tomlinson BE, Pearce GA (1968) Subacute "Poliomyelitis" and Hodgkin's disease. J Neurol Sci 6:435–445

Diagnostik und Verlauf
von gefäßentzündlich bedingten Polyneuropathien

T. STAMM, A. LUBA, P. MEHRAEIN und K. VYKOUPIL

Einleitung

In der Erstbeschreibung der bekanntesten Gefäßentzündung, der Periarteriitis nodosa, wiesen bereits KUSSMAUL u. MAIER (1866) auf die begleitende, progrediente Polyneuropathie hin. Durch umfassende klinisch-pathologische Arbeiten, stellvertretend seien LOVSHIN u. KERNOHAN (1948) sowie STAMMLER (1958) genannt, wurde dieses Krankheitsbild, insbesondere die zugehörige neurologische Symptomatik näher charakterisiert. Bei der Periarteriitis nodosa war das periphere Nervensystem in 15–50% beteiligt, wobei neben Polyneuropathien als seltenes, allerdings kennzeichnendes, klinisches Bild, die Mononeuritis multiplex beschrieben wurde. In den letzten Jahren wurde über eine Vielzahl von Syndromen mit Gefäßentzündungen unterschiedlicher Pathologie und klinischer Manifestation berichtet, die der Periarteriitis nodosa nicht mehr zugeordnet werden konnten (FAUCI et al. 1978). In neueren Klassifikationen wurde daher von einer Gruppe von nekrotisierenden Vaskulitiden gesprochen, unter denen die Periarteriitis nodosa eine Sonderform darstellt (SCHUMACHER 1977). Die schillernde Symptomatik erschwert nicht nur die Klassifikation, sondern auch die klinische Diagnostik, insbesondere im uncharakteristischen Beginn. Es kommt hinzu, daß die bioptischen Methoden, wie die Muskelbiopsie, eine relativ geringe positive Ausbeute von 30–40% aufweist (WALLACE et al. 1950). Aus dieser Schwierigkeit heraus setzten wir in der Diagnostik von gefäßentzündlich bedingten Polyneuropathien systematisch die Knochenmarkbiopsie nach Jamshidi ein. Angeregt wurden wir hierzu zum einen durch Arbeiten aus unserem Pathologischen Institut über Vaskulitiden im Knochenmark beim Lupus erythematodes und der primär chronischen Polyarthritis (VYKOUPIL et al. 1972, 1974), zum anderen durch die leichte Durchführbarkeit und das geringe technische Risiko dieser Feinnadelbiopsie.

Ergebnisse

Mit dieser Methode und unter Einschluß weiterer bioptischer Methoden konnten wir seit 1977 bei insgesamt 13 Patienten als Ursache einer Polyneuropathie eine Vaskulitis sichern (Tabelle 1). Von diesen 13 Patienten wiesen 11 eine Polyneuropathie vom symmetrisch-sensomotorischen Typ auf, 2 hatten die asymmetrisch-mononeuritische Form. Die Störung beschränkte sich bei 8 Kranken nur auf die

Tabelle 1. Klinische Befunde von 13 Patienten

Typ der Polyneuropathie	
Symmetrisch-sensomotorisch	11×
Asymmetrisch-mononeuritisch	2×
Die untere Extremität betreffend	8×
Die untere und obere Extremität betreffend	5×
Verlauf	
Akuter Beginn	6×
Schleichender Beginn	7×
Exitus letalis	2×
Dauer des Verlaufes	3–18 Jahre
Verteilung	
Männer:Frauen	9:4
Erkrankungsalter	26–68 Jahre
	(Durchschnittsalter: 47,5 Jahre)

untere Extremität, bei 5 war neben der unteren Extremität auch die obere mitbetroffen, wobei diese die klinisch schwereren Verlaufsformen darstellten. Der bei der Periarteriitis nodosa klassischer Ausprägung beschriebene akute Krankheitsbeginn mit Fieber, akut einsetzenden Schmerzen und Paresen fand sich bei der Hälfte der Patienten, bei der anderen Hälfte war eine scharfe Abgrenzung des Beginns nicht möglich. Die Dauer des Krankheitsverlaufes lag zwischen 3 und 18 Jahren, wobei die langen Verläufe häufig unerkannte Fälle waren, die erst durch die bei uns durchgeführte Biopsie diagnostiziert wurden. Übereinstimmend mit der Literatur (SCHUMACHER 1977) überwogen die Männer, das Durchschnittsalter lag bei 47,5 Jahren.

Die Ergiebigkeit sowie das histopathologische Bild der eingesetzten bioptischen Methoden zeigt die Tabelle 2, wobei die geringe Zahl und die besondere Auswahl eine statisch abgesicherte Aussage nicht zuläßt. Bei 12 Patienten wurde die Knochemarkbiopsie eingesetzt, wobei sich 10 mal ein eindeutig positiver, 1 mal ein fraglicher und 1 mal ein negativer Befund ergab. Hier sei an das Knochenmarksyndrom der Vaskulitis erinnert, wobei Veränderungen der Gefäße, das Intimaödem, das pe-

Tabelle 2. Bioptisch-histologische Befunde von 13 Patienten

	Anzal	Positiv	Negativ
Bioptische Methode			
Beckenkammbiopsien	12	10	2
Hautbiopsien	4	4	0
Muskelbiopsien	8	6	2
Nervenbiopsien	9	5	4
Histologischer Typ			
Nekrotisierende Vaskulitis		6×	
Lymphozytäre Vaskulitis		5×	
Eosinophile Vaskulitis		1×	
Nicht einzuordnende Vaskulitis		1×	

Tabelle 3. Neurophysiologische Befunde (n = 13 Patienten)

	Neurogenes Muster	Myogenes Muster	Unauffällig
Elektromyographie 2–8 Muskeln pro Patient	n = 12	n = 1	n = 1
Elektroneurographie Sensibel/motorisch von 1–6 Nerven pro Patient	Leitungsverzögerung n = 13		
Verlaufskontrolle n = 7 Patienten Medikation: 50–100 mg Decortin absteigend dosiert	Verbessert n = 2	Befund ↓ Unverändert n = 5	Verschlechtert ∅

rivaskuläre Ödem, die fibrinoide Verquellung der Arterien, die nekrotisierende Kapillariitis und lokale Thrombosierung sowie – als Ausdruck der zellulären Immunreaktion – die pervaskuläre Plasmozytose, die vermehrte Nukleophagozytose und die aktivierten Marklymphknötchen differenziert werden. Zur weiteren histologischen Einordnung erfolgten weitere Biopsien, wobei sich in der Hautbiopsie überwiegend lymphozytäre Vaskulitiden, in der Muskulatur nekrotisierende Vaskulitiden und am Nerven neben den oben genannten Formen eine eosinophile Vaskulitis darstellte. Im Vergleich zur Klinik zeigten die nekrotisierenden Vaskulitiden den akuten Krankheitsbeginn, während die lymphozytären Formen mehr bei den schleichend verlaufenden Arten auftraten.

Die Tabelle 3 faßt die neurophysiologischen Befunde kurz zusammen. Alle 13 Patienten wurden elektromyographisch und -neurographisch untersucht. Es fand sich stets eine Verlängerung der Nervenleitgeschwindigkeit, im Elektromyogramm zeigten sich 12mal Hinweise für eine neurogene Läsion, 1mal in Kombination mit einem myopathischen Muster. Bei 1 Patienten war das EMG unauffällig.

Bei 7 Patienten konnten regelmäßige klinische und neurophysiologische Kontrollen unter Decortin in einer von 100 mg absteigenden Dosierung durchgeführt werden, 2 klinisch schwer betroffene Patienten erhielten zusätzlich Imurec in einer Dosis von 100–150 mg. Unter dieser Medikation war bei 2 Patienten eine leichte Befundbesserung, bei 5 Patienten ein unverändertes Defektsyndrom, bei keinem eine progrediente Verschlechterung zu beobachten.

Zusammenfassung

a) In der Diagnostik von gefäßentzündlich bedingten Polyneuropathien ist die Beckenkammbiopsie nach Jamshidi eine ohne Risiken, sogar ambulant durchführbare Biopsiemethode mit relativ hoher Treffsicherheit. Neben der Beurteilung der Gefäße erlaubt sie auch eine histologische Einschätzung der zellulären Immunreaktion.
b) Der Einsatz weiterer bioptischer Methoden ermöglicht eine bessere Einordnung der Vaskulitis.

c) Soweit bei der geringen Zahl beurteilbar, führt eine gefäßentzündlich bedingte Polyneuropathie unter einer Cortisontherapie zu einem Defektzustand, eine weitere Progredienz wird indessen verhindert.

Summary

The biopsy of bone marrow is in the diagnosis of polyneuropathies, caused by vasculitis, a method of great value. It enables us, to describe vascular inflammation and cellular reactions. The combination of different biopsies allows optimal diagnosis. The treatment with corticosteroids stops tissue damage.

Literatur

Fauci AS, Haynes FH, Katz P (1978) Ann Intern Med 89:660
Kussmaul A, Maier R (1866) Dtsch Arch Klin Med 1:484
Lovshin L, Kernohan JW (1948) Arch Intern Med 82:321
Schuhmacher K (1977) Verh Deutsch Ges Inn Med 83:757
Stammler A (1958) Medizin, Theorie und Klinik in Einzeldarstellungen. Hüthig, Heidelberg Frankfurt
Vykoupil KF, Deicher H, Georgii A (1972) Verh Deutsch Ges Inn Med 78:867
Vykoupil KF, Georgii A, Deicher H (1974) Verh Dtsch Ges Rheumatol 3:229
Wallace SL, Lattes R, Ragan C (1950) Am J Med 25:600

Periphere Neuropathie
bei progressiver systemischer Sklerodermie (PSS)

F. AICHNER, P. FRITSCH, F. GERSTENBRAND und E. RUMPL

Einleitung

ZÜLCH beschrieb 1959 einen Fall einer PSS, wobei schwere Veränderungen peripherer Nerven mit einer funikulären Myelopathie verbunden waren. Pathologisch-anatomisch zeigten sich Gehirn und Rückenmark ohne pathognomonische Veränderungen. Die peripheren Nerven waren von kollagenem Gewebe eingescheidet bis ummauert. Besonders deutlich wurde dies am N. ischiadicus demonstriert, dessen nervenführende Kabel normal an Zahl aber im Volumen verschmächtigt und hochgradig komprimiert waren. Es dominierten grobe kollagene Verschwartungen um das perineurale Bindegewebe der Nerven. Ebenso ließen sich grobe kollagene Hyperplasien des Bindegewebes kleinerer Arterien, Venen und Kapillaren mit massiver Elastikaeinlagerung nachweisen. KIBLER publizierte 1960 einen weiteren Fall einer „Sklerodermpa-Neuropathie" und OFSTAD berichtete 1960 über einen Fall einer PSS, der als Polyneuritis begonnen hatte.

HOPF u. KLINGMÜLLER stellten 1965 bei 7 Patienten mit diffuser Sklerose und 3 mit Morphea elektroneurographisch eine z. T. klinisch latente Schädigung der Leitfunktion im peripheren Nerven fest. SOLLBERG et al. ergänzten und bestätigten 1967 die von HOPF erarbeiteten Befunde. 2 Jahre später berichtete HOPF neuerdings über 16 Sklerodermiepatienten, die klinisch Sensibilitätsstörungen nach dem Verteilungsmuster einer Polyneuropathie aufwiesen. Bei diesen Patienten wurde eine verminderte Nervenleitgeschwindigkeit großenteils unabhängig von den dermatologischen Veränderungen nachgewiesen.

Nach RODNAN (1978) wird eine progressive systemische Sklerose (PSS) von lokalen Sklerodermaformen sowie von der eosinophilen Fasziitis unterschieden. Zu den PSS-Formen zählt man die klassische Erkrankung mit symmetrischen, diffusen, oft globalen Hautveränderungen, ferner das CREST-Syndrom (Calcinosis, Raynauds' phenomen, Esophageal dysfunction, Sklerodaktylie, Teleangiektasie) unter verzögertem Auftreten einer Mitbeteiligung von Lunge und Leber und letztlich die Überlappungssyndrome wie Sklerodermatomyositis und "mixed connective tissue disease".

Sekundäre periphere Neuropathien bei einer PSS sind durch Alterationen innerer Organe sowie durch Malabsorption bedingt. Dem primären Befall des peripheren Nervensystems durch eine PSS wurde bislang nur wenig Beachtung geschenkt. Da aber das periphere Nervensystem von zahlreichem Bindegewebe umgeben ist, könnte man doch eine Mitbeteiligung des Epi- und Perineuriums mit einer bestimmten Häufigkeit im Rahmen der PSS annehmen. Systematische elektroneuro-

und myographische sowie mikroskopische Untersuchungen hinsichtlich eines primären Befalles des peripheren Nervens im Rahmen einer PSS liegen nicht vor.

Material und Methode

Im Zeitraum von 3 Jahren, von September 1978 bis August 1981, wurden 14 konsekutive Fälle mit einer PSS klinisch, elektromyographisch (EMG) und elektroneurographisch (ENG) untersucht. Die Diagnosen des PSS wurden von der dermatologischen Klinik anhand der Rodnan-Klassifikation erstellt. Bei den elektroneurographischen Untersuchungen wurden die motorische Nervenleitgeschwindigkeit (NLG) in allen Fällen, die sensible NLG in 9 Fällen am N. medianus und N. peronaeus gemessen und durch eine elektromyographische Untersuchung mit konzentrischer Nadelelektrode ergänzt. Bioptische Untersuchungen wurden in keinem der Fälle durchgeführt.

Zum Ausschluß anderer Ursachen einer peripheren Neuropathie wurde bei allen Patienten ein Glucosetoleranztest, Vitamin-B_{12}- und Folsäurespiegel, ein Oszillogramm sowie eine Bleispiegelbestimmung und ein Porphyrinnachweis durchgeführt. Exotoxische Ursachen wie Alkohol und Medikamente wurden anamnestisch erfaßt, nach endotoxischen Schädigungen in den verschiedenen Blutserumparametern gesucht.

Klinische, elektromyographische und elektroneurographische Ergebnisse

Bei den Patienten handelt es sich um 7 Frauen und 7 Männer zwischen dem 36. und 78. Lebensjahr, das mittlere Alter beträgt 52 Jahre. Die Aufschlüsselung der PSS-Formen ergibt 6 Patienten mit der klassischen Form, 7 Patienten mit einem CREST-Syndrom, und 1 Patient wies ein Überlappungssyndrom auf. 10 Patienten wiesen Sensibilitätsstörungen der Schmerzempfindung nach dem Verteilungsmuster einer peripheren Neuropathie auf, 2 davon an der oberen Extremität (OE), 5 an den unteren Extremitäten (UE) und 3 an OE und UE. Zusätzlich waren bei 2 Patienten Störungen des Lage- und Vibrationssinnes vorhanden. Distale Paresen nach Oxford-Skala 4 an OE und UE zeigten sich bei 3 Patienten, bei einem weiteren Patienten bestanden diffuse Paresen nach Oxford-Skala Grad 3. 5 Patienten hatten einen deutlich herabgesetzten Achillessehnenreflex (ASR). 8 Patienten hatten eine normale oder grenzwertige motorische und/oder sensible Nervenleitgeschwindigkeit (NLG). 2 pathologische Befunde wurden einmal wegen einer langen Alkoholanamnese, im anderen Fall wegen eines längerbestehenden insulinpflichtigen Diabetes mellitus nicht in Zusammenhang mit einer PSS gebracht. Bei 4 Patienten wurde auf Grund der klinischen und elektrophysiologischen Befunde eine Manifestation des peripheren Nervensystems (PNS) im Rahmen einer PSS angenommen, wobei ohne neuropathologischen Befund nicht zwischen primärer oder sekundärer peripherer Neuropathie differenziert werden konnte.

Fall 1, H. J., CREST-Syndrom; Motorische NLG des N. medianus: 62 m/s, distale Latenz 3,6 (5 cm), geschlossenes evoziertes Potential. Sensible NLG, antidrom gemessen: Ellbogen/Handgelenk 65 m/s, Handgelenk/Zeigefinger 45 m/s. Sensibles Nervenaktionspotential 25 mV. NLG des N. peronaeus: 41 m/s, distale Latenz 5,1 (7 cm), aufgesplittertes evoziertes Potential. EMG des M. opponens pollicis und M. tibialis anterior links: bei leichter Willküraktivität deutlich vermehrter Anteil an verbreiterten polyphasischen Aktionspotentialen; bei maximaler Willküraktivität Einzeloszillationen mit Amplituden bis 3,5 mV. Insgesamt handelt es sich um eine vorwiegend axonale Schädigung.

Fall 2, N. K., klassische PSS-Form; motorische NLG des N. medianus: 30 m/s, distale Latenz 5,5 m (5 cm). Mit der antidromen Methode zur Messung der sensiblen NLG konnte kein sensibles Nervenaktionspotential erzielt werden. NLG des N. peronaeus: 38 m/s, distale Latenz 6,6 (7 cm), geschlossenes evoziertes Potential. EMG des M. deltoideus und M. tibialis anterior rechts: verbreiterte, polyphasische Aktionspotentiale und Einzeloszillationen mit Amplituden bis 3 mV. Fall 2 entspricht einem gemischten Typ einer peripheren Nervenläsion.

Fall 3, P. A., CREST-Syndrom; motorische NLG des N. medianus: 29 m/s, distale Latenz 6,5 (5 cm). Motorische NLG des N. peronaeus: 39 m/s, distale 6,2 ms (7 cm) beidseits. EMG des M. tibialis anterior rechts: in Ruhe einzelne Faszikulationen, bei leichter Willküraktivität verbreiterte, polyphasische Aktionspotentiale. Fall 3 ist elektrophysiologisch dem gemischten Typ einer peripheren Neuropathie zuzuordnen.

Fall 4, P. G., CREST-Syndrom, motorische NLG des N. medianus: 49 m/s, distale Latenz 6,2 (5 cm), verplumptes evoziertes Potential. Sensible NLG des N. medianus, antidrom gemessen: Ellbogen/Handgelenk 63 m/s, Handgelenk/Zeigefinger 41 m/s. Sensibles Nervenaktionspotential 3 mV. Motorische NLG des N. Peronaeus: 42 m/s, distale Latenz 7,8 (7,6 cm). Verplumptes evoziertes Potential. EMG des M. opponens pollicis und des M. tibialis anterior links: vereinzelte verbreiterte Aktionspotentiale mit polyphasischen Komponenten bei maximaler Willküraktivität. In Fall 4 handelt es sich um eine gering ausgeprägte periphere Neuropathie.

Diskussion

Im Gegensatz zum ZNS ist das PNS von zahlreichem Bindegewebe im Epi- und Perineurium umgeben. In den wenigen in der Literatur bekannten und pathologisch-anatomisch verifizierten PSS mit einer peripheren Neuropathie wird die Verdickung der Bindegewebsscheiden der Nerven, Mukoidablagerungen in den Nervenfasern und Veränderungen der Aa. nervorum beschrieben. Dabei wird keine Differenzierung zwischen der primären und der sekundären peripheren Neuropathie im Rahmen einer PSS vorgenommen. Nach unseren Ergebnissen ist eine derartige Differenzierung weder klinisch noch elektroneuromyographisch, sondern nur neuropathologisch möglich. Korrelationen zwischen klinisch-elektrophysiologischen Untersuchungsergebnissen und pathologisch anatomischen Befunden liegen nicht vor. In der konsekutiven Untersuchungsreihe konnte bei 4 von 14 Patienten eine periphere Neuropathie im Rahmen einer PSS klinisch und elektrophysiologisch diagnostiziert werden, wobei es bioptischen Untersuchungen vorbehalten ist, zwischen primärer und sekundärer Neuropathie im Rahmen einer PSS zu differenzieren.

Zusammenfassung

14 konsekutive Fälle mit einer PSS wurden klinisch, elektromyo- und neurographisch hinsichtlich einer Mitbeteiligung des PNS untersucht. In 4 Fällen wurde eine periphere Neuropathie der zugrundeliegenden PSS pathogenetisch zugeordnet.

Summary

Four of 14 consecutive patients with progressive systemic sclerosis were found by clinical, elektromyographic and electroneurographic investigations to have an involvement of the peripheral nerves.

Literatur

Binder H, Gerstenbrand F (1980) Scleroderma. In: Vinken PJ, Bruyn GW (eds) Neurological manifestations of systemic diseases. North Holland, Amsterdam New York Oxford (Handbook of clinical neurology, vol 39/II, pp 355–378)

Gordon RM, Silverstein A (1970) Neurological manifestations in progressive systemic sclerosis. Arch Neurol 22:126–134

Hopf HC, Klingmüller G (1965) Acrodermatitis chronica atrophicans (Herxheimer) mit Gelenkbeteiligung und neurologischen Ausfällen. Nervenarzt 36:364–366

Kibler RF, Rose FC (1960) Peripheral neuropathy in the "Collagen diseases". Br Med J I:1781–1784

Ofstad E (1960) Scleroderma (progressive systemic sclerosis). A case involving polyneuritis and swelling of the lymph nodes. Acta Rheum Scand 6:65–75

Rodnan GP (1978) Progressive systemic sclerosis (scleroderma). In: Samter M (ed) Immunological diseases, vol II/III. Little Brown, Boston, p 1109

Sollberg G, Denk R, Holzmann H (1967) Neurologische und elektrophysiologische Untersuchungen bei progressiver Sclerodermie und Morphea. Arch Klin Exp Dermatol 229:20

Zülch KJ (1959) Über die Scleroneuropathie, die Mitbeteiligung der peripheren Nerven bei der allgemeinen progressiven Sclerodermie. Dtsch Z Nervenheilkd 179:1–21

Lepra-Polyneuritis

K. Christiani, B. Scheuer und W. Tackmann

Einleitung

Die Lepra tritt in Europa mit Ausnahme einiger endemischer Gebiete (Italien, Spanien, Portugal und Rußland) nur selten auf. Ihr Hauptverbreitungsgebiet liegt in Asien, Afrika und Südamerika. Trotzdem muß auch in Mitteleuropa an die Möglichkeit einer Lepraerkrankung gedacht werden, wie das Auftreten vereinzelter Fälle in der Bundesrepublik Deutschland während der letzten Jahre gezeigt hat (Hentschel 1979). Das Erkennen einer Lepraerkrankung bereitet bei voll ausgeprägtem klinischen Bild keine Schwierigkeiten, jedoch ist die Einordnung der Frühsymptome nicht immer einfach. Im folgenden sollen klinische Symptome und Therapie anhand eines Falles demonstriert werden.

Bei der Lepra handelt es sich um eine chronische Infektionskrankheit. Der Erreger ist das Mycobacterium leprae. Das säurefeste Stäbchen wird von Mensch zu Mensch durch Kontakt übertragen; neuerdings wird auch die Möglichkeit einer Übertragung durch Insekten diskutiert. Das Mykobakterium dringt durch die Haut oder über die Luftwege in den Organismus ein. Eine konnatale Übertragung ist nicht bekannt. Der Mittelwert der Inkubationszeit beträgt 2–7 Jahre, die Extremwerte schwanken zwischen 1 Jahr und 40 Jahren. Der Nachweis des Erregers erfolgt im Nasensekret, aus sog. „shave-biopsies" und/oder durch die histologische Aufarbeitung von Nervenbiopsaten. Zur Klassifikation dient der Lepromintest. Hierbei erfolgt eine Injektion bakterienhaltigen Gewebes in die Haut. Eine positive bzw. negative Reaktion ist nach 3 Wochen abzulesen.

Klinik

Das klinische Bild wird durch Hautveränderungen und durch Störungen an den peripheren Nerven geprägt. Betroffen können weiterhin die Schleimhäute von Mund und oberem Respirationstrakt, das retikulohistiozytäre System, die Augen, die Knochen und die Testikel sein.

Klinisch lassen sich vier Formen voneinander abgrenzen: 1. Lepra indeterminata; 2. Lepra lepromatosa; 3. Lepra tuberculoides; 4. Lepra dimorphica.

1 Lepra indeterminata

Bei dieser Form finden sich nur sehr spärliche Hautveränderungen, die sich als solitäre, teils makulöse, teils papullöse Herde manifestieren. Die Sensibilität ist in diesen Bezirken herabgesetzt. Verdickungen der Nerven treten nicht auf. Die Lepra indeterminata kann spontan ausheilen oder aber in eine der drei Hauptformen übergehen.

2 Lepra lepromatosa

Infolge eines Defektes im Immunsystem kommt es zu einer ungehemmten Vermehrung der Bakterien mit einem diffusen Befall der peripheren Nerven und der Haut. Auch können Leber, Milz und Lymphknoten mitbetroffen sein. An der Haut finden sich Knoten – bei Befall des Gesichtes entsteht eine Facies leonina –, fibröse Makulae sowie erythematöse Veränderungen. Der Befall der Hautnerven führt zu fleckförmigen, zunächst dissoziierten Sensibilitätsstörungen, die nicht an die Hautherde gebunden sind. Zu Beginn der Erkrankung sind die distalen Anteile des N. ulnaris und des N. peronaeus profundus betroffen, später kommt es auch zu Ausfällen im Versorgungsgebiet des N. medianus und des N. peronaeus superficialis. Schließlich entwickelt sich eine symmetrische und distal betonte Polyneuropathie. Der N. facialis kann in Mitleidenschaft gezogen werden, eine Irritation im N. trigeminus kann zu heftigen Neuralgien führen. Histologisch sind typische Infiltrationen des Epi-, Peri- und Endoneuriums sowie Zeichen einer segmentalen Entmarkung. Die Bakterien lassen sich u.a. in den Schwann-Zellen nachweisen. Als Zeichen einer fehlenden Abwehrreaktion des Organismus ist der Lepromintest negativ.

3 Lepra tuberculoides

Bedingt durch eine günstige Immunitätslage kommt es bei diesem Typ zur Bildung tuberkuloider Granulome, es erfolgt eine weitgehende Zerstörung der Erreger, der Lepromintest ist positiv. An der Haut zeigen sich scharf begrenzte Flecken, randwärts z. T. auch Papeln. Das klinische Bild wird insbesondere durch neurologische Störungen geprägt. Es stellen sich sensible und motorische Ausfälle ein. Die betroffenen Nerven sind verdickt und druckempfindlich. Besonders häufig sind der N. ulnaris, N. medianus, N. peronaeus und der N. facialis sowie unter den sensiblen Nerven der N. cutanues antebrachei lateralis und der N. suralis betroffen. Im Gegensatz zur lepromatösen Form entsteht hier das Bild einer Mononeuritis multiplex. Mikroskopisch lassen sich Epitheloidgranulome im Endoneurium, aber auch im Peri- und Epineurium nachweisen.

4 Lepra dimorphica

Unter diesem Begriff werden Grenzfälle mit Übergang von tuberkuloider zu lepromatöser Lepra subsummiert. Die neurologischen Ausfälle zeigen eine atypische Verteilung. An der Haut entwickeln sich meistens Infiltrationen ohne scharfe Begrenzung. Der Lepromintest kann positiv oder negativ sein.

Bei den drei Hauptformen der Lepra stellen sich nicht selten *Komplikationen* ein. So können sich trophische Ulzera besonders an den Fußsohlen sowie Verstümmelungen an Händen und Füßen entwickeln. Weiterhin sind eine Mitbeteiligung der Augen sowie der Knochen und des Knorpels zu nennen, auch die Entwicklung einer Amyloidose ist möglich. Besonders zu erwähnen sind die sog. Leprareaktionen, die durch passagere Änderungen der Immunitätslage bedingt sind. So kann sich unter hohem Fieber – vor allem bei der lepromatösen Form – das Erythema nodosum leprosum ausbilden.

Therapie

Zur Therapie der Lepra werden heute das Dapson und das Rifampicin eingesetzt. Es handelt sich um eine Langzeittherapie. Zur Behandlung der Leprareaktionen sind Glukokortikoide indiziert, beim Erythema nodosum leprosum zusätzlich das Thalidomid.

Kasuistik

G. K., 1936 geborener Deutscher, der seit 1956 zur See fuhr und sich längere Zeit in Asien und Südamerika aufhielt. Ab 1973 langsam zunehmende Knotenbildung an der Nase, später auch Ausdehnung auf die Ohrmuscheln, Unterlippe und Kinn, 1975 diffuser Befall der gesamten Haut. Etwa zur selben Zeit häufiger Mißempfindungen in den unteren Extremitäten, distal betont, verbunden mit Juckreiz.
Erstuntersuchung 1976: Im Bereich der Nase, der Mundpartie, beider Ohrmuscheln und der Extremitäten braun-rote, z. T. halbkugelig vorgewölbte, teils einzeln stehende, teils konfluierende elevierte Erytheme, an den Extremitäten auch mit grob-lamellösen, festhaftenden, silbrig-weißen Schuppen bedeckt (Abb. 1 a–c).
Auffällige neurologische Befunde: Diskrete Fazialismundastschwäche rechts, Anisokorie (linke Pupille etwas enger als rechts). Muskeldehnungsreflexe der Arme rechts gegenüber links abgeschwächt, an den Beinen mittellebhaft und seitengleich. Hypästhetische und hypalgetische Bezirke fleckförmig am rechten Unterarm sowie an der Außenseite beider Unterschenkel und beider Fußsohlen. Beide Waden sind erheblich druckempfindlich.
Laborbefunde: BSG 65/104 mm n. W., Differentialblutbild, Urinstatus, Leber- und Nierenstatus o. B. Elektrophorese o. B. Immunelektrophorese: alle Immunglobuline vermehrt, Kälteagglutinine vermehrt, Kryoglobuline nachweisbar. Immunfluoreszenz: antinukleäre Antikörper nicht nachweisbar. Nasenabstrich und Shave-Haut-Biopsie: säurefeste Stäbchen positiv.
Histologie: Probeexzision aus dem Rachenraum und der Haut: Lepra lepromatosa (Abb. 2 und 3).
EMG: Im M. tibialis anterior links und im M. abductor pollicis brevis links vermehrte Polyphasie und geringer Ausfall motorischer Einheiten bei Maximalkontraktion.
ENG: Nervenleitgeschwindigkeit im motorischen Anteil des N. medianus links, des N. ulnaris links, des N. radialis links und des N. peroneaus links herabgesetzt. Ebenso Herabsetzung der Nervenleitgeschwindigkeit im sensiblen Anteil des N. medianus und im N. suralis.
HNO-Befund: Trockene Rhinitis, narbige Schleimhautveränderungen im Bereich des harten und weichen Gaumens, der Uvula und der hinteren Gaumenbögen sowie im Larynx. Verbreiterung des Kehlkopfdeckels mit höckrig-weißlicher Oberfläche.
Therapie: 2 × 2 Kaps. Rifampicin 150, 2 × 1 Tabl. Isoprodian. Darunter Rückbildung der knotigen Infiltrationen besonders im Gesichtsbereich. Im August 1978 Auftreten eines Erythema nodosum leprosum, begleitet von septischen Temperaturen. Behandlung mit Glukokortikoiden und Thalidomid. Da-

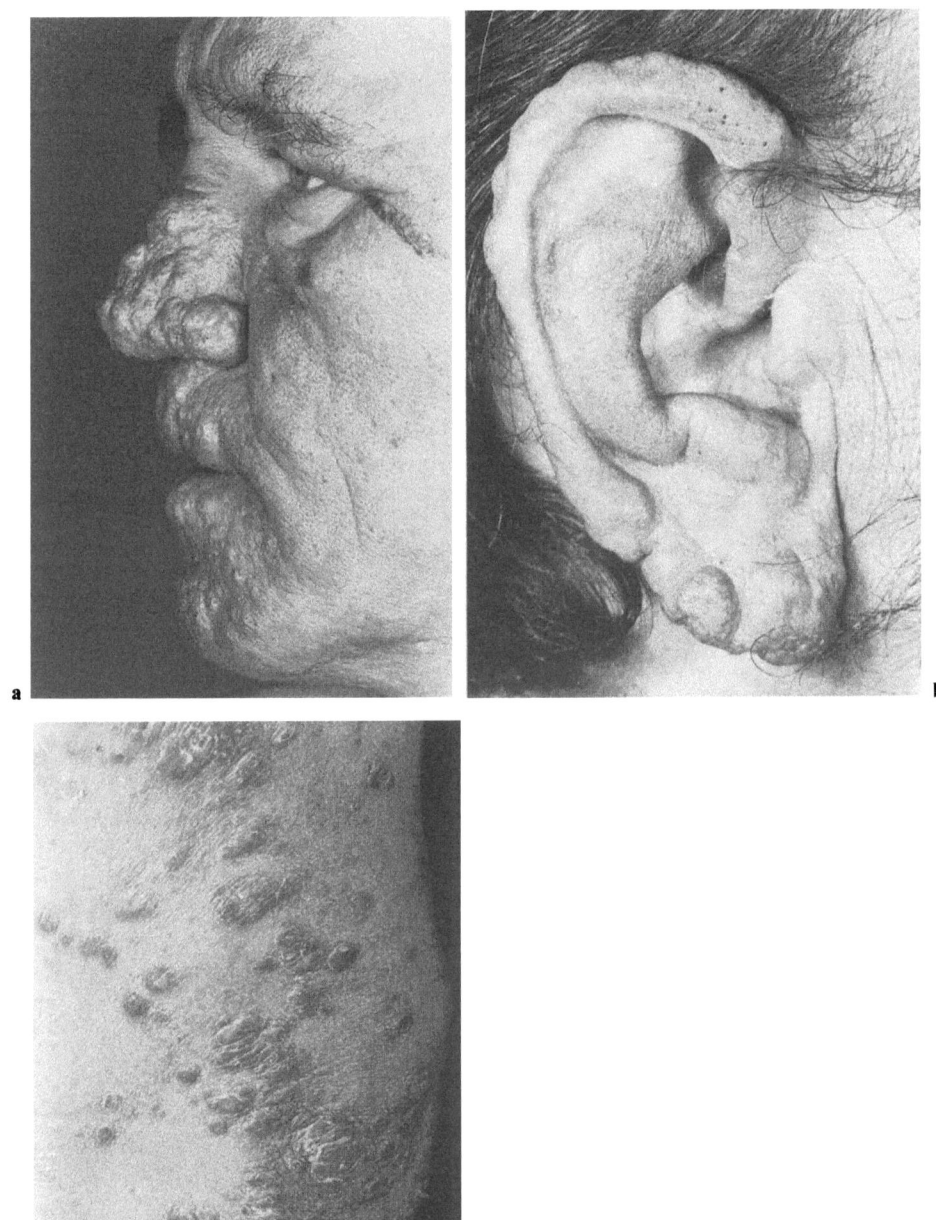

Abb. 1 a–c. Lepra lepromatosa mit typischen Hautveränderungen (s. Text) im Gesicht, am Ohr und am Knie

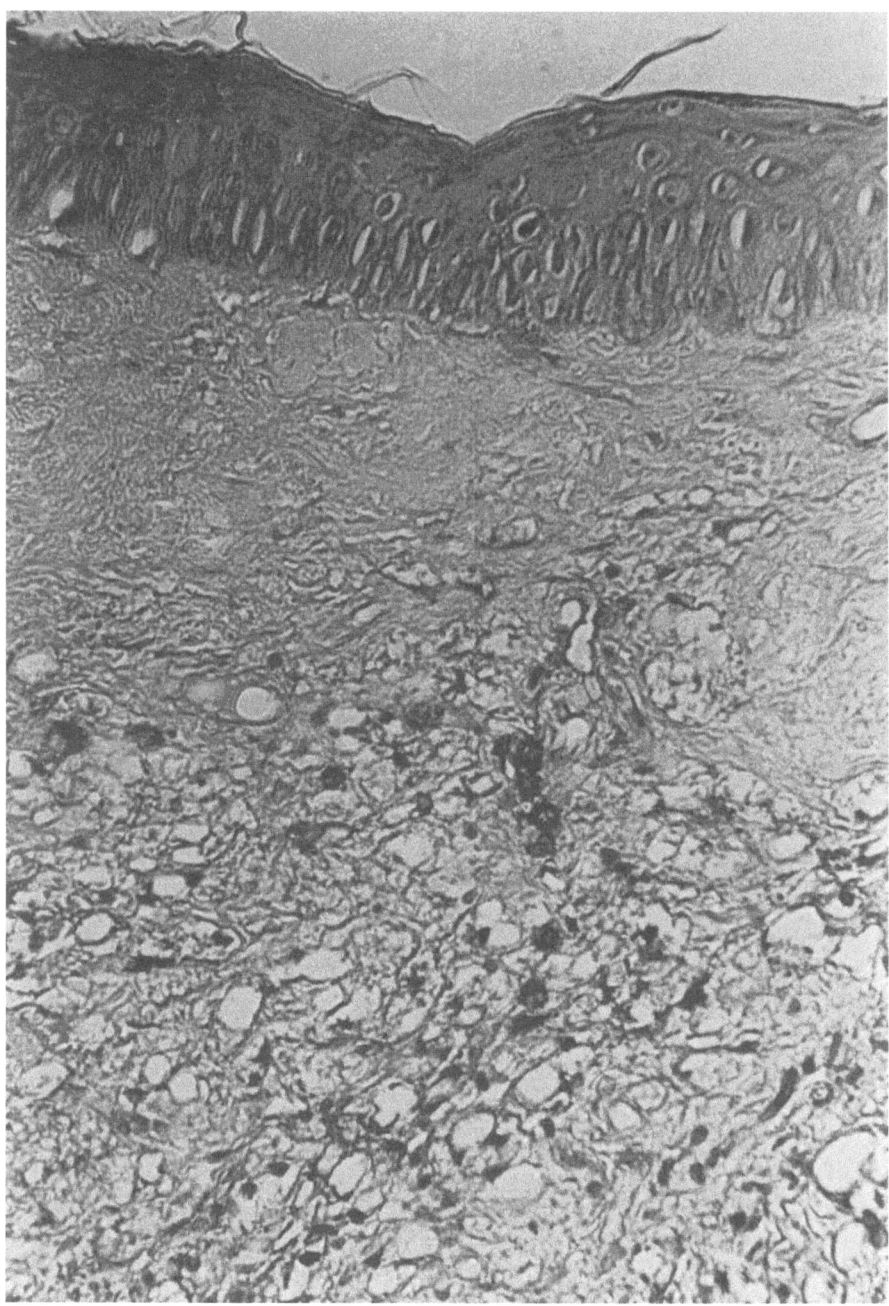

Abb. 2. Hautbiopsat: Schaumig degenerierte Makrophagen mit säurefesten Stäbchen (Leprabazillen). (Ziehl-Klingmüller-Färbung)

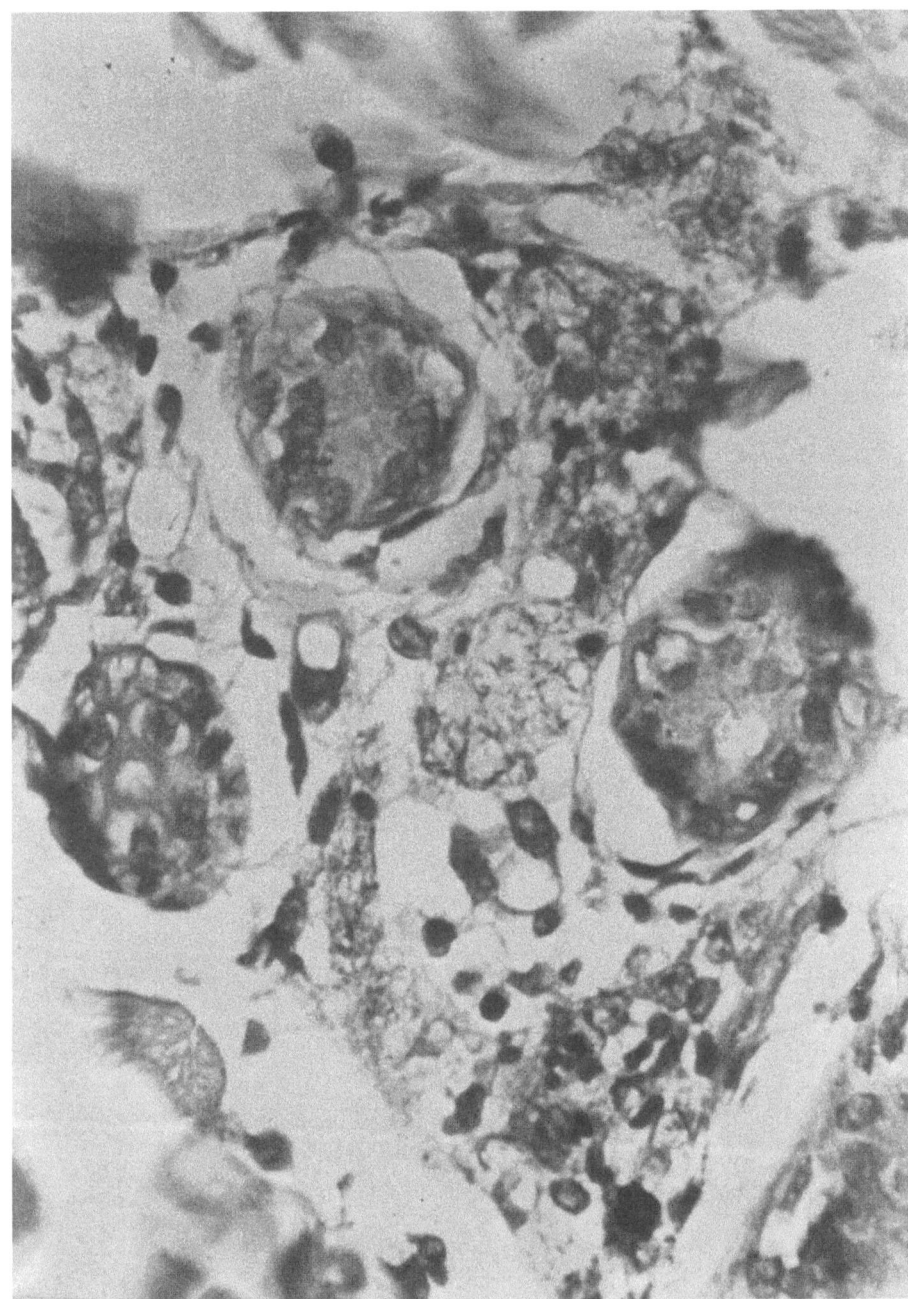

Abb. 3. Ausschnitt tiefe Dermis: Schweißdrüsen, einzelne Makrophagen mit säurefesten Stäbchen (Leprabazillen). (Ziehl-Klingmüller-Färbung)

nach rasche allgemeine Besserung des Beschwerdebildes. Eine neurologische Nachuntersuchung Ende 1978 ergab elektroneurographisch keine wesentliche Besserung, die Sensibilitätsstörungen waren jedoch nicht mehr so ausgeprägt.

Zusammenfassung

Lepraerkrankungen kommen in Mitteleuropa selten vor. Bei Auftreten von Hautveränderungen und neurologischen Störungen muß aber die Lepra differentialdiagnostisch mit einbezogen werden. Anhand eines Falles werden die verschiedenen klinischen Erscheinungsformen, die Therapie und die Komplikationen, die im Verlauf einer Lepra auftreten können, dargestellt.

Summary

In Central Europe leprotic neuritis appears very seldom. But in the case of changes of the skin and neurologic disorders, leprotic neuritis must be included by differential diagnostic. By the example of one case the different clinical appearances, therapy and complications, which could happen in course of leprotic neuritis, are shown.

Literatur

Hentschel B (1979) Lepra und Nervensystem. Nervenarzt 50:346–351

Tuberkuloide Lepra

S. A. Esca und P. Pilz

Einleitung

Die sagenumwobene Lepra, in den vergangenen Jahrhunderten bei uns noch endemisch, ist heute der Ärzteschaft meist nur mehr aus dem Schrifttum bekannt. Wir nehmen eine eigene Beobachtung zum Anlaß, kurz darüber zu berichten. In der Erkenntnis dieser faszinierenden und komplexen Erkrankung wurden in der letzten Zeit Fortschritte gemacht: neben einer Infektion durch das Mycobacterium leprae ist die Immunantwort des Organismus für das Krankheitsgeschehen von entscheidender Bedeutung (Ridley u. Jopling 1966). Bei starker Reaktion des zellulären Immunsystems entwickelt sich die tuberkuloide Lepra mit intensiver Granulombildung, wobei Bakterien kaum oder nicht nachweisbar sind. Die Hautveränderungen sind asymmetrisch und scharf demarkiert, neurologische Ausfälle im Sinn einer Mononeuritis multiplex treten früh im Krankheitsverlauf auf (Sabin u. Swift 1975). Bei darniederliegender zellulärer Immunantwort entwickelt sich die lepröse Lepra mit stark ausgebreiteten vielgestaltigen, oft symmetrischen Hautveränderungen und symmetrischen peripher-nervösen Ausfällen ähnlich einer Polyneuritis spät im Krankheitsverlauf. Das histologische Bild ist durch massenhaft säurefeste Stäbchen in Haut und Nerven gekennzeichnet mit Schaumzellbildung und nur geringer entzündlicher Reaktion (Sabin u. Swift 1975). Trotz massiver Infektion der Nerven sind diese vielfach noch funktionsfähig. Bei dieser Lepraform erfolgt stets eine hämatogene Generalisierung. Neben den beiden polaren Lepramanifestationen, tuberkuloide und lepröse Lepra, gibt es Zwischenstadien: bimorphe Lepra. Das unikale am neurologischen Bild der Lepra ist eine Sensibilitätsstörung ganz besonderen Gepräges, bedingt durch Erkrankung der intra- und subkutanen Nerven vorwiegend in den befallenen Hautarealen (Sabin u. Swift 1975). Für die Ausbreitung der Hautveränderungen und Sensibilitätsstörungen ist die Hauttemperatur von bestimmender Bedeutung (Hastings et al. 1968). Kühlere Hautpartien erkranken zuerst und schwerer; Leprabakterien zeigen optimales Wachstum bei etwa 30 °C (Shepard 1965). Die intradermal bedingte Sensibilitätsstörung und der bevorzugte Befall kühler Hautpartien sind für das klinische Erscheinungsbild bestimmend und führen zu eigenartigen Syndromen, die für die Lepra pathognomonisch sind, wie z. B. erhaltene Sehnenreflexe bei schwersten Sensibilitätsstörungen an den Extremitäten sowie ein „Sensibilitätssprung" an der Stirn-Haar-Grenze (Sabin u. Swift 1975). Der für die Lepra so charakteristische Befall der peripheren Nerven dürfte mit einer besonderen Affinität der Leprabazillen zu den Schwann-Zellen zusammenhängen. Die Ausbreitung der Infektion in proximale Nervenabschnitte und der Befall motorischer Nerven erfolgt über kontinuierlichen Schwann-Zellbe-

Tuberkuloide Lepra

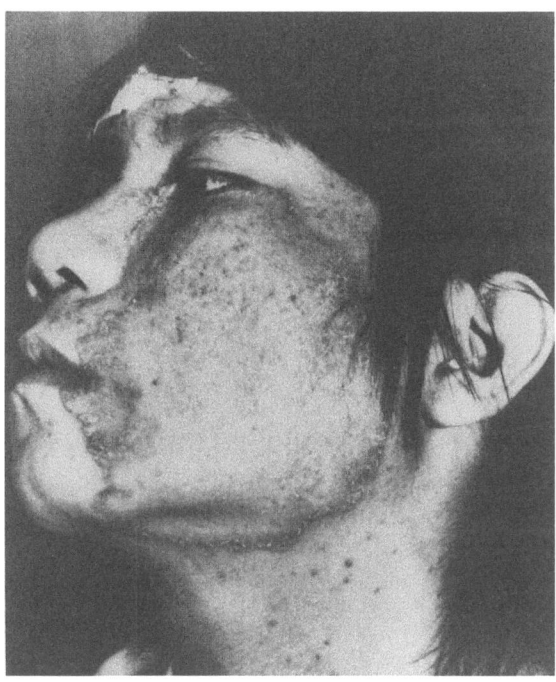

Abb. 1. Circinär begrenzter, fast die ganze Gesichtsseite einnehmender Herd, Ränder infiltriert, erhaben, rötlich-bräunlich gefärbt mit festhaftender Schuppung

fall und nicht über eine intraaxonale Infektion (ULRICH 1976). Zur Behandlung der Lepra stehen heute verschiedene hochwirksame Medikamente zur Verfügung. Im Laufe der Therapie kann es zu sog. Leprareaktionen kommen; diese sind Folge einer medikamentös bedingten Antigenfreisetzung und massiven humoralen Immunantwort im Sinne einer Arthus-Reaktion (SABIN u. SWIFT 1975).

Fallbericht. Ein 15jähriger Vietnamese, der sich seit 2 Jahren in Österreich befindet, wurde im Frühjahr 1981 wegen Hautveränderungen im Gesicht und Schmerzen an den Extremitäten in die Dermatologische Klinik Salzburg eingewiesen. Die Hautveränderungen im Bereich der rechten Wange begannen kurz nach dem Eintreffen in Österreich und breiteten sich langsam auf die ganze rechte Gesichtshälfte aus. Zusätzlich entstanden einige Flecken in anderen Körperpartien. Bereits vor 5 Jahren bemerkte die Mutter noch in Vietnam einen Ausschlag an der linken Fußsohle mit Lähmung des linken Fußes. Von einem Krankenpfleger wurde bereits damals die Diagnose Lepra gestellt. Bei den Untersuchungen in verschiedenen Flüchtlingslagern wurde die Krankheit nicht bemerkt. Aufnahmebefund: Guter Allgemeinzustand. Im Bereich der rechten Wange (Abb. 1), der linken Stirnseite, der linken Ohrmuschel, des linken Oberarms, der Lende, der linken Hüfte, des linken Oberschenkels, des rechten Unterschenkels und der linken Fußsohle circinär konfigurierte, hypopigmentierte und hypästhetische Herde mit erhabenen bräunlichen Rändern. Periphere Fazialisparese rechts. Peronaeusparese links mit Atrophie des linken Unterschenkels und Fußes. Fusiforme teilweise schmerzhafte Verdickungen von Nerven am Hals und an den Extremitäten. Normale Laborbefunde einschließlich den Parametern humoraler und zellulärer Immunität und Komplementfraktion. Die Histologie der Hautläsionen zeigt in der gesamten Dermis einschließlich des Papillarkörpers zahlreiche epitheloidzellige Granulome und Langhans-Riesenzellen mit starkem Befall der Hautnerven sowie ganz vereinzelt Leprabazillen. Der bleistiftdicke N. suralis ist nur mehr an der Faszikelstruktur mit erhaltenem Perineurium als Nerv zu erkennen. Markscheiden, Achsenzylinder und Schwann-Zellen fehlen vollständig. Das gesamte Areal des Nerven wird von Epitheloidzellgranulomen, Langhans-Riesenzellen und dichten lymphozytären Infiltraten eingenommen (Abb. 2). Das intraneurale Bindegewebe ist stark vermehrt. Leprabazillen sind nicht auffindbar. Abstriche von Haut und Schleimhaut sind bakterienfrei. Die Mitsuda-Lepromin-Reaktion ist

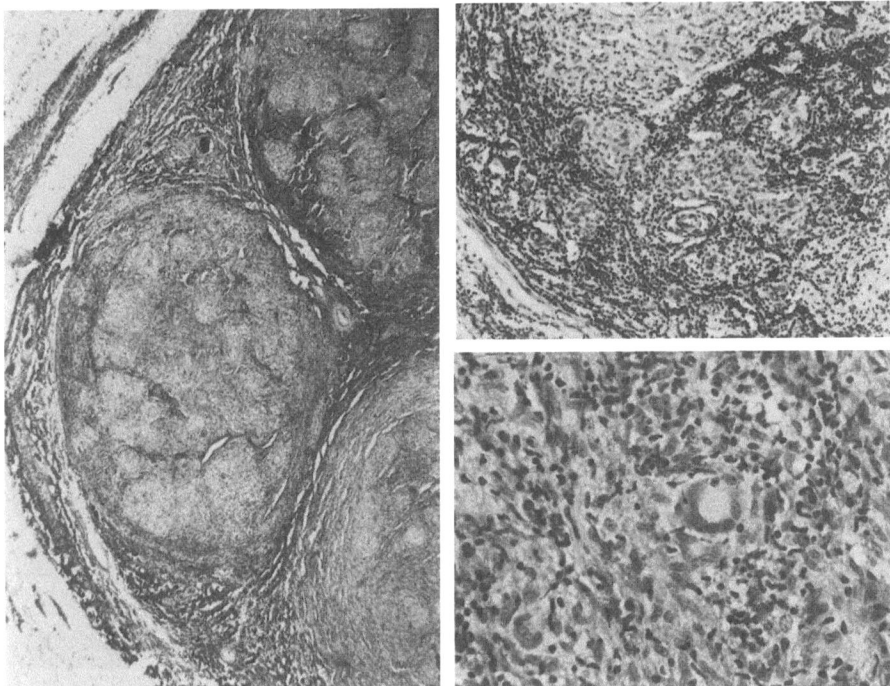

Abb. 2. N. suralis: Komplette Zerstörung der Nervenstruktur, nur Perineurium erhalten. Epitheloidzellgranulome mit Langhans-Riesenzellen und lymphozytären Infiltraten. Keine Markscheiden, keine Axone, keine Schwann-Zellen erhalten

stark positiv. Unter Behandlung mit Dapsone (Diamindiphenylsulfon), anfangs 100 mg, später 50 mg per os erfolgt innerhalb von 8 Wochen eine weitgehende Rückbildung der Hautläsionen und der Fazialisparese rechts. Motorische Nervenleitgeschwindigkeit im rechten N. peronaeus normal, links bei fehlender Reizantwort nicht meßbar.

Diskussion

Der vorliegende Fall kann aufgrund der hypästhetischen Hautveränderungen, der hochgradigen Verdickung verschiedener Nerven – kombiniert mit Paresen – bereits klinisch als Lepra klassifiziert werden. Die Diagnose einer tuberkuloiden Lepraform ergibt sich aus folgenden Kriterien:
1) Histologie der Hautveränderungen sowie des N. suralis mit massiven „Abwehrgranulomen" bei nur extrem seltenen Leprabazillen;
2) frühzeitiger Befall der Nerven (Peronaeus-Parese links bereits vor 5 Jahren);
3) asymmetrische Verteilung der Hautläsionen;
4) bakterienfreie Haut- und Schleimhautabstriche;
5) stark positive Lepromin-Reaktion.

   Aus diesen Befunden ergibt sich auch, daß die tuberkuloide Lepra kaum ansteckend sein kann, was auch den klinischen Erfahrungen entspricht. Die Struktur des N. suralis ist im vorliegenden Fall vollkommen zerstört, es finden sich abgesehen vom Perineurium keine peripher-nervösen Strukturen. Mitunter kann es sogar schwierig sein, den verdickten Strang als Nerven zu erkennen. Derartige Veränderungen sind bei der tuberkuloiden Lepra bekannt (ULRICH 1976; SABIN u. SWIFT 1975). Die periphere Fazialisparese rechts steht mit den großen Hautläsionen der rechten Gesichtsseite in Zusammenhang und ist Folge des Befalls peripherster Fazialisäste. Bedingt durch die Bevölkerungsumschichtungen zur Bewältigung des Flüchtlingselends und im Rahmen der modernen Touristik kann auch in unseren Gegenden die Lepra wieder in Erscheinung treten, wie vorliegender Fall zeigt. Es ist deshalb wichtig, diese Krankheit zu kennen. Zum Verständnis der Lepra ist das Wissen um verschiedene Immunitätslagen, die zur Ausbildung der tuberkuloiden bzw. leprösen Lepra führen, das Wissen um den Einfluß der Hauttemperatur auf die Entstehung der Hautveränderungen und das Wissen um die intradermale Genese der Sensibilitätsstörungen von entscheidender Bedeutung.

Zusammenfassung

Ein 15jähriger Vietnam-Flüchtling, der seit 2 Jahren in Österreich lebt, wurde mit ausgedehnten hypästhetischen Hautveränderungen, Peronaeus- und Fazialisparese sowie Verdickung zahlreicher Nervenstämme in der Dermatologischen Klinik Salzburg aufgenommen. Haut- und Nervenbiopsie zeigten intensive granulomatöse entzündliche Infiltrate im Sinne einer tuberkuloiden Lepra. Der Fall zeigt, daß die Lepra auch bei uns wieder in Erscheinung tritt.

Summary

A 15 years old Vietnam refugee who lives in Austria since 2 years, presented with hypaesthetic skin lesions, facial and peroneal nerve paresis and enlargement of multiple nerve stems. Skin and nerve biopsy revealed intensive granulomatous inflammation in accord with tuberculoid leprosy. This case shows that leprosy can be observed in Austria again.

Literatur

Hastings RC, Brand PW, Mansfield RE, Ebner J (1968) Bacterial density in the skin in lepromatous leprosy as related to temperature. Lepr Rev 39:71–74
Ridley DS, Jopling WH (1966) Classification of leprosy according to immunity: A five group system. Int J Lepr 34:255–273
Sabin TD, Swift TR (1975) Leprosy. In: Dyck PJ, Thomas PK, Lampert EH (eds) Peripheral neuropathy. Saunders, Philadelphia London Toronto, pp 1166–1198
Shepard CC (1965) Temperature optimum of mycobacterium leprae in mice. J Bacteriol 90:1271–75
Urich H (1976) Diseases of peripheral nerves. In: Blackwood W, Corsellis JAN (eds) Greenfields neuropathology. Arnold, London, pp 710–713

Zur Frage der luischen Polyneuritis

J. Klosterkötter, E. Gibbels, B. Leven und H. J. Schädlich

Die Frage der luischen Polyneuritis oder Polyradikulitis stellte sich uns in dem Fall eines 36jährigen Kaufmanns, der nach häufig wechselnden sexuellen Kontakten in der Vorgeschichte seit 3 Jahren in einer beständigen homosexuellen Beziehung lebt. Er erkrankte 14 Tage vor der Aufnahme aus anscheinend voller Gesundheit mit Parästhesien an Händen und Füßen. Eine Woche später stellten sich eine zunehmende Unsicherheit beim Gehen und eine merkliche Schwäche in beiden Händen ein. Der Aufnahmebefund war zwar auch durch eine reflektorische Pupillenstarre gekennzeichnet, im Vordergrund aber standen symmetrische, proximal betonte schlaffe Paresen, distale gliedförmig verteilte Sensibilitätsstörungen für alle Qualitäten mit analgetischen Inseln und verzögerter Schmerzleitung, ein Verlust der Beineigenreflexe und eine Gangataxie infolge der proximalen Paresen und hochgradiger Störungen des Bewegungsempfindens. Insgesamt ergab sich also ein Bild, das einer Kombination von motorischer Polyneuropathie mit tabesähnlichen Erscheinungen entsprach.

Die aktive Neurolues wurde durch einen positiven VDRL-Test mit einem Serumtiter von 1:64 und einem Liquortiter von 1:32 bei jeweils stark reaktivem TPHA-Test gesichert. Der Liquor bot zusätzlich 100/3 vorwiegend lymphozytäre Zellen und eine Gesamteiweißvermehrung auf 6 Kafka-Einheiten bei erheblicher Störung der Blut-Liquor-Schranke mit der zu erwartenden zusätzlichen lokalen Immunglobulin-G-Produktion. In der Folge traten Gürtelschmerzen in Brusthöhe, eine Harnverhaltung und – noch unter der beginnenden antiluischen Penicillinbehandlung – stärkere Paresen der rechtsseitigen Fuß- und Zehenheber hinzu. Im übrigen entwickelten sich im Bereich der schlaff gelähmten Muskeln erwartungsgemäß neurogene Atrophien, betont vor allem in der linksseitigen Schultermuskulatur (Abb. 1). Im Verlauf von insgesamt 22 Behandlungswochen mit zwei Penicillinkuren von je 15 Millionen I.E. gingen die Liquorveränderungen kontinuierlich zurück. Die klinische Symptomatik war trotz der anfänglichen Zunahme später ebenfalls rückläufig, blieb aber in ihrer Qualität im wesentlichen unverändert.

Denervationsaktivität in allen elektromyographisch untersuchten Muskeln bei normaler maximaler motorischer Nervenleitgeschwindigkeit sprach für eine generalisierte Schädigung der peripheren motorischen Neurone vom axonalen Typ. Das im Frühstadium gewonnene Biopsat aus dem M. tibialis anterior zeigte eine disseminierte und kleinstgruppierte Faseratrophie, die an ein neurogenes Gewebsmuster denken ließ. Die enzymhistochemischen Untersuchungen ergaben jedoch, daß die atrophischen Fasern beinahe ausschließlich dem Typ 1 und nicht, wie bei Polyneuropathien eher zu erwarten, dem Typ 2 angehörten. Dieses Ergebnis, dessen Deutung im übrigen offen bleiben muß, schien uns genauso ungewöhnlich, wie

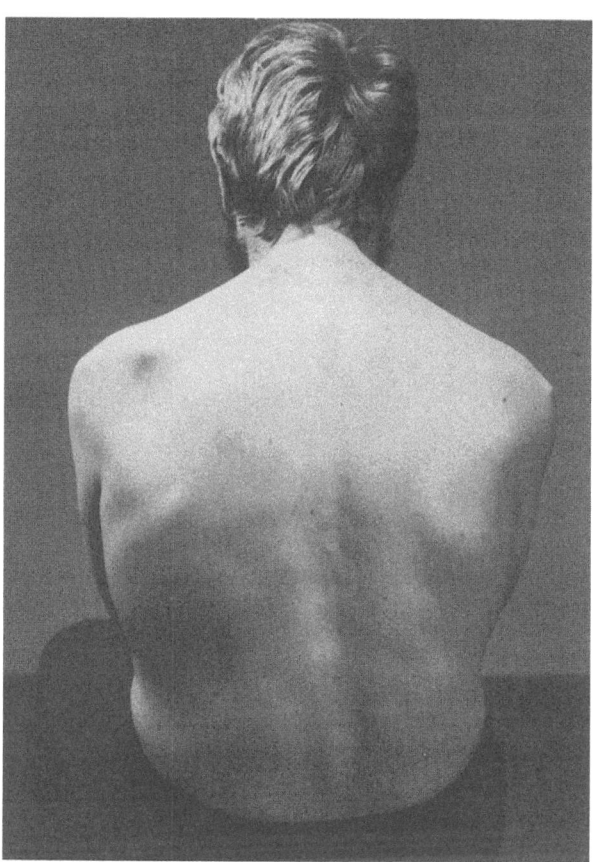

Abb. 1. Neurogene Atrophien der linksseitigen Schultermuskulatur

das der sensiblen Neurographie: nicht nur die sensible Leitgeschwindigkeit, sondern auch das sensible Potential des N. medianus und des N. suralis fielen trotz der hochgradigen sensiblen Störungen normal aus. Daß dennoch der periphere Fortsatz peripherer sensibler Neurone mitbetroffen war, zeigte die Suralisbiopsie. Zwar lag die Dichte markhaltiger Nervenfasern mit rund 7 700 Fasern pro mm^2 noch im unteren Normbereich (Abb. 2). Das Histogramm mit dem auffallend niedrigen ersten Gipfel gegenüber einem gleichaltrigen Kontrollfall (Kirchhof 1983) wies jedoch schon auf eine gewisse Reduktion zumal kleiner markhaltiger Nervenfasern hin. Die phasenkontrastmikroskopische Untersuchung von Semidünnschnitten (Abb. 3) sowie die elektronenmikroskopischen Studien ergaben darüber hinaus mit dem Nachweis aktueller Degenerationserscheinungen an mindestens 3% der markhaltigen Fasern vorwiegend nach Art einer beginnenden Waller-Degeneration einen Befund, der deutlich über dem von OCHOA u. MAIR (1969) angegebenen Grenzwert von 0,5% bei der entsprechenden Altersgruppe liegt. Dennoch läßt sich allein durch dieses Ergebnis die Schwere der sensiblen Ausfälle nicht erklären, es sei denn, man nähme den Schwerpunkt der Schädigung in der Wurzelregion oder in den Hintersträngen an.

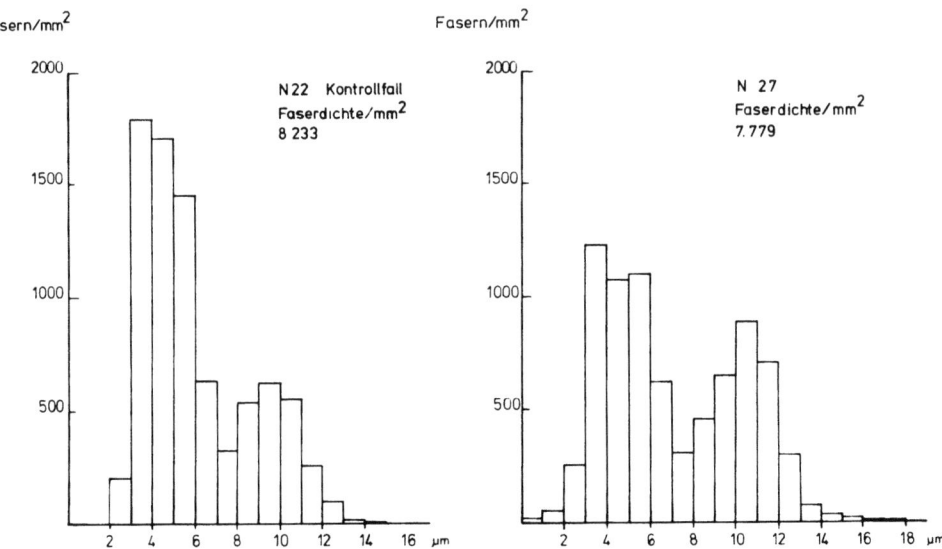

Abb. 2. Histogramme und Dichte markhaltiger Nervenfasern des N. suralis. *Links* Kontrollfall, *rechts* Fall mit luischer Polyradikulitis

Damit kommen wir zu den differentialdiagnostischen und syndromgenetischen Schlußfolgerungen, die wir aus dieser ungewöhnlichen Befundkonstellation ziehen möchten. Eine zufällige Kombination von andersartiger Polyneuropathie bzw. Radikulopathie und Neurolues wurde durch den ergebnislosen Ausgang unserer umfangreichen Suche nach anderen ätiologischen Faktoren weitgehend ausgeschlossen. Somit entstand die Frage nach derjenigen Manifestation der Neurolues, die ein tabesähnliches Syndrom und generalisierte atrophische Paresen zugleich erklären kann. Die Annahme einer frühluischen Meningitis mit fortgeleiteter entzündlicher Wurzelaffektion nach Art einer luischen Polyneuritis oder Polyradikulitis, ein Krankheitsbild, das nach der letzten Übersicht von WOLF u. HUHN aus dem Jahre 1959 überhaupt nur für vier Fälle der Weltliteratur morphologisch ausreichend gesichert ist, schied wegen der schon bestehenden Pupillenstörung von vornherein aus. Gegen die Tabes sprach die generalisierte Beteiligung der peripheren motorischen Neurone. Eine Lues spinalis schien uns zunächst ebenfalls wenig wahrscheinlich, da wir hier eher ein Querschnittssyndrom erwartet hätten. Bei dieser Überlegung aber haben wir uns dann an jene Fälle von „Pseudotabes syphilitica" bei Lues spinalis erinnert, die nach NONNE (1915) durch die rasche Entwicklung meist deutlich asymmetrischer Paresen neben einem Hinterwurzel-Hinterstrangsyndrom vom üblichen Erscheinungsbild einer Tabes abweichen und damit unserer Beobachtung genau entsprechen. Es handelt sich bei diesen Fällen um eine gummöse Leptomeningitis – wir erinnern an die Liquorpleozytose des Kranken – mit Übergreifen auf die hinteren *und* vorderen Wurzeln. Die Beteiligung der vorderen Wurzeln erklärt die asymmetrisch verteilten atrophischen Paresen und die generalisierte Denervationsaktivität bei normaler motorischer Nervenleitgeschwindigkeit; die Beteiligung der hinteren Wurzeln bedingt eine sekundäre Degeneration der Hinterstränge und damit das tabesähnliche Bild. Da Hinterwurzelaf-

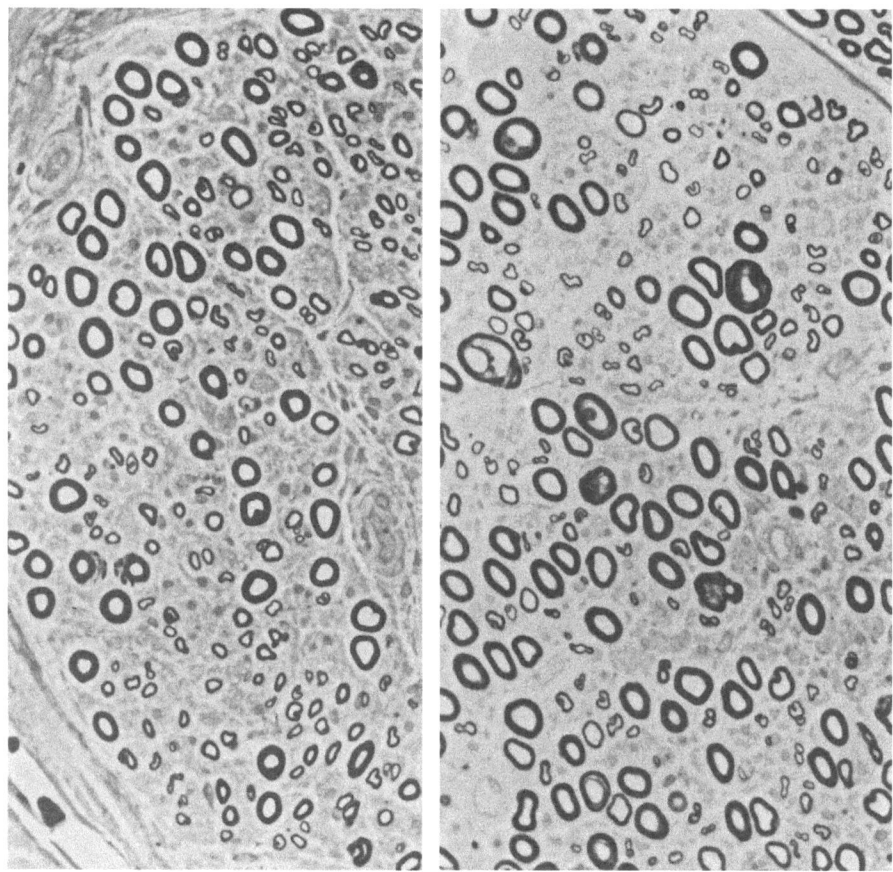

Abb. 3. Phasenkontrastmikroskopischer Befund an Semidünnschnitten von Suralisbiopsaten. *Links* Kontrollfall, *rechts* Fall mit luischer Polyradikulitis. Vergr. 425:1

fektionen nur selten zu einer sekundären Degeneration der Spinalganglienzellen führen, sind auch die normalen Befunde der sensiblen Neurographie und die nur geringfügig pathologischen Ergebnisse der Suralisbiopsie erklärt. Danach dürfte unser Fall in der Tat als luische Polyradikulitis im Rahmen einer Lues spinalis vom Typ der Pseudotabes syphilitica aufzufassen sein.

Zusammenfassung

Bei einem 36jährigen Kranken entwickelten sich im Rahmen einer Neurolues mit stark positiver VDRL-Reaktion in Serum und Liquor sowie einer reflektorischen Pupillenstarre innerhalb kurzer Zeit generalisierte, leicht asymmetrisch verteilte schlaffe Paresen und ein tabesähnliches sensibles Syndrom, schließlich auch Gürtelschmerzen und Harnverhaltung. Ein entzündliches Liquorsyndrom mit lokaler

IgG-Produktion, generalisierte Denervationsaktivität im EMG bei normaler NLG, unauffällige Befunde der sensiblen Neurographie und nur leicht pathologische Ergebnisse der Suralisbiopsie sprachen nach Ausschluß anderer Ursachen für das seltene, den alten Autoren bekannte Krankheitsbild der Pseudotabes syphilitica bei Lues spinalis, dem eine luische Polyradikulitis bei gummöser Leptomeningitis zugrunde liegt.

Summary

A 36-year-old patient suffering from neurosyphilis with markedly positive VDRL reaction in serum and CSF and reflectory unreactive pupils developed generalized, slightly asymmetric flaccid paresis and a tabes-like sensory syndrome, consequently belt-like pain and retention of urine. An inflammatory CSF syndrome with local IgG production, generalized denervation activity in the EMG with normal NCV (nerve conduction velocity) findings, normal sensory nerve potentials, and only minor changes in the sural nerve biopsy – after exclusion of other etiologies – were suggestive of the rare syndrome of pseudotabes syphilitica in spinal syphilis, known to the older neurologists, which is caused by syphilitic polyradiculitis with gummatous leptomeningitis.

Literatur

Kirchhof E (1983) Dissertation, Köln
Nonne M (1915) Syphilis und Nervensystem, 3. Aufl. Karger, Berlin
Ochoa J, Mair WGP (1969) Acta Neuropathol (Berl) 13:217–239
Wolf G, Huhn A (1959) Fortschr Neurol Psychiatr 27:666

Postinfektiöse Polyneuritis bei akuter erworbener Toxoplasmose

J. IGLOFFSTEIN und D. SEITZ

Kasuistik

Bei einem 23 jährigen Patienten bildeten sich, beginnend 10 Tage vor der Krankenhausaufnahme, periphere Paresen aus. Sie betrafen zunächst nur den Becken-, bald auch den Schultergürtel und die Gliedmaßenmuskulatur. Bei der Aufnahme waren die Muskeleigenreflexe nicht auslösbar; Sensibilitätsstörungen beschränkten sich auf ein pelziges Gefühl in den Fingerspitzen und eine leichte, fleckförmig begrenzte Hypästhesie an den Unterschenkelinnen- und Oberschenkelrückseiten. Bis zum Ende der 3. Krankheitswoche nahmen die proximal betonten Paresen zu, Gehen war nur noch mit Unterstützung möglich. Die Hirnnerven blieben bis auf eine Gaumensegelschwäche unbetroffen, eine Beteiligung der Atemmuskulatur war an einer leichten Dyspnoe erkennbar. Unmittelbar nach der deshalb aufgenommenen Cortisontherapie kam die Pareseentwicklung zum Stillstand; in den folgenden Tagen begann eine zügige Rückbildung, die auch nach Beendigung der Medikation 3 Wochen später anhielt. 2 Monate nach Krankheitsbeginn bestanden nur noch diskrete Paresen des linken Deltoideus und der Hüftabduktoren. In den folgenden Wochen kam es zur Ausheilung mit Rückkehr aller Muskeleigenreflexe.

    Auf dem Höhepunkt der Paresen wurde elektromyographisch ein nur wenig ausgeprägter Denervationsprozeß in der Schulter-, geringer auch in der Unterschenkelmuskulatur nachgewiesen. Elektroneurographisch konnte dagegen mit erheblicher Leitungsverzögerung im distalen Abschnitt motorischer Medianus- und Peroneusfasern eine distal betonte Markscheidenschädigung belegt werden. Der Liquor war zellfrei; Gesamteiweiß, elektrophoretische Auftrennung und IgG-Gehalt waren unauffällig.

    Bei dem Patienten hatte sich 3 Jahre zuvor eine mediastinoskopisch-histologisch gesicherte Sarkoidose im Stadium I mit negativer Tuberkulinreaktion ausgebildet, die ohne Cortisontherapie in Wochen ausgeheilt war. Regelmäßige pulmologische Verlaufskontrollen in der Folgezeit blieben wie auch jetzt durchgeführte Röntgenuntersuchungen des Thorax, des Hand- und Fußskeletts, Prüfung der Leukozytenmigrationshemmung im Sarkotest, Leber- und Milzsonographie und augenärztliche Untersuchung ohne Anhalt für ein Rezidiv der Sarkoidose.

    Außer einer vieldeutig bleibenden, in den ersten 2 Wochen zurückgebildeten CK-Erhöhung auf anfangs 1 300 und einen in Tagen normalisierten Transaminasenanstieg auf 45 E/l verliefen umfangreiche Laboruntersuchungen ohne pathologisches Resultat. Dagegen wurden unabhängig voneinander in zwei Laboratorien [1]

---

[1] Tropeninstitut Hamburg, Abteilung für Bakteriologie und Serologie (Prof. Dr. E. Mannweiler); Kerninstitut für medizinische Mikrobiologie und Immunologie des Universitätskrankenhauses Hamburg-Eppendorf (Prof. Dr. R. Laufs)

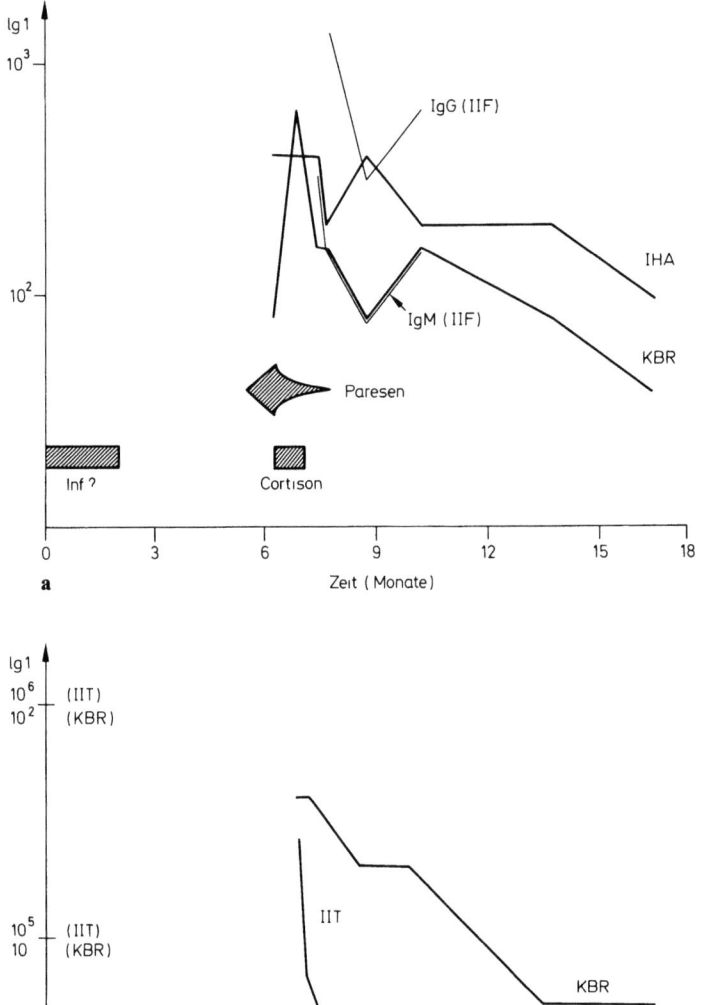

Abb. 1 a, b. Titerverlauf der Toxoplasmoseserologie aus zwei Laboratorien (**a** Tropeninstitut Hamburg; **b** Kerninstitut für medizinische Mikrobiologie und Immunologie des Universitätskrankenhauses Hamburg-Eppendorf) im zeitlichen Bezug zum polyneuritischen Krankheitsbild. Die Ordinate ist logarithmisch geteilt

positive Toxoplasmosereaktionen nachgewiesen. Es fanden sich z. T. extrem hohe Titerwerte in der KBR, im IHA und im IIF mit Nachweis toxoplasmenspezifischer IgM (Abb. 1 a und b).

Anamnestisch konnte eine Laboratoriumsinfektion 5–4 Monate vor Beginn des neurologischen Krankheitsbildes wahrscheinlich gemacht werden. Der Patient hatte in dieser Zeit pharmakologische Untersuchungen an Katzenurin durchgeführt.

Die vor der serologischen Diagnose der Toxoplasmose begonnene Cortisontherapie hätte nur unter zusätzlicher Chemotherapie fortgesetzt werden können und wurde daher abgesetzt.

Diskussion

Aufgrund der serologischen Untersuchungen, insbesondere des für eine akute Infektion aussagekräftigen Nachweises toxoplasmenspezifischer IgM (TOWNSEND et al. 1975; COUVREUR u. DESMONTS 1978), darf trotz fehlenden direkten Erregernachweises eine akute Toxoplasmose als gesichert gelten.

Die Manifestation der neurologischen Erkrankung viele Wochen nach der Infektion, aber während der höchsten Titerwerte in den serologischen Untersuchungen, legt zusammen mit dem generalisierten, primär symmetrischen Befall der peripheren Nerven statt einer bloßen Koinzidenz eine postinfektiöse Polyneuritis nahe. Da die Liquorkonstellation eines Guillain-Barré-Syndroms nicht nachweisbar und elektroneurographisch die Nervenleitgeschwindigkeit distal vermindert war, ergab sich kein Hinweis auf eine Polyradikulitis, vielmehr muß der polyneuritische Entmarkungsprozeß vorwiegend in den distalen Abschnitt der peripheren Nerven lokalisiert werden.

Eine solche postinfektiöse, distale Polyneuritis bei Toxoplasmose ist unseres Wissens bisher nicht beschrieben worden. Neben den häufiger beobachteten Meningoenzephalomyelitiden mit dem Schwerpunkt einer granulomatösen Enzephalitis (NOETZEL 1951; FRANKE u. HORST 1951; KASS et al. 1952; THALHAMMER 1957; WAHLE 1958; TOWNSEND et al. 1975; KÖNIG u. STROBL 1977; COUVREUR u. DESMONTS 1978) sind im Schrifttum bisher lediglich ein Fall einer subakut enstandenen Meningoradikulitis (KOCHER et al. 1969) und zwei Fälle einer Polyradikulitis mit typischer albuminozytärer Dissoziation dargestellt worden. Sie trat einmal (PIPKORN 1953) akut bei einem 65jährigen Mann, einmal (REIMOLD 1960) subchronisch bei einem 10jährigen Mädchen auf. Motorische Ausfälle standen auch bei diesen Erkrankten im Vordergrund, sie klangen aber im Gegensatz zum hier vorgestellten Fall mit einer Defektheilung aus.

Die 3 Jahre vor der Polyneuritis aufgetretene Sarkoidose bedarf noch einer Erörterung. In ca. 10% der Neurosarkoidosen (PETTE u. KALM 1953; ZEMAN 1958; WIEDERHOLT u. SIEKERT 1965; RINNE 1967; SUCHENWIRTH 1968; HERRMANN u. RECHEL 1969; KOHOUT u. SCHOBER 1974; MATTHEWS 1979) finden sich asymmetrische und symmetrische polyneuritische Bilder, die im akuten Stadium mit einer Liquoreiweißerhöhung verbunden sind (STRICKLAND u. MOSER 1967; MATTHEWS 1979). Symmetrische Polyneuritiden ohne Befall anderer Organe sind uns nicht bekannt geworden. Das Fehlen jeglicher Hinweise auf einen anderweitigen Organbefall, der normale Liquorbefund und der Verlauf sprechen hier gegen eine Polyneuritis im Rahmen einer reaktivierten Sarkoidose.

Der Umstand, daß der Patient zunächst eine Sarkoidose durchmachte und später im Rahmen einer klinisch inapparenten Toxoplasmoseinfektion an einer Polyneuritis erkrankte, wird für besonders bemerkenswert gehalten. Er spricht u. E. für eine konstitutionelle oder erworbene (BEHREND 1969; SCHMIDT 1969; KOHOUT 1975; FORSCHBACH 1973) besondere Immunreaktionslage, die offenbar eine immunvermittelte Nervenschädigung im Sinne der postinfektiösen Polyneuritis zur Folge hatte.

Zusammenfassung

Es wird eine erworbene Toxoplasmose beschrieben, die inapparent verlief und erst an einer ihr folgenden, symmetrischen, vorwiegend motorischen Polyneuritis erkannt wurde. Nach Verlauf, Liquor- und ENG-Befund handelte es sich um eine distal lokalisierte, vorwiegend die Markscheiden betreffende Polyneuritis, die als postinfektiös aufgefaßt wird. Der Zusammenhang mit einer 3 Jahre vorher aufgetretenen, abgeheilten Sarkoidose wird erörtert.

Summary

A case of acquired toxoplasmosis is reported, which was discovered after an inapparent course, when a polyneuritis with predominantly motor signs developed. Course of the disease, findings in CSF-study and ENG prove a distally located process, mainly affecting the myelin sheaths, held to be of postinfectious origin. The role of a sarcoidosis, becoming manifest and subsiding three years before, is discussed.

Literatur

Behrend H (1969) Internist (Berlin) 8:293
Couvreur J, Desmonts G (1978) In: Vinken PJ, Bruyn GW (eds) Handbook of clinical neurology, vol 35. North-Holland, Amsterdam New York Oxford, pp 115–141
Forschbach G (1973) In: Hornbostel H, Kaufmann W, Siegenthaler W (Hrsg) Innere Medizin in Praxis und Klinik. Thieme, Stuttgart, S 3–122, 3–128
Franke H, Horst HG (1951) Dtsch Med Wochenschr 76:1049
Herrmann E, Rechel K (1969) Internist (Berlin) 10:385
Kass EH, Andrus S, Adams RD et al. (1952) Arch Intern Med 89:759
Kocher R, Kaeser HE, Wurmser H (1969) Praxis 58:427
König P, Strobl G (1977) Nervenarzt 48:554
Kohout J (1975) Wien Med Wochenschr 46 [Suppl 29]

Kohout J, Schober W (1974) Nervenarzt 45:538
Matthews WB (1979) In: Vinken PJ, Bruyn GW (eds) Handbook of clinical neurology, vol 38. North-Holland, Amsterdam New York Oxford pp 521–542
Noetzel H (1951) Beitr Pathol Anat 111:419
Pette H, Kalm H (1953) In: von Bergmann G, Frey W, Schwiegk H (Hrsg) Neurologie. Springer, Berlin Göttingen Heidelberg (Handbuch der inneren Medizin, Bd 5/3, S 194–200)
Pipkorn U (1953) Nervenarzt 24:473
Reimold E (1960) Kinderärztl Prax 28:337
Rinne UK (1967) Dtsch Z Nervenheilkd 191:245
Schmidt M (1969) Internist (Berlin) 10:373
Strickland GT, Moser KM (1967) Am J Med 43:131
Suchenwirth R (1968) MMW 110:580
Thalhammer O (1957) Toxoplasmose bei Mensch und Tier. Maudrich, Wien Bonn
Townsend JJ, Wolinsky J, Baringer J, Johnson P (1975) Arch Neurol 32:335
Wahle H (1958) Fortschr Neurol 26:6
Wiederholt WC, Siekert RG (1965) Neurology (NY) 15:1147
Zeman W (1958) In: Scholz W (Hrsg) Erkrankungen des zentralen Nervensystems II. Springer, Berlin Heidelberg New York (Handbuch der speziellen pathologischen Anatomie und Histologie, Bd 13/2, S 1100–1112

Reinnervationsmechanismen am Modell des sensiblen Nerven

A. STRUPPLER und R. MACKEL

Nach Durchtrennungen peripherer Nerven werden die von den sensiblen Fasern versorgten Hautareale anästhetisch. Nach Nervennaht entsteht nach Regeneration sensibler Fasern eine gewisse Restitution der Sensibilität. Selbst bei optimaler Regeneration wird aber nie wieder der frühere Zustand der Sensibilität wiederhergestellt, und es kommt neben einer Minderung der Sensibilität zwangsläufig zu Mißempfindungen, wie z. B. nach mechanischem Hautreiz. Ziel unserer Untersuchungen war, die Folgen der Regeneration von sensiblen, aber auch von motorischen Nervenfasern nach kompletter Nervendurchtrennung zu untersuchen. Dies kann

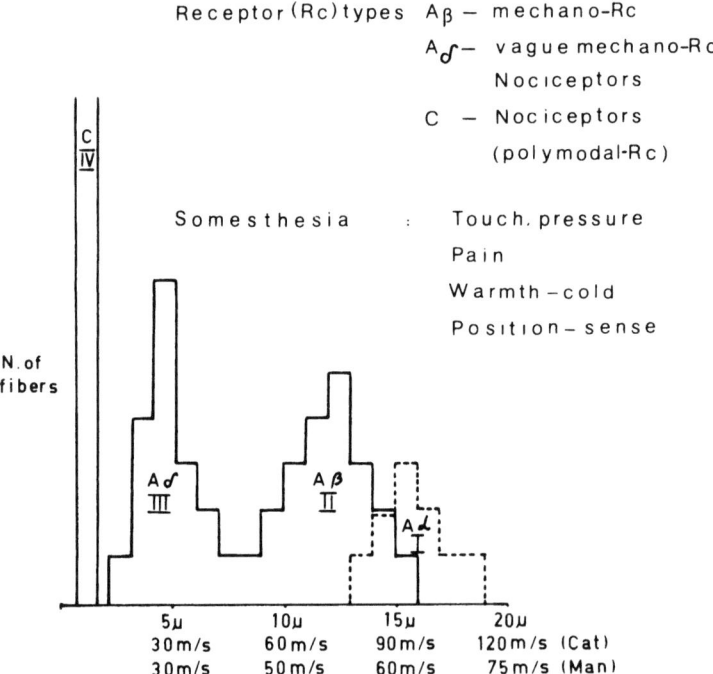

Abb. 1. Rezeptortypen und sensorische Modalitäten, welche untersucht werden können mit Frequenzhistogramm für somästhetische Fasern, Durchmesser und Leitgeschwindigkeit beim Menschen und beim Tier

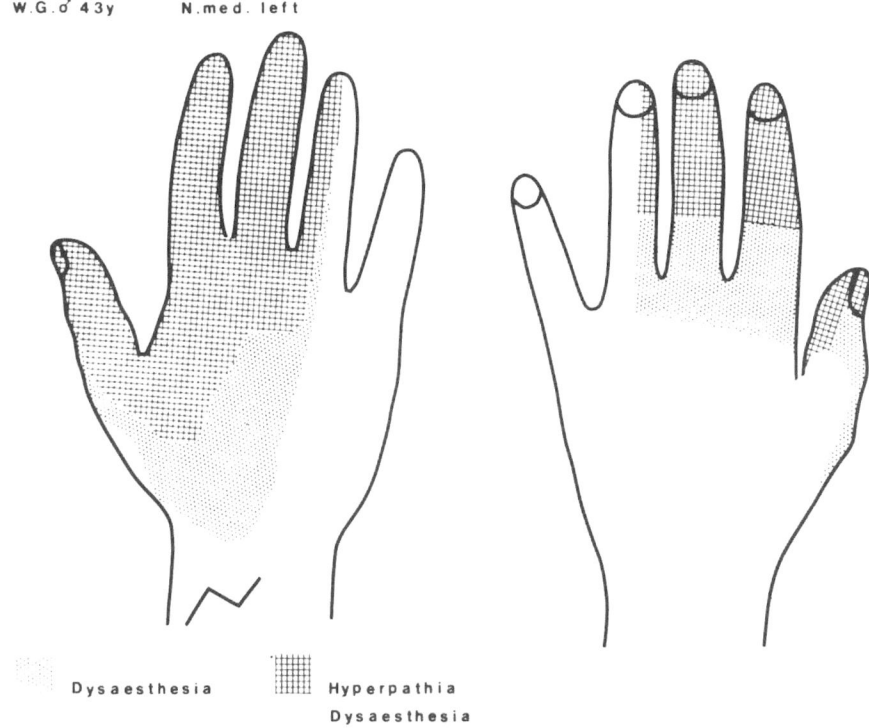

Abb. 2. Sensorische Veränderungen nach kompletter Durchtrennung mit anschließender Nervennaht des N. medianus. Im gesamten Autonomgebiet wird Dysästhesie empfunden, distal zusätzlich Hyperpathie

heute mit modernen elektrophysiologischen Methoden zusätzlich zur klinisch-neurologischen Untersuchung durchgeführt werden.

Tabellen 1 und 2 zeigen klinisch und elektrophysiologisch-experimentelle Möglichkeiten, Störungen am sensorisch und/oder motorischen System zu untersuchen.

Der vorliegende Beitrag beschränkt sich auf unsere elektrophysiologischen Befunde bei der Regeneration von sensiblen Nervenfasern. Diese Untersuchungen sollen Einblick in die Reinnervationsmechanismen von Mechanorezeptoren der nichtbehaarten Haut geben und es ermöglichen, experimentelle Befunde mit klinischen Beobachtungen zu korrelieren. Die elektrophysiologischen Untersuchungen an regenerierten sensiblen Nervenfasern sollen 2 Fragen beantworten:

1. zeigen die reinnervierten Mechanorezeptoren normale oder abnormale Entladungscharakteristika und
2. in welcher Weise verändert sich das rezeptive Feld einer einzelnen sensorischen Einheit?

Als Vergleich mit der normalen Innervation von Mechanorezeptoren dienten uns die detaillierten Untersuchungen der schwedischen Arbeitsgruppe von VALLBO

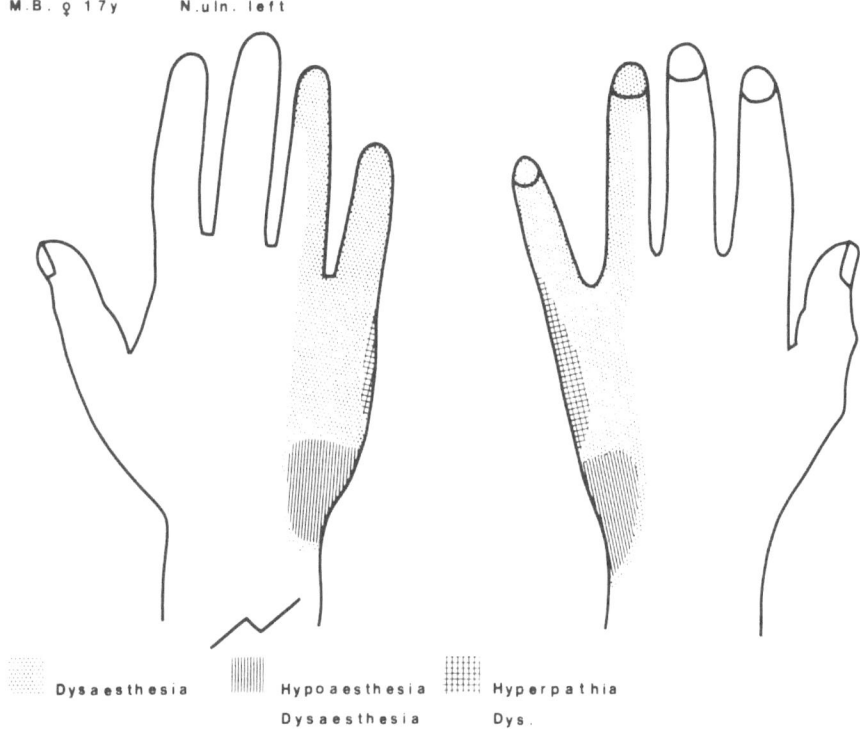

Abb. 3. Sensorische Veränderungen nach kompletter Durchtrennung mit anschließendem Nerveninterponat am N. ulnaris. Im gesamten sensiblen Ulnarisgebiet wird Dysästhesie empfunden, zusätzlich Hyperästhesie und Hyperpathie (Definition nach IASP 1979)

u. Mitarb. Sie konnten zeigen, daß es in der nichtbehaarten Haut der Hand des Menschen vier verschiedene Arten von Mechanorezeptoren gibt, die sich durch die Entladungscharakteristika und die Anordnung ihrer rezeptiven Felder unterscheiden lassen (KNIBESTÖL u. VALLBO 1970; KNIBESTÖL 1973, 1975; JOHANNSON 1978). Zwei Rezeptortypen erwiesen sich als schnell adaptierend, nämlich die Pacini-Körper (PC) und die Meissner-Endorgane, im folgenden als RA-Rezeptoren gekennzeichnet. Zwei Rezeptortypen zeigten sich langsam adaptierend, die Merkel-Zellen und die Ruffini-Endigungen, im folgenden als SA I und SA II bezeichnet (nach der Terminologie von Iggo). Die rezeptiven Felder der RA- und SA-I-Rezeptoren sind eng umschrieben und gut abgrenzbar, diejenigen der PC- und SA-II-Rezeptoren sind groß, diffus begrenzt und der empfindlichste Punkt schwer zu lokalisieren. Die Dichte der rezeptiven Felder der Hand nimmt deutlich von proximal nach distal zu (JOHANNSON u. VALLBO 1979), in Übereinstimmung mit der besseren Diskriminierungsfähigkeit an unseren Fingerspitzen. Die vier bekannten Hautmechanorezeptoren werden von myelinisierten, dickkalibrigen und schnelleitenden Nervenfasern versorgt, wie aus Abb. 1 ersichtlich ist.

Unsere Untersuchungen wurden an Patienten durchgeführt, bei denen wegen einer traumatischen Läsion eine Sekundärnaht bzw. eine Anastomosierung notwendig geworden war. Da die operative Versorgung bereits mehrere Jahre zurück-

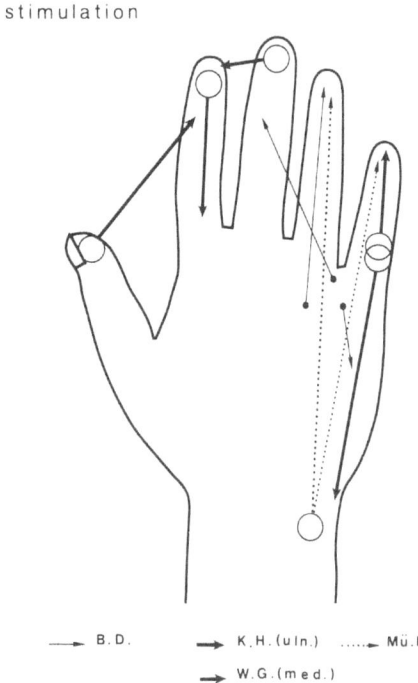

Abb. 4. Synästhesien nach taktilem Reiz. Diese Fehllokalisationen können eng umschrieben sein oder auch diffus

lag, darf man annehmen, daß der Regenerationsprozeß zum Zeitpunkt der Untersuchung abgeschlossen war. Zunächst wurden die Veränderungen der Sensibilität klinisch untersucht und die reinnervierten Areale abgegrenzt. Die Veränderungen der Abb. 2–4 dienen als Beispiel der typischen Veränderungen.

Anschließend wurde die Aktivität einzelner regenerierter Nervenfasern mikroneurographisch untersucht (Methode nach VALLBO u. HAGBARTH 1967). Unsere ersten Befunde (MACKEL u. STRUPPLER 1981; STRUPPLER et al. 1980) decken sich weitgehend mit den Befunden einer schwedischen Arbeitsgruppe (HALLIN et al. 1981).

Wie die Abb. 5–8 zeigen, sind die Entladungscharakteristika der reinnervierten Mechanorezeptoren unverändert, die rezeptiven Felder sind dagegen wesent-

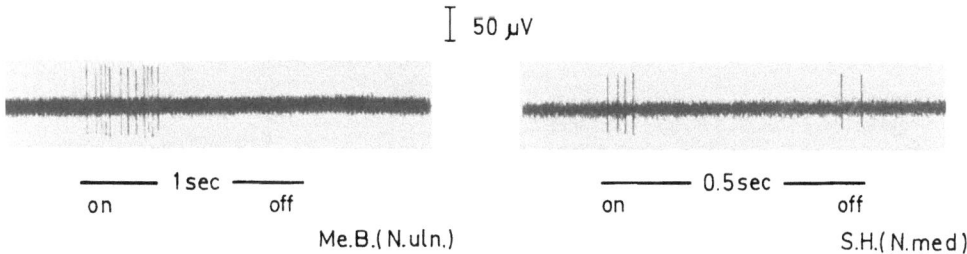

Abb. 5. Entladungscharakteristika von zwei schnell adaptierenden Rezeptoren des Typs RA (Meissner-Endorgane). Die Rezeptoren adaptieren schnell bei anhaltendem Druck auf das rezeptive Feld. Häufig entlädt sich der Rezeptor noch einmal, wenn der Reiz vom rezeptiven Feld entfernt wird

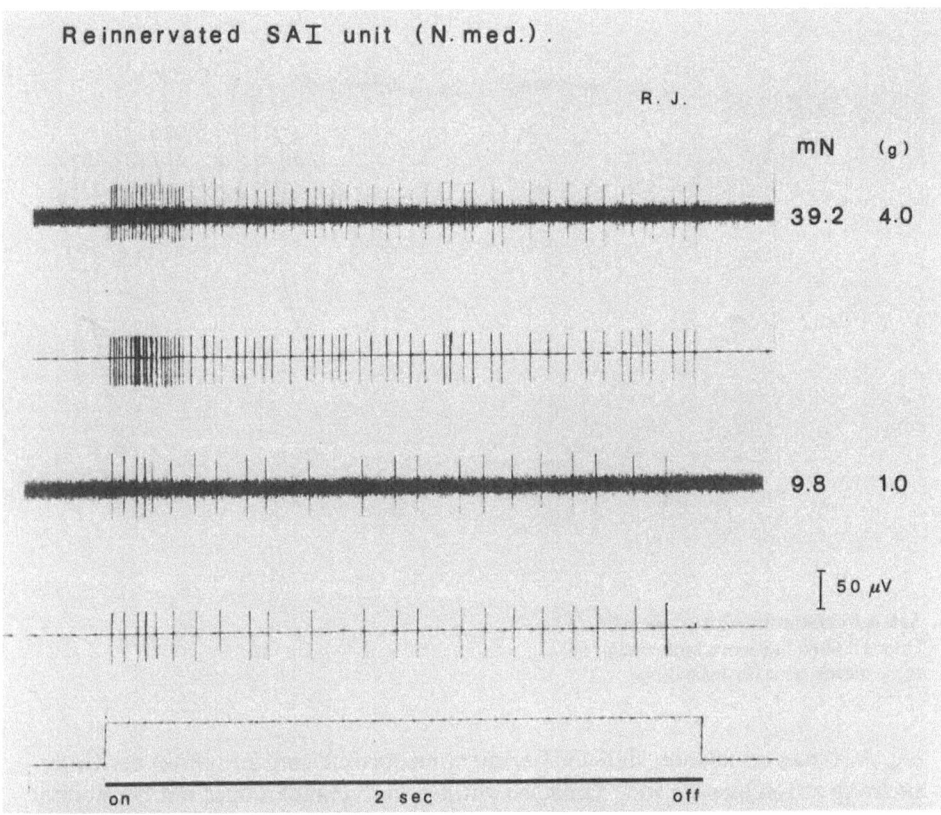

Abb. 6. Entladungscharakteristika eines Rezeptors des Typs SA I (Merkel-Zellen). Der Rezeptor adaptiert langsam. Die Entladung hält so lange an, wie der mechanische Reiz auf das rezeptive Feld einwirkt. Man beachte die dynamische Komponente der Entladung bei Reizbeginn

Tabelle 1. Somästhetische Modalitäten und Parameter, welche klinisch untersucht werden können (*obere Hälfte*). Elektrophysiologische Methodik zur Untersuchung des sensorischen Systems (*untere Hälfte*). *MNG* Mikroneurographie, *SA* slowly adapting, *RA* rapidly adapting

Suggested clinical procedure (bilaterally tested)	
Sensory system:	Stimulus parameters and sensation (quality, intensity, area)
	Somesthetic modalities: Touch-pressure, Warmth-cold, Pain, Position sense
	Synesthesias
Suggested experimental procedure (unilateral tested)	
MNG	
Single fiber recording:	Receptor identification and discharge
	Characteristics (SA, RA, unidirectional, bidirectional, static, dynamic)
	Receptor Territory
	Neural response and sensation
Multi-fiber recording:	Estimation of total afferent input

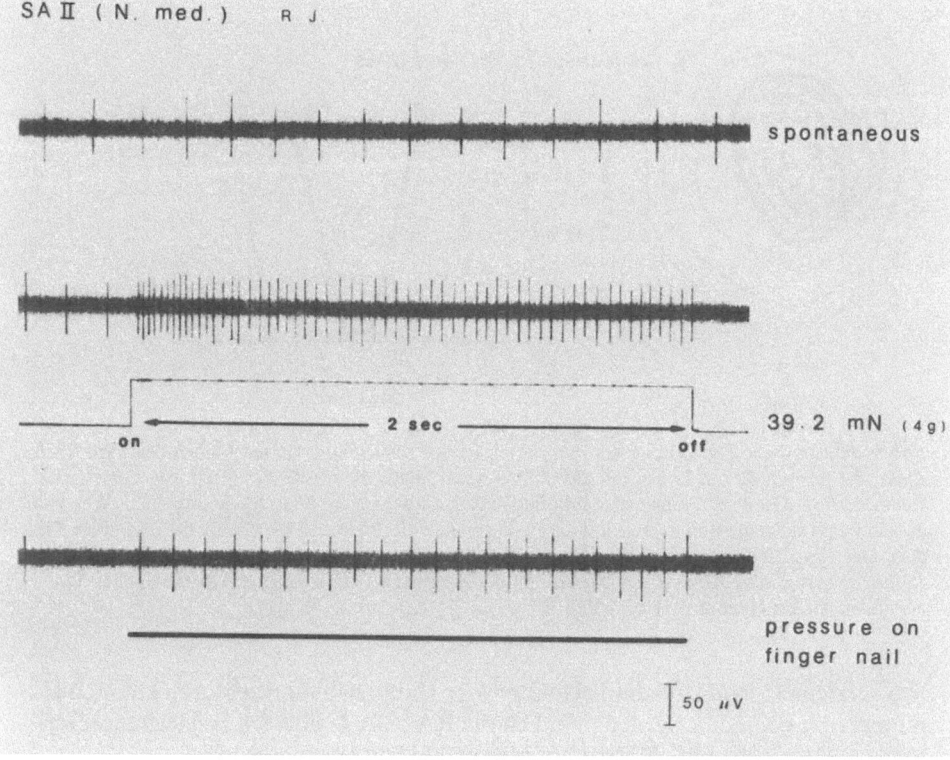

Abb. 7. Entladungscharakteristika eines Rezeptors des Typs SA II (Ruffini-Endigung). Der Rezeptor adaptiert langsam bei anhaltendem Reiz. Man beachte die schwache dynamische Komponente bei Reizbeginn und die Spontanaktivität in Abwesenheit des Reizes. Der deutlichste Unterschied zu den Rezeptoreigenschaften der normal innervierten Hand wurde bei der Anordnung der rezeptiven Felder gefunden. Nach Reinnervation waren die rezeptiven Felder der Mechanorezeptoren eindeutig kleiner geworden. Dies ließ sich am besten bei den Rezeptoren des Typs RA und SA I zeigen, wo die Grenzen der rezeptiven Felder genau umschrieben und gut lokalisierbar sind. Eine Verkleinerung der rezeptiven Felder läßt auf eine geringe Innervationsdichte schließen. Die Reduktion der rezeptiven Felder ist in Abb. 8 ersichtlich

Tabelle 2: Klinischer Zugang zu Störungen am motorischen System (*obere Hälfte*). Elektrophysiologische Methodik zur Untersuchung von Störungen am motorischen System (*untere Hälfte*). EMG Elektromyographie

Suggested clinical procedure (bilaterally tested)	
Motor system:	Atrophy
	Fasciculations
	Motor power
	Co-contractions
Suggested experimental procedure (unilateral tested)	
EMG:	Sprouting (single unit)
	"Cross"-innervation (nerve stimulation)
	Conduction velocity (nerve stimulation)
	Refractory period (nerve stimulation)
	Proprio- and exteroceptive coupling

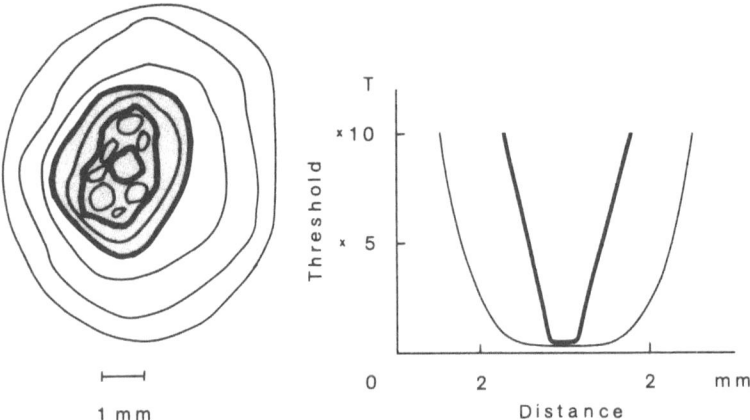

Abb. 8. Schematische Darstellung des reduzierten Feldes einer reinnervierten Einheit des Typs SA I. *Links:* die inneren dicken Linien um das dunkle Areal zeigen die Größe des rezeptiven Feldes nach Reinnervation. Der Punkt maximaler Empfindlichkeit ist der innere Kreis (dick umgrenzt). Weg von diesem Punkt steigt die Reizschwelle rapide an (die äußere dicke Linie ist die Grenze des rezeptiven Feldes). Der Normalfall ist vergleichsmäßig dargestellt durch die äußeren und inneren dünnen Kreise. *Rechts:* hyperbolische Kurven zur Darstellung des rezeptiven Feldes. Innere Hyperbole: nach Reinnervation. Äußere Hyperbole: Normalfall

lich verkleinert. Nur drei der bekannten vier Hautmechanorezeptoren konnten als reinnerviert gefunden werden, nämlich die RA-, SA-I- und SA-II-Mechanorezeptoren. Reinnervierte PC-Körper konnten nicht identifiziert werden.

Schlußfolgernd kann gesagt werden, daß die Nicht-Reinnervation von PC-Körpern und die stark reduzierten rezeptiven Felder reinnervierter Hautmechanorezeptoren sicherlich zu Sensibilitätsveränderungen beitragen. Zusätzlich wurde gefunden, daß Reinnervation von Rezeptoren des Typs SA vorwiegend in tiefen Gewebsstrukturen der Hand zustandekam und nicht in der kutanen Schicht der Hand, was ebenfalls zu der Beeinträchtigung der taktilen Diskriminationsfähigkeit beiträgt.

Zusammenfassung

Eine Korrelation zwischen klinisch-neurologischen Befunden und experimentell-elektrophysiologischen Daten wurde am peripheren sensiblen Regenerationsprozeß nach Nervenanastomosierung erhoben. Anhand der perkutanen Mikroneurographie wurde gefunden, daß nur drei der vier bekannten Mechanorezeptoren der Hand reinnerviert werden. Die Reinnervation von Rezeptoren tieferer Gewebestrukturen überwiegt gegenüber derjenigen in der Hautschicht. Obwohl sich die Entladungsrate reinnervierter Rezeptoren nicht von denjenigen normal innervierter Rezeptoren unterscheidet, waren es die rezeptiven Felder reinnervierter Mechanorezeptoren, welche deutlich kleiner geworden sind; dies läßt auf eine Abnahme der Innervationsdichte schließen. Diese physiologischen Veränderungen lassen sich in Einklang bringen mit klinisch beobachtbaren Sensibilitätsveränderungen.

Summary

An attempt was made to correlate clincial observations with electrophysiological data in the sensory regeneration process following traumatic lesions with subsequent repair of peripheral nerves. Using the technique of percutaneous microneurography, it was observed that only 3 out of 4 known mechanoreceptors of the glabrous skin nerve reinnervated. Reinnervation of mechanoreceptors in deeper tissues of the hand predominated when compared to the superficial skin layer. The discharge characteristics of reinnervated mechanoreceptors was comparable to the normal cases. The receptive fields however, were severely reduced, indicating a reduced innervation density. These physiological observations are compatible with the clinical manifestation of sensory disturbances.

Addendum: Die Thematik dieses Beitrages wurde mittlerweile weiter behandelt und ist in folgenden Veröffentlichungen ausführlicher beschrieben: STRUPPLER A, MACKEL R, BESINGER U, WALDHÖR F (1981) Electromyography and microneurography following peripheral nerve transplantations. In: GORIO A, MILLESI H, MINGRINO E (eds) Post-traumatic peripheral nerve regeneration. Experimental basis and clinical implications. Raven Press, New York, pp 581–589. MACKEL R, KUNESCH E, WALDHÖR F, STRUPPLER A, (1983) Reinnervation of mechanoreceptors in the human glabrous skin following peripheral nerve repair. Brain Research 268:49–65.

Literatur

Hallin RG, Wiesenfeld Z, Lindblom U (1981) Neurophysiological studies on patients with sutured median nerves: Faulty sensory localization after nerve regeneration and its physiological correlates. Exp Neurol 73:90–106

IASP (1979): The need of a taxonomy. Pain 6:247–252

Johansson RS (1978) Tactile sensibility in the human hand: Receptive field characteristics of mechanoreceptive units in the glabrous skin area. J Physiol (Lond) 281:101–123

Johansson RS, Vallbo AB (1979) Tactile sensibility in the human hand: Relative and absolute densities of four types of mechanoreceptive units in glabrous skin. J Physiol (Lond) 286:283–300

Knibestöl M (1973) Stimulus-response function of rapidly adapting mechanoreceptors in the human glabrous skin area. J Physiol (Lond) 232:427–452

Knibestöl M (1975) Stimulus-response functions of slowly adapting mechanoreceptors in the human glabrous skin area. J Physiol (Lond) 245:63–80

Knibestöl M, Vallbo AB (1970) Single unit analgesis of mechanoreceptor activity from the human glabrous skin. Acta Physiol Scand 80:178–195

Mackel R, Struppler A (1981) Neurophysiological studies on reinnervated mechanoreceptors in the human glabrous skin. Neurosci Abstr 153:1

Struppler A, Mackel R, Besinger U, Waldhör F (1980) Electromyography and microneurography following peripheral nerve transplantations. In: Gorio A, Millesi H, Mingrino S (eds) International Symposium on Post-Traumatic Peripheral Nerve Regeneration, Padua, Raven Press, New York

Vallbo AB, Hagbarth KE (1967) Impulses recorded with microelectrodes in human muscle nerves during stimulation of mechanoreceptors and voluntary contraction. Electroencephalogr Clin Neurophysiol 23:392

Mikrochirurgie der peripheren Nerven

H. Millesi

Einleitung

Als die ersten Chirurgen begannen, das Operationsmikroskop zur Durchführung von Nervennähten zu verwenden (Smith 1964; Kurze 1964; Michon u. Masse 1964), schien dies der logische Endpunkt einer langjährigen Entwicklung zu sein. Seit 100 Jahren (Hueter 1873) hatte sich die epineurale Nervennaht zur Methode der Wahl entwickelt. Die Technik war immer mehr verbessert worden, und zwar sowohl im Hinblick auf das verwendete Nahtmaterial als auch auf die Genauigkeit der Koaptation der Stümpfe. Viele Chirurgen verwendeten bereits seit Jahren eine Lupe, um diese Koaptation exakt durchführen zu können. Die Heranziehung des Operationsmikroskopes bedeutete nur einen konsequenten Schritt in die bereits eingeschlagene Richtung.

Es zeigte sich aber bald, daß die Vorteile, die sich aus der Verwendung des Operationsmikroskopes ergeben, nur bedingt ausgenützt werden können, wenn die konventionelle Technik unverändert beibehalten wird. Folgerichtig konnten demnach auch Braun (1966) und Ellis (1967) in vergleichenden Studien keine wesentliche Verbesserung nachweisen. Schrittweise führte die Mikrochirurgie zu einer neuen Sicht der ganzen Problematik der peripheren Nervenchirurgie und zwar vom mehr oder weniger mechanistischen Denken zu einer biologischen Betrachtungsweise.

Regeneration und Heilung nach Nervenläsionen

Nach der Wiedervereinigung der Stümpfe eines durchtrennten Nervs sprießen Fibroblasten vom Endo-, Peri- und Epineurium in den Spalt zwischen den Stümpfen. Bereits nach 24 h sind die ersten Axonsprossen zu bemerken (Hudson et al. 1970). Zusammen mit Schwann-Zellen durchqueren die Axonsprossen den Spalt zwischen den Stümpfen. Ein Zuviel an Fibroblasten mit folgender reichlicher Kollagenproduktion behindert das Vorwachsen der Axonsprossen, was bereits von Huber (1895) und Ramon y Cajal (1928) eindeutig beschrieben wurde. Zwischen den Stümpfen entwickelt sich eine mehr oder weniger ausgedehnte Narbenzone.

Es kommt dann darauf an, diese Narbenzone so klein wie möglich zu halten, die Fibroblastenproliferation zu vermindern und möglichst günstige Bedingungen für das Vorwachsen der Axonsprossen zu schaffen. Versuche im Experiment die

Kollagensynthese durch Vitamin-C-Avitaminose (HASTINGS u. PEACOCK 1973) oder durch Gabe von D-Penicillamin (PLEASURE et al. 1974) zu hemmen, führten nicht zum Ziel (BUCKO et al. 1981). Ein gewisses Maß an Fibroblastenaktivität ist zur Heilung unbedingt notwendig, wie sich aus der Gewebskulturforschung ergab (BUNGE u. BUNGE 1978; BUNGE 1980, 1981).

Augenblicklich besteht die einzige Möglichkeit die Fibroblastenproliferation einzuschränken in der Resektion des Epineuriums und in der Verminderung des interfaszikulären Gewebes durch entsprechende Präparation der Stümpfe (MILLESI et al. 1970; MILLESI et al. 1972 b; MILLESI 1977a). Natürlich ist dieses Vorgehen nur für Nervensegmente sinnvoll, deren Querschnitt aus vielen Faszikeln mit entsprechend reichlicher Menge nichtfaszikulärem Gewebes bestehen.

Ein zweiter wichtiger Faktor ist die Spannung an der Nahtstelle. Diese Spannung soll möglichst reduziert werden. Auch die vorübergehende Ausschaltung der Spannung durch Ruhigstellung in Entlastungsstellung schiebt das Problem nur auf. Die Nahtstelle kommt spätestens dann unter Zugbelastung, wenn mit der Mobilisierung begonnen wird. Zu diesem Zeitpunkt ist bereits eine starke Narbe entstanden, so daß die Gefahr einer Ruptur nicht mehr gegeben ist. Es kann aber zur Dehnung der Narbe bzw. zur Narbenhypertrophie kommen, die die bereits durch den Spalt vorgedrungenen Axonsprossen sekundär schädigen und zur Degeneration bringen können (SEITELBERGER et al. 1969; MILLESI et al. 1972a; MILLESI 1977b).

Der Wunsch, ein frühzeitiges Überqueren des Spaltes durch die Axonsprossen zu erreichen, führt zur Forderung der ausgiebigen Anfrischung, damit die Axonsprossen im proximalen Stumpf nicht durch fibröses Gewebe am Vorwachsen zum Spalt zwischen den Stümpfen behindert werden. Die ausgiebige Anfrischung führt aber zwangsläufig zur Vergrößerung des Defektes. Unter diesen Umständen ist eine spannungslose Wiederherstellung der Kontinuität nur durch Nerventransplantation möglich. Gewebsschonende Präparation und exakte Koaptation gelingen ebenfalls nur, wenn die an der Nahtstelle herrschende Spannung ausgeschaltet wird.

Innere Neurolyse

Der Vorschlag bei Bestehen einer Fibrose des Nervs nach dessen Schädigung unter Erhaltung der Kontinuität eine innere Neurolyse durchzuführen, wurde bereits frühzeitig gemacht (BATEMAN 1962), aber zurückgewiesen (SEDDON 1963), da man die Gewebsreaktion innerhalb des Nervs fürchtete.

CURTIS u. EVERSMAN stellten bereits 1973 fest, daß eine innere Neurolyse unter dem Operationsmikroskop im Rahmen der Dekompression des N. medianus bei Karpaltunnelsyndrom die postoperativen Ergebnisse verbesserte. Hier zeigt sich einer der Hauptvorteile der mikrochirurgischen Operationstechnik. Es gelingt Schicht für Schicht präparierend ohne wesentliche Gewebsreaktion in den Nerv einzudringen und unter äußerster Schonung des Nervengewebes die fibrös veränderten Anteile des interfaszikulären Epineuriums zu entfernen. Erst dadurch wird die Expansion der zusammengeschnürten Faszikel wieder möglich, die erst das Fortschreiten der Regeneration erlaubt.

Die innere Neurolyse wird auch bei posttraumatischen Zuständen mit Erfolg angewendet. Vor allem bei Schädigung I. Grades nach SUNDERLAND (Neurapraxie nach SEDDON 1943), bei der an sich eine spontane Regeneration erfolgen sollte, bewährt sich die innere Neurolyse, wenn durch eine Fibrose des Epineuriums das Nervengewebe so unter Druck gehalten wird, daß die spontane Regeneration nicht erfolgen kann. Es ist dann zuerst eine epifaszikuläre Epineurotomie oder, falls dies nicht genügt, eine epifaszikuläre Epineurektomie durchzuführen. Das gleiche gilt für Schädigungen II. Grades (Axonotmesis nach Seddon 1943). Wenn auch das interfaszikuläre Epineurium fibrös verändert ist, wird die Präparation auch in den Bereich zwischen Faszikel bzw. Faszikelgruppen ausgedehnt (interfaszikuläre Epineurektomie). Die Entfernung des interfaszikulären Gewebes wird aber nur teilweise ausgeführt, nämlich nur so weit, bis die Druckentlastung der Faszikel erreicht wird. Eine völlige Skelettierung der Faszikel ist nicht notwendig. Auch in vielen Fällen einer Schädigung III. Grades kann auf diese Weise eine Besserung erreicht werden. Liegt bei einer Schädigung III. Grades eine Fibrose der Faszikel selbst vor oder ist die Faszikelstruktur überhaupt verloren gegangen (Schädigung IV. Grades), darf man sich von einer Neurolyse keinen Erfolg mehr erwarten. In diesem Fall wird der betroffene Nervenanteil reseziert und der entstandene Defekt durch Nerventransplantation überbrückt. Die mikrochirurgische Präparation erlaubt es, jede Faszikelgruppe bzw. jeden Faszikel für sich zu beurteilen und dementsprechend eine Entscheidung zu fällen. Man muß nämlich damit rechnen, daß im selben Nervensegment Schädigungen verschiedenen Grades gleichzeitig vorliegen können.

Die mikrochirurgische Präparation bewährt sich selbstverständlich auch bei der Entfernung intraneuraler Tumore.

Nervennaht

Bei einer kompletten Durchtrennung eines Nervs wird immer zuerst eine Wiederherstellung der Kontinuität durch End-zu-End-Koaptation angestrebt werden. Handelt es sich um eine glatte Durchtrennung, bestehen keine Schwierigkeiten, da nur die elastische Retraktion des Nervengewebes überwunden werden muß. In diesem Fall ist auch keine besondere Anfrischung notwendig. Man wird daher bestrebt sein, unter möglichst exakter Koaptation der Faszikel die Nervenstümpfe wieder miteinander zu vereinigen und diese Vereinigung durch epineurale Nähte

---

Abb. 1 a–g. Verletzung des N. ulnaris rechts in der Mitte des Oberarmes. Auswärts primäre Nervennaht. Als 1 Jahr später keinerlei Regenerationszeichen zu sehen waren, erfolgte die Zuweisung. Die Freilegung zeigt, daß es zu einer Dehiszenz gekommen war (**a, b**). Proximal hat sich ein Regenerationsneurom entwickelt, das keine Struktur zeigt (**c**). Nach Resektion des epifaszikulären Epineuriums, Isolierung der Faszikelgruppen (**d**). Es besteht ein Defekt von ca. 5 cm. Wiederherstellung der Kontinuität zwischen den Faszikelgruppen des proximalen Stumpfes (**e**) und des distalen Stumpfes (**f**) durch individuell und locker gelegte Nerventransplantate aus dem N. suralis (**g**)

Mikrochirurgie der peripheren Nerven

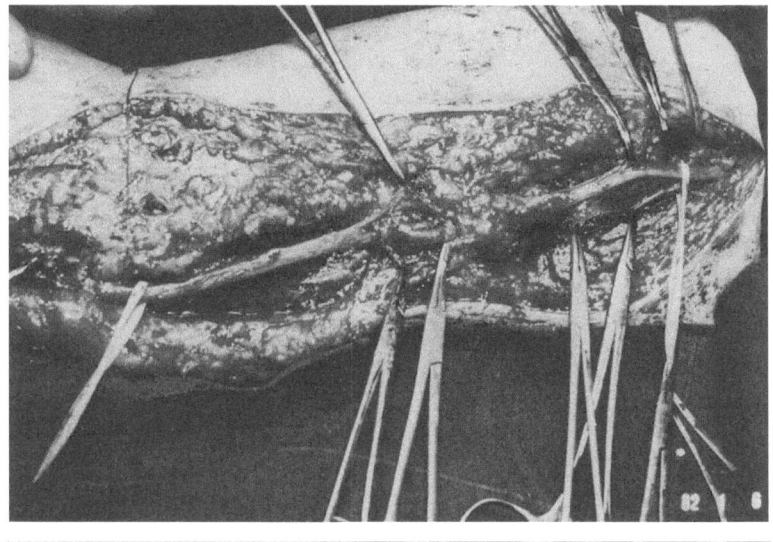

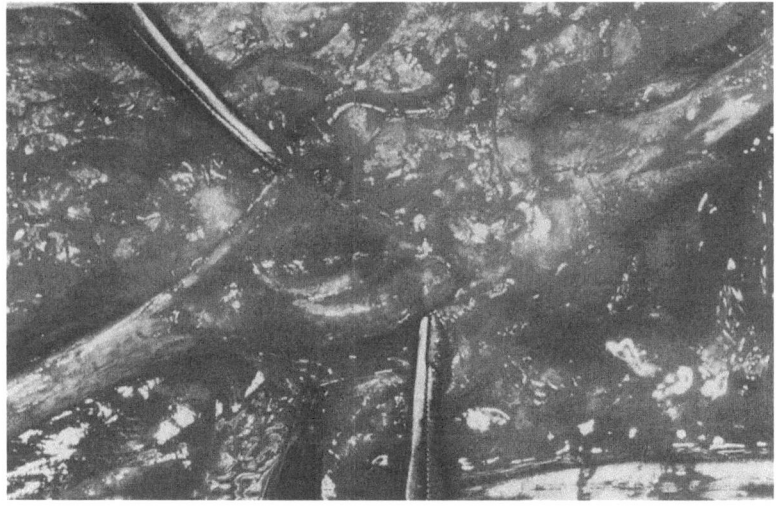

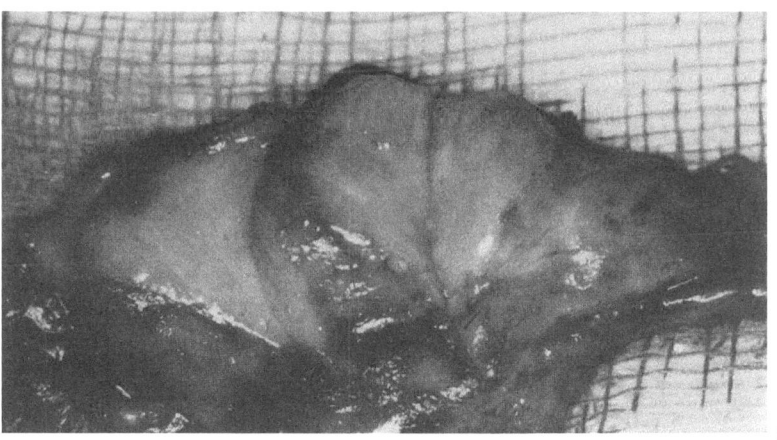

Abb. 1a–c

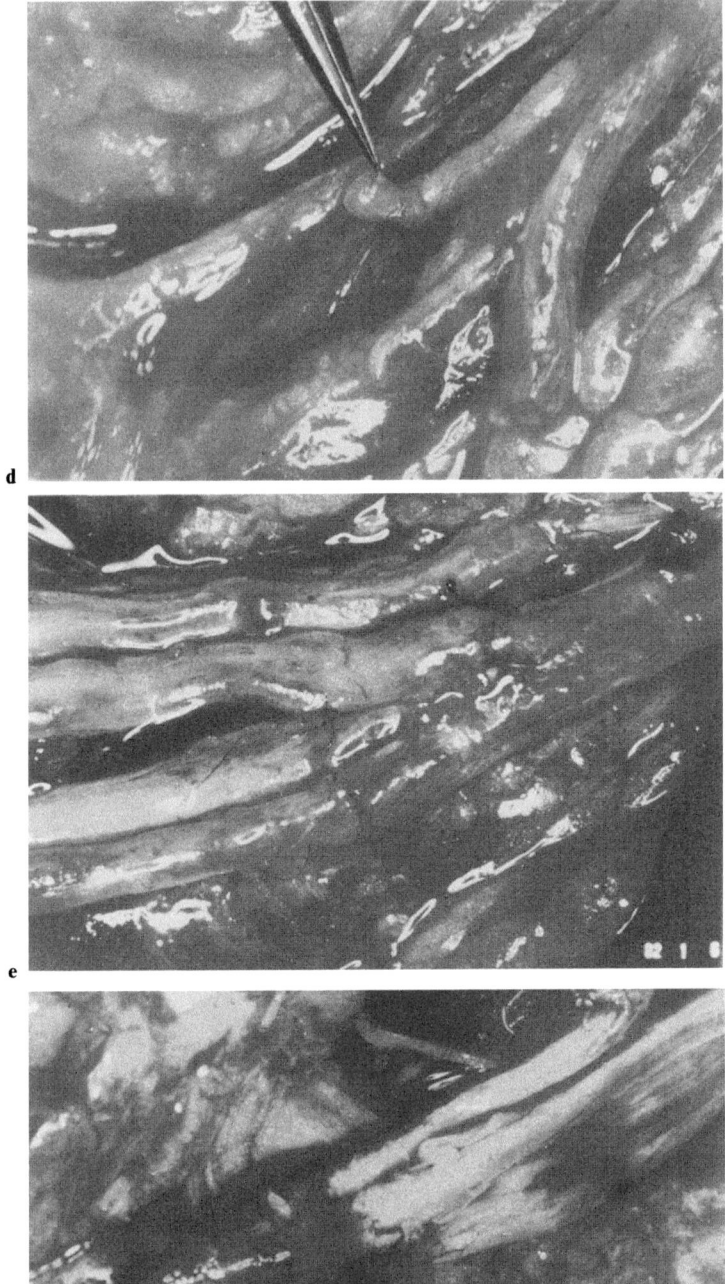

Abb. 1d–f

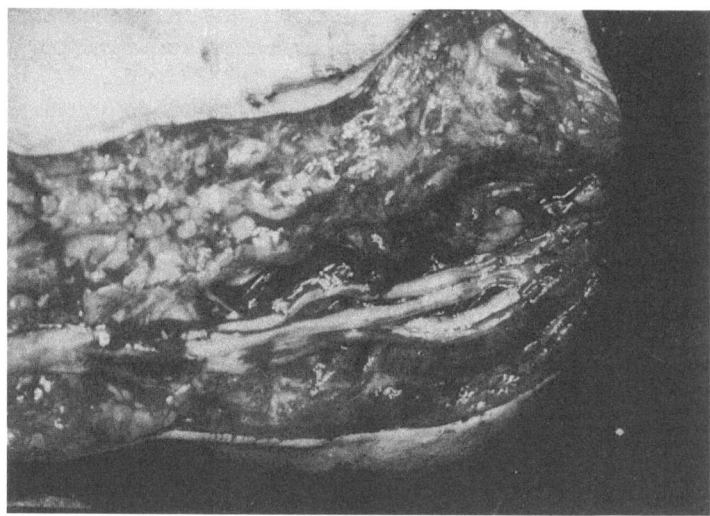

Abb. 1g

aufrechtzuerhalten. Die Verwendung des Operationsmikroskopes erleichtert die Beurteilung der Schnittflächen im Hinblick auf eine traumatische Schädigung. Trotzdem ist die Beurteilung im Rahmen einer Primärversorgung schwierig. Bei einer Sekundärversorgung hat sich im geschädigten Anteil des Nervs bereits eine Fibrose entwickelt, und das Ausmaß der Schädigung kann vor allem unter mikroskopischer Betrachtung sehr genau beurteilt werden. Es wird dann unter mikrochirurgischer Präparation eine Anfrischung durchgeführt. Handelt es sich um einen Nervenstumpf der nur aus *einem großen oder wenigen großen Faszikeln* besteht, sind keine weiteren Maßnahmen notwendig. Hier liegt im Nervenquerschnitt nur wenig epineurales Gewebe vor, so daß eine Resektion überflüssig ist. Besteht dagegen der Nervenquerschnitt aus *6–10 Einzelfaszikeln* mit einem relativ hohen Prozentsatz an epineuralem, nichtfaszikulärem Gewebe dazwischen, besteht die Gefahr, daß Faszikelquerschnitte mit nichtfaszikulärem Gewebe in Kontakt kommen. Außerdem ergibt sich ein höheres Ausmaß an Fibroblastenproliferation durch die große Menge epineuralen Gewebes zwischen den Faszikeln. Unter diesen Umständen ist es vorteilhaft, durch mikrochirurgische interfaszikuläre Präparation die einzelnen Faszikel zu trennen und das epineurale Gewebe, wie oben beschrieben, möglichst zu entfernen. Es kann dann jeder Faszikel für sich mit dem korrespondierenden Faszikel des anderen Stumpfes vereinigt werden.

Liegen in einem Querschnitt *viele kleine Faszikel* ohne weitere Strukturierung vor, würde dasselbe Vorgehen ein erhebliches chirurgisches Trauma verursachen. Außerdem besteht die große Gefahr, daß die korrespondierenden Faszikel verwechselt werden. Unter diesen Umständen bleibt keine andere Wahl, als auf eine Isolierung der Faszikel zu verzichten und die Stümpfe ohne weitere Präparation miteinander zu vereinigen. Interfaszikuläre Nähte tragen dazu bei, daß die Koaptation der Faszikel auch im Inneren des Querschnittes gut ausfällt.

Liegen im Nervenquerschnitt *viele Faszikel* vor, die *in Gruppen angeordnet* sind, kann man durch interfaszikuläre Präparation die einzelnen Gruppen voneinander trennen und auch in diesem Fall das inter- und epifaszikuläre Epineurium weitgehend resezieren. Es werden dann die einzelnen Faszikelgruppen miteinander koaptiert.

Aus dem Gesagten ist abzuleiten, daß die Wahl der verwendeten Technik vom Faszikelmuster an der Verletzungsstelle bestimmt wird. Es ist daher sinnlos, Untersuchungen anzustellen, ob die epineurale oder die perineurale Nervennaht bessere Aussichten auf Erfolg habe. Die zu wählende Methode muß der Faszikelstruktur angepaßt sein.

Die Koaptation muß aber auch aufrechterhalten werden. Wurde die Vereinigung spannungslos erreicht, genügt ein Minimum an Aufwand und zwar 1 oder 2 Nähte pro Faszikel bzw. pro Faszikelgruppe 6 oder 10 Nähte. Wenn keine Spannung vorliegt, kann man 10-0- oder 11-0-Nähte verwenden und nur ein Minimum an Fremdmaterial in den Nerv versenken. Liegt dagegen an der Nahtstelle eine Spannung vor, muß man wesentlich mehr Nähte verwenden, um einen flächenhaften Kontakt zu erzielen und aufrechtzuerhalten. Das chirurgische Trauma wird größer und die Menge der versenkten Fremdkörper ebenfalls. MATRAS u. KUDERNA (1975) empfahlen die Verwendung einer konzentrierten Fibrinogenlösung zur Aufrechterhaltung der Koaptation. Die Ergebnisse dieser Methode haben aber nicht voll befriedigt (KUDERNA 1979).

Aus dem Gesagten ergibt sich, daß man bei der Nervennaht entscheiden muß, ob man mit einem Minimum an chirurgischem Trauma auskommen will. Dann darf man keine wesentliche Spannung an der Nahtstelle akzeptieren. Die Alternative bei Vorliegen eines Defektes liegt in der Nerventransplantation. Oder man entschließt sich mit einer bestimmten Spannung fertig zu werden, dann muß man allerdings auf die Hauptvorteile der Mikrochirurgie, wie Minimierung des chirurgischen Traumas und exakte Koaptation verzichten.

Nerventransplantation

Nerventransplantationen wurden seit mehr als 100 Jahren mit beträchtlichem Erfolg ausgeführt. Die Erfolge blieben aber immer weit hinter denen einer End-zu-End-Vereinigung zurück. Da die Axonsprossen bei einer Nerventransplantation zwei Nahtstellen zu durchwachsen haben, muß zwangsläufig eine End-zu-End-Vereinigung, die unter gleichen Bedingungen wie eine Nerventransplantation durchgeführt wurde, ein besseres Resultat ergeben. Bei Vorliegen von Defekten, führt aber die zunehmende Spannung an der Nahtstelle zu einer zunehmenden Verschlechterung der Erfolgsaussichten. Bei der Nerventransplantation bleiben die Verhältnisse an den Nahtstellen dagegen gleich günstig, unabhängig von der Länge des Transplantates. In der Vergangenheit versuchte man – und manche Chirurgen halten es auch heute noch so – durch Mobilisierung der Nervenstümpfe und Beugung der benachbarten Gelenke den Defekt möglichst klein zu halten, um dann den restlichen Defekt durch ein relativ kurzes Transplantat zu überbrücken. Auf diese Weise werden die Nachteile einer Naht unter Spannung mit den Nachteilen einer Nerventransplantation (zwei Koaptationsstellen) verbunden.

Die erfolgreichere Alternative besteht darin, den Defekt in Nullstellung der benachbarten Gelenke ohne wesentliche Mobilisierung zu messen und eine Transplantatlänge zu wählen, die ca. 10% über der gemessenen Defektlänge liegt. Auf diese Weise können die Nerventransplantate spannungslos eingebracht werden.

Als Transplantatspender bieten sich verschiedene Hautnerven an, so z. B. der N. suralis, der N. cutaneus antebrachii medialis und der N. cutaneus femoris lateralis. Diese Nerven sind naturgemäß viel dünner als die Nervenstämme, die überbrückt werden sollen. Versuche der Vergangenheit (SEDDON 1947, 1963, 1972) durch Vereinigung mehrerer solcher Hautnerven ein Kabel vom Kaliber des wiederherzustellenden Nervenstammes zu bilden, brachten keine optimalen Resultate. Durch die mikrochirurgische Präparation ist es möglich einen Nerv, der aus wenigen großen Faszikeln besteht, in seine Einzelfaszikel zu zerlegen und jeden dieser Faszikel, der in etwa dem Kaliber des verwendeten Hautnervs entspricht, durch ein solches Nerventransplantat mit dem korrespondierenden Anteil des peripheren Stumpfes zu verbinden (faszikuläre Nerventransplantation) (Abb. 1, 2). Besteht das Nervensegment dagegen aus vielen kleinen Faszikeln, die in Gruppen angeordnet sind, kann durch interfaszikuläre Präparation eine Isolierung dieser Gruppen erreicht werden, wobei dann jede Gruppe über ein Nerventransplantat in ihrer Kontinuität wiederhergestellt wird (interfaszikuläre Nerventransplantation). Hat man es mit einem polyfaszikulären Nervensegment ohne Gruppenanordnung zu tun, wird je ein Nerventransplantat mit dem korrespondierenden Sektor des Nervenstammes koaptiert (sektorale Nerventransplantation). Diese 1966 veröffentlichte Technik (MILLESI et al. 1966, 1967; MILLESI 1968) vergrößerte die Erfolgsaussichten der Nerventransplantation beträchtlich (MILLESI et al. 1972b, 1976). Unsere Ergebnisse wurden seither durch zahlreiche Publikationen von Kliniken verschiedener Länder bestätigt.

Bei Durchführung einer Nerventransplantation muß man immer damit rechnen, daß eine unerwartete Narbenbildung am distalen Ende des Transplantates das weitere Vorwachsen der Axonsprossen behindert. In diesem Fall ist die Resektion und neuerliche Kontinuitätswiederherstellung angezeigt. Auf die Notwendigkeit einer solchen zweizeitigen Nerventransplantation im Rahmen der konventionellen Operationstechnik wurde bereits früher hingewiesen (BSTEH u. MILLESI 1960). Seit der Einführung der mikrochirurgischen Operationstechnik treten solche Narbenblocks am distalen Ende der Transplantate nur noch selten auf. Die von BOSSE (1979, 1980) vorgeschlagene Durchführung einer von vornherein geplanten zweizeitigen Nerventransplantation ist nach unseren Erfahrungen daher nicht gerechtfertigt.

Die Nerventransplantation bewährt sich auch bei der Wiederherstellung der Kontinuität kleinster Nervenäste, wie z. B. Muskeläste nach der Verzweigung größerer Nervenstämme, wie dies vor allem beim R. profundus des N. radialis vielfach notwendig wird. Wurden die peripheren Stümpfe bis zum Muskel hin zerstört, können die Nerventransplantate mit guter Erfolgsaussicht in den Muskel frei versenkt werden, um eine direkte Neurotisation im Sinne von STEINDLER (1915), MCCOY u. RUBIN (1977) sowie MILLESI u. WALZER (1981) zu erhalten. Die Wiederherstellung kleinster Hautäste kann notwendig werden, wenn solche Äste verletzt wurden und ein schmerzhaftes Neurom entwickelt haben. Die beste Prophylaxe gegen das Wiederauftreten eines Neuromes ist nämlich die Wiederherstellung der

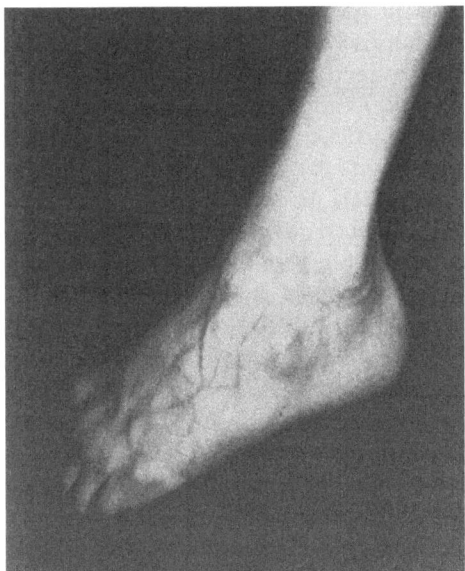

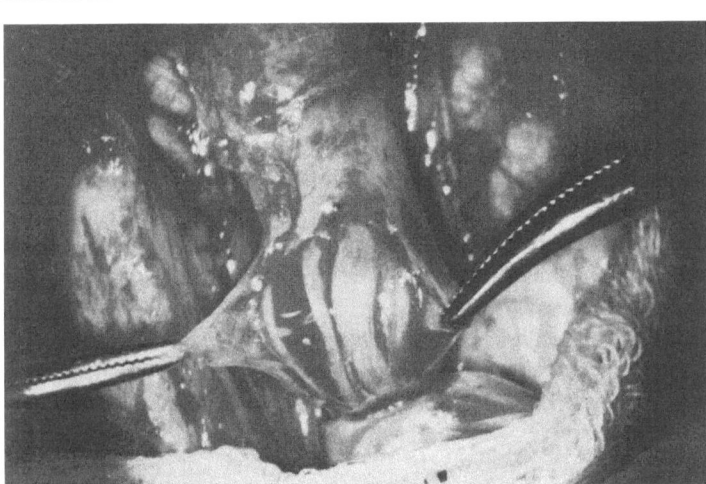

Abb. 2 a–g. Verletzung am linken Unterschenkel proximal durch Sturz in Glastür. Läsion des N. peronaeus (**a**). 5 Monate nach Unfall Darstellung des proximalen Stumpfes (**b**). Am oberen Bildrand erkennt man das Neurom. Proximal davon (darunter) Inzision des epifaszikulären Epineuriums und Isolierung der Faszikelgruppen. Jede derselben wird am Übergang ins Neurom durchtrennt (**c**). Die 4 isolierten Faszikelgruppen sind deutlich zu sehen (**d**). Jede wird für sich mit Hilfe eines dem N. suralis entnommenen Nerventransplantates mit der korrespondierenden Faszikelgruppe des distalen Stumpfes verbunden (**e**). Ergebnis nach 2½ Jahren: **f** und **g**

Mikrochirurgie der peripheren Nerven

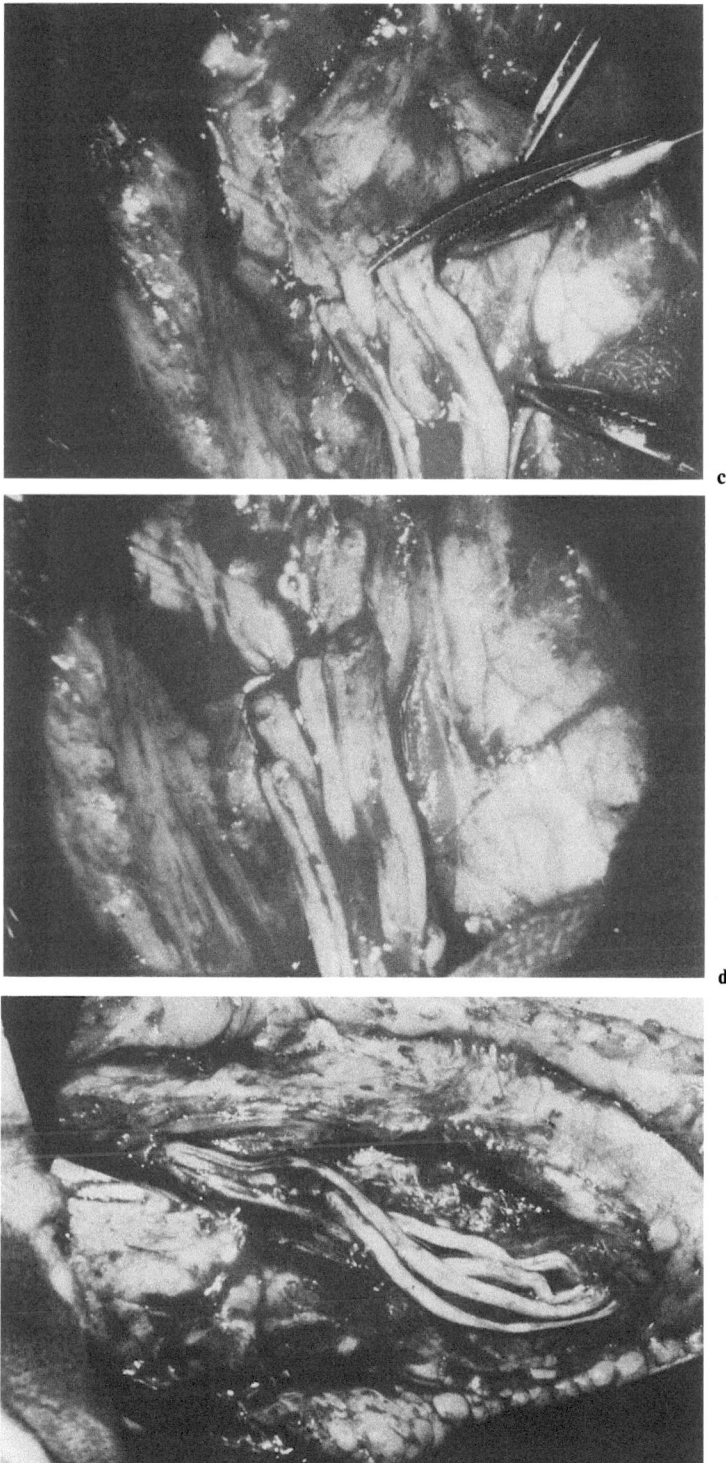

Abb. 2 c–e

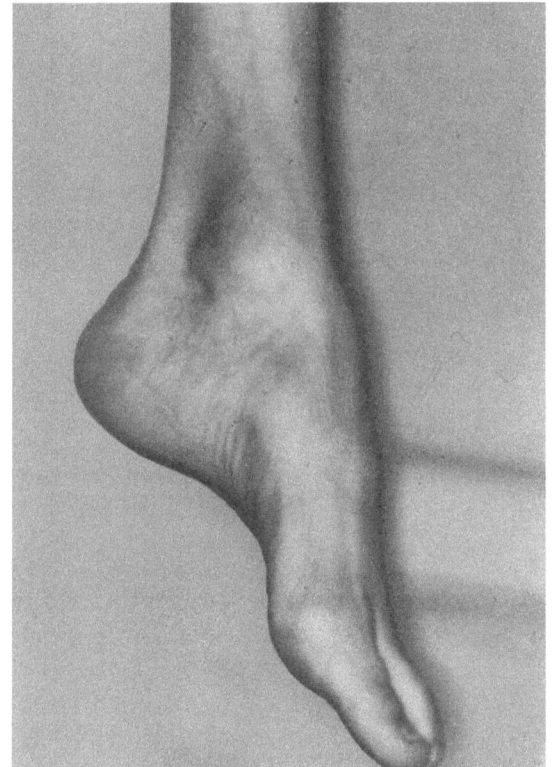

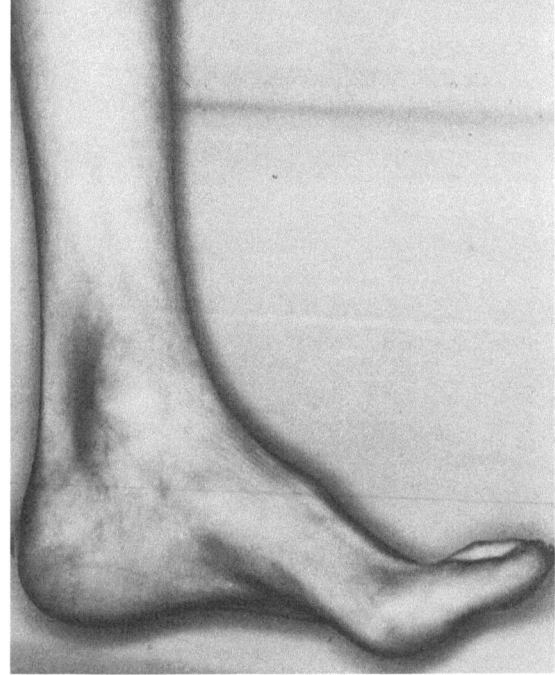

Abb. 2f–g

Kontinuität. Bei schmerzhaften Neuromen im Bereich des R. superficialis nervi radialis und des R. palmaris nervi mediani wurde diese Methode mehrfach erfolgreich angewendet.

Das vaskularisierte Nerventransplantat

TAYLOR u. HAM (1976) entwickelten eine Technik der Nerventransplantation, bei der durch mikrovaskuläre Anastomosen Nervenstämme unter sofortiger Wiederherstellung der Zirkulation frei verpflanzt werden. Die freie Verpflanzung von Nervenstämmen ohne Wiederherstellung der Zirkulation hat sich nicht bewährt, da die relativ dicken Nervenstämme im Zentrum eine Fibrose entwickeln, bevor es zur spontanen Wiederherstellung der Zirkulation kommt. Durch die mikrovaskuläre Anastomose überleben aber auch diese Stammtransplantate die Verpflanzung. In besonders gelagerten Fällen hat sich diese Methode gut bewährt. Sie hat zwei Nachteile: abgesehen von dem größeren technischen Aufwand, muß ein Stammtransplantat geopfert werden. Da sich die Faszikelstruktur vom proximalen zum peripheren Ende des Stammtransplantates ändert, kann nicht garantiert werden, daß die Faszikel des proximalen Querschnittes und des distalen Querschnittes des Transplantates mit korrespondierenden Faszikeln koaptiert worden sind. In jüngster Zeit wurden Methoden entwickelt, auch Hautnerven wie den N. suralis durch mikrovaskuläre Transplantation zu verpflanzen (TOWNSEND 1981; FACHINELLI et al. 1981). Es bleibt abzuwarten, ob diese Transplantate um so vieles schneller neurotisiert werden, daß sich der Aufwand lohnt.

Zusammenfassung

Die Mikrochirurgie hat eine neue Dimension der Chirurgie der peripheren Nerven eröffnet. Durch schichtweise Präparation können große Einzelfaszikel bzw. Faszikelgruppen aus dem Nervenstamm voneinander isoliert werden, ohne daß man mit einer zu starken Bindegewebsreaktion rechnen muß. Man ist daher in der Lage, die Operationstechnik der Faszikelstruktur des betroffenen Nervensegmentes anzupassen.

Summary

Microsurgery offers a new approach to the surgery of peripheral nerves. By microsurgical dissection layer by layer, individual fascicles or groups of minor fascicles can be isolated without provoking an overly strong connective tissue reaction. The surgical technique can, therefore, be adjusted to the fascicular pattern of the nerve segment involved.

Literatur

Bateman, F (1962) Trauma to nerves in limbs. Saunders, Philadelphia
Bosse JP (1979) Persönliche Mitteilung: 5. Int. Symposium on Microsurgery, Guaruja, 15.–18. 5. 1979
Bosse JP (1981) Diskussionsbemerkung. Int. Symp. on Post-Traumatic Peripheral Nerve Surgery, Padua, 1980. In: Gorio A, Millesi H, Mingrino S (eds) Posttraumatic peripheral nerve regeneration. Experimental basis and clinical implications. Raven Press, New York, p 347
Braun RM (1966) Comparative studies of neurography and sutureless peripheral nerve repair. Surg Gynecol Obstet 122:15
Bsteh FX, Millesi H (1960) Zur Kenntnis der zweizeitigen Nerveninterplantation bei ausgedehnten peripheren Nervendefekten. Klin Med 12:571
Bucko CD, Yoynt RL, Grabb WC (1981) Peripheral nerve regeneration in primates during D-Penicillamine-induced lathyrism. Plast Reconstr Surg 67:3
Bunge R (1981) Contributions of tissue culture studies to our understanding of basic processes in peripheral nerve regeneration. Int. Symp. on Post-Traumatic Peripheral Nerve Regeneration, Padua, 1980. In: Gorio A, Millesi H, Mingrino S (eds) Posttraumatic peripheral nerve regeneration. Experimental basis and clinical implications. Raven Press, New York, pp 105–113
Bunge R, Bunge M (1978) Evidence that contact with connective tissue is required for normal interaction between Schwann cells and nerve fibres. J Cell Biol 78:943
Curtis RM, Eversmann WW (1973) Internal neurolysis as an adjunct to the treatment of the carpal tunnel syndrome. J Bone Jt Surg [Am] 55:733
Ellis JS (1967) Technical aspects of peripheral nerve surgery. The British Club for Surgery of the Hand. The London Hospital Medical College, 17. 11. 1967
Fachinelli A, Masquelet A, Restrepo J, Gilbert A (1981) The vascularized sural nerve. Anatomy and surgical approach. Int J Microsurg 3 (1):57
Hastings JC, Peacock EE Jr (1973) Effect of injury, repair, and ascorbic acid deficiency on collagen accumulation in peripheral nerves. Surg Forum 24:516
Huber GC (1895) A study of the operative treatment for loss of nerve substance in peripheral nerves. J Morphol 11:629
Hudson A, Morris J, Weddel G (1970) An electron microscopic study of regeneration in sutured rat sciatic nerves. Surg Forum 21:451
Hueter K (1873) Die allgemeine Chirurgie. Vogel, Leipzig
Kuderna H (1979) Ergebnisse und Erfahrungen in der klinischen Anwendung des Fibrin-Klebers bei der Wiederherstellung durchtrennter peripherer Nerven. Vortrag anläßlich d. 17. Jhrstg. d. Deutschen Ges. für Plastische und Wiederherstellungschirurgie Heidelberg, 1.–3. 11. 1979
Kurze T (1964) Microtechniques and neurological surgery. Clin Neurosurg 22:128
Matras H, Kuderna HP (1975) The principle of nervous anastomosis with clotting agents. Proceedings: 6th Int. Congr. of Plastic and Reconstructive Surgery, Paris 24.–29. 8. 1975
McCoy WH, III, Rubin LR (1977) Nerve-end implantation into denervated muscle. In: Rubin LR (ed) Reanimation of the paralyzed face. Mosby, Saint Louis, p 160
Michon J, Masse P (1964) Le moment optimum de la suture nerveuse dans les paies du membre supérieur. Rev Chir Orthop 50 (2):205
Millesi H (1968) Zum Problem der Überbrückung von Defekten peripherer Nerven. Wien Med Wochenschr 118:182
Millesi H (1977 a) Fascicular nerve repair and interfascicular nerve grafting. In: Daniel RK, Terzis JK (eds) Reconstructive microsurgery. Little Brown, Boston, p 430
Millesi H (1977 b) Healing of nerves. Clin Plast Surg 4 (3):459
Millesi H, Walzer L (1981) Problems of direct neurotization. In: Freilinger G, Holle J, Carlson BM (Hrsg) Muscle Transplantation. Springer, Wien New York, p 279
Millesi H, Ganglberger J, Berger A (1967) Erfahrungen mit der Mikrochirurgie peripherer Nerven. Vortrag: 38. Kongreß d. Deutschen Gesellschaft für Chirurgie, 14. April 1966. Chir Plastica 3:47
Millesi H, Berger A, Meissl G (1970) Razvoj Reparatorno-Operativnih Postupaka Kod Ozljeda Periferinih Zivaca. Drugi Simpozij O Bolestima I Ozljedama Sake, Zagreb, p 161
Millesi H, Berger A, Meissl G (1972a) Experimentelle Untersuchungen zur Heilung durchtrennter peripherer Nerven. Chir Plastica 1:174
Millesi H, Meissl G, Berger A (1972b) The interfascicular nerve grafting of the median and ulnar nerves. J Bone Jt Surg [Am] 54:727

Millesi H, Meissl G, Berger A (1976) A further experience with interfascicular grafting of the median, ulnar, and radial nerves. J Bone Jt Surg [Am] 58:209

Pleasure D, Bora FW, Lane J, Prockop D (1974) Regeneration after nerve transection: Effect of inhibition of collagen synthesis. Exp Neurol 45:72

Ramón y Cajal S (1928) Degeneration and regeneration of the nervous system, vol I. Oxford University Press, London

Seddon HJ (1943) Three types of nerve injury. Brain 66:237

Seddon HJ (1947) The use of autogenous grafts for the repair of large gaps in peripheral nerves. Br J Surg 35:151

Seddon HJ (1963) Nerve grafting: J Bone Jt Surg [Am] 45 B:447

Sedddon HJ (1972) Surgical disorders of the peripheral nerves. Churchill Livingstone, Edinburgh London

Seitelberger F, Sluga E, Meissl G, Millesi H (1969) Morphologische Untersuchungen an Nähten und Transplantationen nach Nervenläsion. Vortrag geh. am 21. 11. 1969 i. d. Ges. der Ärzte in Wien

Smith JW (1964) Microsurgery of peripheral nerves. Plast Reconstr Surg 33:317

Steindler A (1915) The method for direct neurotization of paralyzed muscles. Am J Orthop Surg 15:33

Sunderland S (1951) A classification of peripheral nerve injuries producing loss of function. Brain 74:491

Taylor GI, Ham FJ (1976) The free vascularized nerve graft. Plast Reconstr Surg 57:413

Townsend P (1981) Microvascular nerve grafts. Vortrag anläßlich 4th Congr of the European Section of the Int. Confederation for Plastic and Reconstructive Surgery, Athen, 10.–14. 5. 1981

Möglichkeiten medikamentöser Therapie

B. Neundörfer

Die meisten Formen der Polyneuritiden und Polyneuropathien im Rahmen entzündlicher Erkrankungen, vaskulärer Prozesse, von Intoxikationen sowie Mangelzuständen und metabolischen Störungen bedürfen keiner speziellen medikamentösen Behandlung, da sie nur eine Mitbeteiligung des peripheren Nervensystems bei einer allgemeinen Organerkrankung darstellen. Das bedeutet, daß die Behandlung der Grunderkrankung in der Regel auch die beste Therapie der peripheren Nervenaffektion ist. Darüber hinaus ergibt sich jedoch immer wieder die Notwendigkeit, Behandlungsmaßnahmen vorzunehmen, die sich speziell auf die Folgeerscheinungen der Funktionsstörungen der peripheren Nerven beziehen. Dies gilt insbesondere für die sensiblen (Parästhesien) und motorischen Reizerscheinungen (Crampi) sowie die Spontanschmerzen. Deshalb sollen zunächst einige diesbezügliche Behandlungsvorschläge vorgebracht werden.

Allgemeine Behandlungsmaßregeln
(Bischoff 1969; Kaeser 1971; Mertens u. Lützenkirchen 1970; Neundörfer 1976/1977, 1978)

Wenn bei den nicht selten quälenden Parästhesien die in Tabelle 1 angeführten nichtmedikamentösen Maßnahmen keine entscheidende Besserung bringen, können Gaben von Tranquilizern oder kleine Dosen von Neuroleptika Linderung bringen. Nach unserer eigenen Erfahrung hat es sich außerdem bewährt, Thioctsäure in hoher Dosierung (100–300 mg Thioctazid) i.v. zu applizieren. Vor allem nachts exazerbierende Wadenkrämpfe kommen besonders bei der diabetischen, nephrogenen und alkoholischen Polyneuropathie vor. Als Behandlungsmaßnahmen (Tabelle 2) werden abendliche Gaben von Muskelrelaxanzien empfohlen.

Große therapeutische Probleme können Spontanschmerzen bereiten (Tabelle 3 a und b). Kommt man mit allgemeinen physikalischen Maßnahmen nicht zu

Tabelle 1. Behandlungsmaßnahmen bei Parästhesien einschließlich "Burning-feet-Syndrom"

Allgemeine Maßnahmen:	Kalte oder warme Extremitätenwickel, Heizkissen, Lichtbogen
Medikamentöse Maßnahmen:	Tranquilizer oder kleine Dosen Neuroleptika wie Haloperidol, Chlorpromazin oder Laevomepromazin, tgl. 100–300 mg Thioctsäure i.v.

Tabelle 2. Behandlungsmaßnahmen bei Crampi

Allgemeine Maßnahmen:	Vor dem Schlafengehen Wechselfußbäder oder warmes Ganzkörperbad
Medikamentöse Maßnahmen:	Benzodiazepinderivate, Baclofen (Lioresal) oder Novalgin-Chinin (1–2 Drg.), Chininum sulfuricum (1–2 Tabl. Limptar), Diphenhydramin (2 Kps. Benadryl)

Tabelle 3a, b. Behandlungsmaßnahmen bei Spontanschmerzen (**a**). Medikamentöse Basistherapie bei Spontanschmerzen (**b**)

a
Medikamentöse Maßnahmen bei leichten Schmerzen:
  Übliche Analgetika und deren Kombination, Salizylate, Anilinderivate, Pyrazolidinderivate, Pyrazolonderivate
Medikamentöse Maßnahmen bei schweren Schmerzen:
  Pentazocin (Fortral), Tilidin (Valoron), evtl. vorübergehend Opiate und Abkömmlinge (z. B. Eukodal, Dilaudid, Dolantin, Polamidon); bei Tilidin und Opiaten *cave* Suchtgefahr!
Medikamentöse Maßnahmen bei neuralgiformen Schmerzen:
  Carbamazepin (Tegretal)

b
Neuroleptika oder (bes. bei neuralgiformen Schmerzen)
Thymoleptika oder Kombinationen von Neuroleptika und Thymoleptika

einer erträglichen Linderung, dann kann es auch notwendig werden, Pharmaka aus der Reihe der üblichen Analgetika einzusetzen. Dies wird allerdings entsprechend den Vorschlägen in Tabelle 3 abgestuft zu erfolgen haben. Bei mehr umschriebenen neuralgiformen Schmerzen hat es sich bewährt, Carbamazepin (Tegretal) zu verabfolgen, das in einer steigenden Dosierung bis 6–8 Tabl. tägl. eingenommen werden kann. Limitiert wird die Einnahme in manchen Fällen durch das Auftreten von schweren Schwindelerscheinungen, zerebellarer Ataxie und Leukopenie. Erhebliche Einsparungen an üblichen Analgetika können vorgenommen werden durch eine Basistherapie mit Neuroleptika, evtl. in Kombination mit Thymoleptika. Neuroleptika allein sollen vor allem bei schwer lokalisierbaren, brennenden Schmerzen, Thymoleptika vornehmlich bei neuralgiformen Schmerzen hilfreich sein. Für das Symptom der „burning feet" gelten die Behandlungsmaßnahmen wie bei Parästhesien oder sogar bei Schmerzen. Bei „restless legs" kann ein Behandlungsversuch mit einer Kombination von Pyridylcarbinol (Ronicol) und Phenobarbital (Luminal) vorgenommen werden.

Spezielle Behandlungsvorschläge

1 Enzündliche Polyneuritiden

a) Idiopathische Polyradikuloneuritis (Landry-Guillain-Barré-Syndrom) (AUSTIN 1958; BISCHOFF 1969; FRICK u. ANGSTWURM 1968; GOODALL et al. 1974; NEUNDÖRFER 1976/1977, 1978). Die Pathogenese der idiopathischen Polyradikuloneuritis ist noch nicht sicher geklärt. Aus der Annahme eines immunologischen Geschehens wird vielerorts noch die Gabe von ACTH oder Cortison empfohlen. Bei kritischem Vergleich zwischen Verläufen mit ACTH- oder Cortisonbehandlung mit Spontanverläufen zeigte sich höchstens im Anfangsstadium ein etwas schnelleres Rückbildungstempo, im Gesamtverlauf jedoch kein besseres oder sogar ein ungünstigeres Ergebnis. Der Einsatz dieser Hormone erscheint deshalb, wenn man noch die damit verbundenen Risiken beachtet, nicht vertretbar.

Berechtigt und indiziert sind dagegen ACTH und Cortison bei chronischen oder rezidivierenden Verläufen, wobei man sich jedoch auch der Gefahr der Entwicklung einer Cortisonabhängigkeit bewußt sein muß. In letzter Zeit wurden auch Behandlungserfolge durch wiederholte Plasmapheresen unter gleichzeitiger Gabe von Immunsuppressiva berichtet. Für die schwer gelähmten und über lange Zeit bettlägerigen Patienten muß vor allem eine intensive Thromboseprophylaxe unter Zugabe von z. B. Salicylsäurepräparaten (z. B. 2×1 Tbl. Colfarit) als Thrombozytenaggregationshemmer oder von Heparin (3×5000 E/Tag) durchgeführt werden, da Lungenembolien zu den gefürchtetsten Komplikationen gehören. Bei der Notwendigkeit einer längeren Behandlung muß evtl. auch ein Antikoagulans vom Cumarintyp (Marcumar) eingesetzt werden.

b) Herpes zoster (BAROLIN et al. 1978). Bei allen Formen einer Zosterinfektion des Nervensystems soll die Gabe von Adamantinen eine schnellere Rückbildung der Symptome herbeiführen und vor allem das Risiko einer postherpetischen Neuralgie vermindern. Dabei kommt es vor allem darauf an, die Therapie möglichst frühzeitig und hoch genug dosiert einzusetzen. So wird empfohlen, anfänglich bis zu 12 Tage lang Infusionen mit mindestens 200 mg Adamantinsulfat (PK-Merz) u. U. 2mal täglich unter Zugabe von nochmals bis zu 400 mg per os zu verabreichen. Anschließend soll langsam ausgeschlichen werden.

2 Vaskulär bedingte Polyneuropathien
(BISCHOFF 1969; NEUNDÖRFER 1976/1977, 1978)

Für die Polyneuropathien bei den Kollagenosen, wie Periarteriitis nodosa, Lupus erythematodes, Wegener-Granulomatose stellt eine Kombination von Kortikosteroiden und Immunsuppressiva die Therapie der Wahl dar. Man gibt anfänglich 60–100 mg Prednison bei gleichzeitiger Gabe von 150 mg Azathioprin (Imurek) für 1–2 Wochen, um dann langsam auf eine Erhaltungsdosis von 20 mg/Tag Prednison zurückzugehen. Als Maßstab gilt der klinische Verlauf und die Höhe der BKS. Nicht selten wird eine Dauertherapie notwendig.

3 Toxisch bedingte Polyneuropathien

a) INH-Polyneuropathie (KLINGHARDT et al. 1954; NEUNDÖRFER 1976/1977, 1978). Bei der INH-Polyneuropathie scheint eine Störung des Vitamin-B-Stoffwechsels eine ursächliche Rolle zu spielen. KLINGHARDT weist darauf hin, daß die

Tabelle 4. Behandlungsschema zur Mobilisation und beschleunigten Ausscheidung von Arsenik und Blei

---

BAL-Dimercaprol (Sulfactin-Homburg): in den ersten beiden Tagen 2,5–3 mg/kg KG alle 4 h i.m.; anschließend für weitere 5–7 Tage die gleiche Dosis; bei weiter erhöhter Arsenikausscheidung im Urin Weiterführung der Therapie
Nebenwirkung: *Cave* Schock! ansonsten: Parästhesien, Schwindelgefühle, Übelkeit, Erbrechen, vermehrter Speichel- und Tränenfluß, Hyperhidrosis
D-Penicillamin (Metalcaptase): in den ersten 4 Tagen 4 × tgl. 250–500 mg; später halbe Dosierung, solange erhöhte Arsenikausscheidung im Urin
Nebenwirkungen: allergische Reaktionen, Nephrose
Nur bei Bleiintoxikation: Kalziumedetat-Natrium (Kalziumedetat-Heyl); in den ersten 5–7 Tagen tgl. 3–4 g i.v. in Einzeldosen von 30 mg/kg KG

---

endständige Hydrazingruppe des INH mit dem Pyridoxin eine schwer lösliche Verbindung eingeht, so daß dieses nicht mehr für weitere metabolische Vorgänge zur Verfügung steht. Allerdings bezweifelt er, daß die INH-Polyneuropathie ausschließlich als Vitamin-B_6-Mangelsyndrom aufgefaßt werden kann. Wichtig ist es zu beachten, daß für die Entstehung der INH-Polyneuropathie nicht so sehr die Gesamtmenge des eingenommenen INH von Bedeutung ist als die Höhe der täglichen Dosis. Bei einer Gabe von weniger als 10 mg/kg KG ist das Erkrankungsrisiko gering, bei Überschreiten dieser Dosis steigt es deutlich an und liegt bei 400 mg/Tag bei ca. 17%. Die Erkrankungsrate kann durch Zugabe von 50–100 mg Pyridoxin tgl. erheblich gesenkt werden.

b) Polyneuropathien durch Metalle und Metalloide (GOLDSTEIN 1966; NEUNDÖRFER 1976/1977; 1978). Bei der Arsenpolyneuropathie und der Bleipolyneuropathie existiert keine kausale Therapie. Man kann nur versuchen, das schon im Organismus gelagerte und z.T. auch gebundene Arsen und Blei zu mobilisieren und verstärkt zur Elimination zu bringen. Das kann man mit Hilfe von Chelatbildnern nach dem in Tabelle 4 angeführten Schema versuchen.

Bei Thalliumintoxikation empfiehlt es sich, im akuten Stadium eine Magenspülung mit 1%iger Natriumjodidlösung vorzunehmen, um das auch im Magen-Darm-Bereich befindliche Thallium in das unlösliche Thalliumjodid überzuführen. Dem gleichen Ziel dient die Gabe von stabilisiertem Schwefelwasserstoff oder von Eisen(III)-hexocyanoferrat(II).

c) Alkoholpolyneuropathie (LANGOHR 1980; MEYER et al. 1981; NEUNDÖRFER 1976/1977). Wenn auch einerseits kein Zweifel daran bestehen kann, daß bei chronischen Alkoholikern, insbesondere bei solchen mit einer Polyneuropathie, häufig ein Vitamin-B-Mangel, vor allem Vitamin-B_1, -B_2 und -B_6 nachgewiesen werden kann, so ist doch andererseits zweifelhaft, ob auch die Entwicklung der alkoholischen Polyneuropathie damit in direktem ursächlichen Zusammenhang steht. Wenn also überhaupt bei alkoholischer Polyneuropathie eine Vitaminsubstitution vorgenommen wird, dann erscheint dies nur auf parenteraler Weise sinnvoll, da gleichzeitig häufig mit gastrointestinalen Resorptionsstörungen gerechnet werden muß.

4 Endotoxisch-metabolisch bedingte Polyneuropathien

a) Akute intermittierende Porphyrie (Bischoff 1969; DRUSCHKY 1978; NEUNDÖRFER 1976/1977). Im akuten Schub der akuten intermittierenden Porphyrie kommt es durch eine genetisch bedingte verminderte Aktivität der Uroporphyrinogen-I-Synthetase aufgrund eines negativen Rückkoppelungseffektes zu einem erhöhten Anfall der Hämpräkursoren Delta-Aminolaevulinsäure (ALA) und Porphobilinogen sowie der Gesamtporphyrine. Deshalb ist es in der akuten Krankheitsphase zunächst das Ziel, die Delta-Aminolaevulinsäure-Synthetase zu unterdrücken, was teilweise durch Zufuhr von Glukose in einer Menge von 300–500 g/Tag peroral oder i.v. bzw. Hämatin 150–200 mg/Tag i.v. gelingt. Darüber hinaus kommt es darauf an, die Hämpräkursoren durch forcierte Diurese, sogar evtl. durch Hämo- oder Peritonealdialyse zu eliminieren. Weitere symptomorientierte Maßnahmen können aus der Tabelle 5 ersehen werden. Von besonderer Bedeutung ist die Beachtung der in Tabelle 6 angeführten Verbotsliste von Medikamenten, die einen Schub auslösen oder verschlimmern können.

b) Polyneuropathie bei Malabsorption (NEUNDÖRFER 1976/1977, 1978). Aufgrund eigener Erfahrung kann davon ausgegangen werden, daß insbesondere im höheren Alter häufiger als angenommen eine gastro- bzw. gastroenterogene Malabsorption eine mitentscheidende Ursache oder sogar die einzige Ursache der Entstehung ei-

Tabelle 5. Behandlungsschema bei akuter intermittierender Porphyrie

1. *Bei Schmerzen:* Salizylate, synthetische Opiate, Morphin und Morphinderivate, Chlorpromazin, Promethazin
2. *Bei Übelkeit und Erbrechen:* Triflupromazin
3. *Bei Tachykardie und Hypertonie:* β-Rezeptorenblocker, Reserpin
4. *Bei Unruhe:* Chlorpromazin, Promethazin, Paraldehyd, Chloralhydrat, Reserpin, Haloperidol, Clomethiazol
5. *Bei Obstipation:* Neostigminbromid, pflanzliche Laxanzien
6. *Bei Fieber:* Salizylate
7. *Bei Anfällen:* Clomethiazol, Spironolacton, Flüssigkeitseinschränkung
8. *Bei vegetativen Allgemeinstörungen:* z. B. Valmane
9. *Bei Polyneuropathie:* Thromboseprophylaxe mit Heparin, frühzeitige Einweisung in eine neurologische Intensivstation
10. *Bei Nekrosen:* Anticholinergika (Atropin), Narkoseeinleitung (Propanidid), Inhalationsnarkotika (Distickstoffoxid), Relaxanzien (Suxamethoniumchlorid, d-Tubocurarin), *cave:* Barbiturate, Halothan!

Tabelle 6. Verbotene und erlaubte Medikamente bei akuter intermittierender Porphyrie

Verboten sind:
Barbiturate, Pyrazolonderivate (Novalgin, Pyramidon, Phenylbutazon usw.), Ergotamin, Meprobamate, Chlordiazepam (Librium, Valium usw.), Hydantoine (Zentropil), Pethidin (Dolantin), Procain, Chloroform, perorale Antidiabetika, Antikoagulanzien, Östrogen, Progesteron, Quecksilber-Blei-Zink-Phosphor-Arsen-Verbindungen, Sulfonamide, Tetrazykline, Griseofulvin
Erlaubt sind:
Tinctura valeriana, Chlorpromazine (Megaphen), Promethazine (Atosil), Chloralhydrat, Paraldehyd, Reserpin, Acidum acetylosalicylicum (Aspirin), Polamidon, Morphium und Morphinderivate (Dilaudid)

Tabelle 7. Symptomatische Behandlungsmaßnahmen bei diabetischer vegetativer Neuropathie

Bei Enteropathie:	Alternierende Behandlung mit Breitbandantibiotika (für ca. 5–7 Tage) und Kortikosteroiden (z. B. 30 mg Prednison pro Tag für 5–7 Tage)
Bei Blasenstörungen:	Im Anfang regelmäßige Katheterisierung unter Antibiotikaschutz; Behandlungsversuch mit Doryl (tgl. 2–4 × 2 mg)
Bei orthostatischer Hypotonie:	Nebennierenrindensteroide (z. B. Fludrocortison 0,1 mg – Astonin-H)
Trophische Ulzera:	Entlastung, lokale bakterizide Behandlung, bei Sekundärinfektion evtl. per os oder parenteral Antibiotika

ner Polyneuropathie darstellt. Dabei kommt der mangelnden Vitamin-B-Aufnahme sicherlich die entscheidende pathogenetische Rolle zu. Deshalb scheuen wir uns nicht, bei nachgewiesener Malabsorption anfänglich den Vitamin-B-Komplex auch i.v. in Form von Infusionen zu applizieren, um nach 2–3 Wochen dann auf i.m. Gabe überzugehen.

c) *Diabetische Polyneuropathie* (BISCHOFF 1974; NEUNDÖRFER 1976/1977, 1978). Die Pathogenese der diabetischen Polyneuropathie ist noch ungeklärt. Alle Autoren sind sich aber einig, daß die wichtigste prophylaktische und therapeutische Maßnahme im Hinblick auf die diabetische Polyneuropathie eine konsequente Sanierung der diabetischen Stoffwechsellage ist. Bei schweren, vor allem motorischen Ausfällen, insbesondere beim Fortschreiten der Symptomatik kann es notwendig sein, von oralen Antidiabetika auf Insulin umzustellen oder zumindest mit Insulin abgedeckte Glukoseinfusionen durchzuführen.

Schmerzen und Parästhesien sprechen sehr gut auf Thioctsäure an, wobei diese allerdings hochdosiert und anfänglich parenteral appliziert werden muß (z. B. 150–300 mg i.v. Thioctacid).

Von einigen Autoren wird auf die Bedeutung eines Vitamin-B_6- und Vitamin-B_{12}-Mangels bei der diabetischen Polyneuropathie hingewiesen, so daß eine zusätzliche parenterale Substitution dieser Vitamine empfohlen wird. Die Folgen einer Beteiligung vegetativer Fasern am neuropathischen Prozeß sind oft schwerwiegend und häufig therapeutisch nur unvollkommen zu beeinflussen. Die entsprechenden Ratschläge sind in Tabelle 7 zusammengefaßt. Sie beschränken sich lediglich auf symptomatische Behandlungsmaßnahmen.

Zusammenfassung

Die Therapie der meisten Formen der Polyneuritiden und Polyneuropathien deckt sich mit der der Grundkrankheit. Es kann jedoch notwendig werden, Beschwerden wie Parästhesien, Crampi und Schmerzen symptomatisch mit Tranquilizern, Muskelrelaxanzien, Analgetika und/oder Psychopharmaka zu behandeln. Darüber hinaus gibt es bei einigen Formen besondere Maßnahmen, die im einzelnen besprochen werden.

Summary

The therapeutic approach to most kind of polyneuropathies is identic with the therapy of the underlying disease. Complaints as paraesthesias, cramps and pain may require additional symptomatic treatment with analgesics, muscle relaxants, minor tranquillizers and/or further psychotropic drugs. Specific therapeutic procedures in some forms of polyneuropathy are described in detail.

Literatur

Austin JH (1958) Recurrent polyneuropathies and their corticosteroid treatment. With five-year observations of a placebo-controlled case treated with corticotrophin, cortisone, and prednisone. Brain 81:11
Barolin GS, Saurugg D, Zechner G (1978) Verbesserung der Zoster-Therapie unter Adamantin. MMW 120:757
Bischoff A (1969) Primär-entzündliche, metabolische und vaskuläre Polyneuritiden. In: Monakow H von (Hrsg) Therapie der Nervenkrankheiten. Karger, Basel New York
Bischoff A (1974) Das klinische Bild der Neuropathia diabetica. Neue Einsichten – trotzdem kaum Fortschritte in der Behandlung. Ärztl Prax 26:2140
Druschky K-F (1978) Akute intermittierende Porphyrie. In: Flügel KA (Hrsg) Neurologische und psychiatrische Therapie. Peri-med, Erlangen, S 85
Frick E, Angstwurm H (1968) Zur Kortikosteroid-Behandlung der idiopathischen Polyneuritis. MMW 110:1265
Goldstein NP (1966) Treatment of acquired neuropathies. Mod Treat 3:264
Goodall JAD, Kosmidis JC, Geddes AM (1974) Effect of corticosteroids on cours of Guillain-Barré syndrome. Lancet I:524
Kaeser HE (1971) Behandlung der Polyneuritiden. Dtsch Med Wochenschr 96:1442
Klinghardt GW, Radenbach KL, Mrowka S (1954) Neurologische Komplikationen bei der Tuberkulosebehandlung mit Isonikotinsäurehydrazid. Wien Med Wochenschr 104:301
Láhoda F (1976) Störungen des Methionin-Stoffwechsels bei Polyneuropathien. MMW 118:1661
Langohr, HD (1980) Neurologische Komplikationen bei chronischem Alkoholismus. Med Welt 31:171
Mertens HG, Lützenkirchen H (1970) Neuropsychopharmaca in der Behandlung der sog. Schmerzkrankheiten. Arzneimittelforsch 20:928
Meyer JG, Neundörfer B, Rethel R, Walker G, Bayerl J (1981) Über die Beziehung zwischen alkoholischer Polyneuropathie und Vitamin B_1, B_{12} und Folsäure. Nervenarzt 52:329
Neundörfer B (1976/1977) Polyneuritiden und Polyneuropathien. Mod Arzneimittelther 1:277
Neundörfer B (1978) Polyneuritiden und Polyneuropathien. In: Flügel KA (Hrsg) Neurologische und psychiatrische Therapie. Peri-med, Erlangen, S 70

Pharmacological Aspects of Experimental Peripheral Neuropathy

A. Gorio, G. Carmignoto, G. Ferrari, F. Norido, M. G. Nunzi, R. Rubin and R. Zanoni

Introduction

In this chapter we will give a survey of our research on experimental neuropathies and suggest the therapeutical potential of gangliosides in their treatment. Basically, three models are utilized in our laboratory: neuromuscular recovery after traumatic lesion of the sciatic nerve in the rat, the phaeochromocytoma PC12 cell line, and the genetically diabetic mouse C57BL/KS (db/db). Each model will be described in detail in the materials and methods section.

The choice of models was determined by previous studies which showed that exogenously supplied gangliosides stimulated the process of reinnervation of cat nictitating membrane (Ceccarelli et al. 1976) and the formation of neuromuscular junctions in vitro (Obata et al. 1977; Obata and Handa 1979), suggesting that the effect of these molecules is exerted on some of the many steps involved in com-

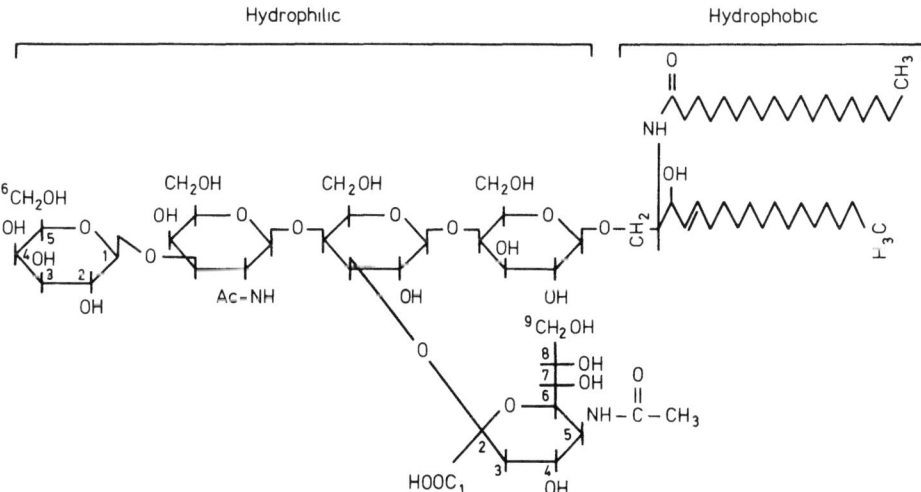

Fig. 1. Structure of GM_1: The complex oligosaccharide moiety is linked to ceramide, as an N-acyl derivative of a sphingosine long chain. The other gangliosides used differed from GM_1 by the number of NaNa attached. GD_{1a} and GD_{1b} are disialogangliosides while GT is a trisialoganglioside

Metabolische und entzündliche Polyneuropathien.
Herausgegeben von Gerstenbrand/Mamoli
© Springer-Verlag Berlin Heidelberg 1984

plex phenomena such as nerve growth, sprouting and the process of synapse formation and repression. To determine the mode of action of gangliosides, we studied the process of reinnervation of the extensor digitorum longus muscle by means of electrophysiological, histochemical and electron microscopy techniques.

These experiments were correlated with tissue culture work, which offers the great advantages of direct visualization of the living cells and easy manipulation of the growth medium. The results of our investigations, combined with studies on the diabetic mouse model, showed the importance and potential of the gangliosides in the treatment of peripheral neuropathies.

Gangliosides are glycosphingolipids which are made up of a sugar and a lipid portion, the lipophilic moiety of the molecule being inserted in the cell membrane while the hydrophilic one is oriented towards the extracellular fluid (Fig. 1). Their stucture and distribution suggest that they are very important factors in many processes such as development, growth, recognition, etc. where the cell surface plays a role. Indeed, these phenomena require the presence of both circulating factors and membrane components for the proper physiological outcome. For example, it has been shown that growth and differentiation of granule cells in the cerebellum are concomitant with the expression of GM_1 ganglioside on the cell surface (WILLINGHER and SCHACHNER 1980).

In this report, we will show that even exogenously applied gangliosides can strongly influence neuronal growth and sprouting.

Materials and Methods

Re-innervation of the Extensor Digitorum Longus Muscle (EDL) of the Rat

Male Sprague Dawley rats (Charles River, Calco) weighing 180–200 g were anaesthetized with thiopental, and the EDL muscle was denervated by crushing 1 mm of the sciatic nerve with fine forceps at the site where the last gluteal nerve branches off. The animals were allowed to recover for periods varying from one week to three months. They were then sacrificed by decapitation or administration of an excess of thiopental, the leg was amputated and bathed in oxigenated saline, and the EDL muscle with a long piece of sciatic nerve was quickly dissected free under a compound microscope.

The neuromuscular preparation was mounted in a leucite chamber, the muscle being stretched over a Sylgrad lens and pinned down, while the nerve stump was drawn into two wells insulated with vaseline, where stimulation platinum electrodes were inserted. The nerve was stimulated with square pulses of 0.5-ms duration at an intensity three or four times the threshold for evoking muscle contraction. During the early stages of regeneration axons are less excitable and require higher-than-normal current intensities. Once mounted, the muscles were left from 30 min to one hour to equilibrate with well oxygenated Krebs' solution and then the electrophysiological experiment began.

The electrophysiological measurements were performed using standard intracellular recording techniques and suspected neuromuscular junctions were impaled with glass microelectrodes filled with 3 M KCl and with a resistance ranging from 10 to 30 MΩ. Recordings were displayed on a dual beam oscilliscope (Tektronix 5112, 5113) and either filmed with a Grass Type IV movie camera or stored on tape (Ampex PR 2230). The electrophysiological set up was connected with a Honeywell 6/46 computer for on line evaluation of the data. The Krebs' solution had the following composition (in mM): $NaCl=113$; $NaHCO_3=25$; $KCl=4.7$; $KH_2PO_4=1.2$; $glucose=11$; $MgSO_4=1.2$; and $CaCl_2=2.5$. The solutions in the recording chamber were changed by flushing the bath with the fluid contained in a suspended syringe. When the effects of variations of the ionic composition were tested, the neuromuscular preparation was perfused with the appropriate solutions. To block muscle contraction following nerve stimulation, the Mg^{++} concentration was raised to 10 mM or tubocurarine was added to the Krebs' solution at the concentration of 2 µg/ml.

The experiments were performed at room temperature (20°–22 °C). At the end of the electrophysiological experiments, the EDL muscles were quickly frozen by immersion in liquid nitrogen, cut with a cryostat (Damon, USA) in sections of 30–50 µm and stained. Our major interest was to study how the pattern of EDL innervation changed during nerve regeneration and we found that the technique developed by PESTRONK and DRACHMAN (1978) was the most suitable. This technique has the advantage of staining the end-plate area with 5-bromomidoxyl, a substrate for acetylcholinesterase and the axons with a silver-gold impregnation. Some muscles were also processed for electron microscopy. Fixation was performed with 4% glutaral followed by 1% osmium tetraoxide, and the specimen were then dehydrated and embedded in Agar 100. The end-plates were identified on semi-thin sections, the tissue blocks were then cut serially and the thin sections observed with a Philips 400 T electron microscope.

Phaechromocytoma PC 12 Cells

The Phaeocromocytoma PC 12 is a cell line established from a transplantable rat adrenal phaeochromocytoma (GREENE and TISCHLER 1976). Our cells belong to the subclone 1 A and were kindly supplied by P. Calissano. Cells were grown in petri dishes and bathed in a medium composed of 85% RPM 1640, 10% heat inactivated horse serum, 5% fetal calf serum, 50 units/ml of penicillin and 25 mg/ml of streptomycin.

When at confluence, cells were replated at lower density and in the experimental trials, gangliosides at various dosages and nerve growth factors (NGF) were added separately or together with normal growth medium according to the protocol. NGF (2.5S) was a generous gift of P. Calissano and applied at a dose of 50 µg/ml in all of the experiments.

To determine the effect of gangliosides on neurite outgrowth the cells were observed with a Leitz Diavert microscope and the number of cells with neurites was estimated. The counting was facilitated by plating 100,000 cells in 60 mm Falcon dishes, Intergrid type with 2 mm squares. The field of examination was delimited by the squares and at least 10 squares per dish were examined per experimental point. Readings were performed in a double-blind manner and the examiner did not know what kind of treatment the cells had received.

Diabetic Neuropathy

A new model to study diabetes and its complications has been available for a few years, offering the great advantage of being a genetic mutant which slowly develops diabetes with age. The diabetic mouse is from the inbred C57BL/KS strain of the Jackson Laboratories (Bar Harbor, Maine, USA). The mutant diabetes (db) is inherited as a unit autosomal recessive with full penetrance in the homozygote (db/db). The animals were shipped from Jackson Laboratories at the age of 70 days, because only then it was possible to discriminate homozygote (db/db) from heterozygote (db/m) mice, the latter serving as control animals during the study. Animals of 150 days of age were chosen for the experiments because they showed a clear peripheral neuropathy; they were divided into several groups, (the number of animals per group is shown in Table 2).

Nerve conduction velocity was measured in vitro. The animals were anaesthetized with thiopental injected intraperitoneally, the sciatic nerve was quickly dissected out and then maintained in a Hanseleit bicarbonate solution bubbled with 95% O_2 and 5% CO_2 at 37 °C. After 10 min the nerve was positioned in a leucite chamber upon a series of electrodes in such a way that the proximal end was on the stimulating electrodes while the distal end was on the recording electrodes. The temperature of the recording chamber was kept at 37 °C by a water jacket. The stimuli were delivered at a frequency of 1 Hz for 0.1 ms, while the action potentials were recorded on a 5115 Tektronix oscilloscope and analysed by a neuroaverager (OTE Biomedica). Histological studies were performed on nerves fixed for four hours with 2% paraformaldehyde and 2% glutaral in 0.1 M phosphate buffer at 4 °C. The specimen were then post fixed in 1% OsO_4 for two hours and after successive dehydration in 75%, 95%, and 100% ethanol were embedded in Agar 100 (Agar Aids, Stornsted, Essex, England). The estimate of the fibre diameter was made using pictures magnified 1,000-fold taken from semi-thin sections of the nerve and stained with tolonium.

The auditory evoked potentials from the brain stem were recorded from db/db and db/m mice treated and untreated with gangliosides. The animals were put in a sound proof cage and stimulating acoustic signals consisting of unfiltered clicqs of 4,000 Hz alternating phase were delivered with a Madsen model ERA 74 audiometer at a frequency of 3/s and duration of 150 ms. The two recording electrodes were steel clips (Aesculap Michel) one placed on the medial line and the other on the mastoid of the cranium. In this way, we could monitor the threshold of the response and the latencies of waves 2 and 3 from the brain stem. By definition, we considered the threshold as being the minimal intensity of stimulating signals which originated an evoked response detectable on the neuroaverager (1170 Nicolet).

Gangliosides

Gangliosides were purified by high pressure liquid chromatography from beef brain cortex at a very high level of purity; no phospholipids, amino acids, or polypeptides were present. The final composition of the mixture was $GM_1 = 21\%$;

$GD1_a = 39.7\%$; $GD1_b = 16\%$; and $GT = 19\%$; the remaining components were traces of other gangliosides such as GQ. The gangliosides were administrated daily by intraperitoneal injection. For the EDL re-innervation experiments, the chosen dose was 50 mg/kg. The doses for the other two models are indicated in the result section.

Results

Re-innervation of the EDL

As shown in Fig. 2, the normal pattern of innervation is simple and constant, the intramuscular trunks of the nerve becoming gradually thinner until single axons leave the trunk and reach the end-plate in close proximity. This is a constant pattern in muscle innervation, a one to one relationship between axons and end-plates.

After the crush and consequent degeneration of the nerve, the synaptic activity of the end-plate ceased and one week later silver impregnation failed to show axons in the denervated muscle (Fig. 3). The sites of the old intramuscular trunks of the nerve were outlined by a stream of Schwann cells. Electron microscopy showed that the nerve endings were totally degenerated and the synaptic gutter was partially occupied by the processes of the hypertrophic Schwann cell. The neuronal reaction to damage is usually fast and a few days after nerve crush regeneration begins. In our case, the regenerating sprouts crossed the site of damage in three to four days and quickly regrew along the distal stump of the nerve. The growing neurites reached the Schwann cells, which were still digesting the degenerated axons, and it was remarkable to note that as soon the contact made between them, the Schwann cells elongated parallel to the sprouts and quickly began to organize a myelin sheath around the axon. Even at a later stage it is not uncommon to find well myelinated axons with the Schwann cell still showing a large phagosome.

Within two weeks the axons had reached the muscle and tiny sprouts left the intramuscular trunk of the nerve to make new synaptic contact with the old end plate. The morphological structure of the presynaptic part resembled that of a transition state between a growth cone and a secreting nerve terminal. This is clearly shown by Fig. 4, which is an electron micrograph of a newly formed synapse where the nerve ending is very small; comparison with a normal one (Fig. 5) makes the difference between the two types of endings very obvious.

In spite of their simple structure, these end-plates are able to substain muscle activity; in fact, 24 h after synapse formation, they release enough acetylcholine to generate an "overthreshold" end-plate potential. Therefore, the re-innervated muscle fibre quickly regains mechanical activity. We have published a more detailed report on synaptic maturation in peripheral nerve regeneration elsewhere (GORIO 1980; GORIO and CARMIGNOTO 1981; CARMIGNOTO et al. 1981).

Another process which facilitates muscle recovery is axonal sprouting, which occurs as soon as the growing axons leave the intramuscular trunk of the nerve (Fig. 6). In this way, more muscle fibres are re-innervated and the muscle quickly regains its ability to contract. The outcome of collateral sprouting is an abundance of axons which eventually form synapses, causing the polyinnervation of single

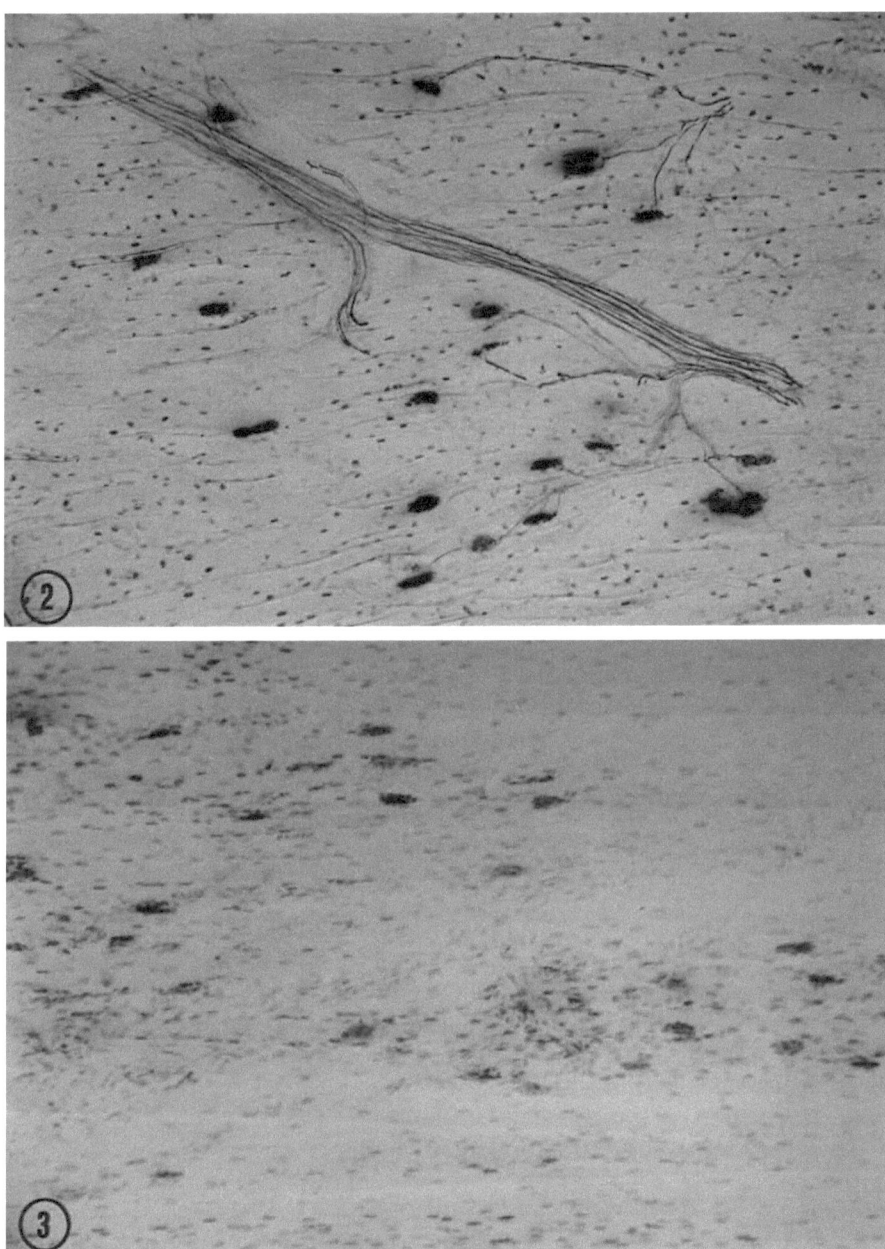

Fig. 2. Longitudinal section of EDL muscle from a control undenervated rat. The micrograph shows a main bundle of axons (silver impregnated) and smaller lateral branches, which give rise to single axons. Each end-plate (blue precipitate) was innervated by one axon. The staining technique was taken from GREENE and TISCHLER (1976). The bar = 100 μm

Fig. 3. Section of a muscle two weeks after denervation. The axons are missing and a stream of Schwann cell nuclei (arrows) indicate the place where the nerve trunk was. The blue precipitate indicates the empty end-plates. The staining technique was taken from GREENE and TISCHLER (1976). The bar = 100 μm

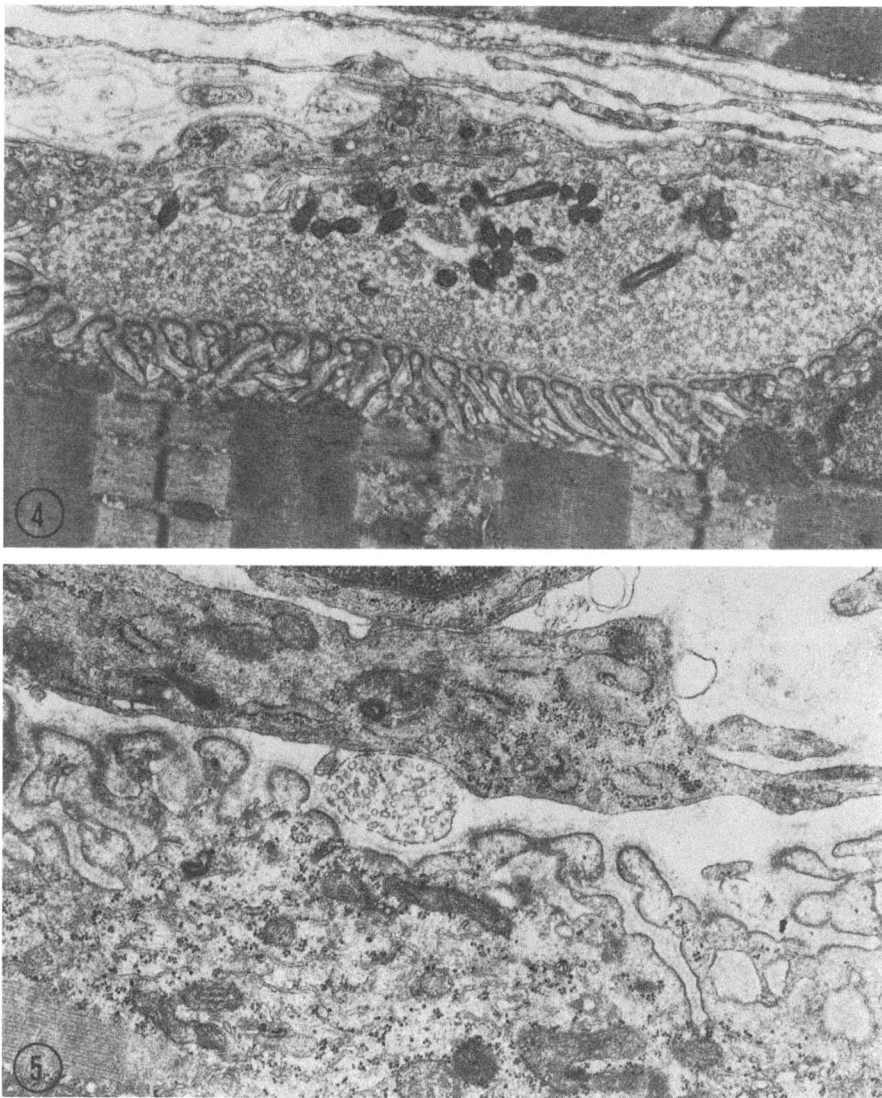

Fig. 4. Neuromuscular junction from an EDL muscle of a control undenervated rat. The nerve terminal completely covers the post junctional folds (PF). Compare the large size of the nerve terminal (N) to the regenerating one. The nerve ending shows its full complement of synaptic vesicles (SV) and mitochondria. A thin layer of the Schwann cell (SC) covers the presynaptic ending. The bar = 1 µm

Fig. 5. Electron micrograph of a newly formed neuromuscular junction. The muscle was dissected out and processed for electron microscopy 16 days after the nerve crush this was two days after re-innervation. Note the hypertrophic Schwann cell (SC) and the small nerve terminal containing a variety of vesicles (N). The nerve ending covers a very small portion of the post junctional folds (PF). The bar = 1 µm

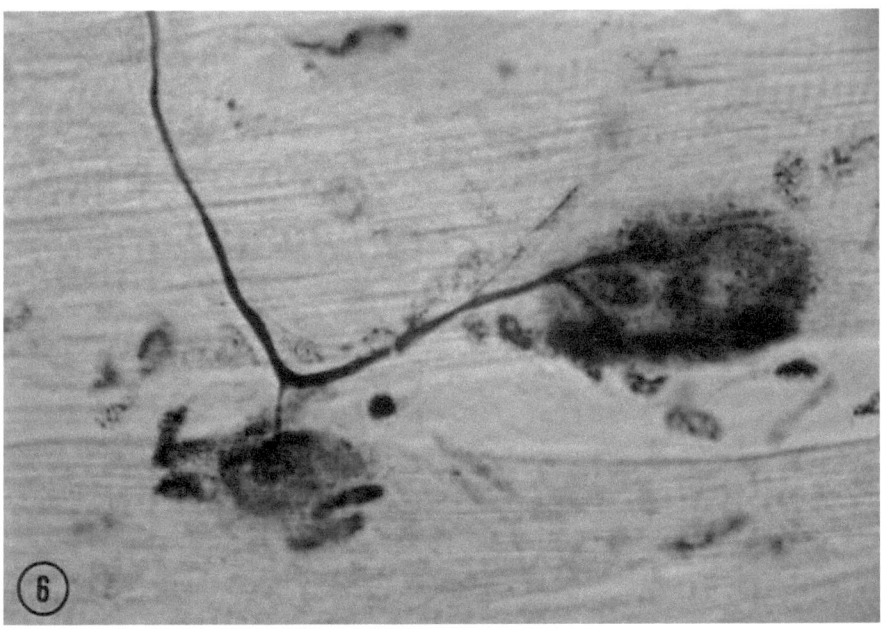

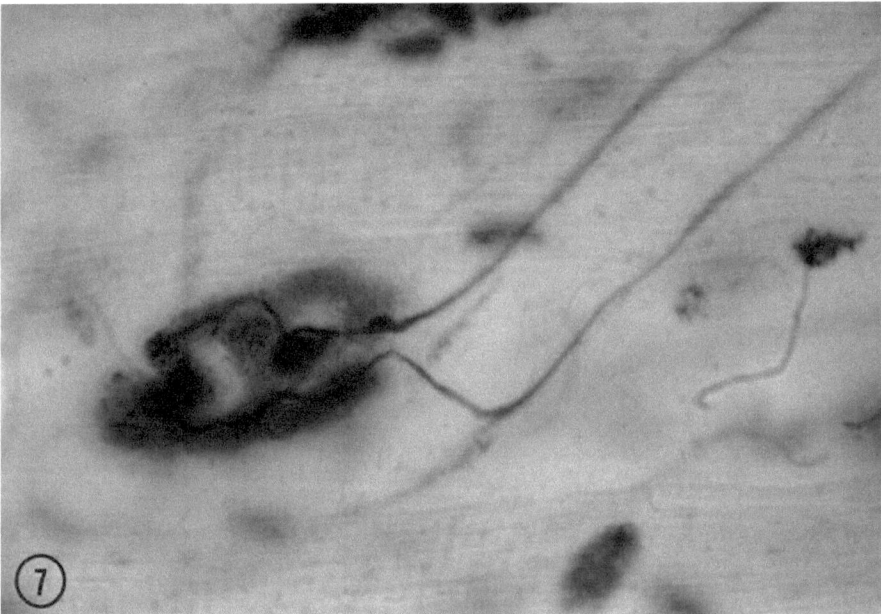

Fig. 6. Collateral sprouting (arrow) during re-innervation of an EDL muscle of day 19 after the nerve crush. The blue colour shows the acetylcholinesterase stain. The histochemical technique was taken from GREENE and TISCHLER (1976). The bar = 10 μm

Fig. 7. Double innervated muscle fibre 21 days after the nerve crush. Two axons (arrow) innervate the same end-plate (blue precipitate). The histochemical technique was taken from GREENE and TISCHLER (1976). The bar = 10 μm

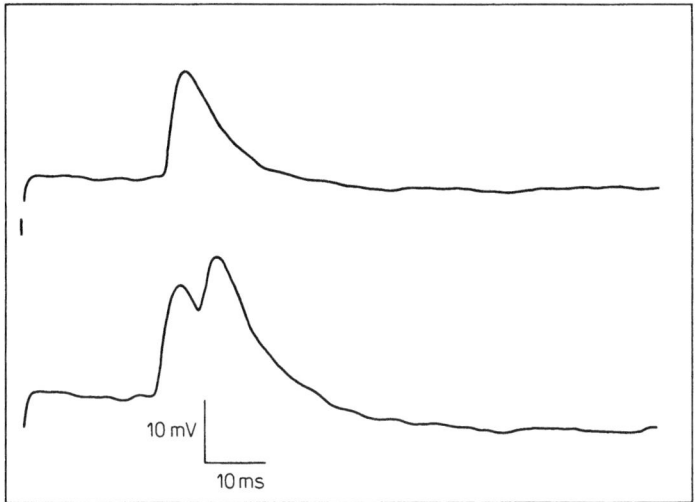

Fig. 8. Two oscilloscope traces of electrophysiological recordings from an EDL muscle 18 days after denervation. The multiple end-plate potentials were evoked by stimulation of the nerve with different current intensities. Note that at a higher intensity a new peak appears to indicate the recruitment of one more nerve fibre.

end-plates. In this case more than one nerve terminal is innervating the same end-plate (Fig. 7). Both the processes of sprouting and polyinnervation are fundamental for the development and regeneration of nervous tissue (MARK 1980). Since polyinnervation is a consequence of sprouting, an evaluation of the extent of sprouting can be made electrophysiologically by estimating the number of muscle fibres which are polyinnervated. Figure 8 shows a typical recording from a multi innervated fibre; the innervating axons are characterized by different conduction velocities and excitation thresholds. The course in time of polyinnervation and its relative repression is shown in Fig. 9. The number of muscle fibres polyinnervated at the early stages of the re-innervation process was very low but it gradually built up and reached the maximum value at day 25, which is 11 days after the first sign of synapse formation. Then, at a slower rate, there was a regression of redundant innervation, which was eventually totally eliminated, and only mono-innervated end plates were found (Figs. 10 and 11). This histogram also represents two physiological states of the neuromuscular junction; up to day 25, there was a strong stimulation for axonal sprouting, growth and synapse formation while later synapse formation no longer occurred and repression took its place. The two phenomena probably suggest the presence of different factors which either stimulate or repress and eliminate unproper nerve endings.

In the introduction, we said that we had decided to use this model to investigate the mode of action of gangliosides which were found to stimulate re-innervation (CECCARELLI et al. 1976). In Fig. 9 we showed that animals treated daily with gangliosides immediately, (on the first day of re-innervation) exhibited a high polyinnervation rate, about 35% of the impaled fibres, and the maximum level was reached much faster than in control animals. However, what is very interesting is

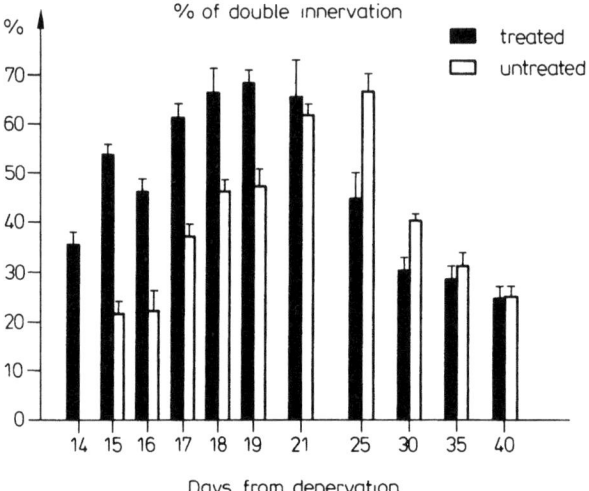

Fig. 9. Series of histograms showing the time course of polyneuronal innervation in treated and untreated muscles. Most of the fibers were double innervated, therefore, the figure axis was entitled as such. Mean values ± SE are given (Reproduced with permission from GORIO et al. 1980)

that the treatment did not disturb the process of repression, indicating a stimulatory effect of gangliosides only when it is physiologically required (GORIO et al. 1980; GORIO et al. 1981 b). We have shown that the exogenously applied gangliosides are incorporated into the sciatic nerve and their incorporation probably induces some changes in the biophysical properties of the membrane, enhancing the efficiency of the endogenous factors which regulate growth. However, the effect of these molecules could have also been related to the recognition or internalization of these factors during the growth phase. To analyse this matter, we decided to use a tissue culture model where the growth factor was known.

Phaeochromocytoma PC 12 Cells

A clone of phaeochromocytoma named PC 12 is very sensitive to NGF. The addition of NGF to growth medium promotes the arrest of cell division and the formation of neurites which can reach 1 mm long within few days (PESTRONK and DRACHMAN 1978). PC 12 cells possess a receptor for NGF on the surface, but after interaction between NGF and the binding sites, the complex is gradually internalized and concentrates around the nucleus (MARCHISIO et al. 1980). Therefore, if gangliosides were effective in stimulating PC 12 cells to form sprouting, this was an ideal model because we could directly visualize the neurite outgrowth in vitro and biochemically determine if the treatment had affected the binding of NGF to the receptor and/or the internalization of the ligand-receptor complex.

The cells were plated as described in materials and methods; then 24 h later, gangliosides were added at the desired concentration and the effect was monitored. Table 1 shows that gangliosides stimulated neurite outgrowth in a dose dependent

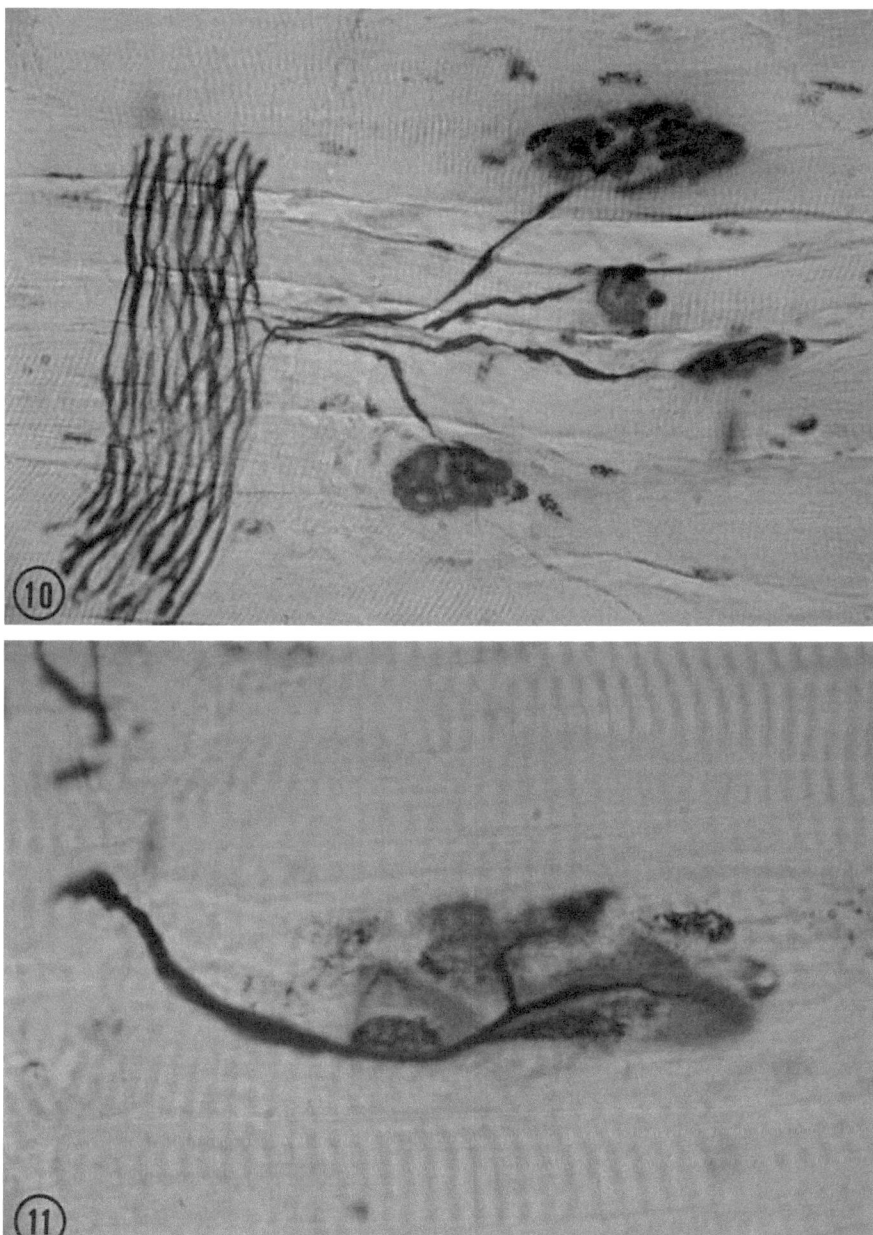

Fig. 10. Low power micrograph of a re-innervated EDL muscle, 60 days after the nerve crush. Note that the pattern of innervation has returned normal, neither double innervation nor collateral sprouts being present. The histochemical technique was taken from GREENE and TISCHLER (1976). The bar = 10 μm

Fig. 11. End-plate from a re-innervated muscle 60 days after the nerve crush. Note the lack of polyinnervation. The histochemical technique was taken from GREENE and TISCHLER (1976). The bar = 10 μm

Table 1: Percentage of cells with neurites; the evaluation was made on 18 dishes and the values represent means ±SE. GA = ganglioside mixture; from GORIO et al. (1980)

Cells	Day 5	Day 7	Day 9	Day 11
Control	15.3±0.6	17.4±0.8	27.7±1.2	39.6±1.1
0.5 mM GA	24.3±0.8	26.6±0.9	39.1±0.9	53.8±1.8
1 mM GA	26.1±0.9	36.3±1.1	47.5±1.3	59.7±1.8
2 mM GA	33.3±1.1	41.0±1.4	50.2±1.4	70.4±1.9
1 mM GM_1	18.7±0.8	25.0±1.1	32.0±1.0	55.3±2.0
1 mM GT	22.1±0.9	28.9±1.1	40.9±1.2	67.1±1.5

manner and suggests that perhaps GT is the most active component of the mixture. The results, therefore, confirmed that exogenous gangliosides can stimulate neurite outgrowth as shown in the previous chapter (Figs. 12 and 13).

In a second series of experiments, PC 12 cells were primed for nine days with either NGF or both NGF and gangliosides, they were then replated and again treated with either NGF alone or NGF plus gangliosides. We thus had four groups of cells, one treated with NGF before and after (C/C), one treated with NGF + gangliosides before and after (GA/GA), one treated with NGF alone before and NGF + gangliosides after (C/GA) and one treated with NGF plus gangliosides before and with NGF alone after (GA/C). Three days after subculture, the results (expressed as percentages of cells with neurites) were the following:

C/C	C/GA	GA/C	GA/GA
41.30±2	54.1±1.7	49.6±1.7	60.2±2.5.

These results confirmed that either continuous or alternate treatment with gangliosides stimulated neurite outgrowth. But continuous treatment was more efficient than an alternate one, indicating that the presence of gangliosides throughout the experiment is required to observe the effect. The advantage of knowing the growth factor and the fate of its bindings allows us to go deeper in the analysis of the gangliosides' stimulatory effects, and our first aim has been to determine if their action was directly related to the NGF metabolism. We are now performing experiments to determine and preliminary results indicate that the stimulatory action of gangliosides is not related to the binding or internalization rate of NGF.

Diabetic Neuropathy

The spontaneous diabetes of C57BL/KS mice exhibits several symptoms present in human diabetes mellitus (e.g., hyperglycaemia, polyuria and glycosuria) but it is also characterized by obesity (SIMA and ROBERTSON 1978). In addition, a common feature in the human diabetes is the impairment of peripheral nerve functions. In fact, nerve conduction velocity is constantly reduced compared to that in the non-diabetic heterozygote mouse whose conduction velocity steadily increases up to five to six months of age, while for the diabetic one there is no further increase

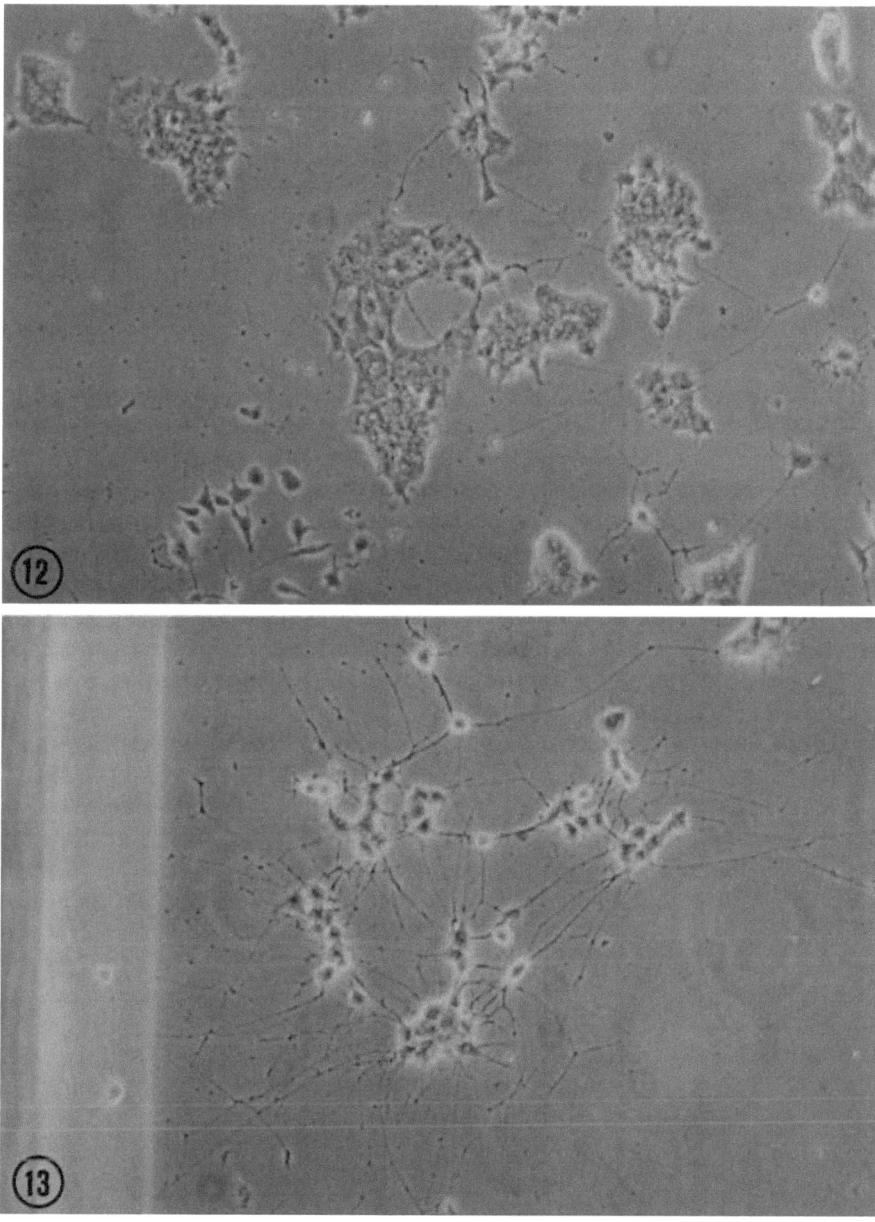

Fig. 12. Phaeochromocytoma PC12 cells nine days after plating. The cells were treated with NGF and gangliosides were added. The bar = 100 μm

Fig. 13. Phaeochromocytoma PC12 cells nine days after plating. The cells were incubated with NGF + 1 mM GT. The bar = 100 μm

Table 2. Nerve conduction velocity (NCV) in 180-day-old diabetic and non-diabetic mice after intraperitoneal treatment with gangliosides for 30 days; NS = not significant

Genotype	No. of animals	Treatment (mg/kg)	NCV (m/s)	P value	% of effect
db/+	10	Saline	43.4±0.8	–	–
db/+	12	10	43.2±0.6	NS	–
db/db	15	Saline	33.7±0.5	–	–
db/db	8	0.1	33.8±0.7	NS	1.0%
db/db	15	1	37.1±0.7	0.001	35.0%
db/db	15	10	37.3±0.6	0.001	37.1%

after two or three months (SIMA and ROBERTSON 1978). The slow conduction velocity is accompanied by an axon diameter distribution skewed toward the small diameters and, at a later stage, by axonal loss (SIMA and ROBERTSON 1979).

In the experimental trial, the diabetic animals were divided into four groups and treated with either saline or gangliosides at doses of 0.1, 1, and 10 mg/kg while the control heterozygotes were treated with saline or 10 mg/kg of gangliosides. The results are shown on Table 2 and indicate a dose-dependent effect of gangliosides on the motor nerve conduction velocity of the diabetic mouse, while the treatment was ineffective for the healthy heterozygote. The improvement in conduction velocity was correlated to the improvement of the fibre size distribution, which after 30 days of treatment shifted to normal. To ensure an accurate estimate, we counted all the myelinated fibres of the sciatic nerve (about 4,000) and the results are the means of three animals per experimental trial (Fig. 14) (NORIDO et al. 1982).

We also measured sensory loss, which is common in diabetes (BROWN et al. 1976). In our experimental model, we measured the auditory evoked potentials and in particular the thresholds and latencies of waves 2 and 3. The results shown in Table 3 indicate that these animals were affected by hearing impairment, [indicated

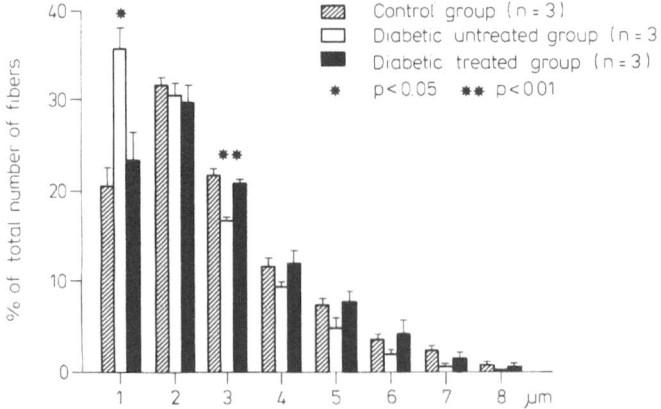

Fig. 14. Comparison of size-frequency distribution for myelinated fibres in sciatic nerves of 180 day old control diabetic untreated and treated mice. The standard errors are reported. (Reproduced with permission from SIMA and ROBERTSON 1979)

Table 3. Effect of gangliosides on brain-stem evoked potentials (BSEP) of db/db mice and reported as percentage increase from db/m values. The data are reported as means ±SE from six animals for db/m and from 9 and 10 animals, respectively, for db/db treated with saline with gangliosides (10 mg/kg); dbBSPL = decibel sound pressure level; from BROWN et al. (1976)

BSEP	Percentage increase from db/m values of		
	Threshold	Latency of the second wave	Latency of the third wave
	(43.3 ± 1.67 dBSPL)	(2.46 ± 0.045 ms)	(3.61 ± 0.09 ms)
Saline	63.0 ± 7.0	13.5 ± 3.3	13.5 ± 3.8
Gangliosides	37.0 ± 6.0	3.0 ± 2.2	1.7 ± 3.0

by a higher threshold than controls (63%)] and a slower conduction velocity, (suggested by the latencies of waves 2 and 3). It is remarkable to note that 30 days of treatment with gangliosides lowered the thresholds and improved the latencies, making them similar to controls (Table 3).

Treatment therefore improved the deficient receptive system and the conduction velocity of a cranial nerve, since latency is directly related to conduction velocity (GORIO et al. 1981 a).

Discussion

Neuronal regeneration and sprouting in the central and peripheral nervous systems has been of major interest in basic and applied neurobiology since the time of RAMON Y CAJAL (1928). TELLO gave a beautiful description of the degeneration and regeneration of the neuromuscular junction, including the first description of collateral sprouting during nerve regeneration (TELLO 1907). A major aim of the research on axonal regeneration is to discover the factors which can influence the process. In the central nervous system, regeneration is probably constrained by the environment and the reduced ability of the neurons to elongate after damage. In the peripheral nervous system, however, regeneration may occur, and in pathological cases degeneration and regeneration may be present at the same time. Eventual recovery from the disease depends on which of the two processes prevails.

The "conditio sine qua non" to start elongation and regeneration is sprouting. A clear example of the importance of sprouting and its dependence on exogenous signals comes from the experiments of FRIEDE and BISCHAUSEN, who clearly showed that it is not sufficient to receive all the necessary axonal components from the cell body to start elongation, but that in addition to this, a sprouting stimulus which would give directionality to the newly generating processes is also necessary (FRIEDE and BISCHAUSEN 1980). Sprouting is not only a reaction of the neuron to damage, but intact neurons are also stimulated to sprout when their targets are partially denervated or their activity blocked by either tetrodotoxin or botulinum toxin (DUCHEN and STRICH 1968; IRONTON et al. 1978). Sprouting seems to be regulated, therefore, by both the capability of the neuron to grow and the essential requirement of extrinsic stimuli for the induction of the process.

In the results section, we have shown that exogenous gangliosides stimulate sprouting during peripheral nerve regeneration and the effect may be due to their insertion in the plasma-membrane (GORIO et al. 1980). It is very difficult to determine how these molecules function after incorporation in the cell membrane, but in vitro experiments performed by CUATRECASAS demonstrated that, after insertion in the plasma-membrane, GM_1 molecules can act as receptors for cholera toxin (CUATRECASAS 1973). The stimulatory effect of gangliosides during nerve regeneration is present during the early phase of synaptogenesis, when endogenous factors induce axonal branching and growth. However, when synaptic repression starts and axonal growth and sprouting cease, the effect of the gangliosides also ceases. These results suggest that their mode of action is related to the presence of growth factors; perhaps they could even act as receptors for the endogenous hormone or increase the internalization of the complex. The correlative work on the cerebellum by WILLINGHER and SCHACHNER (1980), who observed the expression of GM_1 on the surface of granule cells only during their differentiation, could again suggest the possibility that these molecules may act as receptors for differentiating hormones. To evaluate this possibility we chose the tissue culture model, i.e., phaeochromocytoma PC 12 cells which differentiate extending neurites after incubation with NGF. Indeed, in this case, the addition of gangliosides in the culture medium also stimulated neurite outgrowth in a dose dependent manner and it was therefore possible to test whether gangliosides influenced the metabolism of NGF or not. Preliminary results indicate that their action does not affect either the binding of NGF to its specific receptor or the internalization of the complex. If these results are reconfirmed, they will indicate that the action of gangliosides on the cell surface is of a biophysical type and that after insertion, they modify the micro-environment in such a way that the action of sprouting and growth factors is facilitated.

Examples of membrane modification after ganglioside insertion in neuronal membranes have been recently published by several authors, who reported that their incorporation in synaptic membrane preparations stimulated the activity of enzymes such as: $Na^+ - K^+$ adenosine triphosphatase adenylate cyclase and phosphodiesterase (DALY 1981; LEON et al. 1981). Therefore, the incorporation of gangliosides in a neuronal membrane might induce functional changes of several membrane activities which, during regeneration, results in a stimulation of sprouting. Together these results may explain the recovery of the motor and sensory functions we observed in the diabetic mouse after the treatment. In fact, the low conduction velocity observed in diabetic neuropathy is attributed to the presence of a large population of small axons (JAKOBSEN 1976), resulting from progressive atrophy or shrinkage of the axons in the course of the disease (BROWN et al. 1976). In addition, at a later stage even neuronal degeneration is observed (SIMA and ROBERTSON 1979).

The stimulatory effect of gangliosides on enzymes such as $Na^+ - K^+$ adenosine triphosphatase could re-establish a proper ionic balance between the interior and exterior of the axons, improving nerve conduction velocity. But the morphometric recovery of the axons might even suggest that axonal atrophy may be related to the absence of the effect of an endogenous hormone responsible for axon trophism, and the incorporation of gangliosides in the membrane would allow its action to take place. The tissue culture experiments and effect on sprouting also seem to suggest this latter hypothesis. Furthermore, it is possible that gangliosides shifted the balance between degeneration and regeneration towards regeneration, therefore inducing recovery of motor and sensory functions.

References

Brown MJ, Martin JR, Asbury AK (1976) Painful diabetic neuropathy. A morphometric study. Arch Neurol (Chic) 33:164

Carmignoto G, Finesso M, Tredese L, Gorio A (1981) Transmitter release mechanisms during the early stages of reinnervation of a fast twitch-muscle of the rat. Effects of ganglioside treatment. In: Bloch K, Bolis L, Tosteson DC (eds) Membranes, molecules, toxins, and cells. PSG Publishing, Littleton, p 297

Ceccarelli A, Aporti F, Finesso M (1976) Effects of brain gangliosides on functional recovery in experimental regeneration and re-innervation. In: Porcellati G, Ceccarelli B, Tettamanti G (eds) Advance in experimental medicine and biology. Plenum Press, New York, p 275

Cuatrecasas P (1973) Gangliosides and membrane receptor for cholera toxin. Biochemistry 12:3558

Daly JW (1981) The effect of gangliosides on activity of adenylate cyclase and phosphodiesterase from rat cerebral cortex. In: Rapport MM, Gorio A (eds) Gangliosides in neurological and neuromuscular function, development, and repair. Raven Press, New York, p 55

Duchen LW, Strich SJ (1968) The effect of botulinum toxin on the pattern of innervation of skeletal muscle in the mouse. QJ Exp Physiol 53:84

Friede RL, Bischausen R (1980) The fine structure of stumps of transected nerve fibers in sunserial sections. J Neurol Sci 44:181

Gorio A (1980) Muscle innervation and reinnervation as a model for development and specificity of neuronal connections. In: DiBenedetta C, Balazs R, Gombos G, Porcellati G (eds) Multidisciplinary approach to brain development. Elsevier, Amsterdam, p 439

Gorio A, Aporti F, Norido F (1981 a) Ganglioside treatment in experimental diabetic neuropathy. In: Rapport MM, Gorio A (eds) Gangliosides in neurological and neuromuscular function, development, and repair. Raven Press, New York, p 259

Gorio A, Carmignoto G, Facci L, Finesso M (1980) Motor nerve sprouting induced by ganglioside treatment. Possible implications for gangliosides on neuronal growth. Brain Res 197:236

Gorio A, Carmignoto G (1981) Reformation, maturation, and stabilization of neuromuscular junctions in peripheral nerve regeneration: The possible role of exogenous gangliosides on determining motoneuron sprouting. In: Gorio A, Millesi H, Mingrino S (eds) Posttraumatic peripheral nerve regeneration. Raven Press, New York, p 481

Gorio A, Carmignoto G, Ferrari G (1981 b) Axon sprouting stimulated by gangliosides. A new model for elongation and sprouting. In: Rapport MM, Gorio A (eds) Gangliosides in neurological and neuromuscular function, development, and repair. Raven Press, New York, p 177

Greene LA, Tischler AS (1976) Establishment of a clonal noradrenergic clonal line of rat adrenal pheochromocytoma cells which respond to nerve growth factor. Proc Natl Acad Sci USA 73:2424

Ironton R, Brown MC, Holland RL (1978) Stimuli to intramuscular nerve growth. Brain Res 156:351

Jakobsen J (1976) Axonal dwindling in early experimental diabetes. A study of cross sectioned nerves. Diabetologia 12:539

Leon A, Facci L, Toffano G, Sonnino S, Tettamanti G (1981) Activation of $(Na^+ - K^+)$ ATPase by nanomolar concentrations of GM_1 ganglioside. J Neurochem 37:350

Marchisio PC, Naldini L, Calissano P (1980) Intracellular distribution of nerve growth factor in rat pheochromocytoma PC 12 cells: evidence for a perinuclear and intranuclear location. Proc Natl Acad Sci USA 77:1656

Mark RF (1980) Synaptic repression at neuromuscular junctions. Physiol Rev 60:355

Norido F, Canella R, Gorio A (1982) Ganglioside treatment of neuropathy in the diabetic mouse. Muscle Nerve 4:107

Obata K, Handa S (1979) Development of neuromuscular transmission in culture and its facilitation by glycolipids. In: Tsukahara MI, Yagi K (eds) Integrative control functions of the brain, vol II. Kodansha, Tokyo and Elsevier, Amsterdam, p 5

Obata K, Oide M, Handa S (1977) Effects of glycolipids on in vitro development of neuromuscular junctions. Nature 266:369

Pestronk A, Drachman DB (1978) As new stain for quantitative measurement of sprouting at neuromuscular junctions. Muscle Nerve 1:70

Ramon y Cajal S (1928) Degeneration and regeneration of the nervous system. Oxford University Press, London

Sima AAF, Robertson DM (1978) Peripheral neuropathy in mutant diabetic mouse C5BL/KS (db/db). Acta Neuropathol 41:85

Sima AAF, Robertson DM (1979) Peripheral neuropathy in the diabetic mouse. An ultrastructural study. Lab Invest 40:627

Tello F (1907) Dégénération et régénération des plaques motrices aprés la section des nerfs. Trab Lab Invest Biol Univ (Madrid) 5:17

Willingher M, Schachner M (1980) GM_1 ganglioside as a marker for neuronal differentiation in mouse cerebellum. Dev Biol 74:101

Zur Therapie peripherer Neuropathien mit Gangliosiden: Eine Übersicht

R. Di Perri und M. Gugliotta

Das Vorkommen von Gangliosiden im peripheren Nervensystem wurde, vorwiegend auf Grund methodischer Probleme bei der Extraktion und Analyse geringer Mengen, Jahre hindurch angezweifelt. Erst rezente Untersuchungen mit verbesserten Techniken konnten ihr Vorkommen sowohl im peripheren Nerven (McMillan u. Wherrett 1969; Svemmerholm et al. 1972) als auch in der Myelinscheide des peripheren Nerven (Fong et al. 1976) sichern.

Die höchste Gangliosidkonzentration dürfte im Bereich der synaptischen Endigungen (Morgan et al. 1976) und besonders in den synaptischen Membranen (Brechenridge et al. 1972) vorliegen, wo sie eine wesentliche Rolle als strukturelle Komponente für den Ionentransport und die Impulstransmission haben.

Neben ihrer Lokalisation in den synaptischen Membranen gibt es zahlreiche Hinweise für die funktionelle Wichtigkeit der Ganglioside im Nervensystem:

1. Sie fungieren als Rezeptormolekül (Rapport u. Mahadik 1977).
2. Gangliosidmangel führt zu einem deutlichen funktionellen Defizit (Dreyfus et al. 1976).
3. Immunologisch (Karpiak et al. 1976, 1978) oder toxisch (Glaser u. Yu 1977) hervorgerufene Änderungen der Molekularstruktur bewirken eine Änderung der elektrischen Eigenschaften.

Bekannt sind weiter aus experimentellen Untersuchungen die Förderung der Nervenregeneration unter einer Behandlung mit Gangliosiden [Ceccarelli et al. 1976; Gorio (s. S. 259–276(], daß zugeführte Ganglioside in den neuronalen Membranen inkorporiert werden (O'Keefe u. Cuatrecasas 1977; Moss et al. 1976) und daß eine Therapie mit Gangliosiden bei einer Vielzahl von peripheren Neuropathien zu günstigen Erfolgen führt.

So haben zahlreiche rezente Mitteilungen eine günstige therapeutische Wirkung der Ganglioside bei verschiedenen neurologischen Krankheitsbildern – einschließlich den peripheren Neuropathien unterschiedlicher Ätiologie – gezeigt.

Die vielversprechenden Ergebnisse der klinischen Untersuchungen scheinen die Ergebnisse der experimentellen Untersuchungen hinsichtlich der wesentlichen Rolle, welche die Ganglioside bei der Impulsübertragung sowie bei der Nervenregeneration zeigen, zu bestätigen. Während der letzten 5 Jahre wurden mehr als 50 klinische Studien durchgeführt, welche den positiven Effekt der Ganglioside bei Neuropathien verschiedener Ätiologie zeigen konnten.

Aufgabe der folgenden Ausführungen ist es, eine Literaturübersicht der Wirkung der Ganglioside bei peripheren Neuropathien verschiedener Genese zu geben. Nicht eingeschlossen wird dabei die Wirkung der Ganglioside bei der diabe-

Tabelle 1. Mit Gangliosiden behandelte Polyneuropathietypen

Metabolische	Entrapment-Syndrome
Iatrogene	Optikusneuritis
Alkoholische	entzündliche Polyneuropathien
Posttraumatische	Ulzeromutilierende Neuropathien
Kompressionssyndrome	idiopathische Neuropathien

tischen Neuropathie, da auf diese gesondert im Rahmen dieses Symposiums seitens Prof. Battistin eingegangen wird. Tabelle 1 zeigt die unterschiedlichen Neuropathietypen, welche mit Gangliosiden bisher behandelt worden sind. Die weite Palette ätiologischer Faktoren die zu Polyneuropathien führen und bisher Objekt der Gangliosidforschung waren, umfaßt die meisten möglichen Ursachen der peripheren Neuropathien. Infolge der großen Anzahl von Mitteilungen über dieses Thema kann nicht auf die einzelnen Untersuchungen eingegangen werden, doch zeigt sich, daß die Ganglioside bei einem hohen Prozentsatz von Patienten mit peripheren Neuropathien einen positiven therapeutischen Effekt gehabt haben.

Eine Wirksamkeit der Ganglioside wurde z. B. bei 10 Patienten mit urämischer Neuropathie (CATIZONE u. FUSAROLI 1978) gezeigt. Es handelt sich um eine offene, kontrollierte Studie, welche eine Besserung sowohl subjektiver als auch objektiver Symptome ohne eine signifikante Änderung der elektrophysiologischen Parameter zu zeigen, nachwies. Ganglioside wurden auch bei iatrogenen Neuropathien als Folge einer Vincristintherapie oder als prophylaktische Maßnahme bei der Vincristinbehandlung (AZZONI 1978; DANTONA et al. 1978) angewandt. Untersucht wurde auch die Wirksamkeit der Ganglioside bei Diphenylhydantoin- (SANDRINI et al. 1978) bei Hydrazid- oder Arsenpolyneuropathie (DEMATTOS et al. 1981).

Bei all diesen Versuchen konnte eine Besserung der subjektiven und objektiven Symptomatik – gleichzeitig mit einer Besserung der elektrophysiologischen Parameter – beobachtet werden (DEMATTOS et al. 1981).

Die Wirksamkeit der Gangliosidtherapie wurde auch bei alkoholischer Neuropathie untersucht (MAMOLI et al. 1980; SANDRINI et al. 1979; MAZZONI 1976; MARZOT u. D'AGOSTINI 1972; DEMATTOS et al. 1981; BASSI et al. 1982). Eine signifikante Besserung der klinischen und instrumentellen Parameter wurde, wenn auch nicht bei allen Studien in gleicher Weise, so doch von allen Autoren mitgeteilt.

Angewandt wurde eine Gangliosidtherapie auch bei posttraumatischen Neuropathien infolge Geburtstrauma (GRILLO-LONATI 1977; PAVANINI et al. 1979), traumatischen Läsionen verschiedener Nerven (MARANGOLO u. VENTURA 1976; SARACENI u. ALICICCO 1978; SCOPPIO u. VENEZIANO 1980; OSSET-GONZALES-RICO et al. 1980) und traumatischen Plexusläsionen (DEMATTOS et al. 1981).

Alle Autoren berichteten über eine positive Erfahrung, welche sich in einer Verkürzung der Restitutionsphase sowie in einer Besserung der subjektiven und objektiven Symptome äußerte. Günstige Ergebnisse wurden auch bei der Polyradikuloneuritis von CUBELLS et al. (1980), OSSET-GONZALES-RICO et al. (1980), GAI et al. (1980), SCOPPIO u. VENEZIANO (1980), SARACENI u. ALICICCO (1978) und FERROMILONE et al. (1976) berichtet.

Ein therapeutischer Effekt der Ganglioside wurde ferner bei Entrapment-Syndromen von MINGIONE et al. (1979), OSSET-GONZALES-RICO et al. (1980), GAI et al. (1980) und SARACENI u. ALICICCO (1978) mitgeteilt.

Die Liste von erfolgreich mit Gangliosiden behandelten Krankheitsbildern umfaßt auch die optische Neuritis (BUONFIGLIO 1976; MEDURI et al. 1977; CASTELLAZZO et al. 1978; FEIRA et al. 1978), entzündliche Neuropathien (LEONI u. BOSCO 1978), ulzeromutilierende Neuropathien (FERRANDI 1981; LEONI u. BOSCO 1978) und sog. idiopathische Neuropathien wie okuläre Paresen oder Trigeminusneuropathien (BUONFIGLIO 1976; CASTELLAZZO et al. 1978), periphere Fazialisparesen (NEGRIN u. FARDIN 1978; DEMATTOS et al. 1981; MOLINO et al. 1981), cochleovestibuläre Ausfälle (CAMPAMAJO' TORNABELL 1980) und Glossopharyngeusläsionen (ACCORDI u. CROATTO-ACCORDI 1980).

Wenngleich diese Aufzählung nicht vollständig ist, erscheint sie ausreichend, um die Unterschiedlichkeit der peripheren Krankheitsbilder, welche durch Gangliosiden wirksam behandelt werden können, aufzuzeigen.

Die Tatsache, daß Ganglioside sowohl zu einer Besserung subjektiver und objektiver Symptome als auch elektrophysiologischer Parameter, unabhängig von der Ätiologie der Polyneuropathie führen, basiert nicht auf einzelnen Beobachtungen und bestätigt die wichtige Rolle, welche die Ganglioside in Zukunft bei der Behandlung peripherer Neuropathien einnehmen werden.

Zusätzliche Untersuchungen erscheinen jedoch erforderlich, um einige noch strittige Punkte zu klären. Weitere klinische streng kontrollierte Studien (Doppelblind-, Cross-over-Studien) mit größeren Patientenkollektiven scheinen notwendig, um den statistischen Nachweis der Wirksamkeit der Ganglioside zu erbringen.

Zusammenfassung

Es ist bekannt, daß Ganglioside im peripheren Nervensystem in den synaptischen Endigungen und in den synaptischen Membranen eine höhere Konzentration haben und eine wesentliche Rolle beim Ionentransport und bei der Impulstransmission spielen. Aus diesem Grund wurden sie bei der Behandlung peripherer Neuropathien verschiedener Ätiologie angewandt. Es wurden therapeutische Versuche sowohl bei metabolischen, iatrogenen, alkoholischen, posttraumatischen, entzündlichen und idiopathischen Neuropathien, aber auch bei Entrapment-Syndromen, Neuritis optica und ulzeromutilierende Neuropathien durchgeführt. Die vielversprechenden Ergebnisse hinsichtlich der Besserung subjektiver und objektiver Symptome sowie der instrumentellen Parameter scheint darauf hinzuweisen, daß Ganglioside – unabhängig von ihrer Ätiologie – wirksame Substanzen bei der pharmakologischen Therapie peripherer Neuropathien sind.

Weitere kontrollierte Untersuchungen (Doppelblinduntersuchungen, Cross-over-Untersuchungen) an größeren Patientenkollektiven erscheinen erforderlich, um den statistischen Nachweis der Wirksamkeit der Ganglioside zu erbringen.

Summary

It is known that in the peripheral nervous system gangliosides have a higher concentration in synaptic endings and in synaptic membranes playing a significant role in ion transport and stimulus transmission.

On these basis they have been used in the therapy of peripheral neuropathies of different origin.

Trials of therapeutic attempts with gangliosides have been reported in metabolic, iatrogenic, alcoholic, post-traumatic, infective and idiopathic neuropathies, as well as in compression and entrapment syndromes, optic neuritis, and neuropathic ulcers.

Encouraging results in subjective and objective symptomatology, as well as in instrumental features seem to indicate that gangliosides are a promising agent for the pharmacological therapy of peripheral neuropathies, independently of their etiological agent.

However further trials with strictly controlled protocols (double-blind, cross-over) on large number of patients are still needed to obtain statistical evidences of their effectiveness.

Literatur

Accordi M, Croatto-Accordi D (1980) L'uso dei gangliosidi cerebrali nella paralisi idiopatica del ricorrente: primi risultati. Acta Phonoiatr Lat 2:1

Azzoni P (1978) L'impiego dei gangliosidi nella prevenzione della neurotossicità da Vincristina. Policlinico Sez Med 85:255

Bassi S, Albizzati MG, Galloni F, Frattola L (1982) Electromyographic study of diabetic and alcoholic polyneuropathic patients treated with gangliosides. Muscle Nerve 5:351–356

Brechenridge WC, Gombos G, Morgan IG (1972) The lipid composition of adult rat brain synaptosomal plasma membranes. Biochem Biophys Acta 266:695

Buonfiglio R (1976) I gangliosidi in oculistica: primi risultati clinici. Minerva Oftalmol 18/3:99

Campamajo' Tornabell A (1980) Estudio y experiencia clinica con los gangliosidos en ORL. Rev Intern De Orl 8:6

Castellazzo R, Calabria GA, Gandolfo E, Sala D, Hesse A (1978) L'uso terapeutico dei gangliosidi nella patologia oftalmologica: indagini preliminari. Minerva Oftalmol 20:93

Catizone L, Fusaroli M (1978) La neuropatia dell'uremico in emodialisi periodica: risposta clinica ed elettrofisiologica al trattamento con gangliosidi di corteccia cerebrale. Clin Ter 85:395

Ceccarelli B, Aporti F, Finesso M (1976) Effects of brain gangliosides on functional recovery in experimental regeneration and reinnervation. Adv Exp Med Biol 71:275

Cubells JM, de Blas A, Hernando C, Rodriguez del Barrio E (1980) Los gangliosidos de corteza cerebral bovina en el tratamiento de las lesiones radiculares. Med Clin 75:156

Dantona A, Labianca R, Tabiadon D (1978) L'uso dei gangliosidi nel trattamento e profilassi delle neuropatie periferiche da farmaci antiblastici. Ric Sci Educ Parmanente [suppl] 9:155

DeMattos JP, Supulveda FCA, Fontenelle Villaca DL (1981) Emprego dos gangliosidos do cortex cerebral nas neuropatias perifericas. Rev Seara Med Neurocir 10:1

Dreyfus H, Harth S, Urban DF, Mandel P (1976) Stimulation of chick retinal gangliosides synthesis by light. Vision Res 16:1365

Feira C, LaRosa G, Bangioanni C, Venditti C (1978) Azione dei gangliosidi sulla evoluzione delle alterazioni campimetriche nel glaucoma cronico semplice. Minerva Oftalmol 20:127

Ferrandi G (1981) Considerazioni sull'attività dei gangliosidi nel trattamento del mal perforante plantare. Policlinico Sez Med 88:3

Ferromilone F (1976) Sperimentazione clinica controllata con un nuovo preparato a base di gangliosidi. Minerva Med 135:559

Fong JW, Ledeen RW, Kundu SK, Brostoff S (1976) Gangliosides of peripheral nerve myelin. J Neurochem 26:157

Gai AM, Bellucci Sessa M, Angeli S (1980) Valutazioni prognostiche in funzione di nuovi protocolli farmacologici in alcune lesioni del sistema nervoso periferico. Eur Medicophys 16:221

Glaser G, Yu RK (1977) A model of hippocampal epilepsy produced by tetanus toxin. Abstr Am Acad Neurol 29:337

Grillo-Lonati V (1977) The treatment of the peripheral nervous system's lesions in children. Eur Medicophys 13:1

Karpiak SE, Graf L, Rapport MM (1976) Antiserum to brain gangliosides produce recurrent epileptiform activity. Science 194:735

Karpiak SE, Graf L, Rapport MM (1978) Antibodies to GML gangliosides inhibit a learned avoidance response. Brain Res 151:637

Leoni A, Bosco G (1978) I gangliosidi nella terapia dell'herpes zoster. Policlinico Sez Med 85:3

Mamoli B, Brunner G, Mader R, Schanda H (1980) Effect of cerebral gangliosides in the alcoholic polyneuropathies. Eur Neurol 19:320

Marangolo M, Ventura F (1976) Osservazioni cliniche sull'uso dei gangliosidi nelle affezioni dei nervi periferici. Acta Neurol (Napoli) 31:6

Marzot G, d'Agostini N (1972) Studio clinico sull'azione dei gangliosidi nelle polineuriti etiliche. Relazione clinica per la registrazione

Mazzoni S (1976) Sperimentazione clinica controllata sull'attività dei gangliosidi di corteccia cerebrale in alcune affezioni del sistema nervoso. Minerva Med 153:393

McMillan UH, Wherrett JR (1969) A modified procedure for the analysis of mixtures of tissue gangliosides. J Neurochem 16:1621

Meduri R, Poli EG, Maccolini E, Jaboli P (1977) Comportamento elettrocorticale visivo e sensoriale in ambiopi trattati con gangliosidi. G Ital Ortottica 5:97

Mingione A, Monteleone M, Paruzzi G, Soragni O, Moretti C, Mega W, Scanabini F (1979) Research in the use of cerebral gangliosides in neurolysis of the upper limb. Electromyogr Clin Neurophysiol 19:353

Molino R, Tabaro G, Caffaratti P, Albera R (1981) Sperimentazione clinica dei gangliosidi cerebrali nella patologia periferica del VII e dell'VIII nervo cranico. G Ital Ric Clin Ter 2:102

Morgan IG, Tettamanti G, Gombos S (1976) Biochemical evidence of the gangliosides in nerve-endings. In: Porcellati G, Ceccarelli B, Tettamanti G (eds) Ganglioside functions. Plenum Press, New York, p 137

Moss J, Fishman PH, Manganiello VC, Vaughan M, Brady R (1976) Functional incorporation of gangliosides into intact cells: induction of choleragen responsiveness. Proc Natl Acad Sci 73:1034

Negrin P, Fardin P (1978) Influenza dei gangliosidi di corteccia cerebrale sulla evoluzione clinico-elettromiografica della paralisi faciale a frigore. Minerva Med 69:3277

O'Keefe J, Cuatrecasas P (1977) Persistence of exogenous inserted gangliosides GM1 on the cell surface of cultured cells. Life Sci 21:1649

Osset-Gonzales-Rico M, Lopez Vazques JF, Fernandez Vila B, Cid Feijoo A, Vila Pastor B (1980) Ensayo de los gangliosidos en el tratamiento de las neuropatias perifericas. Traum Cir Rehab 10:193

Pavanini G, Turra S, Ortolani M, Volpe A (1979) Il trattamento delle paralisi ostetriche con gangliosidi. Eur Medicophys 15:251

Rapport MM, Mahadik SP (1977) In: Roberts S, Lajtha A, Gispen W (eds) Mechanisms, regulation, and special functions of protein synthesis in the brain. Development in neuroscience, vol 2. Elsevier North Holland, Amsterdam, p 221

Sandrini G, Moglia A, Mola M, Nappi G, Savoldi F, Micieli G (1978) Studio elettrofisiologico sugli effetti dei gangliosidi cerebrali sulla velocità di conduzione in neuropatic di diversa etiologia (Dati preliminari). Ric Sci Educ Permanente [Suppl] 9:129

Sandrini G, Arrigo A, Mola M, Micieli G, Nappi G, Savoldi F (1979) Electromyographic findings in alcoholic neuropathy during treatment with cerebral gangliosides. Meeting of the ital soc of toxicology, 1979

Saraceni V, Alicicco E (1978) Effetto dei gangliosidi somministrati per ionoforesi nella patologia del S.N.P.: valutazione clinica ed elettromiografica. Clin Ter 85:517

Scoppio M, Veneziano L (1980) Ruolo dei gangliosidi in alcune affezioni del S.N.P. Policlinico Sez Med 87:4

Svemmerholm L, Bruce A, Mansson J, Rynmark B, Vanier MT (1972) Sphingolipids of human skeletral muscle. Biochem Biophys Acta 280:626

Die Behandlung der diabetischen Neuropathien mit Gangliosiden: Eine multizentrische Doppelblind-cross-over-Studie bei 140 Patienten

L. Battistin, G. Crepaldi, A. Tiengo, D. Fedele, P. Negrin,
L. Bergamini, G. F. Lenti, G. F. Pagano, W. Troni, N. Canal,
G. Pozza, G. C. Comi, F. Frigato, C. Messina, C. Ravenna,
F. Grigoletto, D. Massari, M. J. Klein und H. Davis

Einleitung

Da bis zum heutigen Tage die Möglichkeiten einer medikamentösen Behandlung peripherer Neuropathien sehr beschränkt blieben, hat sich in den letzten Jahren das Interesse der Neurologen diesem Thema zugewandt. Besonders wünschenswert erscheint es, physiologisch im Nervensystem vorkommende Substanzen, wie z. B. die Ganglioside, als therapeutisches Agens bei Läsionen des peripheren Nervensystems in Anwendung zu bringen.

Bisher wurden zahlreiche klinische Versuche mit Gangliosiden bei verschiedenen Polyneuropathietypen durchgeführt (Di Perri, s. S. 277–281).

Bei der alkoholischen Neuropathie fanden Mamoli et al. (1980) nach einer 4wöchigen Behandlung zwar eine klinische Besserung, jedoch war diese anhand elektrophysiologischer Untersuchungen nicht objektivierbar. Zu ähnlichen Ergebnissen kamen auch Sandrini et al. (1978).

Die Wirkung der Ganglioside bei der Lähmung nach Bell wurde in unserer Abteilung von Negrin u. Fardin (1978) anhand von 64 Fällen untersucht. Die Behandlung war in der Gruppe von Patienten, bei denen eine Axonotmesis nachgewiesen werden konnte, wirksam. Dies äußerte sich in selteneren Auftreten eines Spasmus facialis bei einer behandelten Gruppe (16%) im Vergleich zu einer unbehandelten Gruppe (66%). Das Auftreten eines Spasmus facialis ist bekanntlich Folge einer Fehlsprossung. Diese Ergebnisse wurden auch durch elektromyographische Untersuchungen, welche über eine Beobachtungszeit von 6 Monaten durchgeführt wurden, bestätigt. Andererseits hatten die Ganglioside keinen Einfluß auf den Krankheitsverlauf von Patienten mit Fazialisparese bei neurapraktischer Läsion. Bei diesen Patienten ist die Prognose grundsätzlich gut, und eine komplette Rückbildung der peripheren Fazialisparese wurde jeweils nach ca. 3–4 Wochen erreicht.

Großes Interesse wird der diabetischen Neuropathie entgegengebracht. Bei der diabetischen Neuropathie findet sich häufig eine Veränderung der Nervenleitgeschwindigkeit ohne klinische Zeichen einer peripheren Neuropathie. Abbildung 1 zeigt unsere Beobachtungen über das Verhalten der motorischen Nervenleitgeschwindigkeit (NLG) des N. peronaeus bei gesunden Probanden und Patienten mit Diabetes mellitus (51,2 m/s gegenüber 42,2 m/s) (Negrin et al. 1978). Berücksich-

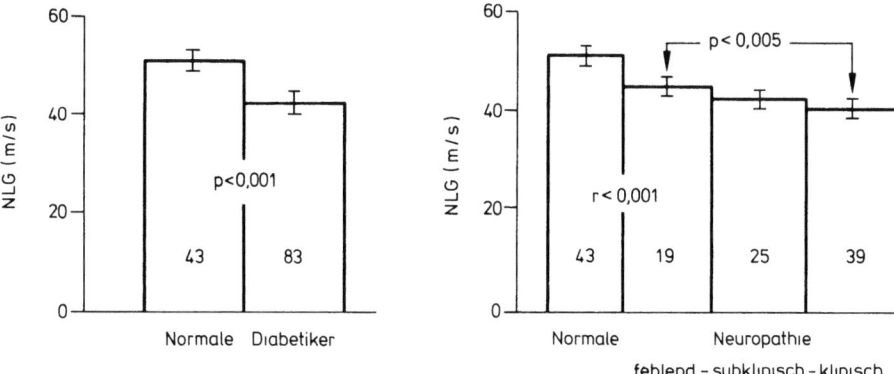

Abb. 1. Verhalten der motorischen NLG des N. peronaeus bei gesunden Probanden und bei Patienten mit Diabetes mellitus

tigt man die Untergruppen, so zeigt sich, daß ca. 50% der Diabetiker keine klinischen Zeichen einer Neuropathie hatten.

In Tabelle 1 ist ein Teil der Ergebnisse der Studie über die Behandlung der diabetischen Neuropathie mit Gangliosiden dargestellt (Pozza et al. 1981). Nach einer Behandlung über 40 Tage findet man eine eindeutige Verbesserung der Nervenleitgeschwindigkeit des N. medianus und eine geringgradige Verbesserung jener des N. peronaeus.

Diese Ergebnisse zeigen bereits, daß die Ganglioside bei der Behandlung peripherer Neuropathien wirksam sind. Um unsere Erfahrungen bei den diabetischen Neuropathien zu erweitern, haben wir eine größere Anzahl Patienten in eine neue Studie aufgenommen und eine Doppelblinduntersuchung über die Wirkung der

Tabelle 1. Vergleich der elektrophysiologischen Untersuchungen bei diabetischer Neuropathie (Nach Pozza et al. 1981)

	Ganglioside		Unbehandelte	
	Vor	Nach	Vor	Nach
N. Medianus				
Latenz	3,30	3,02[a]	3,09	3,12
Amplitude	15,15	16,2	17,29	16,24
NLG	55,45	60,86[b]	59,21	54,43
N. Suralis				
Latenz	4,40	4,20	4,32	4,24
Amplitude	14,70	12,96	14,76	16,06
N. peronaeus				
NLG	40,77	42,85	41,94	40,52
Latenz	5,36	4,91	5,36	5,74

[a] $p > 0,05$
[b] $p < 0,005$

Ganglioside bei der diabetischen Neuropathie gestartet mit dem Ziel zwei Probleme zu klären:

1. die Wirksamkeit oder fehlende Wirksamkeit der Ganglioside bei der Besserung der Nervenleitgeschwindigkeitsveränderungen bei Diabetikern ohne klinische Zeichen einer Neuropathie nachzuweisen;
2. die Wirksamkeit oder fehlende Wirksamkeit von Gangliosiden an Patienten mit klinisch faßbarer diabetischer Neuropathie zu prüfen, und zwar sowohl das klinische Bild als auch die Nervenleitgeschwindigkeitsveränderungen betreffend.

Methode

Vier Universitätszentren wurden in diese Studie eingeschlossen (Padua, Mestre, Mailand und Turin). In jedem Zentrum war sowohl ein neurologisches Team als auch ein Team von Diabetologen an der Studie beteiligt.

Die Einschlußkriterien für die Heranziehung der Patienten zu dieser Studie wurden nach zahlreichen Diskussionen zwischen Neurologen und Diabetologen erarbeitet. Schließlich wurden folgende Kriterien beschlossen:
– Dauer des Diabetes mellitus: zwischen 1 und 10 Jahren (15 Jahre in Protokoll II);
– Alter: zwischen 18 und 55 Jahren.
– Keine Hinweise für zusätzliche Faktoren, welche zu einer peripheren Neuropathie führen können (insbesonders kein Alkoholabusus, kein Nikotinabusus).
– Keine zusätzliche medikamentöse Behandlung, außer Insulin.
– Elektroneurographische Veränderungen in mindestens 2 verschiedenen der 4 untersuchten Nerven, wobei jeder Patient vor Studienbeginn 2 mal elektroneurographisch untersucht wurde, jeweils zu verschiedenen Zeiten und unter Temperaturkontrolle.

Tabelle 2. Untersuchte metabolische und elektroneurographische Parameter

Metabolische Daten	Elektroneurographische Daten
Gewicht	N. medianus
Herzfrequenz	Sensible Nervenleitgeschwindigkeit
Blutdruck	(Finger-Handgelenk)
glykosiliertes Hämoglobin	(Handgelenk-Ellenbeuge)
Plasmaglukose-Tagesprofil	N. suralis
Glykosurie (24 h)	Sensible Nervenleitgeschwindigkeit
Urin-Ketonkörper	N. ulnaris
Elektrolyte	Motorische Nervenleitgeschwindigkeit
	Distale Latenz
	Summenpotentialamplitude
	N. peronaeus
	Motorische Nervenleitgeschwindigkeit
	Distale Latenz
	Summenpotentialamplitude
	Hauttemperatur: 35 °C

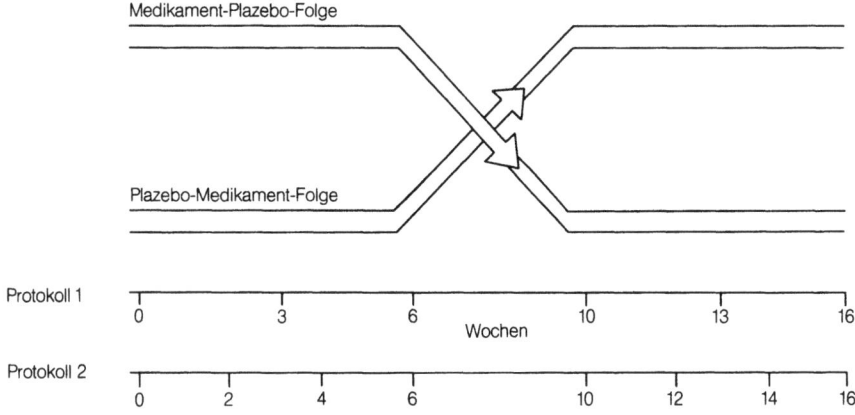

Abb. 2. Versuchsanordnung der Doppelblind-cross-over-Studie

Unter Anwendung dieser Kriterien wurden 97 Patienten in Protokoll I und 43 Patienten in Protokoll II eingeschlossen. Die gesamte Studie dauerte länger als 2 Jahre.

Die klinisch-metabolischen und elektroneurographischen Parameter, welche vor Beginn der Studie und bei jeder Kontrolluntersuchung erfaßt wurden, sind in Tabelle 2 dargestellt. Die Abb. 2 zeigt schematisch die Versuchsanordnung, wobei es sich um eine Doppelblind-cross-over-Studie handelt. Die angegebenen klinischen und Laboruntersuchungen erfolgten jeweils zum Zeitpunkt der angeführten Wochen.

Ergebnisse

Tabelle 3 zeigt die metabolischen Parameter der 2 untersuchten Gruppen und Tabelle 4 die Häufigkeit des Auftretens neurologischer Symptome. Parästhesien und Schmerzen wurden in ca. 50% der Fälle angegeben. In Tabelle 5 sind die elektro neurographischen Veränderungen, welche in beiden Patientengruppen erhalten wurden, dargestellt. In beiden Gruppen fand sich für alle Daten mit Ausnahme jener des Nervus peronaeus eine gute Korrelation zwischen den 2 Vorwerten sowie zwischen der behandelten Gruppe und der Plazebogruppe.

Es sei auch darauf hingewiesen, daß die Nervenleitgeschwindigkeitsveränderungen der Patienten mit klinischen Zeichen einer Neuropathie (Protokoll II) und jener der Patienten ohne klinische Zeichen einer Neuropathie (Protokoll I) sehr ähnlich waren.

Tabelle 6 zeigt die Frequenz der Nervenleitgeschwindigkeitsveränderungen verschiedener untersuchter Nerven. Es zeigt sich, daß Veränderungen häufiger an den unteren Extremitäten nachweisbar sind und daß darüber hinaus die Bestim-

Tabelle 3. Ergebnisse der metabolischen Untersuchungen

		Protokoll 1	Protokoll 2
Patientenanzahl		97	43
Alter	x̄	34,5	43,4[b]
	SD	11,5	8,6
Geschlecht	M	65	26
	F	32	17
Diabetesdauer (Jahre)	x̄	9,4	16[b]
	SD	4	8,6
Täglich Insulin	x̄	51	45[b]
	SD	16	20
GHb	x̄	11,1	11,1
	SD	2,2	2,3
Plasmaglukose			
08:00	x̄	213	230[b]
	SD	85	97
10:00	x̄	229	263[b]
	SD	95	97
14:00	x̄	208	243[b]
	SD	97	100
Glykosurie	x̄	17	15[a]
	SD	20	16
Urinketonkörper	%	14	21[a]

[a] $p < 0,01$
[b] $p < 0,001$

Tabelle 4. Häufigkeit von Symptomen der Neuropathie

	Parästhesien				Schmerzen			
	Keine	Selten	Häufig	Täglich	Keine	Selten	Häufig	Täglich
n	54	43	31	12	89	24	23	4
%	38,6	30.7	22,1	8,6	63,6	17,1	16,4	2,9

mung der sensiblen Nervenleitgeschwindigkeit ein empfindlicherer Parameter bei der Erfassung einer diabetischen Polyneuropathie ist als die Bestimmung der motorischen Nervenleitgeschwindigkeit.

Schlußfolgerungen

Eine Aussage über die Wirksamkeit der Ganglioside bei der Behandlung der diabetischen Neuropathie ist uns derzeit nicht möglich, da der Schlüssel zum Doppelblindversuch noch nicht geöffnet ist. Trotzdem glauben wir, daß unsere Studie an-

Tabelle 5. Elektroneurographische Veränderungen

	*	Protokoll 1 (n=97)		Protokoll 2 (n=43)	
		Vorversuch A (m/s)	Vorversuch B (m/s)	Vorversuch A (m/s)	Vorversuch B (m/s)
N. medianus					
Sensible Nervenleitgeschwindigkeit	D	46,2±6,2	46,2±6,1	44,8±6,4	44,6±7,1
(Finger-Handgelenk)	P	46,5±6,5	46,6±6,1	44,8±8,1	44,6±7,8
Sensible Nervenleitgeschwindigkeit	D	54,8±4,1	54,1±4,3	54,2±5,2	54,3±6,1
(Handgelenk-Ellenbeuge)	P	53,9±4,0	54,3±4,0	53,9±5,4	53,2±4,7
N. suralis					
Sensible Nervenleitgeschwindigkeit	D	40,5±5,0	40,9±4,6	40,7±4,5	40,1±4,8
	P	42,1±4,1	41,4±4,4	39,5±6,0	40,3±6,6
N. ulnaris					
Motorische Nervenleitgeschwindigkeit	D	50,0±4,2	50,3±3,7	48,1±4,8	47,9±3,8
(Ellenbeuge-Handgelenk)	P	50,2±4,2	50,2±3,8	49,9±6,2	48,3±5,1
N. peronaeus					
Motorische Nervenleitgeschwindigkeit	D	38,9±4,6	38,9±4,6	39,1±5,1	38,2±4,6
(Knie-Fußrist)	P	42,1±4,7	41,4±4,4	38,4±4,0	37,9±4,0

* D = Medikament-Plazebo-Folge;
P = Plazebo-Medikament-Folge

Tabelle 6. Häufigkeit von Nervenleitgeschwindigkeitsveränderungen (NLG = Nervenleitgeschwindigkeit)

Nerven	Nr.	%
N. suralis		
Sensorische NLG	118	84,3
N. ulnaris		
Motorische NLG	107	76,4
N. peronaeus		
Motorische NLG	103	73,6
N. medianus		
Sens. NLG (Handgelenk-Ellenbeuge)	96	68,6
N. medianus		
Sens. NLG (Finger-Handgelenk)	68	48,6

hand der Analyse der vor Studienbeginn erhaltenen Werte einige Rückschlüsse erlaubt:

a) Die diabetische Neuropathie überwiegt an den unteren Extremitäten und betrifft die sensiblen Fasern stärker als die motorischen, wenngleich Veränderungen an den Armnerven ebenfalls häufig sind.

b) Symptome der Neuropathie, wie Parästhesien und Schmerzen, kommen in ca. 50% der Fälle vor, treten jedoch beim einzelnen Patienten manchmal nur gelegentlich auf.

c) Das Ausmaß der Abnahme der Nervenleitgeschwindigkeit steht nicht in Beziehung zum klinischen Auftreten einer Neuropathie, während das Alter, die Diabetesdauer und die metabolischen Parameter zwischen den zwei Gruppen gewisse

Unterschiede aufweisen. Dies dürfte darauf hinweisen, daß diese Faktoren für das Auftreten einer diabetischen Neuropathie nicht so relevant sind wie dies in der Vergangenheit angenommen wurde.

Zusammenfassung

Nach einer kurzen Übersicht über die Wirkung der Ganglioside bei peripheren Neuropathien, und zwar speziell der diabetischen Neuropathie, wird das Untersuchungsprotokoll einer multizentrischen Doppelblind-cross-over-(Pharmakon gegen Plazebo) Untersuchung über die Wirksamkeit von Gangliosiden bei der diabetischen Neuropathie vorgestellt. Die Studie wurde an 140 Patienten an vier Universitätszentren (Padua, Mailand, Turin und Mestre) durchgeführt. Die Patienten wurden in zwei Gruppen in Abhängigkeit des Vorliegens oder Fehlens klinischer Zeichen einer Neuropathie eingeteilt. Eine Aussage über die Ergebnisse über die Wirksamkeit der Ganglioside bei diabetischer Polyneuropathie ist noch nicht möglich.

Die hier dargestellten vorläufigen Ergebnisse betreffen die metabolischen und elektroneurographischen Veränderungen in den zwei erwähnten Gruppen.

Summary

After a brief review on the effects of gangliosides in peripheral neuropathies and especially diabetic ones, the methodology of a multicenter double-blind cross-over (drug against placebo) clinical trial on gangliosides in diabetic neuropathy is presented. The study was done in 140 patients in four University Hospital Centers (Padova, Milano, Torino, Mestre). The patients were divided into two groups depending on whether or not clinical signs of diabetic neuropathy were present.

The preliminary results of the basic conditions regarding both metabolic and electroneurographic alterations found in the two groups of patients are also presented.

Literatur

Mamoli B, Brunner G, Mader R, Schanda H (1980) Effects of cerebral gangliosides in the alcoholic polyneuropathies. Eur Neurol 19:320–326

Negrin P, Fardin P (1978) Influenza dei gangliosidi di corteccia cerebrale sull'evoluzione clinico-EM-Grafica della paralisi facciale „a frigore". Minerva Med 69:3277–3282

Negrin P, Fardin P, Fedele D, Tiengo A, Battistin L (1978) Clinical and electromyographical observation on 83 cases of diabetic neuropathy. In: Canal N, Pozza G (eds) Peripheral neuropathies. Elsevier, Amsterdam, pp 281–285

Pozza G, Saibene V, Comi G, Canal N (1981) The effect of ganglioside administration in human diabetic peripheral neuropathy. In: Rapport MM, Gorio A (eds) Gangliosides in neurological and neuromuscular function, development and repair. Raven Press, New York, pp 253–257

Sandrini G, Moglia A, Mola M, Nappi G, Savoldi F, Micieli G (1978) Studio elettrofisiologico sugli effetti dei gangliosidi cerebrali sulla velocità di conduzione in neuropatie di diversa etiologia. Riv Sci Ed Parm 9:129–137

Klinische und elektrophysiologische Befunde zur Therapie diabetischer Polyneuropathien mit einem eiweißfreien Hämodialysat (Actovegin)[*]

M. POREMBA und H. M. KROTT

Einleitung

Für die symmetrische Form der Polyneuropathien beim Diabetes mellitus wird eine metabolische Genese angenommen. Klarheit über die Art der metabolischen Störung besteht nicht (THOMAS 1978). Nach einer Hypothese von SPENCER et al. (1979) entsteht beim Diabetes ebenso wie bei bestimmten toxischen Polyneuropathien durch eine spezifische Enzymläsion des axonalen Energiestoffwechsels eine Inhibition des axonalen Transports mit konsekutiver distaler axonaler Degeneration, die sekundär in eine demyelinisierende Polyneuropathie einmünden kann. Die therapeutische Konsequenz des pathophysiologischen Modells von SPENCER et al. (1979) wäre eine Behandlung einer solchen „Grundstörung" des axonalen Energiestoffwechsels durch eine Enzym- oder Substratsubstitution. Wir berichten über die elektrophysiologisch kontrollierte Behandlung diabetischer Polyneuropathien mit einem eiweißfreien Hämodialysat (Actovegin), für das außer einer insulinähnlichen Aktivität (HEIDRICH et al. 1974) und einer Aktivierung oxidativer Stoffwechselvorgänge u. a. eine Steigerung der ATP-Syntheserate nachgewiesen wurde (SCHÄFER u. LAMPRECHT 1965; PARADE et al. 1968).

Methodik

18 insulinpflichtige Diabetiker mit einer symmetrischen sensibel-motorischen Polyneuropathie (Erkrankungsdauer bis zu 6 Jahren) erhielten über 30 Tage eine Infusionsbehandlung mit Actovegin (20%ige Lösung, 250 ml/Tag). Neben dem klinisch-neurologischen Befund anhand eines standardisierten, semiquantitativen Untersuchungsprotokolls wurden folgende elektrophysiologische Parameter vor und nach Behandlung verglichen: a) EMG, b) NLG sensibel (Nn. suralis und medianus) und motorisch (N. peronaeus communis), c) Signalparameter des orthodromen sensiblen Medianus-Nervenaktionspotentials unter intra- und interindividuell konstanten Meßbedingungen (Hauttemperatur, Elektrodenabstand).

---

[*] Hormon-Chemie München

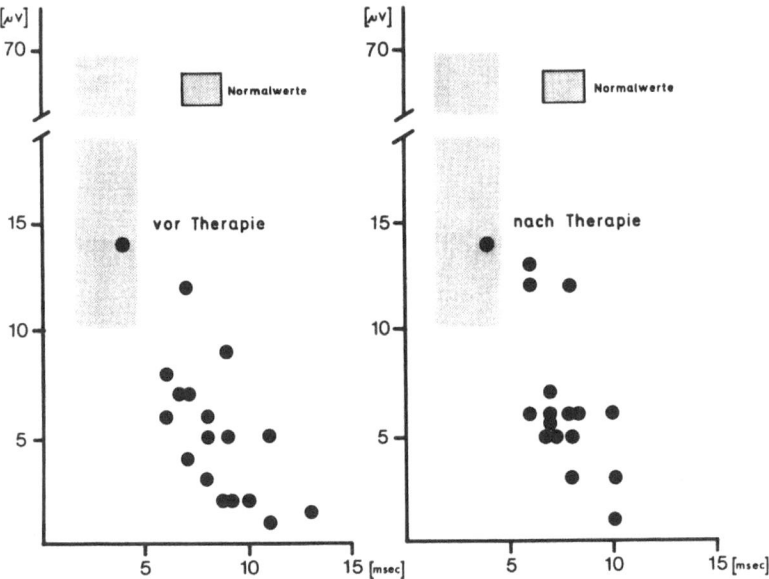

Abb. 1. Absolutwerte von Dauer und Amplitude der Medianus-Nervenaktionspotentiale bei Patienten mit diabetischer Polyneuropathie (n = 18) vor und nach Therapie mit Actovegin

Ergebnisse

- Nach Behandlungsabschluß war es bei 13 Kranken zu einer Rückbildung der zuvor prominenten sensiblen Reizsymptomatik mit Sistieren der chronischen sensiblen Meßempfindungen („burning feet", Spontanschmerzen) gekommen.
- Bei 8 Patienten hatte die Ausprägung der pathologischen Spontanaktivität abgenommen; bei 2 dieser Patienten konnte in den untersuchten Muskeln keine pathologische Spontanaktivität mehr abgeleitet werden.
- Die Absolutwerte der maximalen motorischen und sensiblen NLG zeigten keine signifikanten Änderungen.
- Bei der quantitativen Analyse der Signalparameter des sensiblen orthodromen Medianus-NAP fand sich in 7 Fällen eine Synchronisierung mit Zunahme der Amplitude und Verkürzung der Potentialdauer bei gleichbleibender Phasenzahl (Abb. 1 u. 2).

Schlußfolgerungen

Als die biochemische Hauptwirkung des eiweißfreien Hämodialysats ist eine Steigerung des energieliefernden Membranstoffwechsels beschrieben (KIRCHHOFF et al. 1972). Eine Störung des axonalen Energiestoffwechsels ist nach der Hypothese von SPENCER et al. (1979) das pathophysiologische Substrat der Polyneuropathie beim

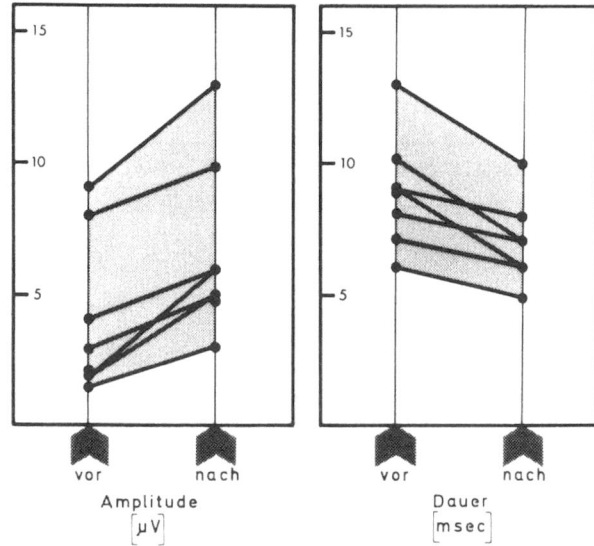

Abb. 2. Signalparameter der sensiblen Medianus-Nervenaktionspotentiale bei 7 Patienten mit Vergleich der Ausgangswerte (*vor*) gegenüber den Meßwerten nach Behandlungsabschluß (*nach*)

Erwachsenendiabetes. Sowohl die von uns gefundene Synchronisierung der pathologisch konfigurierten sensiblen Medianus-NAP als auch die Dämpfung der pathologischen Spontanaktivität, die als Ausdruck einer autorhythmischen, fortgeleiteten Membraninstabilität der denervierten Muskelfaser verstanden wird (DESMEDT 1978), können mit der Teilrestitution des gestörten Membranstoffwechsels durch die hochdosierte Monotherapie mit Actovegin erklärt werden. Wegen der klinisch deutlichsten Befundbesserung bei Patienten mit ausgeprägten sensiblen Reizsymptomen nehmen wir eine bevorzugte Wirkung auf die großkalibrigen Markfasern an, welche einerseits eine erhöhte metabolische Vulnerabilität zeigen (SPENCER et al. 1979), andererseits bei diesem klinischen Typ der Polyneuropathien überproportional häufig geschädigt sind (LOURIE u. KING 1966).

Zusammenfassung

18 Patienten mit symmetrischer sensibler diabetischer Polyneuropathie erhielten 30 Tage lang eine hochdosierte Infusionsbehandlung mit einem eiweißfreien Hämodialysat (Actovegin).

Nach Behandlungsabschluß zeigten 13 Patienten eine klinische Besserung mit Sistieren der sensiblen Reizsymptomatik. Die Signalparameter des unter standardisierten Bedingungen registrierten sensiblen orthodromen Nervenaktionspotentials (N. medianus) wiesen bei 7 Kranken eine Synchronisierung mit Verkürzung der Potentialdauer und Zunahme der Potentialamplitude auf; die Absolutwerte der maximalen sensiblen und motorischen Nervenleitgeschwindigkeiten zeigten keine signifikanten Änderungen. Elektromyographisch war zusätzlich bei 2 dieser Patienten keine pathologische Spontanaktivität mehr nachweisbar, deren Ausprägung bei 6 weiteren Patienten deutlich vermindert.

Als das Substrat einer klinisch und elektrophysiologisch dokumentierten Befundbesserung diabetischer Polyneuropathien durch Actovegin wird ein Einfluß auf den gestörten energieliefernden Stoffwechsel des axoplasmatischen Transports und der Muskelfaser durch eine Steigerung der Glukose-Utilisation und der ATP-Syntheserate diskutiert.

Summary

18 patients with symmetrical diabetic polyneuropathy were treated with deproteinated hemoderivate (Actovegin) for 30 days. After the end of treatment, 13 patients showed clinical improvement with complete recovery from pain and paresthesia.

In 7 patients the sensible orthodromic nerve action potential of the median nerve, which was registered under standardized conditions, was better synchronized with shorter duration and higher amplitude of the potential.

Sensible and motor conduction velocities did not change significantly. Electromyographically spontaneous electric activity was considerably reduced in 6 patients and ceased completely in another 2 patients.

The improvement of the clinical and electrophysiological findings is suggested to be the result of increased glucose utilization and a higher rate of ATP synthesis in muscle fiber and axon.

Literatur

Desmedt JE (1978) In: Cobb WA, van Duijn H (eds) Contemporary clinical neurophysiology. Elsevier, Amsterdam
Heidrich H, Meier JM, Schirop T, Frisius H, Kleinert W (1974) Med Klin 69:1981–1985
Kirchhoff HW, von Maillot K, Rahlfs VW, Reichel H (1972) Int J Clin Pharmacol 6:375
Lourie H, King RB (1966) Arch Neurol (Chic) 14:313
Parade D, Biro G, Kettel H, Mitzuno M, Mittenzwei H, Weinges KF (1968) Arzneimittel-Forsch 18:1019
Schäfer G, Lamprecht W (1965) Arzneimittel-Forsch 15:757
Spencer PS, Sabri MI, Schaumburg HH, Moore CL (1979) Ann Neurol 5:501
Thomas PK (1978) In: Canal N, Pozza G (eds) Peripheral neuropathies. Elsevier/North-Holland, Amsterdam

Gemischte Kryoglobulinämie:
Therapie und elektrophysiologische Verlaufsbeobachtung

W. Hacke, R. Christoph, P. W. Hartl und E. Genth

Einleitung

Kryoglobulinämien können aus verschiedenster Ursache und mit dem Nachweis ganz unterschiedlicher Paraproteine auftreten. Eine Übersicht über mögliche ätiologische Ursachen und eine praktikable Einteilung der Kryoglobulinämien auf Grund der immunologischen Befunde gibt Tabelle 1, die von Lightfoot (1981) stammt. Garcin et al. (1957) beschrieben als erste das Auftreten einer peripheren Neuropathie bei einer Kryoglobulinämie. Logothetis et al. (1968) kamen auf Grund von 12 eigenen Fällen und einer Literaturübersicht über 125 weitere Patienten mit Kryoglobulinämie zu dem Schluß, daß mindestens bei 7% aller Kryoglobulin-Patienten mit einer Polyneuropathie zu rechnen sei. Brouet et al. (1974) rechnen in 17% der Fälle mit neurologischen Symptomen. Sie weisen darauf hin, daß neurologische Ausfälle bei der essentiellen gemischten Kryoglobulinämie häufiger auftreten als bei sekundären Kryoglobulinämie. Sowohl Butler u. Palmer (1955) als auch Brouet et al. (1974) berichteten über die Kombination einer Panarteriitis nodosa mit einer essentiellen Kryoglobulinämie.

Weitgehend übereinstimmend wird in der Literatur eine asymmetrisch verteilte, initial überwiegend sensible Neuropathie als typisch für eine Kryoglobulin-Polyneuropathie beschrieben, wobei die sensiblen Störungen zumeist dort beginnen, wo ein Raynaud-Phänomen besteht. Schon Garcin beschrieb die Betonung distaler Sensibilitätsstörungen, die asymmetrische Verteilung der später auftretenden Paresen, kombiniert mit Ulzerationen und Akrozyanose. Seltener wird über symmetrische sensomotorische Polyneuropathie berichtet (Charmot et al. 1959; Brouet et

Tabelle 1. Klassifikation der Kryoglobuline (nach Lightfoot 1981)

Monoklonal	Gemischt (Rheumafaktor (RF) IgG-Komplexe)	
	Mit polyklonalen RF	Mit monoklonalen RF
– Bei Myelomen	(IgM, IgG und/oder IgA)	– Bei lymphoproliferativen
– Bei Lymphomen	– Bei chronischen Entzündungen	Erkrankungen
– Bei Makroglobulinämie	– Bei Autoimmunkrankheiten	
– Essentiell	– Essentiell	– Essentiell

al. 1974). Histologisch finden sich im Nervenpräparat perivaskuläre Infiltrationen, eine axonale Degeneration und ein sekundärer Verlust von myelinisierten Fasern (McLeod u. Walsh 1975). Cream et al. (1974) beschrieben eine ausgedehnte lymphozytäre und plasmazelluläre Infiltration der Nervenfaszikel.

Eigene Untersuchungen

Wir haben im letzten Jahr 4 Patienten mit einer Polyneuropathie bei essentieller Kryoglobulinämie neurologisch und neurophysiologisch untersuchen können.

In allen Fällen konnten wir eine pathologische Aufsplitterung und Amplitudenverminderung der sensibel orthodromen Potentiale des N. suralis bzw. des N. medianus feststellen. Die sensibel orthodrome Neurographie erbrachte als einziges Untersuchungsverfahren bei allen Patienten pathologische Ergebnisse. An dieser Stelle möchten wir exemplarisch über die Therapie und die elektrophysiologische Verlaufsbeobachtung bei einer Patientin berichten, die wir im Frühjahr 1981 mehrfach untersuchen konnten.

Fallbericht. B. K., 59 Jahre, weiblich. Anamnese: Seit Kindheit Raynaud-Phänomen beider Hände, 1963 oberflächliche Hautulzerationen beider Unterschenkel, 1979 intermittierende Parästhesien der unteren Extremität, Schwellung der Akren, Muskelschmerzen. 1980 Radialisparese rechts, Besserung nach Gabe von Kortikoiden.

Herbst 1980 rezidivierende Lungenperfusionsstörungen. Im gleichen Jahr Quadrizepsbiopsie wegen fortdauernder Muskelschmerzen und Parästhesien. Diese Biopsie wurde zunächst als normal beurteilt, inzwischen ist das Präparat nochmals von Herrn Prof. Schröder, Abteilung Neuropathologie, Aachen, durchgesehen worden, der Hinweise auf eine mäßiggradige, chronisch neurogene Muskelatrophie mit perivaskulären histiozytären Infiltrationen fand.

Im November 1980 deutliche Verschlechterung des neurologischen Befundes mit schwerer sensibler Ataxie, Ulnarisparese links, Medianusparese links, Radialisparese rechts, Fingergangrän (histologische Gefäßwandhyalinose, keine Vaskulitis, Fibrin- und IgG-Ablagerung in den Gefäßen). Im Januar 1981 Aufnahme in die Rheumaklinik Aachen mit Verdacht auf Panartheriitis nodosa. Im Februar wurde die Patientin konsiliarisch in der Abteilung Neurologie des Klinikums der RWTH Aachen gesehen. Im Vordergrund des neurologischen Befundes standen eine fortgeschrittene sensomotorische Polyneuropathie mit Areflexie, asymmetrisch betonten Paresen, erhebliche Muskelatrophien, sensible Ataxie mit aufgehobener distaler Pallästhesie. Erhebliche trophische Störungen und Hautulzerationen.

Abbildung 1 zeigt die synoptische Darstellung von Therapie, Verlauf, Kryoglobulinkonzentrationen im Serum, Titer des Waaler-Rose-Tests und der Titer des C_{1q}-Binding-Assays. Die Werte der Kryoglobulinkonzentration sind logarithmisch aufgetragen. Als Kryoglobuline wurden ein monoklonales IgM-Kappa-Globulin mit hohen Rheumafaktoreigenschaften und polyklonale IgG-Paraproteine identifiziert.

Elektrophysiologische Befunde

Tabelle 2 zeigt die Auflistung der wesentlichen elektrophysiologischen Befunde. Hier sind nur Ergebnisse von Untersuchungen wiedergegeben, die bei mindestens zwei der drei EMG-Ableitungen durchgeführt wurden und somit vergleichbar waren.

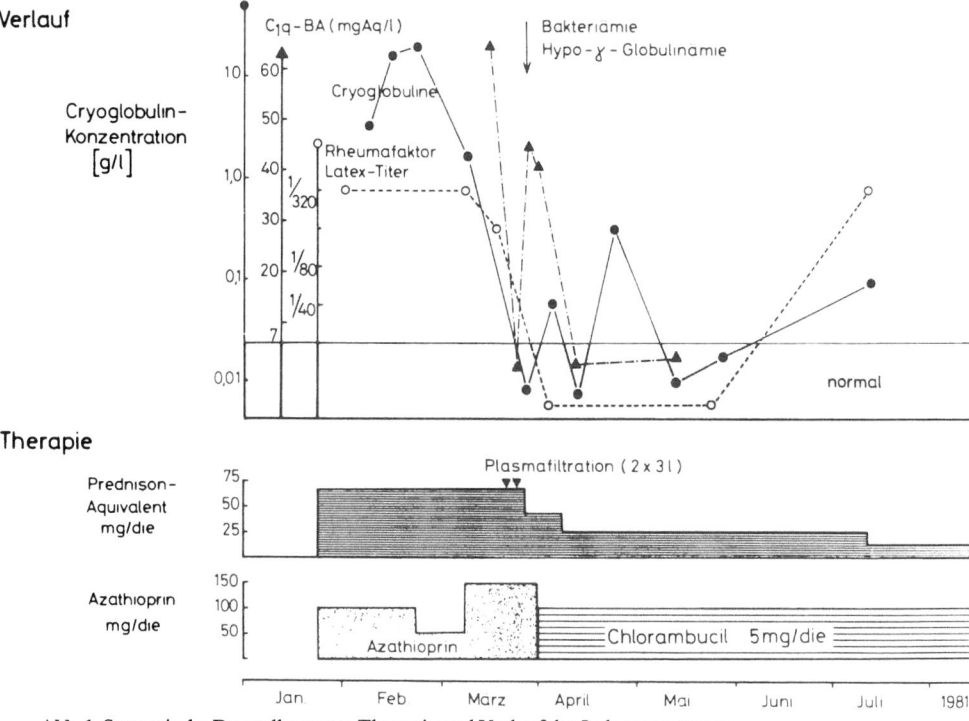

Abb. 1. Synoptische Darstellung von Therapie und Verlauf der Laborparameter

Tabelle 2. Peetom-Meltzer-Syndrom (gemischte Kryoglobulinämie). EMG-Befunde

	24. 2. 1981	15. 5. 1981	6. 7. 1981
EMG			
M. ext. dig. brevis li.	Nicht sondierbar	M. ext. dig. jetzt sondierbar	Seltenere Fibrillationen
M. tib. ant. li.	Fibrillationen + psw	Befund in allen Muskeln unverändert Einzeloszillationen bis hochgradig gelichtet	Polyphasische PmE
M. peroneus long. li.	Überwiegend polyphasische PmE		Leichte Zunahme des Aktivitätsmusters
M. quadriceps fem. li.	Einzeloszillationen		
M. opp. pollicis li.			
ENG			
Motorisch			
N. peronaeus li.	Distal nicht bestimmbar; caput Fibulae NLG 40 m/s	31 m/s; Ampl. 300 µV	Nicht untersucht
N. medianus li.	38 m/s; Ampl. 200 µV	52 m/s; Ampl. 300 µV	46 m/s; Ampl. 400 µV
Sensibel orthodrom			
N. suralis li.	Nicht reproduzierbar	35 m/s; Ampl. 1 µV	Nicht untersucht
N. medianus li.	Als nicht reproduzierbar befundet	32 m/s; Ampl. 1 µV	44 m/s; 1,5 µV

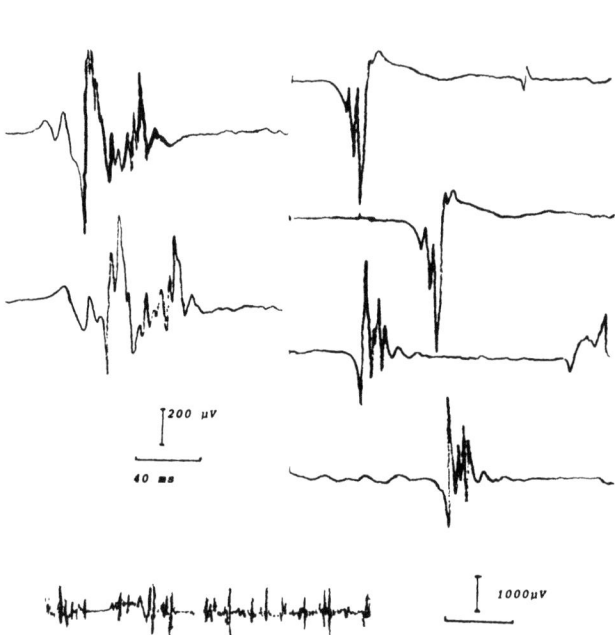

Abb. 2. Drei Potentialpaare aus dem M. tibialis anterior und maximales Aktivitätsmuster

Bei der ersten Untersuchung war der M. extensor digitorum brevis links nicht sondierbar. In den übrigen untersuchten Muskeln fanden sich viele Fibrillationspotentiale und positive, scharfe Wellen, überwiegend lange, polyphasisch umgebaute Potentiale motorischer Einheiten und eine bis auf Einzeloszillationen reduziertes Aktivitätsmuster.

Abbildung 2 zeigt drei Potentialpaare aus dem M. tibialis anterior sowie das maximale Aktivitätsmuster aus dem genannten Muskel.

Die Nervenleitgeschwindigkeit des N. medianus zeigte zwar für die schnellsten Fasern noch eine normale Nervenleitgeschwindigkeit, Amplitude und Dauer des Muskelantwortpotentials waren jedoch deutlich pathologisch (Abb. 3).

Die Besserung des klinischen Befundes im Anschluß an die zweimal durchgeführte Plasmapherese unter weiter fortgeführter immunsuppressiver Therapie machte sich zwar schon in einer leichten Zunahme des Aktivitätsmusters bei besserer Kraftentwicklung in den meisten untersuchten Muskeln bemerkbar, besonders deutlich wurde sie jedoch bei der Untersuchung der sensibel orthodromen Nervenleitgeschwindigkeit des N. medianus. Abbildung 4 zeigt die Entwicklung der sensibel orthodromen Potentiale bei den drei verschiedenen Untersuchungsterminen. Am 24. 2. 1981 wurde das abgebildete Potential als nicht befundbar bewertet.

Bei allen drei Untersuchungsterminen waren die Untersuchungsbedingungen identisch, lediglich bei der ersten Untersuchung gelang es nicht, eine motorische Reizschwelle von unter 1,0 mA bei einer Reizung von 0,2 ms zu erzielen, hier mußte ein Wert von 2,0 mA als gerade erreichbar akzeptiert werden.

Gemischte Kryoglobulinämie

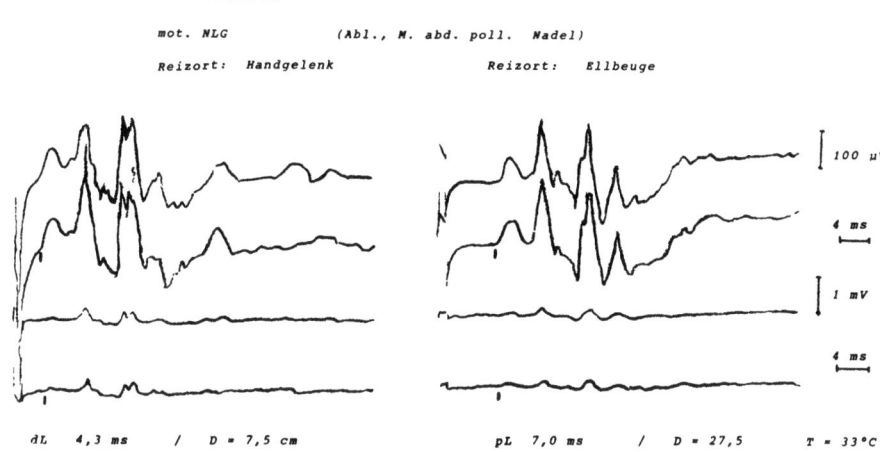

Abb. 3. Nervenleitgeschwindigkeit, Amplitude und Dauer des Muskelantwortpotentials des M. abductor pollicis nach Stimulation des N. medianus links im Bereich des Handgelenks (*links*) und der Ellenbeuge (*rechts*)

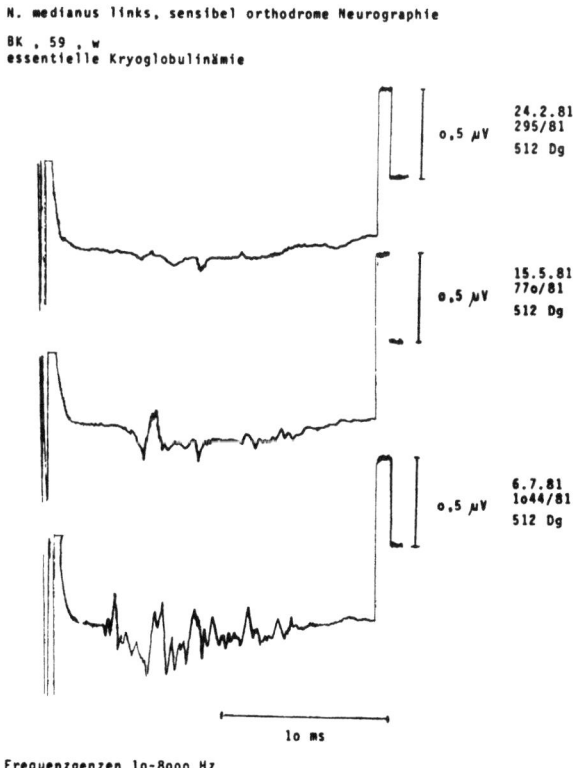

Abb. 4. Sensibles orthodromes Nervenaktionspotential des N. medianus links im Längsverlauf

Diskussion

Das klinische und neurophysiologische Bild der Kryoglobulin-Polyneuropathie ähnelt den Befunden, die man auch bei anderen Paraproteinämien oder auch der Panarteriitis nodosa findet (GIBBELS 1980; BISCHOFF 1981; LUDIN u. TACKMANN 1979).

Neurophysiologische Untersuchungen bei essentieller Kryoglobulinämie sind wiederholt mitgeteilt worden. LOGOTHETIS et al. (1968) fanden nadelmyographisch Fibrillationspotentiale und eine Reduktion der Anzahl motorischer Einheiten. Die motorischen Nervenleitgeschwindigkeiten der oberen Extremitäten waren normal, die der unteren Extremitäten deutlich verzögert. Über Messungen der sensiblen Nervenleitgeschwindigkeiten wurde nicht berichtet. In einem der Fälle von CREAM et al. (1974) wurde eine geringfügige Verzögerung der motorischen Nervenleitgeschwindigkeiten bei Ausfall der sensiblen Potentiale angegeben. Überwiegend finden sich in der Literatur Angaben über neurogen veränderte Potentiale motorischer Einheiten, Lichtung des Aktivitätsmusters, jedoch keine Mitteilungen über die Anwendung der sensibel orthodromen Neurographie.

Der geschilderte Verlauf zeigt die Möglichkeit einer elektrophysiologischen Verlaufsbeobachtung und Therapiekontrolle bei konsequenter Immunsuppression mit Hilfe der sensiblen Neurographie auf.

Zusammenfassung

Es wird über die elektrophysiologischen Befunde bei einer Patientin mit exzessiver, essentieller Kryoglobulinämie berichtet, deren schwere axonale Polyneuropathie, die inzwischen histologisch gesichert ist, nach Plasmapheresebehandlung und unter kontinuierlicher Immunsuppression eine deutliche Besserungstendenz zeigte. Darüber hinaus wird eine Literaturübersicht über die Häufigkeit neurologischer Symptome bei essentieller Kryoglobulinämie gegeben. Die Bedeutung der sensibel orthodromen Neurographie für die Verlaufsbeobachtung und die Erfassung beginnender neurogener Symptome wird betont.

Summary

A report is given on the electrophysiological findings during immunosuppressive therapy of a case of severe essential cryoglobulinemia. The histologically verified neuropathy showed a marked improvement. The literature concerning neurological symptoms in essential cryoglobulinemia is reviewed. The usefullness of orthodromic sensory neurography is emphasized.

Literatur

Bischoff A (1981) Polyneuropathien bei Paraproteinämien und Fettstoffwechselstörungen. In: Hopf HC, Poeck K, Schliack M (eds) Neurologie in Praxis und Klinik. Thieme, New York, S 2.44–2.47

Brouet J-C, Clauvel J-P, Danon F, Klein M, Seligmann M (1974) Biologic and clinical significance of cryoglobulins. Am J Med 57:775–788

Butler KR, Palmer JA (1955) Cryoglobulinemia in poliarteritis nodosa with gangrene of extremities. Can Med Assoc J 72:686–688

Charmot G, Laplane G, Andre L-J, Ferrand J (1959) Cryoglobulinémie essentielle avec érythème polymorphe et acroparesthésies. Presse Med 67:1939

Cream JJ, Hern JFC, Hughes RAC, Mackienzie ICK (1974) Mixed or immune-complex cryoglobulinämia and neuropathy. J Neurol Neurosurg Psychiatry 37:82

Garcin R, Mallarmé J, Rondot P (1957) Cryoglobulinémie et névrite multiple des membres inférieurs. Rev Neurol (Paris) 97:147

Gibbels E (1980) Tabellarische Anteilung zur Differentialdiagnose der Polyneuropathien. Fortschr Neurol Psychiatr 48:31–66

Lightfoot RW (1981) Cryoglobulinemia. In: Kelly W (ed) Textbook of rheumatology. Saunders, Philadelphia London Toronto, pp 1378–1385

Logothetis J, Kennedy WR, Williams RC, Ellington A (1968) Cryoglobulinemia neuropathy. Incidence and clinical characteristics. Arch Neurol 19:389–397

Ludin HP, Tackmann W (1979) Sensible Neurographie. Thieme, Stuttgart

McLeod IG, Walsh GC (1975) Neuropathies associated with paraproteinemia and dysproteinemia. In: Dyck PI, Thomas PK, Lambert GA (eds) Peripheral neuropathy, vol 2. Saunders, Philadelphia, pp 1012–1026

Intensivbehandlung lebensbedrohlicher Polyneuritiden

V. Schuchardt, E. Finke, M.-T. Klein und R. Heitmann

Unter den Patienten mit idiopathischen und entzündlichen Polyneuritiden, die zwischen 1970 und 1979 in der Universitäts-Nervenklinik Köln behandelt wurden, befanden sich 35 Kranke mit schweren Verläufen. Ausschließlich über diese Patienten soll hier berichtet werden. Sie mußten ausnahmslos wegen Atemmuskellähmungen und Hirnnervenausfällen intubiert und beatmet werden. Betroffen waren 21 Männer und 14 Frauen; zum Zeitpunkt der Erkrankung betrug das Lebensalter zwischen 20 und 75 Jahre (Abb. 1).

Die maschinelle Beatmung, Ernährung, instrumentelle Überwachung und krankengymnastische Betreuung erfolgt nach den Gesetzen der Intensivmedizin (s. a. Heitmann u. Kunst 1967). Neben der Thromboseprophylaxe mit Marcumar ab 1973, Heparin ab 1974 und Heparin-Dihydroergotamin in einer fixen Kombination ab 1978 in subkutanen Gaben sowie einer nur in den letzten Jahren durchgeführten Ulkusprophylaxe erfolgte die medikamentöse Gabe von Antibiotika, Herzglykosiden, Antiarrhythmika und Sedativa jeweils unter strenger Indikationsstellung.

In 33 Fällen stellten wir die Diagnose einer idiopathischen Polyneuritis, einmal konnten wir eine Mykoplasmeninfektion und einmal eine Zytomegalieinfektion nachweisen. Beide Verläufe unterschieden sich nicht von denen der idiopathischen Polyneuritiden. Die Auswahl besonders schwerer Krankheitsbilder zeigt Tabelle 1 auf.

Wir haben drei Gruppen gebildet: Neben 25 Fällen mit einem tetraparetischen Syndrom und Hirnnervenbefall (Tetraparesetyp) boten 6 Kranke einen Tetrapara-

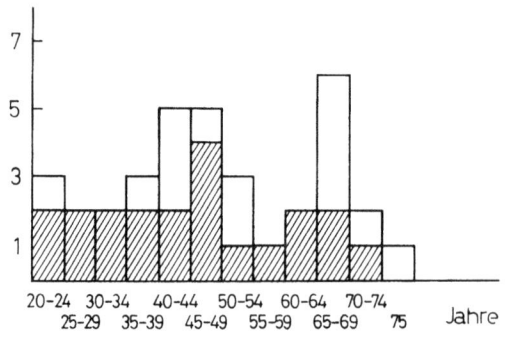

Abb. 1. Altersverteilung bei 35 Patienten mit schwersten Polyneuritiden

Metabolische und entzündliche Polyneuropathien.
Herausgegeben von Gerstenbrand/Mamoli
© Springer-Verlag Berlin Heidelberg 1984

Tabelle 1. Klinisches Erscheinungsbild bei 35 Patienten mit schwersten Polyneuritiden

Panparalysetyp	Tetraparalyse, Atemmuskelparalyse, Paralyse aller motorischen Hirnnerven (4 Fälle)	Mit Lähmung der inneren Augenmuskeln	3
		Ohne Lähmung der inneren Augenmuskeln	1
Tetraparalysetyp	Tetraparalyse, Atemmuskelparese bis -paralyse (6 Fälle)	Mit Hirnnervenbefall	5
		Ohne Hirnnervenbefall	1
Tetraparesetyp	Tetraparese, Atemmuskelparese	Mit Hirnnervenbefall	17
		Ohne Hirnnervenbefall	8

Tabelle 2. Komplikationen bei 35 Patienten mit schwersten Polyneuritiden

Herz-Kreislauf-System		30	
Rhythmusstörungen	20		Tödlich 4
Kardiogener Schock	8		Tödlich 4
RR-Fehlregulation	3		
Respirationstrakt		22	
Pneumonie	19		Tödlich 3
Tracheobronchitis	6		
Atelektasen	4		
Respiratorlunge	1		Tödlich 1
Thromboembolie		9	
Lungenembolie	7		Tödlich 4
Thrombose	2		Tödlich 1
Nieren, Harnwege		12	
Infektionen (Harnwege)	5		
Hämaturie	3		
Nephritis	2		Tödlich 1
Niereninsuffizienz	7		Tödlich 1
Magen-Darm-Trakt		12	
Blutung	4		Tödlich 1
Ileus	5		
Diarrhöe	4		
Venenkatheter		8	
Phlebitis	5		
Kathetersepsis	3		
Hämatothorax	1		
Technischer Defekt	1		Tödlich 1

lysetyp, 4 eine Paralyse der gesamten Willkürmuskulatur, einschließlich des Ausfalls aller von motorischen Hirnnerven versorgten Muskeln. Dieses, nach unserem Wissen in der Literatur bisher nicht beschriebene Bild, nannten wir Panparalysetyp. 3 dieser 4 Kranken boten zudem eine Lähmung der inneren Augenmuskeln mit weiten, lichtstarren Pupillen im Rahmen der Beteiligung vegetativer Nervensubstanz. Sensibilitätsstörungen waren in 28 Fällen in typischer Ausprägung nachzuweisen, in 2 weiteren Fällen fehlten sie. Bei 5 Kranken war die Untersuchung nicht möglich.

Während der bis zu 270 Tagen dauernden Intensivbehandlung mit Beatmungszeiten bis zu 197 Tagen waren Komplikationen von seiten des kardiovaskulären

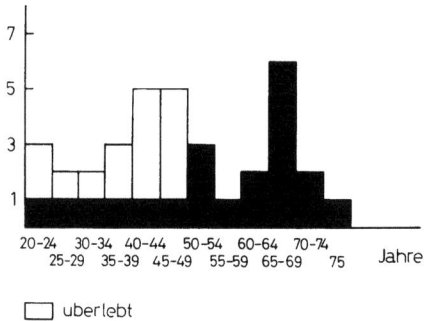

Abb. 2. Prognose schwerster Polyneuritiden

Systems, von seiten des Respirationstraktes, thromboembolische Komplikationen sowie durch Venenkatheter ausgelöste die häufigsten.

Wir verloren 21 der 35 Kranken (Abb. 2).

Während die Altersverteilung (s. a. SCHNEIDER u. DUMRESE 1974; EIBEN u. GERSONY 1963; MCFARLAND u. HELLER 1966; RAVN 1967; GIBBELS 1981; SCHEID 1980) und Häufigkeit prodromaler Erscheinungen (s. a. EISEN u. HUMPHREYS 1974; KENNEDY et al. 1978; KETZ et al. 1978) den Literaturangaben entsprechen, scheint es sich bei unserem Krankengut im Gegensatz zu anderen Arbeiten (GUILLAIN u. BARRÉ 1936; GUILLAN 1953; KAESER 1964; OSLER u. SIDELL 1960) um eine Auswahl besonders schwerer Verläufe zu handeln, welche die hohe Letalität erklärt (s. a. SPATZ et al. 1974).

In 4 Fällen kam es im kardiogenen Schock zum Tod (s. a. HEITMANN 1979; OSLER u. SIDELL 1960), in 3 Fällen im zeitlichen Zusammenhang mit Herzrhythmusstörungen (KUNST u. GROSSER 1974), und in einem weiteren Fall trat die Asystolie bei einer Selbstextubation ein. Die frühzeitige Implantation eines Schrittmachers hätte wahrscheinlich den 4 letztgenannten Patienten helfen können (s. a. EMMONS et al. 1975; FAVRE et al. 1970). Thromboembolische Komplikationen als zweithäufigste Todesursache waren erwartungsgemäß in der Gruppe ohne Thromboseprophylaxe am häufigsten (Abb. 3a u. b). 2 von 5 Kranken erlagen einer tödlichen Lungenembolie. Zu unserem Erstaunen traten jedoch auch in der Heparingruppe 2 tödliche Lungenembolien auf, in der Heparin-Dihydroergotamin-Gruppe eine Thrombose aller Vena-cava-superior-Äste, die zum Rechtsherzversagen führte. Zudem waren Lungenembolien und eine Venenkatheterthrombose unter Heparin zu beobachten. Lediglich in der mit Marcumar behandelten Gruppe traten thromboembolische Komplikationen nicht auf, jedoch zweimal eine Hämaturie und einmal eine flüchtige Magen-Darm-Blutung. Möglicherweise ist bei langfristig beatmeten Polyneuritiskranken die Low-dose-Heparinisierung nicht ausreichend, die Marcumarbehandlung dieser heute allgemein geübten Behandlungsmaßnahme überlegen. Pneumonien führten in 3 Fällen zum Tod, in einem weiteren eine sog. Respiratorlunge. Hier gilt zu klären, ob die kürzlich von VOGEL et al. (1981) ange-

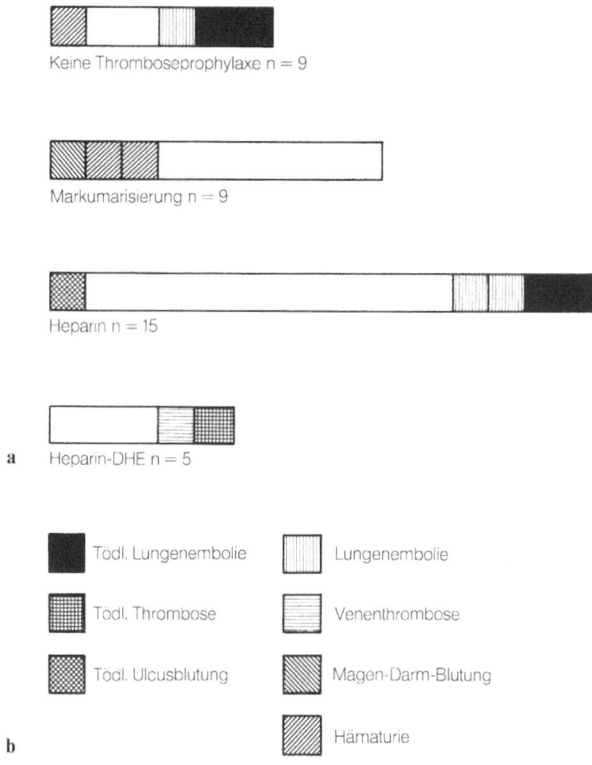

Abb. 3a, b. Thromboembolische Komplikationen bei 35 Patienten mit schwersten Polyneuritiden (*a*). Zeichenerklärung (*b*)

Tabelle 3. Todesursachen bei 21 Verstorbenen von 35 Patienten mit schwersten Polyneuritiden

Herz-Kreislauf-Versagen		8
Herzinsuffizienz	4	
Arrhythmie	3	
Vagale Reaktion	1	
Thromboembolische Komplikationen		5
Lungenembolie	4	
davon ohne Prophylaxe 2/5		
Heparinprophylaxe 2/20		
ausgedehnte Thrombosen	1	
Pulmonale Komplikationen		4
Pneumonie	3	
Respiratorlunge	1	
Nephrogene Komplikationen		2
Nierenversagen	1	
Nephrogene Sepsis	1	
Magen-Darm-Blutung		1
Technische Komplikation		1
	Summe	21

gebene prophylaktische intratracheale Aminoglykosidgabe bei langdauernder Beatmungstherapie durchführbar ist und einen Gewinn darstellt. In einem weiteren Fall war ein tödliches Nierenversagen pathogenetisch nicht zu klären, eine nephrogene Sepsis war auch antibiotisch nicht zu beherrschen.

Erwähnung verdient, daß die gelähmten Polyneuritiskranken, der Möglichkeit beraubt, sich mit der Umwelt in Verbindung zu setzen, Wochen und Monate des Leidens durchzustehen haben. Wie wir in ausführlichen Explorationen herausfanden, wurden die ständige Lärmbelästigung sowie das unaufhörlich brennende Licht quälend empfunden. Die Kranken gaben einheitlich einen Verlust des Gefühls für die Tageszeit an, sie erlebten eine Zeitschrumpfung bei gleichzeitig unerträglicher Langeweile. Die Interessen schränkten sich auf die eigenen Vitalfunktionen ein, mit Angst beim Absaugen, Panik beim Abtrainieren und Verzweiflung, wenn Nachbarpatienten starben. Selbstverständlich wurden die Kranken in der Akutphase sediert.

Unsere Erfahrungen möchten wir wie folgt zusammenfassen: Polyneuritiden bieten z. T. schwerste, lebensbedrohliche Verlaufsformen bis zur Panparalyse mit Ausfall der gesamten Willkürmuskulatur und neben sensiblen Störungen einer erheblichen vegetativen Fehlregulation mit u. a. schwersten kardiovaskulären Entgleisungen. Von 35 beatmungsbedürftigen Kranken verstarben 21 vor allem an kardialen, thromboembolischen und pneumonischen Komplikationen. Der Einsatz von Herzschrittmachern muß nach unserer Ansicht zur Behebung insbesondere bradykarder Rhythmusstörungen frühzeitig angestrebt werden. Die kürzlich angegebene intratracheale prophylaktische Antibiotikagabe sollte auf ihre Wirksamkeit bei langzeitbeatmeten Polyneuritiskranken geprüft werden. Wir fragen uns nach den hier geschilderten Erfahrungen, ob die heute allgemein übliche Low-dose-Heparinisierung bei gelähmten, langzeitbeatmeten Polyneuritiskranken eine ausreichende Thromboseprophylaxe darstellt, oder ob nicht dem Marcumar der Vorzug zu geben ist.

Zusammenfassung

Berichtet wird über 35 Patienten mit schwersten, lebensbedrohlichen Polyneuritiden, die wegen Atemmuskel- und Hirnnervenausfällen intubiert und bis zu 197 Tagen beatmet werden mußten. 4 Kranke boten ein Panparalysesyndrom mit Ausfall der gesamten Willkürmuskulatur, 7 Patienten ein Tetraparalysesyndrom mit nur partiellem Hirnnervenausfall und 24 Kranke ein Tetraparesesyndrom mit im Ausmaß unterschiedlichen Paresen. Zudem fanden sich Aufälle des vegetativen Nervensystems wie Blasen- und Mastdarmstörungen bei allen Betroffenen, bei annähernd $^2/_3$ Herz- und Kreislaufstörungen und bei 3 Erkrankten Ausfälle auch der inneren Augenmuskeln. 14 der 35 Patienten überlebten die Erkrankung, während 21, überwiegend ältere Kranke, nach oft mehrmonatiger Dauerbeatmung vor allem kardialen und pulmonalen Komplikationen erlagen. Die Schwierigkeiten in der Intensivbehandlung, besonders durch die langdauernde Beatmungstherapie, werden dargestellt; es wird auf die Häufigkeit schwerster Komplikationen infolge der völligen Immobilisierung und der vegetativen Ausfälle eingegangen, besonders auf die psychologische Situation der zu keiner Willkürbewegung fähigen, auf maschinelle Beatmung angewiesenen und dabei bewußtseinsklaren Patienten. Die hohe Letalitätsrate wird mit der Auswahl nur schwerster Verläufe erklärt. Diskutiert wird, ob durch frühzeitigen Schrittmachereinsatz, Optimierung der Thromboseprophylaxe und Verhütung pulmonaler Infektionen die hohe Letalität bei dieser Gruppe schwerst betroffener Kranker verbessert werden kann.

Summary

We report on 35 patients who suffered from acute life-threatening polyneuritis. They all needed artificial ventilation because of weakness of the respiratory muscles and impairment of cranial nerves. Four patients had complete paralysis of all voluntary muscles ("syndrome of panparalysis"), 7 patients had complete paralysis of the 4 limbs and of various cranial nerves ("syndrome of tetraparalysis"), and 24 patients suffered from non-complete weakness of voluntary muscles ("syndrome of tetraparesis"). In addition, the patients exhibited signs of dysfunction of the autonomic nervous system, especially cardiac disturbances, impaired function of the bladder and bowels, and paresis of the internal muscles of the eyes. Only 14 patients survived; 21 died from cardiac, pulmonary, and thromboembolic complications. The problems of long-term intensive care (up to 270 days) and long-term artificial ventilation (up to 197 days), the high incidence of various complications, and the psychological situation of the patients are discussed. The high rate of deaths is explained by the selection of severely affected patients. We suppose that the prognosis of acute polyneuritis will improve with earlier prophylactic use of cardiac pacemakers, better management of antithrombosis, and a new method of prophylactic therapy with intratracheal antibiotics.

Literatur

Davies AG, Dingle HR (1972) J Neurol Neurosurg Psychiat 35:176–179
Eiben RM, Gersony WM (1963) Med Clin N Am 47:1371–1380
Eisen A, Humphreys P (1974) Arch Neurol 30:438–443
Emmons PR, Blume WT, DuShane JW (1975) Arch Neurol 32:59–61
Favre H, Foex P, Guggisberg M (1970) Lancet I:1062–1963
Gibbels E (1981) Fortschr Neurol Psychiat 48:31–66
Guillain G (1953) Ann Med 54:81–149
Guillain G, Barré JA (1936) Rev Neurol 65:573–582
Heitmann R (1979) Therapiewoche 29:5165–5170
Heitmann R, Kunst H (1967) Fortschr Neurol Psychiat 35:335–396
Käser HE (1964) Arch Neurol Psychiat 94:278–286
Kennedy RH, Danielson MA, Mulder DW, Kurland LT (1978) Mayo Clin Proc 53:93–99
Ketz E, Krech U, Jung M (1978) Schweiz Rundschau Med 67:157–160
Kunst H, Grosser KD (1974) Dtsch Med Wochenschr 99:1–5
McFarland HR, Heller GL (1966) Arch Neurol 14:196–201
Osler LD, Sidell AD (1960) N Engl J Med 262:964–969

Ravn H (1967) Acta Neurol Scand 43 [Suppl] 30
Scheid W (1980) Lehrbuch der Neurologie, 4. Aufl. Thieme, Stuttgart
Schneider C, Dumrese C (1974) Schweiz Med Wochenschr 104:393–400
Spatz R, Jordan H, Weller E, Pongratz D, Haider M (1974) MMW 116:817–822
Vogel F, Werner H, Exner M, Marx M (1981) Dtsch Med Wochenschr 106:898–903
Wiener S, Meyer M, Baumann PC (1976) Schweiz Med Wochenschr 106:70–78

Plasmaaustauschbehandlung des Guillain-Barré-Syndroms

E. RUMPL, F. AICHNER, F. GERSTENBRAND, J. M. HACKL, U. MAYR
und P. ROSSMANITH

Das Guillain-Barré-Syndrom ist eine akute Polyneuropathie unbekannter Genese (GUILLAIN et al. 1916). Durch den Nachweis von komplementbindenden Antikörpern (MELNICK 1963), von präzipitierenden Antikörpern gegen Extrakte weißer Substanz (ROSS 1964) sowie durch den Nachweis von myelinotoxischen Serumantikörpern der IgM-Fraktion (COOK et al. 1971) bei Patienten mit Guillain-Barré-Syndrom wurde die Annahme, daß die Erkrankung auf einen Immunmechanismus beruhe (MCJNTYRE u. KROUSE 1949), gestützt.

Bisher ist keine spezifische Therapieform des Guillain-Barré-Syndroms bekannt.

Sehr unterschiedliche Ergebnisse liegen über die Erfolge einer Therapie mit Prednisolon, ACTH, aber auch Azothioprine vor (DRACHMANN et al. 1970; GOODALL et al. 1974; GRAVESON 1957; HUGHES et al. 1978). Im Jahre 1978 haben BRETTLE et al. erstmals über einen erfolgreichen Einsatz einer Plasmaaustauschbehandlung bei einem Patienten mit Guillain-Barré-Syndrom berichtet. Es wurde daher versucht, diese Behandlung auch bei anderen Patienten mit Guillain-Barré-Syndrom einzusetzen. Methodisch wurde dazu ein „Haemonetics 30 cell seperator" gewählt, wobei ein Drittel bis zur Hälfte des Plasmas durch vorgewärmtes, tiefgefrorenes Frischplasma, der Rest durch 5%ige Humanalbuminlösung mit Elektrolytzusätzen ersetzt wurde.

Die Wirksamkeit der Plasmaaustauschbehandlung wurde bei 8 Patienten geprüft. Alle Patienten hatten einen schweren Krankheitsverlauf gezeigt, mit schlaffen Tetraparesen und multiplem Hirnnervenbefall (MASUCCI u. KURTZE 1971).

5 Patienten mußten assistiert beatmet werden. Auch bei den anderen Patienten zeigten sich Hinweise für eine drohende respiratorische Insuffizienz. Nach den ersten Plasmapheresebehandlungen konnte eine abrupt einsetzende und deutliche Besserung der Ausfälle beobachtet werden. 2 Patienten wurden vor der Plasmapheresebehandlung 3 Wochen künstlich beatmet, ohne daß sich während dieser Phase eine Besserung eingestellt hätte. Nach dem ersten Plasmaaustausch konnten diese Patienten wieder spontan atmen. Nach dieser Beobachtung wurde in der Folge versucht, alle Plasmaaustauschbehandlungen zu einem früheren Zeitpunkt durchzuführen, um die künstliche Beatmung zu vermeiden, oder zu verkürzen.

Während bei den ersten 2 Patienten die Plasmapheresebehandlung mit geringen Plasmaaustauschmengen, 0,5–1,5 l, und über Wochen verteilt, durchgeführt wurde, wurden die übrigen Patienten in der initialen Phase der Erkrankung an 3 aufeinanderfolgenden Tagen mit einer Austauschmenge von jeweils 3 l behandelt. Besonders eindrucksvolle Besserungen zeigten sich bei 5 Patienten.

Eine systematische Untersuchung der Nervenleitgeschwindigkeit wurde leider nur bei 1 Patienten durchgeführt. Trotz einer Rückbildung der motorischen und auch sensiblen Ausfälle zeigte sich elektroneurographisch eine weitere Abnahme der sensiblen und motorischen Nervenleitgeschwindigkeit. Diese elektroneurographischen Befunde werden durch histo-pathologische Untersuchungen untermauert, in denen sich sowohl segmentale Demyelinisierung (ASBURY et al. 1969; WISNIEWSKI et al. 1969), als auch axonale Schäden (GOODALL et al. 1974) nachweisen ließen.

Als späte Folge der Erkrankung gilt auch das Auftreten von lymphozytären und phagozytären Infiltraten (HAYMAKER u. KERNOHAN 1949). In der frühen Phase der Erkrankung dürfte ein Faktor im Plasma (MELNICK 1963) wirksam werden und sekundär eine Sensitivierung der Lymphozyten durch Zerstörung des peripheren Nervens durch diesen primären Antikörper (ASTRÖM u. WAKSMAN 1962; GOODALL et al. 1974) erfolgen.

Der überzeugende Erfolg einer frühen Plasmaaustauschbehandlung scheint die Hypothese zirkulierender Plasmafaktoren zu unterstützen.

Unsere Beobachtungen weisen darauf hin, daß es am sinnvollsten erscheint, den Plasmaaustausch in der initialen progressiven Phase der Erkrankung anzuwenden und 3,0 l täglich an 3 oder 4 aneinanderfolgenden Sitzungen auszutauschen. Auf Grund der technischen Schwierigkeiten scheint diese Therapie den schweren Verlaufsformen des Guillain-Barré-Syndroms vorbehalten.

Ein großer Vorteil dieser Therapie dürfte in der Vermeidung langzeitiger künstlicher Beatmung und Ernährung und den damit verbundenen Komplikationen liegen.

Plasmapherese-Behandlung des Guillain-Barré-Syndroms
Zusammenfassung

8 Patienten mit Guillain-Barré-Syndrom wurden mit Plasmaaustausch behandelt. Alle Patienten waren schwer erkrankt, mit schlaffen Tetraparesen und multiplen Hirnnervenausfällen. 5 Patienten mußten assistiert beatmet werden, die anderen Patienten zeigten Hinweise für eine drohende respiratorische Insuffizienz. Nach den ersten Plasmapheresebehandlungen konnte eine abrupt einsetzende und deutliche Besserung der Ausfälle beobachtet werden. Eine besonders eindrucksvolle Besserung der Symptomatik war dann zu beobachten, wenn der Plasmaaustausch an 3 aufeinanderfolgenden Tagen mit einer Austauschmenge von jeweils 2,0–3,0 l in der initialen progressiven Phase der Erkrankung erfolgte. Der große Vorteil der Therapie dürfte in der Vermeidung langzeitiger künstlicher Beatmung und Ernährung und den damit verbundenen Komplikationen liegen, wird aber schweren Fällen vorbehalten bleiben.

Summary

Plasma exchange was used for therapy in 8 patients with Guillain-Barré syndrome. All patients were severely ill. They became tetraplegic and showed cranial nerve involvement. Five patients received assisted respiration, but the others were also at risk of developing ventilatory insufficiency. Recovery was abrupt in all cases after the first plasma exchanges. Improvement was more marked when plasmapheresis was done on 3 successive days with plasma exchanges of 2.0–3.0 l each in the initial progressive stage of the disease. A considerable advantage of this therapy is the avoidance of continued artificial respiration and nutrition, which both carry the risk of further complications.

Literatur

Asbury AK, Arnason BG, Adams RD (1969) The inflammatory lesion in idiopathic neuritis. It's role in pathogenesis. Medicine (Baltimore) 48:173–215

Aström KE, Waksman BH (1962) The passive transfer of allergic endephalomyelitis and neuritis with living lymphoid cells. J Pathol Bacteriol 83:89–106

Brettle RP, Gross M, Legg HJ, Lockwood M, Pallis C (1978) Treatment of acute polyneuropathy by plasma exchange. Lancet II:1100

Carpenter S (1972) An ultrastructural study of an acute fatal case of the Guillain-Barré syndrome. J Neurol Sci 15:125–140

Cook SD, Dowling PC, Murray MR, Whitaker JN (1971) Circulating demyelinating factors in acute idiopathic polyneuropathy. Arch Neurol 24:136–144

Drachmann DA, Paterson PY, Berlin BS, Rogusta J (1970) Immunsuppression and the Guillain-Barré syndrom. Arch Neurol 23:385–393

Goodall JAD, Kosmidis JC, Geddes AM (1974) Effect of corticosteroids on course of Guillain-Barré syndrome. Lancet I:524–526

Guillain G, Barré JA, Strohl A (1916) Sur un syndrom de radiculonévrite avec hyperalbuminase du liquide céphalo-rachidien sans réaction cellulaire: Remarques sur les caractères cliniques et graphiques des réflexes tendineux. Bull Med Hop Paris 40:1462–1470

Graveson GS (1957) Acute polyneuritis treated with cortisone. Lancet I:340–343

Haymaker W, Kernohan JW (1949) The Landry-Guillain-Barré syndrome. Medicine (Baltimore) 28:59–141

Hughes RAC, Newson-Davis JM, Perkin GD, Pierce JM (1978) Controlled trial of prednisolone in acute polyneuropathy. Lancet II:750–753

Masucci EF, Kurtze JF (1971) Diagnostic criteria for the Guillain-Barré syndrome. An analysis of 50 cases. J Neurol Sci 13:483–501

McIntyre HD, Krouse H (1949) Guillain-Barré syndrome complicating antirabies inoculation. Arch Neurol Psychiatry 62:802–808

Melnick SC (1963) Thirty eight cases of the Guillain-Barré syndrome. An immunologic study. Br Med J I:368–373

Ross J (1964) Über Autosensibilisierungsvorgänge bei entzündlichen Erkrankungen des Nervensystems. Klin Wochenschr 11:514–518

Wisniewski H, Terry RD, Whitaker JN, Cook D, Dowling PC (1969) Landry-Guillain-Barré syndrome. A primary demyelinating disease. Arch Neurol 21:269–276

Plasmapherese, Immunsuppression und hochdosierte IgG-Gaben bei chronischem Guillain-Barré-Syndrom und Antikörpern gegen peripheres Nervengewebe

C. Mohs, K. H. Puff, H. Harders, H. Nyland, J. Neppert,
R. W. C. Janzen, W. Eickhoff und W. Rohr

Einleitung

Das chronische Guillain-Barré-Syndrom (GBS) – hierunter soll im folgenden eine chronische, rezidivierende, entzündliche Polyneuropathie verstanden werden – zeigt einen wechselhaften Spontanverlauf (Prineas u. McLeod 1976). Die Wirkung von Behandlungsmaßnahmen muß deshalb besonders kritisch beurteilt werden, um nicht Spontanremissionen als therapeutische Erfolge zu verkennen. Ohne Zweifel konnte jedoch in den letzten Jahren durch Einsatz der Plasmaaustauschbehandlung in einigen Fällen eine krisenhafte Phase der Erkrankung verkürzt oder eine Remission induziert werden (Fowler et al. 1979; Server et al. 1979; Toyka et al. 1980).

Kasuistik

Wir möchten über unsere Erfahrungen bei einer Patientin mit chronischem GBS berichten, die wir im vergangenen Jahr mit drei Plasmapheresezyklen behandelt haben.

Im Dezember 1974 entwickelte die damals 31jährige, bis dahin gesunde Patientin zunächst akrale Parästhesien, dann proximal betonte, symmetrische Paresen der Arme und Beine. Die Muskeldehnungsreflexe waren abgeschwächt, z. T. nicht auslösbar. Der Liquoreiweißwert lag zwischen 700–1400 mg/l bei einer geringen Pleozytose (bis 30/3), die Nervenleitgeschwindigkeiten waren zunächst mäßig, später erheblich herabgesetzt. Da sich keine Anhaltspunkte für eine metabolisch-toxische oder paraneoplastische Polyneuropathie ergaben, wurde ein chronisches GBS diagnostiziert. Nach einem schwankenden, insgesamt progredienten Verlauf wurde im Herbst 1978 eine Stoßtherapie mit 1 mg/kg KG Methylprednisolon begonnen, unter der sich eine Tetraplegie mit Hirnnervenbefall und Ateminsuffizienz entwickelte. In engem zeitlichem Zusammenhang mit dem Beginn einer hochdosierten Steroidlangzeittherapie (1,5 mg/kg KG/Tag Methylprednisolon) kam es zu einer klinischen Remission, parallel damit zu einer Normalisierung der Liquorbefunde und einer Zunahme der Nervenleitgeschwindigkeit. Diese Remissionsphase hielt auch nach Absetzen der Steroidmedikation im Dezember 1979 an. Im Herbst 1980 entwickelte sich ein Rezidiv, der Liquoreiweißwert betrug 1100 mg/l, die NLG am N. medianus 28 m/s.

Jetzt wurde ein IgG-Antikörper gegen peripheres humanes Nervengewebe nachgewiesen (s. Wesenberg 1980; Nyland u. Aarli 1978; Abb. 1). Auf Grund dieses Befundes wurde angesichts einer andauernden Verschlechterung ein Behandlungsversuch mit Plasmapherese (PL) eingeleitet, zumal irreversible Kortikoidnebenwirkungen einer erneuten hochdosierten Steroidtherapie entgegenstanden. Gleichzeitig wurde Azathioprin (2,5 mg/kg KG) verabreicht und im Dezember 1980 in drei Sitzungen insgesamt 10,8 l Plasma ausgetauscht und durch 5%iges Humanalbumin ersetzt (Methodik s. Dau 1980).

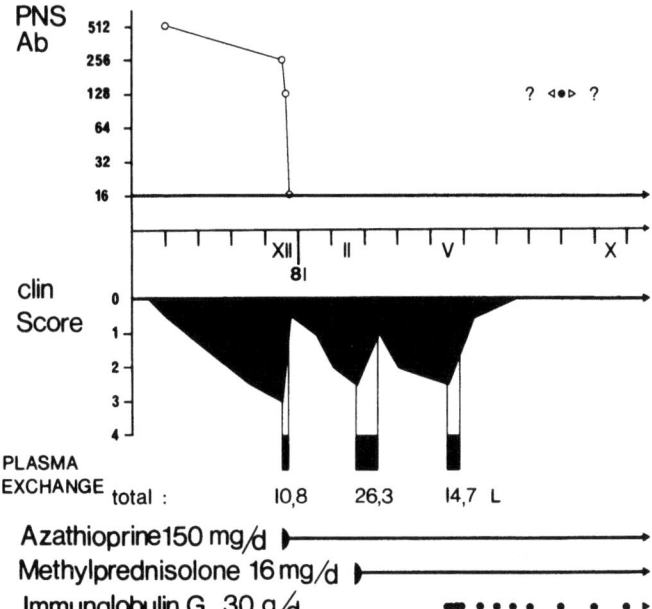

Abb. 1. Effekt von 3 Plasmapheresezyklen und begleitender immunsuppressiver Therapie auf den Verlauf von Klinik und Titer von IgG-Antikörpern gegen humanes peripheres Nervengewebe (PNS-Ab) bei 1 Patienten mit chronischem GBS; *clinical score:* 0 = beschwerdefrei bis 4 = tetraplegisch – ateminsuffizient

Unmittelbar nach dem ersten Austausch bemerkte die Patientin eine objektivierbare Besserung der Kraft und eine Rückbildung der Parästhesien. Wenige Tage nach Ende des PL-Zyklus konnte sie im Remissionsstadium entlassen werden. NLG und Liquorprotein zeigten bis dahin keine signifikante Änderung. Unter fortgeführter Azathioprinbehandlung trat nach 3 Wochen ein Rezidiv auf, so daß Ende Februar 1981 mit einer zweiten PL-Serie begonnen wurde (Austausch 26,3 l). Erneut konnte eine Remission bewirkt werden, die trotz jetzt erweiterter immunsuppressiver Therapie (2,5 mg/kg KG Azathioprin und 0,5 mg/kg KG Methylprednisolon) nur 2 Wochen anhielt, bis sich ein neues Rezidiv ankündigte. Mit einer dritten PL (Austausch 14,7 l) gelang es nochmals eine Remissionsphase einzuleiten. Erstmals nach diesem PL-Zyklus wurden 30 g eines Immunglobulinpräparates, das das vollständige IgG-Molekül enthält, verabreicht (s. Abb. 1) in der Vorstellung, hiermit einer möglichen Immunstimulation durch die PL entgegenzuwirken.

Unter dieser Therapie ist die Patientin jetzt seit 5 Monaten beschwerdefrei, versorgt ihren Haushalt und kann mehrere Stunden unbehindert Gehen. Der neurologische Befund ist – abgesehen von geringen Restparesen – regelrecht, die Reflexe sind lebhaft auslösbar. Erst jetzt zeigen die Liquoreiweißwerte und die NLG eine Normalisierungstendenz.

Diskussion

Der wiederholt beobachtete, enge zeitliche Zusammenhang einer klinischen Besserung mit dem Einsatz einer PL spricht dafür, daß ein auswaschbarer, plasmagebundener Faktor in der Pathogenese der Funktionsstörung bei chronischem GBS eine Rolle spielt. Ob der hier nachgewiesene IgG-Antikörper mit diesem Faktor identisch ist, konnte bislang nicht bewiesen werden. Eine direkte Korrelation zwischen Titerhöhe und klinischem Bild scheint nicht zu bestehen, da der Antikörper auch noch in der Remissionsphase nachweisbar ist (s. Abb. 1). Neben den durch

Elimination eines Plasmafaktors reversiblen Funktionsstörungen bestehen beim chronischen GBS strukturelle Veränderungen des peripheren Nervensystems, die sich durch eine PL nicht unmittelbar beeinflussen lassen. Darauf weist die verzögert einsetzende Rückbildung der NLG-Verlangsamung und der Liquorveränderungen hin.

Die Tatsache, daß innerhalb von 2–3 Wochen nach PL Rezidive auftraten, läßt vermuten, daß die PL neben einer Elimination von pathogenetisch relevanten Faktoren auch eine Stimulation des Immunsystems bewirkt. Dies könnte einen chronischen immunologisch bedingten Krankheitsprozeß reaktivieren (vgl. SERVER et al. 1979). Da ferner ein positiver Effekt der PL allein, wie er bei akutem GBS in einigen Fällen beobachtet wurde (RUMPL et al. 1981), sich bisher beim chronischen GBS nicht gezeigt hat, erscheint uns in diesen Fällen eine PL-begleitende immunsuppressive Therapie erforderlich. Unter einer solchen Kombinationstherapie ist unsere Patientin nunmehr seit 5 Monaten beschwerdefrei. Ob hierin eine verzögert einsetzende Wirkung des Azathioprins oder des Methylprednisolons zu sehen ist, oder ob durch die laufende Gabe von Immunglobulinen einem erneuten Rezidiv vorgebeugt wird, oder ob gar eine spontane Schwankung in der Aktivität des Krankheitsprozesses für die lange Remissionsphase verantwortlich ist, muß offenbleiben.

Indikation zur Plasmapherese bei chronischem GBS

Die PL ist eine apparativ und personell aufwendige und mit Risiken (z. B. kardiovaskuläre und septische Komplikationen) belastete Therapieform. Der Versuch einer PL-Behandlung erscheint uns bei allen Patienten mit chronischem GBS gerechtfertigt, wenn eine schwere Tetraparese oder eine Ateminsuffizienz vorliegt. Bei weniger schwer erkrankten Patienten ist die Indikationsstellung zu PL schwieriger, weil Kriterien fehlen, die einen positiven Einfluß auf den Verlauf prognostizieren lassen. Ein Therapieerfolg erscheint uns wahrscheinlich: 1. wenn durch andere immunsuppressive Maßnahmen im bisherigen Verlauf eine Besserung zu erzielen war, 2. wenn aus den Voruntersuchungen Hinweise für einen aktiven immunologischen Krankheitsprozeß gewonnen werden können (z. B. Plasmozytose, Vermehrung von Immunglobulinen im Serum, Nachweis von Autoantikörpern gegen andere Organe).

Als zusätzliches positives Selektionskriterium scheint sich der Nachweis von Antikörpern gegen peripheres Nervengewebe zu bewähren. So weisen die Ergebnisse der Arbeitsgruppe um Nyland, die mit unseren Erfahrungen an 4 Patienten übereinstimmen, darauf hin, daß bei allen Patienten mit akutem oder chronischem GBS, bei denen ein solcher Antikörper nachgewiesen wurde, ein Erfolg der PL erwartet werden kann (VEDELER et al. 1981). Ob der Nachweis von IgG-Antikörpern gegen peripheres Nervengewebe tatsächlich als entscheidendes prognostisches Kriterium für den Erfolg einer PL-Behandlung dienen kann, bedarf noch der Überprüfung an einem größeren Patientenkollektiv.

Zusammenfassung

Es wird über den 6jährigen Krankheitsverlauf einer Patientin berichtet, bei der durch drei Plasmapheresezyklen in Kombination mit einer medikamentösen Immunsuppression eine langanhaltende Remission herbeigeführt wurde. IgG-Antikörper gegen humanes peripheres Nervengewebe wurden nachgewiesen und durch die Plasmapherese eliminiert. Ihre Bedeutung bei der Indikationsstellung zur Plasmaaustauschbehandlung bei chronischem GBS wird diskutiert.

Summary

Complete remission of clinical symptoms could be induced in a female patient with chronic relapsing GBS by treatment with three cycles of plasmaexchange in combination with immunosuppressive drugs. IgG antibodies to human peripheric nerve tissue were found and could be eliminated. Their relevance for the indication of plasmaexchange therapy in chronic GBS is discussed.

Literatur

Dau PC (1980) Plasmapheresis therapy in myasthenia gravis. Muscle Nerve 3:468–482
Fowler H, Vulpe M, Marks G, Egolf C, Dau PC (1979) Recovery from chronic progressive polyneuropathy. Lancet II:1193
Nyland H, Aarli JA (1978) GBS: Demonstration of antibodies to peripheral nerve tissue. Acta Neurol Scand 58:35–43
Prineas JW, McLeod JG (1976) Chronic relapsing polyneuritis. J Neurol Sci 27:427–458
Rumpl E, Mayr U, Gerstenbrand F, Hackl JM, Rosmanith P, Aichner F (1981) Treatment of GBS by plasmaexchange. J Neurol 225:207–217
Server AC, Lefkowith J, Braine H, McKhann GM (1979) Treatment of chronic inflammatory polyradiculoneuropathy by plasmaexchange. Ann Neurol 6:258–261
Toyka KV, Augspach R, Paulus W, Besinger UA, Grabensee B (1980) Plasmapheresis in chronic Guillain-Barré syndrome. Ann Neurol 8:205–206
Vedeler CA, Nyland H, Fagius J, Ostermann PO, Matre R, Aarli JA, Janzen RWC, Jacobsen H, Skre H (1982) The clinical effect and the effect in serum IgG antibodies to peripheral nerve tissue of plasma exchange in patients with Guillain-Barré-Syndrome. J. Neurol 228:59–64
Wesenberg F (1980) Tissue reactivity of IgG eluted from human carcinomas. Acta Pathol Microbiol Scand 88:313–319

Zur Plasmapherese
bei schwersten Formen der akuten Polyneuritis

B. Mamoli, B. Binder, P. Höcker, E. Maida, N. Mayr, C. Spiess
und P. Sporn

Einleitung

In den letzten Jahren hat die Einführung der Plasmapherese bei der Behandlung immunologisch bedingter Erkrankungen, wie z. B. bei Myasthenia gravis, deutliche Fortschritte gebracht. Da auch bei der idiopathischen Polyneuritis des Typs Guillain-Barré humorale Faktoren eine wesentliche Rolle spielen dürften, fand diese Therapie auch bei dieser Indikation ein Anwendungsgebiet. Die bisher mitgeteilten Untersuchungen beschränkten sich auf die Mitteilung nur weniger Fälle (Brettle et al. 1978; Cook et al. 1980; Levy et al. 1979; Mark et al. 1980; Ropper et al. 1980; Schooneman et al. 1981; Server et al. 1980; Toyka et al. 1982; Valbonesi et al. 1981). Darüber hinaus ist die Beurteilung eines Therapieerfolges bei Erkrankungen, welche meist mit Spontanremissionen einhergehen, nur anhand eines relativ großen Patientenkollektivs mit einer Vergleichsgruppe möglich. Trotzdem ließen die bisherigen Mitteilungen berechtigte Hoffnungen entstehen. Es soll im folgenden der Therapieeffekt der Plasmapherese bei 3 Patienten mit schwersten akuten bzw. perakuten Formen des Guillain-Barré-Syndroms mitgeteilt werden.

Methodik der Plasmapherese

Der Plasmaaustausch erfolgte mit einem Zellseparator der Type Haemonetics 30 mit einem intermittierenden Durchflußsystem. Von einer venösen Kanüle wird das Blut des Patienten in eine Zentrifugenglocke gepumpt, wobei gleichzeitig ACD Formula B zur Antikoagulation in einem Verhältnis von 1 Teil ACD-B-9 Teile Vollblut zugesetzt wird. Im Durchschnitt wurden bei den Patienten pro Plasmapherese 2900 ml Plasma ausgetauscht. Zum Austausch wurden 500–1 000 ml blutisotonischer Kochsalzlösung und 2 000–2 500 ml 5%iges Humanalbumin verwendet.

Kasuistik

Fall 1: H. E., 24 a, weiblich. 7.1.81 fieberhafter Infekt. 1.2.81–10.2.81 progrediente aufsteigende Quadruparese, Schmerzen an den Extremitäten, facio-pharyngeale Beteiligung. 12.2.81 respiratorische Insuffizienz – Respiratorbeatmung. Plasmapheresen: 16., 17., 19. Februar 1981. Besserungsbeginn der neurologischen Symptomatik: 18.2.81 (nach Plasmapheresen). Dauer der Respiratorbeatmung 10 Tage.

Probleme während Akutphase: Hypotonie, Tachykardie, Pneumonie. Ätiologie: unbekannt, Komplementbindungsreaktionen negativ. Kontrolle nach 10 Monaten: Vollremission bei Reflexabschwächung. Elektroneurographische Untersuchung: N. medianus: sens. antidrome NLG 58 m/s (Handgelenk-Finger II), mot. NLG 52 m/s, distale Latenz 4,0 ms, Summenpotentialamplitude (M. opp. poll.) 15 mV. – N. peronaeus: mot. NLG 40 m/s (↓), distale Latenz 4,1 ms, Summenpotentialamplitude (M. ext. dig. br.) 13 mV. N. suralis: NLG 52 m/s, NAP-Amplitude 14 µV, NAP-Dauer: 1,5 ms. NAP-Phasenanzahl: 3. Bis auf eine geringgradige Verlangsamung der motorischen NLG des N. peronaeus liegen alle anderen Werte im Normbereich (Technik und Normwerte s. MAMOLI et al. 1980 a, b).

Fall 2: N. E., 15 a, weiblich. 20. 11. 80 fieberhafter Infekt. 30. 11. 80 progrediente sensomotorische symmetrische Ausfälle mit oculo-facio-pharyngealer Beteiligung. 3. 12. 80 respiratorische Insuffizienz – Respiratorbeatmung. Plasmapheresen 4., 5., 9., 10., 11., 30. Dezember 1980. Besserungsbeginn der neurologischen Symptomatik 8. 12. 1980 (nach 2. Plasmapherese). Dauer der Respiratorbeatmung 24 Tage. Probleme während Akutphase: Hypokaliämie (3,2 mVal) bei Alkalose, Pneumonie, Tachykardieattakken bei Hypovolämie (normalisiert nach Volumenauffüllung). Ätiologie: rezente Infektion mit Parainfluenzavirus wahrscheinlich (Komplementbindungsreaktion 1:32 positiv, Kontrolle negativ). Kontrolle nach 10 Monaten: Hirnnerven o. B., Extremitäten: Defektheilung mit deutlicher Kraftherabsetzung an OE und UE (Steppergang). Elektroneurographische Untersuchung: N. medianus: motorische NLG 45 m/s (↓), distale Latenz 4,3 ms (↑), Summenpotentialamplitude (M. opp. poll.) 3,4 mV (↓), sens. NLG 58 m/s (⊥). N. peronaeus: M. ext. dig. br. nicht erregbar. N. suralis: NLG 48 m/s (⊥), NAP-Dauer 2,9 (⊥), NAP-Phasenanzahl: 5 (⊥), NAP-Amplitude 4 µV (↓). N. facialis: Summenpotentialamplitude links 1 700 (↓), rechts 800 (↓).

Fall 3: Z. C., 18 a, männlich. 1.–2. 6. 81 progrediente aufsteigende motorische symmetrische Quadruplegie mit oculo-facio-pharyngealer Beteiligung. 2. 6. 81 respiratorische Insuffizienz – Respiratorbeatmung. Plasmapheresen 3., 4., 5., 9. Juni 1981. Probleme: Herzrhythmusstörungen, Hyperglykämie, Aspirationspneumonie, septischer Schock, massive Flüssigkeitssequestration, trotz 5,5 l Plusbilanz hochkonzentrierten Harns, Nierenversagen – Hämodialyse. 8. 7. 81: Exitus.

Bestimmung der Immunkomplexe

Aus dem Plasma bzw. der ersten Plasmaaustauschflüssigkeit von Patient 1 und 2 wurden IgG-haltige Immunkomplexe isoliert. Zunächst wurden hochmolekulare Komplexe durch Fällung mit 4%igem Polyäthylenglykol und Gelfiltration an Sephadex G-150 isoliert und an Protein-A-Sepharose adsorbiert. Gebundenes makromolekulares IgG wurde von der Protein-A-Sepharose mittels 1 M Essigsäure eluiert und mittels SDS-Polyacrylamidgel-Elektrophorese charakterisiert. In beiden Fällen konnten ohne Reduktion Komplexe mit einem MG von 350 000– 480 000 und nach Reduktion zusätzlich zu den auf die isolierten Ketten des IgG zurückzuführenden Banden ein Protein mit einem MG von 32 000–36 000 nachgewiesen werden. Bei beiden Patienten wurden in der ersten Plasmapherese ca. 65% der isolierten Immunkomplexe entfernt, welche vor der ersten Plasmapherese bei Fall 1 in einer Menge von 1 050 µg und bei Fall 2 in einer Menge von 2 291 µg mit der oben beschriebenen Methode nachgewiesen werden konnten.

Liquorbefunde

Bei Patient Nr. 1 und 3 wurden Liquoruntersuchungen vor der 1. und nach der 3. Plasmapheresebehandlung durchgeführt. Patient Nr. 2 wurde erst nach der 5. Behandlung – im Remissionsstadium – erstmals lumbalpunktiert, eine Kontrollpunktion erfolgte nach der letzten = 6. Plasmapherese.

In jeder Liquorprobe wurden die Zellzahl und der Gesamteiweißwert (turbidimetrische Methode) bestimmt. Außerdem wurden in parallel abgenommenen Liquor- und Serumproben mittels radialer Immundiffusion auf den kommerziell erhältlichen LC-, Tri- und M-Partigen-Platten der Fa. Behring/Marburg IgM und IgG zur Beurteilung der humoralen Immunreaktionen der 1. und 2. Phase und Albumin als Maß für die Funktion der Blut-Liquor-Schranke qualitativ untersucht. Bei Patient Nr. 2 zeigten die beiden Liquorproben bei normaler Zellzahl einen deutlich erhöhten Gesamteiweißwert im Liquor (1. LP 262,5 mg-%, 2. LP 237,5 mg-%) und eine ausgeprägte Störung der Blut-Liquor-Schranke (Liquor-Albumin: Serum-Albumin = Albumin-Index bei 1. LP 0,047, bei 2. LP 0,041; normal 0,0041–0,0056).

Im Serum war IgM in der 1. Probe normal (220 mg-%), in der 2. Probe erhöht (321 mg-%). Im Liquor war IgM in beiden Proben erhöht (1,2 bzw. 2 Rel.-% vom Gesamteiweißwert) infolge der Schrankenfunktionsstörung und bei zusätzlich verstärkter Transsudation aus dem Serum bei hohem Serum-IgM.

Der IgG-Gehalt im Serum war trotz der mehrfachen Plasmapheresebehandlung nicht erniedrigt (1080 bzw. 720 mg-%). Im Liquor war IgG im Sinne der intrathekalen Produktion erhöht, der Wert war bei der 2. LP gegenüber der 1. LP noch angestiegen. $\frac{\text{Liquor-IgG} : \text{Serum-IgG}}{\text{Liquor-Albumin} : \text{Serum-Albumin}}$ = IgG-Index nach LINK u. TIBBLING (1977) bei der 1. LP 0,68, bei der 2. LP 0,78 (normal bis 0,58).

Tabelle 1. Ergebnisse der Untersuchungen von Albumin, IgG und IgM in Serum und Liquor mittels radialer Immundiffusion bei Patient Nr. 1 und 3 (s. Text) mit Guillain-Barré-Syndrom vor der 1. und nach der 3. Plasmapheresebehandlung. *A* Serumproteinwerte (mg-%). *B* Liquorproteinwerte angegeben in Relativprozentanteilen vom Gesamteiweißgehalt. *C* Ergebnisse der Indexberechnungen zum Vergleich der Liquor- und Serumproteine (Berücksichtigung der Permeabilität der Blut-Liquor-Schranke). *Alb-Ind* = L Alb/S Alb; *IgG-Ind* = L Ig/S Ig/Alb-Ind

Proteine	Pat. Nr. 1		Pat. Nr. 2		Normalwerte	
	vor	nach	vor	nach		
A Alb	4460	4280	4190	3350	3500	–5500
IgG	1580	534	1160	357	800	–1800
IgM	410	183	202	230	80	– 280
B Alb	65	80	58	78	65	– 78
IgG	13	16	5	7	5	– 11
IgM	∅	1,9	∅	7	*	
C Alb-Ind	0,0073	0,032	0,0041	0,17	0,0041–	0,0056
IgG-Ind	0,57	1,6	0,31	0,81	0,43 –	0,58
IgM-Ind	∅	0,59	∅	1,28	*	
Liquoreiweiß mg-%	50[1])	172,5[2])	30[3])	720[4])	18	– 42

* IgM-Gehalt bei isolierter Schrankenfunktionsstörung verschieden hoch je nach Ausmaß der Permeabilitätsstörung; Normalwerte für [1]) und [3]) ∅, für [2]) bis 1 rel. % bzw. IgM-Index bis 0,2; für [4]) bis 3 rel. % und IgM-Index bis 0,7 bei normalen Serum-IgM-Werten

Die Ergebnisse der Liquor- und Serumuntersuchungen von Patient Nr. 1 und Nr. 3 sind in der Tabelle 1 zusammengefaßt. Bei beiden Patienten ließ sich bei den Kontrollpunktionen nach der 3. Plasmapherese durch den Anstieg des IgG- und IgM-Index eine intrathekale Produktion von IgG und IgM nachweisen. Der Serum-IgG-Gehalt war bei beiden Patienten nach der Therapie deutlich erniedrigt, der Serum-IgM-Wert sank bei Patient Nr. 1, bei Patient Nr. 3 stieg er leicht an. In beiden Fällen war eine deutliche Zunahme der Schrankenfunktionsstörung bei der 2. LP festzustellen.

Diskussion

Bei den von uns beobachteten Patienten fanden sich nach Plasmapherese unterschiedliche Verläufe. Während es bei Patient 1 zu einer weitgehenden Restitution kam, trat bei Patient 2 eine Defektheilung mit schweren motorischen Ausfällen ein, während Patient 3 ad exitum kam. Da Spontanremissionen selbst nach schwersten Ausfällen wiederholt beobachtet werden, konnte in keinem Fall ein positiver Einfluß der Plasmapherese auf den Krankheitsverlauf nachgewiesen werden. Zwar gelingt es, mittels Plasmapherese die zirkulierenden Immunkomplexe zu reduzieren, doch kann dies nicht als Beweis einer klinischen Besserung angesehen werden, da kein Zusammenhang zwischen dem Titer der zirkulierenden Immunkomplexe und der Schwere des klinischen Bildes besteht (VALBONESI et al. 1981). Der bei Fall 3 eingetretene Exitus zeigt die Problematik einer Therapie auf, welche mit einer Eliminierung von Antikörpern einhergeht. Bei diesem Patienten war trotz des vorausgegangenen Infektes IgM im Serum erhöht, bei gleichzeitig niederen IgG-Werten. Dies kann als Ausdruck einer virusinduzierten Blockierung der Lymphozyten angesehen werden, wodurch die Umschaltung von IgM- auf die spezifischeren IgG-Antikörper verzögert wurde. Ein derartiger sekundärer Immundefekt könnte die Ausbreitung eines Virus auf das Nervensystem oder der Aktivierung eines latent im Nervengewebe vorhandenen Virus begünstigt haben und so das Guillain-Barré-Syndrom ausgelöst haben. Eine Reduzierung der vorhandenen Antikörper durch die Plasmapherese könnte daher eine Virulenzzunahme bzw. weitere Ausbreitung des Erregers und damit eine Verschlechterung der klinischen Symptomatik zur Folge haben. Der Anstieg der Liquorimmunglobuline nach der Plasmapherese, besonders die intrathekale Produktion von IgM, könnte in diesem Sinne interpretiert werden. Analoge Mechanismen, d. h. die Aktivierung einer prolongierten oder persistierenden Infektion, könnten für einen Teil der von HUGHES et al. (1978) beobachteten Fälle angenommen werden, welche unter immunsuppressiver Behandlung mit Cortison eine schlechtere Rückbildung der Symptomatik zeigten als eine unbehandelte Kontrollgruppe.

Entgegen den bisherigen Mitteilungen konnten wir somit keinen positiven Einfluß der Plasmapherese auf den Krankheitsverlauf bei der akuten und perakuten Form des Guillain-Barré-Syndroms nachweisen. Da nicht ausgeschlossen werden kann, daß sogar ein negativer Effekt erreicht wird, sollte die Frage der Anwendung der Plasmapherese bei akutem und perakutem Guillain-Barré-Syndrom überdacht werden. Insbesondere ist zu bedenken, daß bei den meisten Patienten eine Spontanremission vorkommt. Aus diesen Gründen könnte gefordert werden, daß nur die schwersten Fälle einer Plasmapherese zugeführt werden. Wenn aber bedacht wird, daß der Krankheitsverlauf einerseits von der Neurotoxizität des Erregers, andererseits aber auch von der Immunlage des Patienten abhängig ist, würden bei Behandlung gerade der schwersten Form wiederholt Patienten mit einer Immunschwäche einer Plasmapherese zugeführt werden. Obwohl ein möglichst frühzeitiger Beginn der Plasmapherese empfohlen wird (COOK et al. 1980), sollte in jedem Fall vor Therapiebeginn die humorale und zelluläre Immunitätslage untersucht werden. Diese sollte eine Untersuchung der Immunreaktionen gegen peripheres Myelin einschließen, damit – falls überhaupt – nur jene Patienten der Plasmapheresebehandlung zugeführt werden, bei welchen Autoimmunreaktionen als Ursache des akuten Guillain-Barré-Syndroms angenommen werden können. Es sollte daher zumindest gefordert werden, daß vor einer Plasmapheresetherapie bei akuten und perakuten Formen des Guillain-Barré-Syndroms eine Untersuchung der Immunlage durchgeführt wird.

Zusammenfassung

3 Patienten mit akuter bzw. perakuter Form des Guillain-Barré-Syndroms wurden mittels Plasmapherese behandelt. Während es bei einem Patienten zu einer weitgehenden Restitution kam, trat bei einem zweiten Patienten eine Defektheilung mit schweren motorischen Ausfällen ein. Der dritte Patient kam ad exitum. In keinem Fall konnte ein positiver Einfluß der Plasmapherese auf den Krankheitsverlauf gesichert werden. Das Vorliegen einer primären Immunschwäche, wie dies bei dem verstorbenen Patienten der Fall war, sollte vor Plasmapheresebeginn stets ausgeschlossen werden.

Summary

In three patients with an acute or peracute type of Guillain-Barré syndrome a plasmapheresis was performed. Whereas in one patient a nearly complete restitution was observed, in a second patient a defect recovery with severe paresis occurred. The third patient died. In no cases a positive effect of plasmapheresis could be prouved. The existence of a primary immunological defect should be excluded before the plasmapheresis is started.

Literatur

Brettlle RP, Gross M, Legg NJ, Lockwood M, Pallis C (1978) Treatment of acute polyneuropathy by plasma exchange. Lancet II:1100

Cook JD, Tindall RAS, Walker J, Khan A, Rosenberg R (1980) Plasma exchange as a treatment of acute and chronic idiopathic autoimmune polyneuropathy: Limited success. Neurology (NY) 30:361

Hughes RAC, Newsom-Davis JM, Perkin CD, Pierce JM (1978) Controlled trial of prednisolone in acute polyneuropathy. Lancet II:750

Levy RL, Newkirk R, Ochca J (1979) Treatment of chronic relapsing Guillain-Barré syndrome by plasma exchange. Lancet II:74

Link H, Tibbling G (1977) Principles of albumin and IgG analyses in neurological disorders. II. Relation of the concentration disorders. II. Relation of the concentration of the proteins in serum and cerebrospinal fluid. Scand J Lab Invest 37:391–396

Mamoli B, Mayr N, Gruber H, Maida E (1980a) Elektroneurographische Untersuchungen am N. suralis. Methodische Probleme und Normwerte. Z EGG EMG 11:119–127

Mamoli B, Mayr N, Brunner G (1980b) Der Wert elektroneurographischer Untersuchungen des N. suralis am Beispiel der alkoholischen Neuropathie. In: Reisner H, Schnaberth G (Hrsg) Fortschritte der technischen Medizin in der neurologischen Diagnostik und Therapie. Neurologische Univ. Klinik, Wien

Mark B, Hurwitz BJ, Olanow CW, Fay JW (1980) Plasmapheresis in idiopathic inflammatory polyradiculoneuropathy. Neurology (NY) 30:361

Ropper RA, Shahani B, Huggins CE (1980) Improvement in 4 patients with acute Guillain-Barré syndrome after plasma exchange. Neurology (NY) 30:361

Schooneman F, Janot C, Streiff F et al. (1981) Plasma exchange in Guillain-Barré syndrome: Ten cases. Plasma Ther 2:117–121

Server AC, Stein SA, Braine H, Tandon DS, McKhann GM (1980) Experience with plasma exchange and cyclophosphamide in the treatment of chronic relapsing inflammatory polyradiculoneuropathy. Neurology (NY) 30:362

Toyka KV, Augsbach R, Wiethölter H et al. (1982) Plasma exchange in chronic inflammatory polyneuropathy: evidence suggestive of a pathogenic humoral factor. Muscle Nerve 5:479–484

Valbonesi M, Garelli S, Mosconi L, Zerbi D, Celano I (1981) Plasma exchange as a therapy for Guillain-Barré syndrome with immune complexes. Vox Sang 41:74–78

Schlußwort

A. STRUPPLER

Dieses Symposium über metabolische und entzündliche Polyneuropathien (PN) hatte zwei Schwerpunkte:

1. wurde in klar gegliederten Referaten eine umfassende Übersicht über den derzeitigen Stand von Klassifikation, Morphologie und Elektrodiagnostik vermittelt und
2. wurde eine Fülle von interessanten klinischen Beobachtungen angeboten; dabei wurden ungewöhnliche Polyneuropathien elektrodiagnostisch, histologisch und durch Stoffwechseluntersuchungen soweit wie möglich aufgeschlüsselt und eingehend diskutiert.

Versucht man, eine *Bilanz* zu ziehen über den *derzeitigen Stand unseres Wissens,* so wird man besonders an Diagnostik, Differentialdiagnostik und Forschung denken.

Elektrodiagnostische Untersuchungsmethoden werden immer öfter eingesetzt, oft kombiniert mit der Histologie; die Meßwerte werden weitgehend kritisch gewertet, manchmal in ihrer Aussagekraft zwangsläufig aber auch überbewertet. Als Pragmatiker darf man aber doch feststellen, daß elektrophysiologische Untersuchungsmethoden einige recht zuverlässige Parameter liefern, wenn man nur an das Fibrillieren als Zeichen einer verminderten Muskelfasererregbarkeit denkt oder an eine unter 20 m/s verzögerte Nervenleitgeschwindigkeit als Ausdruck einer Markscheidenaffektion. Allerdings dürfen wir nicht vergessen, daß wir mit der üblichen Methode nur Leitgeschwindigkeiten aus einem Kontingent von schnellstleitenden Nerven messen.

Die *Histologie* ist heute ebenfalls zur Routinemethode geworden; sie ergänzt in idealer Weise durch Darstellung der axonalen Degeneration und/oder Läsionen der Markscheiden die elektrophysiologischen Befunde. Ihre Aussagekraft ist dadurch begrenzt, daß sie eben nur kleine Ausschnitte beurteilen läßt und dies nur in bestimmten Phasen eines dynamischen Krankheitsprozesses.

Neurochemische Methoden bieten eine wesentliche Hilfe für die ätiologische Abklärung und sind hierdurch die Grundlage der modernen Forschung. Vielleicht verfügen wir über noch zu wenige Normalwerte, um bindende Aussagen treffen zu können. Die Diskussion dieser zweifellos hochinteressanten Befunde erinnert an die Kettenreaktionen, die wir bei Störungen der zentralen Transmitter kennen. Veränderungen in einem Transmittersystem, wie z. B. dem GABA-ergen, lassen sich nicht unmittelbar, sondern erst mittelbar über die Beteiligung eines anderen, wie z. B. des dopaminergen, nachweisen.

Immunologische Methoden haben nicht nur neue Möglichkeiten für die Forschung, sondern auch wertvolle diagnostische Hilfen gebracht. Aber auch hier ist das Problem der Spezifität der Befunde wohl noch nicht genügend geklärt.

Wir haben also heute gute Möglichkeiten für Diagnostik und Differentialdiagnostik, wenn wir im Verlauf einer Polyneuropathie zumindest klinischen Befund, elektrodiagnostische Meßwerte und Histologie in regelmäßigen Abständen vergleichen. Wir dürfen aber nicht vergessen, daß Störungen der Funktion nicht immer parallel gehen müssen mit Veränderungen der Struktur und andererseits Strukturänderungen, z. B. im motorischen und sensiblen Bereich, funktionell gut kompensiert werden können.

Wie geht es weiter? Wie könnten wir uns als Resümee des Symposiums eine zweckmäßige *Weiterarbeit* vorstellen?

Um weitere Einblicke in die verschiedenen Formen der Polyneuropathien zu gewinnen, benötigen wir – wie in diesen Tagen klar gezeigt – eine standardisierte, gut zu handhabende Dokumentation, die möglichst viele Parameter erfaßt. Neben dieser klinisch und klinisch-experimentell orientierten „Datensammlung" müßte die Entwicklung von geeigneten Tiermodellen parallel gehen.

Sollen Behandlungseffekte, gleichgültig welcher Art, objektiv beurteilt werden können, dann müßten klinisch und elektrophysiologisch nicht nur einzelne, sondern die verschiedenen sensorischen und motorischen Funktionen peripherer Nerven unter standardisierten Bedingungen getestet werden. Um unsere klinischen und experimentellen Erfahrungen in nicht zu großen Intervallen diskutieren zu können, sollten wir uns in einem bestimmten Turnus treffen und die interdisziplinäre Zusammensetzung beibehalten.

Ich glaube, in unser aller Namen zu sprechen, wenn ich denen, die die Initiative zu diesem Treffen hatten, und allen an der Durchführung Beteiligten, für das uns Gebotene herzlich danke.

Sachverzeichnis

Abducensparese 49, 56
A-B-Lipoproteinämie 110, 111
Acrylamid 8
ACTH 254
Actovegin 289
Akanthozytose 112
Akkomodationsstörung 186, 187
Alkoholabusus 39, 44, 90, 92, 93, 252, 255, 278, 282
ALS 5, 198
Amyloidose 95, 97, 98, 102
Anämie, makrozytäre 68
angioimmunoblastische Lymphadenopathie 198
Anorexia nervosa 57
Antiepileptika 68
Arsen 255, 278
Ataxie 115, 125, 191, 220, 253
Antoimmunerkrankungen 129, 130
axonaler Transport 6

Bassen-Kornzweig-Syndrom 110, 111
Beriberi 52, 60
Blasenstörungen 96, 102, 124, 257
Blei 255
Blutdruck 70
Botulismus 124, 134, 180, 182, 183, 193
Burning-feet Syndrom 53, 252, 253, 290

C-Fasern 73
CASSAVA-Polyneuropathie 3, 4
Cholesterin 112
chronische Polyneuritiden 147, 152, 153, 155, 156, 310–313
Coonhound paralysis 141
Cortisontherapie 150, 159, 175, 203, 227, 254, 307, 310
Crampi 252, 253

Diabetes mellitus 4, 33, 35, 65, 70, 71, 73, 90, 91, 92, 126, 252, 257, 262, 270, 282–288, 289–292
Dialyse 35, 76, 79, 80, 81, 256
Differentialdiagnose 122, 126
Differenzierung 14, 30

Diphtherie 134
Dysproteinämie 131, 198, 293

Elektrophysiologie 30, 143
Entmarkungsneuropathien 23
entzündliche Polyneuropathien 122, 128, 134
Epidemiologie 3, 164
experimentell-allergische Polyneuritis 122, 128, 134, 141, 152

F-Welle 90–93, 144, 178
Farbenblindheit 110
Faserdichte 90–92
Fisher-Syndrom 186, 191
Folsäure 57, 63, 65, 67, 206
Frischzellentherapie 123
FSME 162, 163
funikuläre Myelose 205

Gammopathien 130
Ganglioside 4, 259–288
gastrointestinale Störungen 71, 96, 110, 123, 255, 256, 301
Genetik 20
Gewichtsverlust 57, 118
Guillain-Barré-Syndrom 85, 87, 123–125, 129, 131, 134, 141, 143, 144, 147, 152, 163, 164, 166, 168, 175, 180, 191, 198, 222, 252, 262, 267, 278, 300–310

H-Reflex 41
Hepatopathie 44, 102
Herpes Zoster 163, 254
Herzfrequenzvariabilität 70
Herzrhythmusstörungen 124, 301
Hexacarbon 8
Hirnnervenpolyneuritis 164
Histochemie 39, 220
Hydantoin 278
Hypakusis 49, 56, 103, 115
Hyperthyreose 122
Hypophyse 60
Hypothalamus 60
Hypothyreose 33, 60
Hypoxieversuch 35

idiopathische Polyneuropathien 122, 156, 166, 278
Immundefekt 164, 210, 317
Immunocytom 195
Imurektherapie 203
INH 254, 255, 278
Intensivtherapie 300
Intrinsicfaktormangel 65
Ischämie 95

Jamaica-Polyneuropathie 55

Karpaltunnelsyndrom 107, 108, 239
Kryoglobulinämie 293–299

Landry-Paralyse 123, 186, 196
Leberzirrhose 44, 67
Lepra 3, 123, 126, 134, 139, 209–211, 216–219
Leukodystrophien 23
Locked-in-Syndrom 186, 188, 189
Lues 220
Lupus erythematodes 122, 201
lymphatische Leukämie 86, 195
Lymphoblastom 195
Lymphome maligne 195

Malabsorption 65, 67, 110, 205, 256
Malnutrition 49
Marek-Erkrankung 141
Mechanorezeptoren 231–233
Megaloblastenanämie 68
Meningopolyneuritis Bannwarth 123, 126
Metalle 255
Metastasen 195
Mikrochirurgie 238
Mikroneurographie 233, 234
Miller-Fisher-Syndrom 125
monoklonale Immunglobuline 131, 159
Morbus Alzheimer 12
Morbus Hodgkin 195, 198
Morbus Refsum 114, 115
Myasthenia gravis 124, 131, 183, 193
Myelitis 124, 163
Myelom 130, 198
Myelopathie 198
Mykoplasma 300
Myositis 124

Nachtblindheit 110
Neuralgie 253
Neurolyse 239, 240
Nervendurchtrennung 230
Nervennaht 238, 240, 244
Nerventransplantation 244, 245, 248, 249
neuralgische Amyotrophie 126
Nierentransplantation 35, 76
Non-Hodgkin-Lymphom 86, 195

Ophthalmoplegie 125, 191, 193
Optikusatrophie 49, 56, 278
organisches Phosphat, Intoxikation 7
Ornithose 162
orthostatische Störungen 71, 74, 96, 257

Paarstimulation 84
paraneoplastische Polyneuropathie 122, 195, 196, 198
Parasympaticus 70
Pathologie 134
Pathomorphologie 15, 20, 21
Pathophysiologie 5, 31, 32
Peeton-Meltzer-Syndrom 295
Periarteriitis nodosa 122, 126, 138, 201, 293, 298
periodische Lähmung 124
Phenobarbital 68
Phenytoin 68
Phospholipide 112
Phytansäure 114–119
Plasmapherese 117, 150, 159, 193, 296, 307–319
Poliomyelitis 143, 188
Polyneuropathietypen 14
Polyradikuloneuritis 85, 87, 129
Porphyrie 125, 206, 256
postinfektiöse Polyneuropathien 122, 123, 225
postvaccinale Polyneuropathien 122, 123

rezidivierende Polyneuritiden 147, 159
Refraktärperiode 76, 77, 79, 81, 84, 85, 173
Regeneration 230, 233, 236, 238, 260, 263, 267, 273, 274
Reinnervation 230, 231, 238, 239, 259, 260, 263
Resorptionsstörungen 67
respiratorische Herzarrhythmie 70
Restless legs 253
Retinitis pigmentosa 110, 112, 115
Rezeptoren 230, 234–236
Ruhemembranpotential 79, 81

Sarkoidose 225, 227, 228
Schilling-Test 64
serogenetische Polyneuropathien 122
sexuelle Störungen 71, 96, 102
Sklerodermatomyositis 205
Sklerodermie 205
Slow-Virus 164
Spasmus facialis 282
Strachan-Scott-Syndrom 55
sympathische Innervation 70

Tabes 220
Tetanus 134, 188
Thallium 7, 255
Therapie, medikamentös 252
Thiaminmangel 53

Sachverzeichnis

Thiaminpyrophosphat 57, 59
Thromboseprophylaxe 254, 300, 302
traumatische Laesion 232, 240, 278
Trigeminusneuralgie 279
Triglyceride 112
trophische Störungen 71, 74, 103

Ulcera 71, 74, 96, 257, 278, 279, 293, 300
Uraemie 33–35, 76, 252, 278

Vagus 70, 74
vegetative Störungen 18, 33, 70, 72, 96, 124
Vaskulitis 134, 135, 138, 201–203, 254
Verlaufstyp 19
Verteilungstyp 16
Vibrationsempfindung 78, 79, 112, 206

Vincristin 85–88, 278
virale Neuroradikulomyelitis 162
Vitamin A 112
Vitamin B_1 55, 60, 255
Vitamin B_2 55, 256
Vitamin B_6 57–59, 255–257
Vitamin B_{12} 57, 60, 63–67, 206, 257
Vitamin E 112
Vitamin K 112

Zentroblastom 195
Zentrozytom 195
Zwerchfellähmung 49
Zytomegalie 300
Zytostatika 195, 196

O. D. Creutzfeldt

Cortex Cerebri

Leistung, strukturelle und funktionelle Organisation der Hirnrinde

1983. 254 Abbildungen. XIII, 484 Seiten
Gebunden DM 128,-
ISBN 3-540-12193-5

Inhaltsübersicht: Historische Einleitung. – Phylogenetische, ontogenetische und funktionelle Entwicklung der Hirnrinde. – Die allgemeine strukturelle Organisation des Neocortex. – Allgemeine Neurophysiologie der Hirnrinde. – Spontane und evozierte elektrische Potentiale der Hirnrinde und deren neuronale Grundlagen. – Funktionelle Topographie sensorischer und motorischer Felder. – Der Assoziationscortex. – Die Bedeutung der Hirnrinde für kognitive und symbolische Leistungen und für bewußte Erfahrung. – Allocortex und limbisches System. – Die allgemeine funktionelle Bedeutung der Hirnrinde: Eine zusammenfassende Betrachtung. – Literatur. – Sachverzeichnis.

Dieses einzigartige Werk bietet eine umfassende Darstellung der Entwicklung, Anatomie und Funktion der Hirnrinde (Iso-und Allocortex), ihrer afferenten und efferenten Verbindungen und ihrer Unterfelder. Zum erstenmal werden neuroanatomische, neurophysiologische, entwicklungsphysiologische und neuropsychologische Aspekte im Zusammenhang dargestellt.
Neueste neuroanatomische und neurophysiologische Befunde werden in Beziehung zu klassischen neuropsychologischen Beobachtungen gebracht. Besonderer Wert wird auf die afferenten und efferenten Verbindungen der Hirnrinde gelegt. Das Ziel ist, eine umfassende Information über die Hirnrinde zu geben, vor allem auch im Hinblick darauf, daß dieser phylogenetisch jüngste und beim Menschen höchst entwickelte Teil des Hirns in den letzten 20 Jahren zunehmend wissenschaftlicher Analyse unterworfen und zunehmend das Interesse von experimentellen, klinischen und theoretischen Wissenschaftlern auf sich gezogen hat. Der Leser wird nicht nur über die neuesten Ergebnisse informiert, sondern erhält auch einen Überblick über das in den letzten 100 Jahren gesammelte Wissen und Denken über die funktionelle Bedeutung der Hirnrinde. Allgemeine funktionelle Prinzipien der Hirnrinde und funktionelle Besonderheiten ihrer verschiedenen Teile werden herausgearbeitet. Dabei wird auf spekulative Theorien verzichtet und über Bewußtsein, Denken und Geist abgegrenzt.

Springer-Verlag
Berlin
Heidelberg
NewYork
Tokyo

Brain Protection
Morphological, Pathophysiological and Clinical Aspects
Editors: K. Wiedemann, S. Hoyer
1983. 55 figures, 28 tables. XI, 168 pages
Cloth DM 84,-. ISBN 3-540-12532-9

Cerebrovascular Transport Mechanisms
International Congress of Neuropathology, Vienna, September 5-10, 1982
Editors: K.-A. Hossmann, I. Klatzo
1983. 41 figures. VII, 150 pages
(Acta Neuropathologica, Supplement 8)
DM 54,-
Reduced price for subscribers to "Acta Neuropathologica" DM 43,20
ISBN 3-540-12204-4

Grundriß der Neurophysiologie
Herausgeber: R. F. Schmidt
5., neubearbeitete Auflage. 1983. 139 Abbildungen, 171 Testfragen zur Selbstkontrolle. VIII, 355 Seiten
(Heidelberger Taschenbücher, Band 96)
DM 29,80. ISBN 3-540-11926-4

Inflammation and Demyelination in the Central Nervous System
International Congress of Neuropathology Vienna, September 5-10, 1982
Editors: B. H. Waksmann, T. Yonezawa, H. Lassmann
1983. 15 figures, 12 tables. V, 91 pages
(Acta Neuropathologica, Supplement 9)
DM 34,-
Reduced price for subscribers to "Acta Neuropathologica" DM 27,20
ISBN 3-540-12420-9

H. Lassmann
Comparative Neuropathology of Chronic Experimental Allergic Encephalomyelitis and Multiple Sclerosis
1983. 37 figures. X, 136 pages
(Schriftenreihe Neurologie, Band 25)
Cloth DM 68,-. ISBN 3-540-12243-5

Neural Coding of Motor Performance
Editors: J. Massion, J. Paillard, W. Schultz, M. Wiesendanger
1983. 88 figures, 7 tables. XI, 348 pages
(Experimental Brain Research, Supplement 7)
Cloth DM 98,-
Reduced price for subscribers to the journal "Experimental Brain Research" DM 78,40
ISBN 3-540-12140-4

Progress in Sensory Physiology
Volume 4
With contributions by N. Mei, G. R. Martin, A. Gallego
1983. 41 figures. V, 118 pages
Cloth DM 69,-. ISBN 3-540-12498-5

R. Schröder
Chronomorphologie der zerebralen Durchblutungsstörungen
1983. 29 Abbildungen. X, 159 Seiten
(Schriftenreihe Neurologie, Band 24)
Gebunden DM 98,-. ISBN 3-540-12236-2

Treatment of Cerebral Edema
Editors: A. Hartmann, M. Brock
1982. 95 figures, 30 tables. X, 176 pages
DM 58,-. ISBN 3-540-11751-2

Springer-Verlag
Berlin
Heidelberg
New York
Tokyo

If you have any concerns about our products,
you can contact us on
ProductSafety@springernature.com

In case Publisher is established outside the EU,
the EU authorized representative is:
**Springer Nature Customer Service Center GmbH
Europaplatz 3, 69115 Heidelberg, Germany**

Printed by Libri Plureos GmbH
in Hamburg, Germany